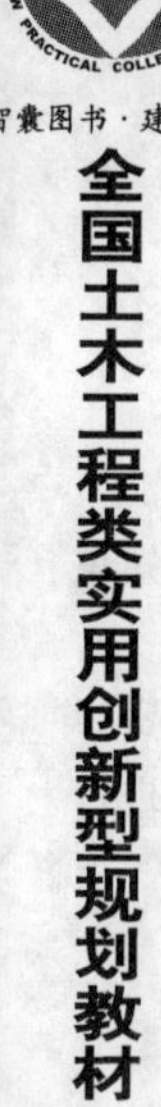

智囊图书·建筑书系

全国土木工程类实用创新型规划教材

建筑施工实训指导

JIANZHU SHIGONG SHIXUN ZHIDAO

主　审　陈文元

主　编　万　健

副主编　林文剑　张建新　肖　进　王晓亮　闫　兵

编　者　高建华　张忠良

哈爾濱工業大學出版社

内 容 简 介

本书依据高等职业院校建筑工程类专业人才培养目标，通过施工各类项目的实训，加深和巩固学生对专业理论知识的理解，达到理论联系实际，增强实际动手能力，实现教与学、学与做紧密结合的目的。

本书共4个模块，主要内容包括实训须知、安全技术交底、工种实训、施工综合实训。本书内容新颖，结构合理，密切结合了施工现场的实际情况，编制的实训操作内容清晰、详尽，便于学生使用教材进行实际实训，也是教师指导学生进行建筑施工实训、考核学生动手能力的适用教材。

本书可作为高职高专土建类专业学生的实训教材使用，也可供从事建筑工程技术专业工作的人员参考使用。

图书在版编目(CIP)数据

建筑施工实训指导/万健主编. —哈尔滨：哈尔滨工业大学出版社，2014.5

ISBN 978-7-5603-4735-6

Ⅰ.①建… Ⅱ.①万… Ⅲ.①建筑工程-工程施工-高等学校-教材 Ⅳ.①TU74

中国版本图书馆CIP数据核字(2014)第094278号

责任编辑 范业婷
出版发行 哈尔滨工业大学出版社
社 址 哈尔滨市南岗区复华四道街10号 邮编150006
传 真 0451-86414749
网 址 http://hitpress.hit.edu.cn
印 刷 三河市越阳印务有限公司
开 本 850mm×1168mm 1/16 印张16.5 字数439千字
版 次 2014年5月第1版 2014年5月第1次印刷
书 号 ISBN 978-7-5603-4735-6
定 价 40.00元

Preface
前 言

本书是根据最新颁布的一系列建筑工程设计的标准、规范及高等教育土建类专业教学大纲，结合多年的教学体会和工程经验编写而成的教学用书。建筑施工属于土建类专业的核心课程，目前适宜实践教学环节的书较缺乏，给学生学习带来了不少困难，本书旨在解决这一问题。

编者希望本书能成为指导学生完成建筑施工实训环节的重要学习材料。本书的编制着重于提高学生对建筑工程施工的设计，工种的掌握、检查、检测、方案编制、组织管理及内业资料编制等方面的相关能力，主要通过对土建类施工的相关工种实训和不同结构仿真综合实训相关知识的感性认识及训练，使学生加深对所学理论知识的理解和掌握，以增强实际动手能力，为学生毕业后的零距离上岗打下坚实的基础。

全书共4个模块。模块1为实训须知，介绍了实训的准备工作及实训管理要求，实训工器具和劳动保护用品的发放规则、管理制度；模块2为安全技术交底，介绍了土建施工中常见的砌筑工、模板工、脚手架及钢筋工实训作业的安全技术交底；模块3为工种实训，根据常见的土建工种的特点分别给出了任务书、指导书、考核办法和实训规程等；模块4为施工综合训练，分为砖混结构施工综合训练和钢筋混凝土结构施工综合实训。

本书由四川建筑职业技术学院土木系万健任主编，陈文元任主审，高建华编写模块1，林文剑编写模块2，万健编写模块3、模块4及附录；张建新、肖进、王晓亮、闫兵、张忠良负责本书前期资料的收集。

本书可作为高等职业专科学校建筑工程类专业以及工程技术应用型本科院校土木工程专业的建筑施工实训教材，也可作为建筑施工技术人员培训学习的教材或参考书。

本书在编写过程中，吸取了有关书籍和论文的最新观点，在此一并表示感谢。由于编者水平所限，加之时间仓促，书中难免存在不足和疏漏，恳请读者批评指正。

编　者

目录 Contents

模块 1 实训须知

1.1 实训准备工作

实训之前，必须认真阅读本实训指导并复习教材中的相关内容，弄清基本概念和方法，了解实训目的、要求、方法、步骤和有关注意事项，使实训工作能顺利地按计划完成。

按实训指导中提出的要求于实训前穿好实训服装、戴好安全帽等；准备好所需工具，如铅笔、小刀、计算器、墨盒等。

1.2 实训管理要求

当前我国大学生就业形势非常严峻：一方面，高校培养的人才不能很好地学以致用，大学毕业生就业困难、就业质量低；另一方面，企业无可用之才，国内技能型人才普遍紧缺，高技能人才尤其缺乏，甚至出现了“博士易得，技师难求”的局面。这一现状折射出我国高校的人才培养与社会对人才的需求存在较大的结构性矛盾，这一矛盾的产生归根结底是人才培养问题。教育部《关于全面提高高等职业教育教学质量的若干意见》（教高［2006］16号）指出：要积极探索校内生产性实训基地建设的校企组合新模式，逐步加大校内生产性实训和校外顶岗实习比例。近年来，为了迎合我国经济的腾飞，国家将重点建设一批教育改革力度大、装备水平高、优质资源共享的高水平校内生产性实训基地。校内生产性实训基地是培养高技能人才的关键环节。根据波兰尼的“缄默理论”，在人才培养过程中，实践性教学在学生直接经验的获取、技能技巧的形成方面具有不可替代的地位。学生技能的形成是一个从不会到会，从不熟练到熟练，从初级到高级的循序渐进的过程。在此过程中，校内实训基地具有不可替代的作用。尽管每个专业都建有一定数量的校外实训基地，但是仅仅依赖校外实训基地培养学生的技能是不现实的，学生基本技能的培养与形成主要还是在校内实训基地完成。由此可见，各院校校内生产性实训基地建设在当前人才培养工作中具有十分重要的作用。

制度建设是保证实训基地正常、高效运转的必要条件。校企之间要明确职责，按照“产权清晰、权责明确、管理科学”的现代企业制度管理基地，做到向管理要效益，向投资要收益。除遵守学校的教学管理规定外，高校还应制定实训基地建设、使用与管理等相关制度，并严格执行。

据此，对实训管理提出以下要求。

1. 总则

(1) 校内实训室是学院实践教学的主要场所，为了合理地使用实训室资源，充分、高效地发挥校内实训室的作用，进一步做好实训管理工作，更好地服务于高职教育教学，特制定本制度。

(2) 校内实训室分为公共实训室和专业实训室两种。公共实训室即全院各个专业均可使用的实训室，主要包括机房、多媒体教室和语音教室等；专业实训室指由学院建设的专业性较强、为某一个系或专业服务的实训室。实训室的管理实行集中与分散相结合的原则，公共实训室由实训与网络中心管理，专业实训室由实训与网络中心委托所在系管理。

2. 仪器设备损坏、丢失赔偿

(1) 由于使用人或管理人玩忽职守、保管不当，导致实训室的仪器设备被窃、损坏、遗失等事故，要查清责任，对当事人进行严肃处理。事故损失在200元以下的由系主任处理，报教务处实训与网络中心备案；损失在200元以上、1 000元以下的由所在系提出处理意见，协同教务处实训与网络中心报主管院长处理；损失在1 000元以上的由所在系提出处理意见，协同教务处实训与网络中心和主管院长报学院处理。

(2) 由于下列原因之一造成仪器设备损坏、丢失者，应负赔偿责任，严重者给予相应的行政处分：

①不遵守制度，违反操作规程，造成仪器设备损坏或丢失。

②未经部门领导许可擅自使用或任意拆卸仪器设备，造成损坏或丢失。

③擅自将设备器材挪作私用或保管不善，造成损坏或丢失。

(3) 赔偿处理办法：

①器材价值在1 000元以下者，按原价赔偿。

②器材价值在1 000元以上或发生重大事故者，视情节轻重，给予适当的行政处分，并按原价赔偿。

③丢失仪器设备零件时，可以只赔偿零配件费用。对于能够维修使用的仪器设备，可以只赔偿维修费。如果维修后质量明显下降，要按照质量降低程度，酌情赔偿。

(4) 根据仪器设备损坏程度、后果及责任人态度，可以减免或加倍赔偿。

①责任人能迅速改正错误，表现良好，经本人提出，领导同意，并经教务处实训与网络中心审批，可酌情减免赔偿的数额。

②一贯遵守制度，爱护仪器设备，因偶尔疏忽造成损失，事故发生后能积极设法挽救损失、主动报告、检讨深刻者可酌情减免赔偿的数额。

③一贯不爱护仪器设备、不负责任、态度不端正、情节严重、影响恶劣者，应加重处罚。

(5) 发生仪器设备损坏、丢失事故时，实训室管理人员应组织有关人员查明原因，提出赔偿处理意见，并上报系部审批。

(6) 确定赔偿责任和金额后，由责任人向财务处缴款。对无故拖延、不执行赔偿决定者，可以采用适当的行政措施。

(7) 学生损坏、丢失仪器设备者，参照本条例执行。

3. 实训室教学管理

(1) 学生须知：

①提前10分钟进入实训室，其他时间不允许随意出入。原则上凡进入实训室的学生必须携带有效证件（身份证、学生证、借阅证等）。

②禁止在实训室内大声喧哗及打闹；严禁穿着奇装异服、背心、拖鞋等的学生进入实训室；禁止携带食品、饮料进入实训室；禁止在实训室内吸烟、吃口香糖及随地吐痰；禁止在教学仪器设备、墙壁或桌面上乱写乱画。

③禁止在实训室内玩手机游戏、听音乐、上网聊天、登录与课堂教学无关的网站。

④严禁未经指导教师及实训室管理人员允许，随意开启电源、教学仪器设备及空调，严禁在实训室内私自使用电源。

⑤实训前，学生必须认真预习实训指导规定的有关内容。实训时，经指导教师认可后，才能开

始实训准备工作。

⑥实训时，学生必须服从指导教师的指导，严肃认真，正确操作，独立完成实训任务，不得抄袭他人实训结果；应认真完成实训报告或实训作业，并交指导教师审阅。

⑦实训中设备发生故障或损坏时，应及时报告指导教师处理。凡违反操作规程或擅自使用其他设备，导致设备、器皿、工具损坏者，应主动说明原因、写出书面检查，并按有关规定赔偿。

(2) 遵章守纪，严格执行作息制度，不迟到、不早退，上课期间严禁擅自离开实训室，有事需向实训课教师请假，点名未到者按旷课论处。

(3) 团结同学，互帮互学。实训室内严禁打闹、玩耍，由于打闹、玩耍造成的人身意外，后果自负。

(4) 进入实训室，严禁吸烟、携带食物，违者参照学校相关管理规定处罚。

(5) 爱护公物，爱护工器具，文明学习，应保持室内外清洁。

(6) 学生不得擅自将工器具及教学设备带出实训室，对故意损坏工具、设备者，除照价赔偿外并处以一定罚款。

(7) 每天课程结束后，必须做好工具、量具的清洁、清点等工作，如发现短缺或损坏应及时向实训课教师汇报。离开实训室前应确认切断电源、关闭门窗。

(8) 准时上课，不得迟到、早退或缺勤。

1.3 实训工器具和劳动保护用品发放规则

1. 实训工器具发放规则

实训工器具指实训所用的工具和量具，主要包括瓦刀、扳手、墨盒、线锤等。

(1) 提前一天由实训室库房管理员通知各实训班级负责人凭有效证件以班级为单位到实训室领取实训工器具。

(2) 由实训室库房管理员对实训学生进行安全教育及讲解实训工具的使用方法和正确维修方法。

(3) 实训室库房管理员要告知实训学生实训工器具的借用期限及损坏赔偿办法。

(4) 各组由 2～3 人进入库房，由实训室库房管理员和实训班级负责人清点检查实训工器具数量，并检查是否可以使用，如有缺损或不能正常使用，立即补领或更换。

(5) 由各实训班级负责人在登记表上填写班级、组号及日期。将登记表交给实训室库房管理人员。

(6) 实训室库房管理员要告知实训班级学生如期归还实训工器具，并应该清洗干净，然后以班级为单位归还到实训室，由实训室库房管理员和实训班级负责人清点、检查实训工器具的数量，并检查是否损坏。如果存在破损将依据实训工器具管理制度处以罚款。做好记录备案。

2. 劳动保护用品发放规则

劳动保护用品是保护实训学生在生产过程中安全和健康的辅助用品，发放劳动保护用品不是福利待遇，而是校内实训的基本需要。根据不同工种及不同的劳动条件制定发放标准，主要包括安全帽、实训工作服、安全手套等。

(1) 提前一天由实训室库房管理员通知各实训班级负责人凭有效证件以班级为单位到实训室领取劳动保护用品。

(2) 由实训室库房管理员对实训学生进行安全教育及讲解劳动保护用品的使用方法。

(3) 实训室库房管理员要告知实训学生劳动保护用品的借用期限及损坏赔偿办法。

(4) 由实训室库房管理员和实训班级负责人清点、检查实训劳动保护用品的数量，并检查是否破损，如手套破洞、漏指、安全帽裂纹或开裂、安全工作服开线等，如有缺损，立即补领或更换。

(5) 由各实训班级负责人在登记表上填写班级、组号及日期。将登记表交给实训室库房管理人员。

(6) 实训室库房管理员要告知实训班级学生如期归还劳动保护用品，以班级为单位，由实训室库房管理员和实训班级负责人清点、检查实训劳动保护用品的数量，并检查是否破损，如果存在破损将依据实训劳动保护用品管理制度处以罚款。做好记录备案。

1.4 实训工器具和劳动保护用品管理制度

(1) 所有的实训工器具和劳动保护用品都有一定的价值和规定的使用期限，因此，实训学生在领用实训工器具和劳动保护用品时要经实训室主管领导批准。

(2) 个人领取的实训工器具和劳动保护用品要妥善保管，丢失或损坏实训工器具或劳动保护用品者一律自行配备并罚款100元，意外事故除外。

(3) 实训工器具和劳动保护用品使用期满后，实训室可以申请领用新的，旧的收回。

(4) 根据不同工种、不同工作环境、不同实训条件、不同实训强度，规定发放标准和使用期限。

(5) 需补领的劳动保护用品经实训班级负责人申请，本单位领导及实训室主管审批，交赔偿费后，由实训室安全员或专职人员补发。

(6) 实训室必须严格按照学校规定为实训班级免费发放实训工器具和劳动保护用品，更换已经损坏或已到使用期限的劳动保护用品，不得收取或变相收取任何费用。

(7) 实训室应根据实训学生的生产特点和劳动防护的需要，针对不同工种、不同生产环境发给不同的劳动保护用品；对相同工种，因工艺、设备、材料、环境不同，劳动保护用品发放也不同。

(8) 发放及领用实训工器具和劳动保护用品，要从实际出发，按照“实用节约”的原则，不准扩大或缩小发放范围，要杜绝变卖实训工器具或劳动保护用品的现象，对不执行实训工器具和劳动保护用品管理规定的学生或管理者，要依据规定追究个人及相关班级的责任。

(9) 学生在实训过程中，必须按照安全生产规章制度和劳动保护用品使用规则，正确佩戴和使用劳动保护用品；未按规定佩戴和使用劳动保护用品的，不得上岗作业。

(10) 实训管理人员须定期检查、鉴定实训工器具和劳动保护用品，对已损坏、发霉、变质、虫蛀等不能使用和失去安全防护性能的实训工器具、劳动保护用品应及时更换或维修；超过使用期限的应及时予以报废，不得继续使用。

(11) 安全工器具应按规定和实际需要放置，不得存放不合格。

(12) 安全工器具使用前应进行认真检查，严禁使用过期、损坏、不合格的安全工器具。

(13) 每月应对安全工器具进行一次全面检查，确保合格完备，检查后应履行签字手续。

模块 2

安全技术交底

2.1 安全实训技术交底

1. 安全目标

做到全过程无任何安全事故。

2. 安全措施

(1) 实习指导教师作为第一安全主体，负责实习过程中的安全管理工作。由各班班长组成安全监督小组，负责本班实习过程中的安全监督及日常工作，并及时向指导教师汇报本班实习情况。

(2) 严格遵守学校颁布的学生日常行为规范：严禁酗酒、赌博、滋事；不准进舞厅、网吧及其他学生不宜的场所消费。

(3) 严格遵守各项国家法律法规、城市交通和治安条例，自觉维护公共秩序。

(4) 严格遵守实习单位的安全规章制度，认真学习《学生安全教育守则》。

(5) 严格遵守实习单位的各项规章制度，如作息制度、保密制度、文件资料和材料设备的保管制度。

(6) 严格遵守操作规章和技术标准，听从现场指导教师的指导，不得擅自处理重大技术、管理、质量、安全问题；每项工作实施前必须请指导教师审核。

3. 实训安全注意事项

(1) 由实训指导教师负责组成安全领导小组并为第一安全责任人，每位指导技师为安全组成员，负责实训过程中的安全管理工作。由各班班长负责抽调 3 人组成安全监督小组，负责本班实训过程中的安全监督工作。

(2) 每位学生必须穿工作服，戴安全帽参加实训，校内实训由学校统一发放劳动手套。

(3) 机械的使用必须由指导技师辅助进行，学生不得独立操作。

(4) 安全标志、安全条例挂牌上墙，提示操作人员注意。

(5) 发现安全隐患和不安全行为，各层安全负责人都应立即制止，并对情节严重者给予批评教育及处分。

(6) 各项实训开始前，各班由指导教师进行安全交底并组织学生学习相关安全常识，学院实训教学管理部门实施监督。

(7) 每位学生必须购买学生意外伤害保险。

(8) 每位学生必须参加由学院实训教学管理部门组织的安全教育，并签字认可，对未参加安全教育或虽参加安全教育但未签字的学生，暂缓实训，经教育签字认可后方能参加。

4. 安全技术交底内容及受安全教育人员（表 2.1）

交底教师：　　　实训指导技师：　　　交底时间：　　　监督人员：　　　受安全教育班级：

表 2.1　安全技术交底内容及受安全教育人员

<table>
<tr><td colspan="8">安全技术交底内容</td></tr>
<tr><td colspan="8">记录人：</td></tr>
<tr><td></td><td></td><td></td><td></td><td></td><td></td><td></td><td></td></tr>
<tr><td></td><td></td><td></td><td></td><td></td><td></td><td></td><td></td></tr>
<tr><td></td><td></td><td></td><td></td><td></td><td></td><td></td><td></td></tr>
<tr><td></td><td></td><td></td><td></td><td></td><td></td><td></td><td></td></tr>
<tr><td></td><td></td><td></td><td></td><td></td><td></td><td></td><td></td></tr>
<tr><td></td><td></td><td></td><td></td><td></td><td></td><td></td><td></td></tr>
</table>

注：1. 参加交底人员必须本人签字

2. 签字后由指导教师交教务办公室存档

2.2　砌筑工实训作业安全技术交底

(1) 施工人员必须进行入场安全教育，经考试合格后方可进场。进入施工现场必须戴合格的安全帽，系好下颌带，锁好带扣。

(2) 在深度超过 1.5 m 的沟槽基础内作业时，必须检查槽帮有无裂缝，确定无危险后方可作业。距槽边 1 m 内不得堆放沙子、砌体等材料。

(3) 砌筑高度超过 1.2 m 时，应搭设脚手架作业；高度超过 4 m 时，宜采用内脚手架作业，但必须支搭安全网。用外脚手架作业时应先设防护栏杆和挡脚板，之后方可砌筑，高处作业无防护时必须系好安全带。

(4) 脚手架上堆料量：均布荷载每平方米不得超过 200 kg，集中荷载不得超过 150 kg，码砖高度不得超过 3 皮侧砖。同一块脚手板上不得超过 2 人。

(5) 砌筑作业面下方不得有人，交叉作业必须设置可靠、安全的防护隔离层，在架子上斩砖必须面向里，把砖头斩在架子上。挂线的坠物必须牢固。

(6) 向基坑内运送材料、砂浆时，严禁向下猛倒和抛掷物料、工具。

(7) 人工用手推车运砖，两车前后距离平地上不得小于 2 m，坡道上不得小于 10 m。装砖时应先取高处，后取低处，分层按顺序拿取。采用垂直运输，严禁超载；采用砖笼往楼板上放砖时，要均匀分布；砖笼严禁直接吊放在脚手架上。吊砂浆的料斗不能装得过满，应低于料斗上沿 10 cm。

(8) 抹灰用高凳上铺脚手板，宽度不得少于两块脚手板（50 cm），间距不得大于 2 m，移动高凳时上面不能站人，作业人员不得超过 2 人。高度超过 2 m 时，由架子工搭设脚手架，严禁将脚手架搭在门窗、暖气片等非承重的物体上。严禁踩在外脚手架的防护栏杆和阳台板上进行操作。

(9) 作业前必须检查工具、设备、现场环境等，确认安全后方可作业。要认真查看在施工洞口、临边安全防护和脚手架护身栏、挡脚板、立网是否齐全、牢固；脚手板是否按要求间距放正、绑牢，有无探头板和空隙。

（10）作业中出现危险征兆时，作业人员应暂停作业，撤至安全区域，并立即向上级报告。未经施工技术管理人员批准，严禁恢复作业。紧急处理时，必须在施工技术管理人员指挥下进行作业。

（11）作业中发生事故，必须及时抢救受伤人员，迅速报告上级，保护事故现场，并采取措施控制事故发展。如抢救工作可能造成事故扩大或人员伤害，必须在施工技术管理人员的指导下进行抢救。

（12）砌筑 2 m 以上深基础时，应设有爬梯和坡道，不得攀跳槽、沟、坑上下。

（13）在地坑、地沟砌筑时，严防塌方，并注意地下管线、电缆等。

（14）脚手架未经交接验收不得使用，验收后不得随意拆改和移动，如作业要求必须拆改和移动，须经工程技术人员同意，采取加固措施后方可拆除和移动。脚手架严禁搭探头板。

（15）挂线的坠物必须绑扎牢固，作业环境中的碎料、落地灰、杂物、工具集中下运，做到日产日清、自产自清、活完料净场地清。

（16）不得站在墙顶上行走、作业。

（17）向基坑（槽）内运送材料、砂浆应有溜槽，严禁向下猛倒和抛掷物料工具等。

（18）用于垂直运输的吊笼、滑车、绳索、刹车等，必须满足负荷要求，牢固无损，吊运时不得超载，并须经常检查，发现问题及时修理。

（19）用起重机吊砖要用砖笼，当采用砖笼往楼板上放砖时，要均匀分布，并预先在楼板底下加设支柱或横木承载。吊件回转范围内不得有人停留，吊物在脚手架上方下落时，作业人员应躲开。

（20）运输中通过沟槽时应走便桥，便桥宽度不得小于 1.5 m。

（21）不准勉强在超过胸部的墙体上进行砌筑，以免将墙体碰撞倒塌或上料时失手掉下造成事故。

（22）用铁锤打石时，应先检查铁锤有无破裂，锤柄是否牢固，打石要按照石纹走向落锤，锤口要平，落锤要准，同时要看清附近情况，然后落锤，以免伤人。

（23）不准徒手移动上墙的料石，以免压破或擦伤手指。

（24）在屋面坡度大于 25°时，挂瓦必须使用移动板梯，板梯必须有牢固挂钩，檐口应搭设防护栏杆，并挂密目安全网。

（25）冬季施工遇有霜、雪时，必须将脚手架上、沟槽内等作业环境内的霜、雪清除后方可作业。

（26）作业面暂停作业时，要对刚砌好的砌体采取防雨措施，以防雨水冲走砂浆，致使砌体倒塌。

（27）在台风季节，应及时进行圈梁施工，加盖楼板或采取其他稳定措施。

2.3 模板工实训作业安全技术交底

1. 模板一般要求

（1）作业前检查使用的运输工具是否存在隐患，经检查合格后方可使用。

（2）上、下沟槽或构筑物应走马道或安全梯，严禁搭乘吊具或攀登脚手架。

（3）安全梯不得缺档，不得垫高。安全梯上端应绑牢，下端应有防滑措施，人字梯底脚必须拉牢。严禁 2 名以上作业人员在同一梯上作业。

（4）成品、半成品木材应堆放整齐，不得任意乱放，不得存放在施工范围之内，木材码放高度以不超过 1.2 m 为宜。

(5) 木工场和木质材料堆放场地严禁烟火，并按消防部门的要求配备消防器材。

(6) 施工现场必须用火时，应事先申请用火证，并设专人监护。

(7) 木料（模板）运输与码放应按照以下要求进行：

①作业前应对运输道路进行平整，保持道路坚实、畅通。便桥应支搭牢固，桥面宽度应比小车至少宽 1 m，且总宽度不得小于 1.5 m，便桥两侧必须设置防护栏和挡脚板。

②穿行社会道路必须遵守交通法规，听从指挥。

③用架子车装运材料应由 2 人以上配合操作，保持架子车平稳，拐弯容易，车上不得乘人。

④使用手推车运料时，在平地上前后车间距不得小于 2 m，下坡时应稳步推行，前后车间距应根据坡度确定，但是不得小于 10 m。

⑤拼装、存放模板的场地必须平整坚实，不得积水。存放时，底部应垫方木，堆放应稳定，立放应支撑牢固。

⑥ 地上码放模板的高度不得超过 1.5 m，架子上码放模板不得超过 3 层。

⑦不得将材料堆放在管道的检查井、消防井、电信井、燃气抽水缸井等设施上；不得随意靠墙堆放材料。

⑧使用起重机作业时必须服从信号工的指挥，与驾驶员协调配合，机臂回转范围内不得有无关人员。

⑨运输木料、模板时，必须绑扎牢固，保持平衡。

2. 木模板制作、安装

(1) 作业中应随时清扫木屑、刨花等杂物，并送到指定地点堆放。

(2) 木工场和木质材料堆放场地严禁烟火，并按消防部门的要求配备消防器材。

(3) 施工现场严禁烟火，并按消防部门的要求配备消防器材。

(4) 作业场地应平整坚实，不得积水，同时，应排除现场的不安全因素。

(5) 作业前应认真检查模板、支撑等构件是否符合要求，钢板有无严重锈蚀或变形，木模板及支撑材质是否合格；不得使用腐朽、劈裂、扭裂、弯曲等有缺陷的木材制作模板或支撑材料。

(6) 使用旧木料前，必须清除钉子、水泥黏结块等。

(7) 作业前应检查所用工具、设备，确认安全后方可作业。

(8) 使用锛子砍料必须稳、准，不得用力过猛，对面 2 m 内不得有人。

(9) 必须按模板设计和安全技术交底的要求支模，不得盲目操作。

(10) 槽内支模前，必须检查槽帮、支撑，确认无塌方危险。向槽内运料时，应使用绳索缓放，操作人员应互相呼应。支模作业时应随支随固定。

(11) 使用支架支撑模板时，应平整压实地面，底部应垫 5 cm 厚的木板。必须按安全技术要求将各结点拉杆、撑杆连接牢固。

(12) 操作人员上、下架子必须走马道或安全梯，严禁利用模板支撑攀登上下，不得在墙顶、独立梁及其他高处狭窄而无防护的模板上行走。严禁从高处向下方抛物料。搬运模板时应稳拿轻放。

(13) 支架支撑竖直偏差必须符合安全技术要求，支搭完成后必须验收合格方可进行支模作业。

(14) 模板工程作业高度在 2 m 以上（含 2 m）时必须设置安全防护设施。

(15) 模板的立柱顶撑必须设牢固的拉杆，不得与门窗等不牢靠物体或临时物件相连接。模板安装过程中，不得间歇，柱头、搭头、立柱顶撑、拉杆等必须安装牢固成整体后，作业人员才可以离开。暂停作业时，必须进行检查，确认所支模板、撑杆及连接件稳固后方可离开现场。

(16) 配合吊装机械作业时，必须服从信号工的统一指挥，与起重机驾驶员协调配合，机臂回转范围内不得有无关人员。支架、钢模板等构件就位后必须立即采取撑、拉等措施，固定牢靠后方可摘钩。

（17）在支架与模板间安置木楔等卸荷装置时，木楔必须对称安装，打紧钉牢。

（18）基础及地下工程模板安装之前，必须检查基坑土壁边坡的稳定情况，基坑上口边沿以内不得堆放模板及材料，向槽（坑）内运送模板构件时，严禁抛掷。使用溜槽或起重机械运送模板时，下方操作人员必须远离危险区。

（19）组装立柱模板时，四周必须设牢固支撑，如柱模高度在 6 m 以上，应将几个柱模连成整体，支设独立梁模板应搭设临时工作平台，不得站在柱模上操作，不得站在梁底板模上行走和立侧模。

（20）在浇注混凝土过程中必须对模板进行监护，仔细观察模板的位移、变形情况，发现异常时必须及时采取稳固措施。当模板变位较大，可能倒塌时，必须立即通知现场作业人员离开危险区域，并及时向上级报告。

3. 模板拆除

（1）作业前检查使用的工具是否存在隐患，如：手柄有无松动、断裂等，手持电动工具的漏电保护器应试机检查，合格后方可使用，操作时应戴绝缘手套。

（2）拆模板的作业高度在 2 m 以上（含 2 m）时，必须搭设脚手架，按要求系好安全带。

（3）高处作业时，材料必须码放平稳、整齐。手用工具应放入工具袋内，不得乱扔乱放。扳手应用小绳系在身上，使用的铁钉不得含在嘴中。

（4）上、下沟槽或构筑物应走马道或安全梯，严禁搭乘吊具、攀登脚手架。

（5）安全梯不得缺档，不得垫高。安全梯上端应绑牢，下端应有防滑措施，人字梯底脚必须拉牢。严禁 2 名以上作业人员在同一梯上作业。

（6）使用手锯时，锯条必须调整适度，下班时要放松锯条，防止再使用时锯条突然断裂伤人。

（7）成品、半成品木材应堆放整齐，不得任意乱放，不得存放在施工范围之内，木材码放高度不宜超过 12 m。

（8）拆除大模板必须设专人指挥，模板工与起重机驾驶员应协调配合，做到稳起、稳落、稳就位。在起重机机臂回转范围内不得有无关人员。

（9）拆木模板、起模板钉子、码垛作业时，不得穿胶底鞋，着装应紧身利索。

（10）拆除模板必须满足拆除时所需的混凝土强度，且经工程技术领导同意，不得因拆模而影响工程质量。

（11）必须按拆除方案和专项技术交底要求作业，统一指挥，分工明确；必须按程序作业，确保未拆部分处于稳定、牢固状态。应按照先支后拆、后支先拆的顺序，先拆非承重模板，后拆承重模板及支撑腰，在拆除用小钢模板支撑的顶板模板时，严禁将支柱全部拆除后，一次性拉拽拆除。已经拆活动的模板，必须一次拆完，方可停歇，严禁留下安全隐患。

（12）严禁使用大面积拉、推的方法拆模。拆模板时，必须按专项技术交底要求先拆除卸荷装置。必须按规定程序拆除撑杆、模板和支架。严禁在模板下方用撬棍撞、撬模板。

（13）拆模板作业时，必须设警戒区，严禁下方有人进入，拆模板作业人员必须站在平稳可靠的地方，保持自身平衡，不得猛撬，以防失稳坠落。

（14）拆除电梯井及大型孔洞模板时，下层必须支搭安全网等可靠的防坠落安全措施。

（15）严禁使用吊车直接吊除没有撬松动的模板。吊运大型整体模板时，必须拴结牢固，且吊点平衡。吊装、运送大型钢模板时必须用卡环连接，就位后必须拉接牢固，此时方可卸除吊钩。

（16）使用吊装机械拆模时，必须服从信号工统一指挥，必须待吊具挂牢后方可拆支撑。模板、支撑落地放稳后方可摘钩。

(17) 应随时清理拆下的物料，并边拆、边清、边运、边按规格码放整齐。拆木模时，应随拆随起筏子。楼层高处拆除的模板严禁向下抛掷。暂停拆模时，必须将活动件支稳后方可离开现场。

2.4 脚手架实训搭设、拆除作业安全技术交底

1. 材料

(1) 脚手架所使用的钢管、扣件及零配件等须统一规格，证件齐全，杜绝使用次品和不合格品的钢管。材料管理人员要依据方案和交底检查材料规格和质量，履行验收手续和收存证明材质资料。

(2) 使用的钢管的质量应符合 GB/T 700 中 Q235－A 级钢规定，使用现行《直缝电焊钢管》(GB/T 13793)或《低压流体输送用焊接钢管》(GB/T 3091) 中规定的 3 号普通钢管，切口平整，严禁使用变形、裂纹和严重锈蚀的钢管。

2. 安全事项

(1) 架子必须由持有特种作业人员操作证的专业架子工进行安装，上岗前必须进行安全教育考试，合格后方可上岗。

(2) 在脚手架上的作业人员必须穿防滑鞋，正确佩戴和使用安全带，着装灵便。

(3) 进入施工现场必须戴合格的安全帽，系好下颌带，锁好带扣。

(4) 登高 (2 m 以上) 作业时必须系合格的安全带，系挂牢固，高挂低用。

(5) 脚手板必须铺严、实、平稳。不得有探头板，要与架体拴牢。

(6) 架上作业人员应做好分工、配合工作，传递杆件应把握好重心，平稳传递。

(7) 作业人员应佩带工具袋，不要将工具放在架子上，以免掉落伤人。

(8) 架设材料要随上随用，以免放置不当掉落伤人。

(9) 在搭设作业中，地面上配合人员应避开可能落物的区域。

(10) 严禁在架子上作业时嬉戏、打闹、躺卧，严禁攀爬脚手架。

(11) 严禁酒后上岗，严禁高血压、心脏病、癫痫病等不适宜登高作业人员上岗作业。

(12) 搭拆脚手架时，要有专人协调指挥，地面应设警戒区，要有旁站人员看守，严禁非操作人员入内。

(13) 架子在使用期间，严禁拆除与架子有关的任何杆件；必须拆除时，应经项目部主管领导批准。

(14) 架子沿每步距高度设一层水平安全网 (随层)，以后每四层设一道。

(15) 脚手架基础必须平整夯实，具有足够的承载力和稳定性，立杆下必须放置垫座和通板，有畅通的排水设施。

(16) 搭、拆架子时必须设置物料提上、吊下设施，严禁抛掷。

(17) 脚手架作业面外立面设挡脚板加两道护身栏杆，挂满立网。

(18) 架子搭设完后，要经有关人员验收，填写验收合格单后方可投入使用。

(19) 遇 6 级以上 (含 6 级) 大风天、雪、雾、雷雨等特殊天气应停止架子作业。雨、雪天气后作业时必须采取防滑措施。

(20) 脚手架必须与建筑物拉接牢固，需安设防雷装置，接地电阻不得大于 4 Ω。

(21) 扣件应采用锻铸铁制作的扣件，其材质应符合现行国家标准《钢管脚手架扣件》(GB/T 15831)的规定；采用其他材料制作的扣件，经试验证明其质量符合该材料规定后方可使用。搭设和验收必须符合 JGJ 1300—2001 的规定。

(22) 脚手架拆除过程中必须严格遵守相关的技术规程及拆除顺序，不得违反。

2.5 钢筋工实训作业安全技术交底

1. 钢筋绑扎

(1) 绑扎基础钢筋，应按规定安放钢筋支架、马凳，铺设走道板（脚手板）。

(2) 在高处（2 m 以上含 2 m）绑扎立柱和墙体钢筋时，不得站在钢筋骨架上或攀登骨架上下，必须搭设脚手架、操作平台和马道。脚手架应搭设牢固，作业面脚手板要满铺、绑牢，不得有探头板、非跳板，临边应搭设防护栏杆和支挂安全网。

(3) 绑扎圈梁、挑梁、挑檐、外墙和边柱等钢筋时，应站在脚手架或操作平台上作业。

(4) 脚手架或操作平台上不得集中码放钢筋，应随（谁）使用随（谁）运送，不得将工具、箍筋或短钢筋随意放在脚手架上。

(5) 严禁从高处向下方抛扔或从低处向高处投掷物料。

(6) 在高处楼层上拉钢筋或钢筋调向时，必须事先观察运行场地上方或周围是否有高压线，严防碰触高压线。

(7) 绑扎钢筋的绑丝头应弯回骨架内侧，暂停绑扎时，应检查所绑扎的钢筋或骨架，确认连接牢固后方可离开现场。

(8) 6 级以上（含 6 级）强风和大雨、大雪、大雾天气必须停止露天高处作业。在雨、雪后和冬季，露天作业时必须先清除水、雪、霜、冰，并采取防滑措施。

(9) 要保持作业面道路通畅，作业环境整洁。

(10) 作业中出现不安全情况时，必须立即停止作业，撤离危险区域，报告领导，严禁冒险作业。

2. 钢筋加工

(1) 冷拉。

①作业前，必须检查卷扬机钢丝绳、地锚、钢筋夹具、电气设备等，确认安全后方可作业。

②冷拉时，应设专人值守，操作人员必须位于安全地带，钢筋两侧 3 m 以内及冷拉线两端严禁有人，严禁跨越钢筋和钢丝绳，冷拉场地两端地锚以外应设置警戒区，装设防护挡板及警告标志。

③卷扬机运转时，严禁人员靠近冷拉钢筋和牵引钢筋的钢丝绳。

④运行中出现滑脱、绞断等情况时，应立即停机。

⑤冷拉速度不宜过快，在基本拉直时应稍停，检查夹具是否牢固可靠，严格按安全技术交底要求控制伸长值。

⑥冷拉完毕，必须将钢筋整理平直，不得相互乱压和单头挑出，未拉盘筋的引头应盘住，机具拉力部分均应放松再装夹具。

⑦维修或停机，必须切断电源，锁好箱门。

(2) 切断。

①操作前必须检查切断机刀口，确定安装正确、刀片无裂纹、刀架螺栓紧固、防护罩牢靠，空运转正常后再进行操作。

②钢筋切断应在调直后进行，断料时要握紧钢筋，螺纹钢一次只能切断一根。

③切断钢筋，手与刀口的距离不得小于 15 cm。切断短料手握端小于 40 cm 时，应用套管或夹具将钢筋短头压住或夹住，严禁用手直接送料。

④机械运转中严禁用手直接清除刀口附近的断头和杂物，在钢筋摆动范围内和刀口附近，非操作人员不得停留。

⑤作业时应摆直、紧握钢筋，应在活动切口向后退时送料入刀口，并在固定切刀一侧压住钢筋，严禁在切刀向前运动时送料，严禁两手同时在切刀两侧握住钢筋俯身送料。

⑥发现机械运转异常、刀片歪斜等，应立即停机检修。

⑦作业中严禁进行机械检修、加油、更换部件。维修或停机时，必须切断电源，锁好箱门。

（3）弯曲。

①工作台和弯曲工作盘台应保持水平，操作前应检查芯轴、成形轴、挡铁轴、可变挡架有无裂纹或损坏，防护罩是否牢固可靠，经空运转确认正常后，方可作业。

②操作时要熟悉倒顺开关控制工作盘旋转的方向，钢筋放置要和挡架、工作盘旋转方向相配合，不得放反。

③改变工作盘旋转方向时，必须在停机后进行，即正转→停→反转，不得直接正转→反转或反转→正转。

④弯曲机运转中严禁更换芯轴、成形轴和变换角度及调速，严禁在运转时加油或清扫。

⑤弯曲钢筋时，严格依据使用说明书要求操作，严禁超过该机对钢筋直径、根数及机械转速的规定数值。

⑥严禁在弯曲钢筋的作业半径内和机身不设固定销的一侧站人。

⑦弯曲未经冷拉或有锈皮的钢筋时，必须戴护目镜及口罩。

⑧作业中不得用手清除金属屑，清理工作必须在机械停稳后进行。

⑨检修、加油、更换部件或停机时，必须切断电源，锁好箱门。

3. 钢筋运输

（1）作业前应检查运输道路和工具，确认安全。

（2）搬运钢筋人员应协调配合，互相呼应。搬运时必须按顺序逐层从上往下取运，严禁从下抽拿。

（3）运输钢筋时，必须事先观察运行上方或周围是否有高压线，严防碰触高压线。

（4）运输较长的钢筋时，必须事先观察周围的情况，严防发生碰撞。

（5）使用手推车运输时，应平稳推行，不得抢跑，空车应让重车。卸料时，应设挡掩，不得撒把倒料。

（6）使用汽车运输，现场道路应平整坚实，必须设专人指挥。

（7）用塔吊吊运时，吊索必须符合起重机械安全规程要求，短料和零散材料必须用容器吊运。

4. 成品码放

（1）严禁在高压线下码放材料。

（2）材料码放场地必须平整坚实、不积水。

（3）加工好的成品钢筋须按规格尺寸和形状码放整齐，高度不超过150 cm，下面要垫枕木，且要标示清楚。

（4）弯曲好的钢筋码放时，弯钩不得朝上。

（5）冷拉过的钢筋必须整理平直，不得相互乱压和单头挑出，未拉盘筋的引头应盘住。

（6）散乱钢筋应随时清理，堆放整齐。

（7）材料应分堆、分垛码放，不可分层叠压。

（8）直条钢筋要按捆成行叠放，端头一致平齐，应控制在三层以内，并且设置防倾覆、防滑坡设施。

模块 3

工种实训

建筑工种实训实践性强，专业分工细，各地做法有所不同。本模块在编写上主要针对施工员岗位要求，以培养学生实际工作能力为目标，突出各工种操作技能训练，同时又兼顾学生必须掌握的计算能力和分析问题的能力。本模块的内容编排循序渐进，介绍了与建筑相关的基本工种（砌筑工、抹灰工、钢筋工、模板工和架子工）的实训要求，也安排了与之相关的实训内容，包括工种实训的实训任务书、指导书等。单工种实训，要求学生分别熟练掌握各工种的施工方法及施工技巧、施工质量验收标准和考核办法。

3.1 砌筑工、抹灰工实训

砌筑工程是指砖、石、砌块的砌筑。其特点是：取材方便，施工简单，成本低廉，历史悠久，劳动量、运输量大，生产效率低，浪费土地。

砌筑工、抹灰工实训是让学生进行的生产性实训。本技能操作训练以实际应用为主，重点培养学生的实际操作能力。目的是让学生通过模拟现场施工操作，获得一定的施工技术的实践知识和生产技能操作体验。通过本技能操作训练，使学生通过具体的现场砌筑、抹灰操作训练，获得一定的生产技能和施工方面的实际知识，提高学生的动手能力，培养、巩固、加深、扩大所学的专业理论知识，为毕业实习、工作打下必要的基础。

3.1.1 砌筑工、抹灰工实训任务书

1. 指导思想和目的

（1）指导思想：通过这种辅助教学方式和手段，提高理论教学效果。

（2）目的：通过训练增加学生对砌筑工程的感性认识，为学习和加深对专业理论知识的理解打下基础。

2. 实训内容

（1）基本操作训练。

（2）基础大放脚组砌训练。

（3）砖柱砌筑训练。

（4）抹灰训练。

3. 实训目的要求

（1）基本操作训练以 240 墙为训练目标，基本掌握组砌方式、铺灰、吊线方法等。

（2）学习和基本掌握等高和不等高式基础大放脚组砌形式，学会收阶方法、质量控制方法等。

（3）学习 490 柱的组砌方法。

（4）学习 490 砖柱抹灰的工艺流程及质量控制检测方法。

4. 训练内容量及时间分配

(1) 砖墙操作训练。

基本参数：240 墙，高 1 m，一端设大马牙槎，如图 3.1 所示，2 人一组训练。

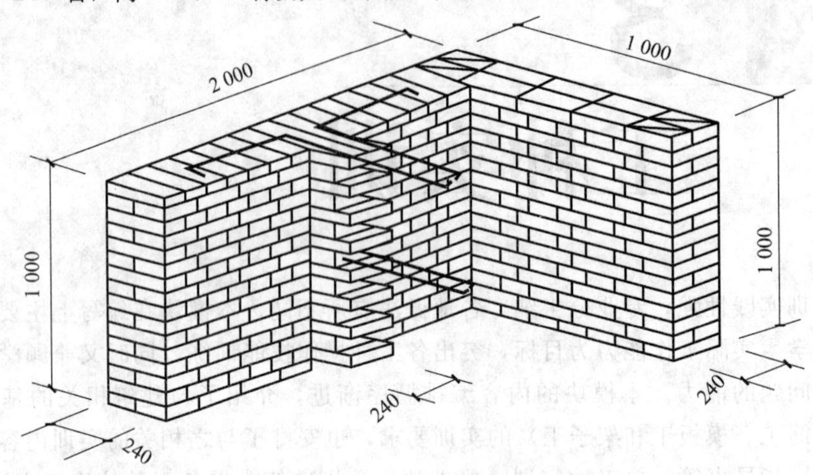

图 3.1 砖墙砌筑实训图

(2) 砖基础操作训练。

每 2 人一组，参数如图 3.2 所示。

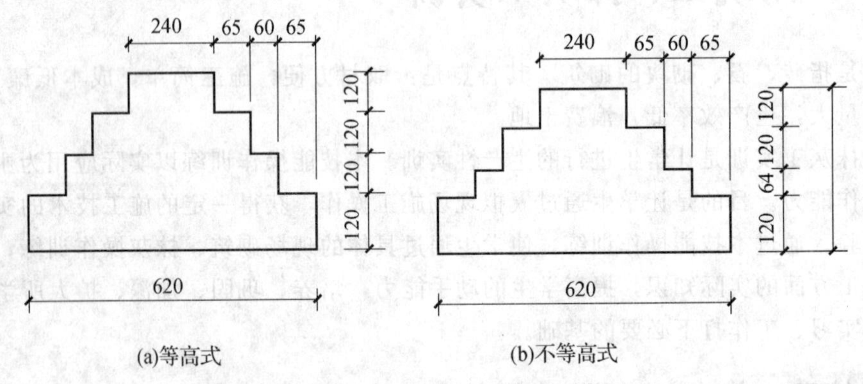

图 3.2 砖基础砌筑实训图

(3) 砖柱训练（高度为 1.2 m）。

参数如图 3.3 所示。

(4) 抹灰训练

在砌筑完成的砖柱上进行 4 面抹灰，如图 3.3 所示。

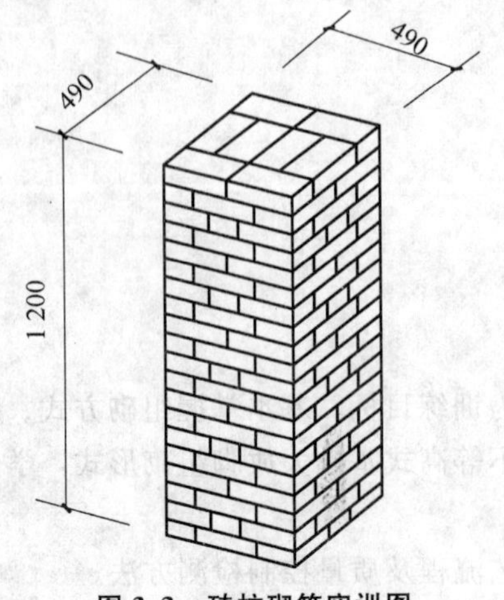

图 3.3 砖柱砌筑实训图

（5）时间分配表。

时间分配表见表3.1。

表3.1 时间分配表

训练内容	时间分配/d	小组人数/人
砖墙训练	2	2
砖基础训练	1	2
砖柱训练	0.5	2
抹灰训练	1	1
考核清场	0.5	—

3.1.2 砌筑工、抹灰工实训指导书

1. 基本操作训练

（1）按规定形式预先试摆砖。丁砖试摆，竖缝按10 mm考虑，原则上按“一丁一顺”的方式组砌。

（2）砌筑高度按1 m共16层砖排列，其中一端马牙槎在第六层砖开始外挑60 mm。按“五退五进”进行组砌，马牙槎不安墙拉筋。

（3）两端挂线砌筑，做到“三线一吊，五线一靠”，保持墙面的垂直和平整度。

（4）墙上留直槎应注意吊线控制直槎垂直度，墙拉筋按要求安放。

（5）利用铝合金方管进行墙面平整度检查，发现问题及时修整。

（6）砂浆连续铺长不宜超过2.5皮砖长，砂浆采用石灰砂浆，按1∶6配置。

（7）如砖几何尺寸有误差，在指导技师指导下可以按梅花丁组砌。

（8）砂浆各班自行组织人员集中筛砂搅拌供应到位，用后将剔下来的砂浆集中堆放在灰盒内（大灰槽），第二次使用时，掺水人工拌和继续使用。

（9）吊线方法由指导技师指导，墙的楞角和端头必须吊线垂直，以保证达到质量标准。

（10）长度为180 mm、120 mm时，应用成品供应砖，砌筑时按位置需要选用，不得砍砖。

（11）砂浆虚铺应控制一定的厚度，一般为15 mm左右，采用挤压、揉搓的方法使砂浆厚度在8～12 mm之间，一般为10 mm，因此要求砂浆有较好的和易性。

（12）用砖刀前后刃口敲击砖面以调整砖的平整度或高低状态，力度应合适，避免将砖砍破。

（13）砌筑时采用“挤浆法”和“满口灰法”。

2. 基础大放脚训练

（1）按等高式选定大放脚形式，由指导技师指导先试摆砖，按“两丁一顺”拼，宽满足620 mm。

（2）按“两层一收，两端头不收阶”，双面拉线砌筑。做到宽度一致，收最后一阶时，应按底层中心吊线，确保轴线正确，防止偏移。

（3）每阶宽度应准确，控制好砌体宽度。

（4）大放脚底部砂浆应满铺，砌筑时用“挤浆法”，保证竖缝中砂浆的高度为1/3高左右，铺第二层砂浆时应将第一层砖的竖缝填满。

（5）收阶宽度可第一阶每边收65 mm，第二阶每边收60 mm，依此类推，如图3.2所示方法。

3. 砖柱训练

（1）在指导技师指导下，按搭砌压缝的要求组砌。

（2）试摆第一层砖确定好尺寸，正常组砌三层砖后，第四层砖以上可以采用空心砌法。

（3）四层砖以上的砌筑以控制垂直度和棱角方正，几何形态满足要求为主，仍按“三线一吊，

五线一靠”的方法组砌，不得任意砍砖。

（4）为防止砌体变形，砖柱砌筑训练的砂浆宜干稠些。

（5）柱按 1.5 m 高砌筑，不拆除，注意把握好质量，以便在柱面上进行抹灰训练。

4. 抹灰工训练

（1）在已砌好的砖柱面上找方正，做灰饼，抹好的柱截面尺寸应大于 53 cm×53 cm。

（2）用木靠尺靠住柱的对称两个面，吊线垂直后抹第一遍灰，如此翻面抹好另外两侧灰。

（3）用同样的方法在用尺子找准方正和截面尺寸后，用木靠尺完成第二面抹灰。要求抹灰面平整垂直，阳角整齐，不露接缝。

（4）抹灰采用 1∶4 石灰砂浆，用木抹子抹平。

抹灰时注意检查木靠尺的质量，并洗净平放。夏季还应注意保湿。

5. 训练工具

（1）砖刀，每人 1 把。

（2）铁锹，每 2 人 1 把。

（3）小灰槽，每 2 人 1 个。

（4）铁抹子、木抹子，每人 1 把。

（5）吊线锤，每人 1 个。

（6）2 m 钢卷尺，每人 1 把。

（7）软靠尺，每人 4 根。

（8）ϕ6.5 钢筋夹具，每人 8 个。

3.1.3 砌筑工、抹灰工实训考核办法

1. 考核组织

（1）以班级为单位，每位学生为考核对象。

（2）每位学生在考核前将填写好的《砌筑抹灰工实训报告》交到指导教师手中，以便考核时填写成绩。

（3）考核由指导教师和指导技师进行，成绩达 60 分为合格，成绩由指导教师填写并上报。

2. 考核内容及评分办法

（1）每人限 3 h 完成 1 m×1.5 m 的 240 墙一段。

（2）其评分办法和分值分配见表 3.2。

表 3.2 评分办法和分值分配

序号	内容	允许偏差值	计分值	扣分办法
1	墙面垂直度	6 mm	10	超标扣 10 分
2	组砌方式正确	≤2 处	20	多一处扣 10 分
3	墙两端侧面垂直度	10 mm	15	超标一端扣 5 分
4	墙面平整度	6 mm	10	每超标 2 mm 扣 5 分
5	砂浆饱满度	≥80%	10	每超标 10%扣 5 分
6	高度	10 mm	5	每超标 2 mm 扣 1 分
7	墙面清洁		5	超标酌情扣分
8	墙顶面两端高差	10 mm	5	每超标 2 mm 扣 1 分
9	出勤状况		20	迟到一次扣 5 分

注：缺勤半天扣 20 分；迟到 1 h 扣 10 分，2 h 扣 20 分。

3. 时限及验收

(1) 每人必须在 2 h 内完成任务。

(2) 如超时完成，则每超过 10 min 扣 5 分。

(3) 个人完成后及时报请验收并清场。

砌筑抹灰工实训报告见表 3.3。

表 3.3 砌筑抹灰工实训报告

<table>
<tr><td colspan="2">实训班级</td><td colspan="2"></td><td colspan="2">姓名</td><td colspan="2"></td><td colspan="2">实训时间</td><td></td></tr>
<tr><td colspan="2">实训项目</td><td colspan="4"></td><td colspan="4">实训指导教师</td><td></td></tr>
<tr><td>实训报告</td><td colspan="10"></td></tr>
<tr><td rowspan="7"></td><td>内 容</td><td>允许偏差</td><td>计分值</td><td>实测</td><td>得分</td><td>内 容</td><td>允许偏差</td><td>计分值</td><td>实测</td><td>得分</td></tr>
<tr><td>①墙面垂直度</td><td>6 mm</td><td>10</td><td></td><td></td><td>⑦墙面清洁</td><td></td><td>5</td><td></td><td></td></tr>
<tr><td>②组砌方式正确</td><td>≤2 处</td><td>20</td><td></td><td></td><td>⑧墙顶面两端高差</td><td>10 mm</td><td>5</td><td></td><td></td></tr>
<tr><td>③墙两端侧面垂直度</td><td>10 mm</td><td>15</td><td></td><td></td><td>⑨出勤状况</td><td></td><td>20</td><td></td><td></td></tr>
<tr><td>④墙面平整度</td><td>6 mm</td><td>10</td><td></td><td></td><td></td><td></td><td></td><td></td><td></td></tr>
<tr><td>⑤砂浆饱满度</td><td>≥80%</td><td>10</td><td></td><td></td><td></td><td></td><td></td><td></td><td></td></tr>
<tr><td>⑥高度</td><td>10 mm</td><td>5</td><td></td><td></td><td>合计得分</td><td></td><td></td><td></td><td></td></tr>
</table>

注：实训报告的主要内容应包括实训内容、实训心得、建议等

3.1.4 砌筑工实训技术规程

1. 材料准备

(1) 砂浆。

砂浆可分为石灰砂浆、水泥砂浆和混合砂浆。

要对砂浆的各项指标进行检查验收，如标号、外观等，具体检查项目见表 3.4。

表 3.4 砂浆各项指标检查项目

水泥	不过期，不混用
石灰	生石灰块熟化不少于 7 d，磨细生石灰粉熟化不少于 2 d，严禁用脱水硬化的石灰膏，不得干燥、冻结和污染
砂	中砂、洁净、过筛； ≥M5 砂浆时，含泥量不大于 5%，<M5 砂浆时，含泥量不大于 10%
水	洁净，不含有害物
外加剂	检验、试配

（2）骨架材料。

要对砖的各项指标进行检查验收，如标号、外观等，具体检查项目见表 3.5。

表 3.5　砖各项指标检查项目

普通黏土砖	240 mm×115 mm×53 mm MU7.5，MU10，MU15，MU20 使用前 1～2 d 浇水（含水率 10%～15%，8%～12%）
烧结多孔砖（承重）	P 型：240 mm×115 mm×90 mm M 型：190 mm×190 mm×90 mm MU7.5，MU10，MU15，MU20
烧结空心砖（非承重）	240 mm×240 mm×115 mm，300 mm×240 mm×115 mm MU2，MU3，MU5

2. 砖砌体施工

（1）砖墙砌筑工艺。

①抄平。在防潮层或楼面上用水泥砂浆或 C10 细石混凝土按标高垫平。

②放线。按龙门板、外引桩或墙上标志，在基础或砌体表面弹墙轴线、边线及门窗洞口线。

③排砖撂底。

a. 目标：搭接错缝合理，灰缝均匀，减少打砖。

b. 要求：清水墙面不许有小于丁头的砖块；门窗口两侧排砖一致；不随意变活——窗口上下、各楼层排法不变；不游丁走缝——上下灰缝一致对准。

c. 原则：

（a）口角处顺砖顶七分头，丁砖排到头。

（b）条砖出现半块时，用丁砖夹在墙面中间（最好在窗洞口中间）。

（c）条砖出现 1/4 砖时，条行用 1 块丁砖加 1 块七分头砖代替 1.25 块砖，排在中间；丁行也加七分头砖与之呼应。

（d）门窗洞口位置可移动距离不大于 6 cm。

④立皮数杆。

皮数杆（图 3.4 和图 3.5）：画有洞口标高、砖行、灰缝厚、插铁埋件、过梁、楼板位置的木杆。

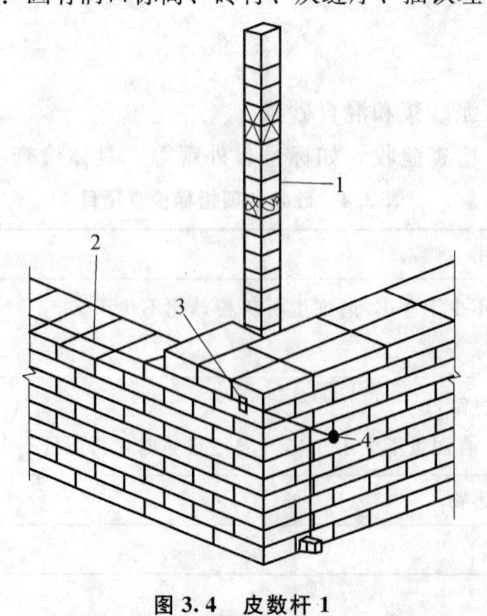

图 3.4　皮数杆 1

1—皮数杆；2—准线；3—竹片；4—圆铁钉

绘制要求：常温下灰缝厚 8～12 mm，冬季施工灰缝厚 8～10 mm；每层楼为整数行，各道墙一致；楼板下、梁垫下用丁砖。

竖立：先抄平再竖立；立于外墙转角处及内外墙交界处；间隔 10～12 m；牢固。

⑤立墙角，挂线砌筑（先砌墙角，以便挂线，砌墙身）。

a. 立角：高度不大于 5 皮，留踏步槎，依据皮数杆，勤吊勤靠。

b. 挂线：（控制墙面平整垂直）120 墙和 240 墙单面挂线，厚墙双面挂线；墙体较长，中间设支线点。

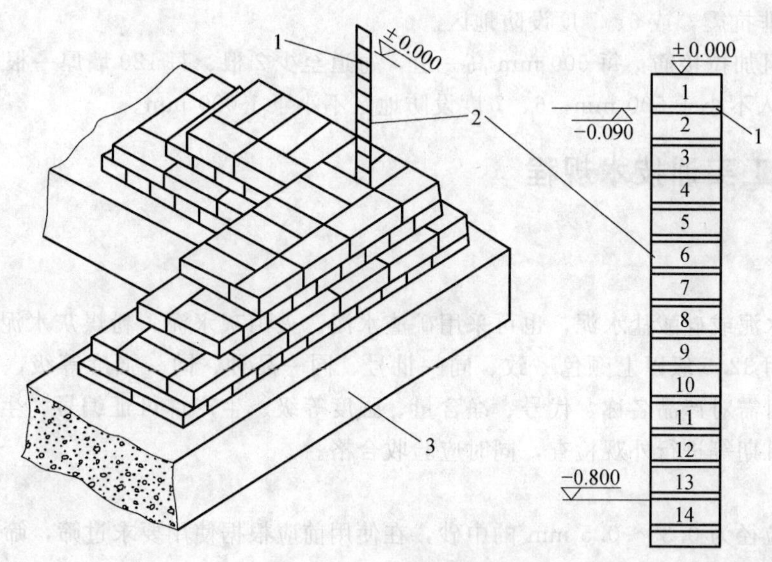

图 3.5　皮数杆 2

1—灰缝；2—砖；3—垫层

c. 砖墙砌筑要点：

(a) 清水墙面要选砖（边角整齐、颜色均匀、规格一致）。

(b) 采用“三一”砌法。

(c) 构造柱旁“五退五进”留马牙口。

(d) 控制每日砌筑高度：常温下不大于 1.8 m，冬季施工时不大于 1.2 m。

(e) 限制流水段间高差：不大于一个层高或 4 m（抗震者不大于一步架高）。

(f) 及时安放钢筋、埋件、木砖。木砖要求：防腐、小头朝外、年轮不朝外。每侧数量按洞高不同要求不同：洞高不大于 1.2 m 时，2 个；洞高为 1.2～2 m 时，3 个；洞高为 2～3 m 时，4 个。

(g) 预留各种孔洞（水暖电、支模、脚手用）。

(h) 脚手眼不得留在空斗墙、120 墙上；独立砖柱过梁上 60°三角形及 0.5 m 净跨的高度内；梁或梁垫下及左右 500 mm 内，宽度小于 1 m 的窗间墙；门窗洞口两侧 200 mm 和转角处 450 mm 的范围内。

⑥安过梁及梁垫：按标高座浆安装；型号、放置方向及位置应正确。

⑦勾缝：1∶1.5 水泥砂浆，4～5 mm 厚。

(2) 砌筑质量要求。

①灰缝均匀、横平竖直、砂浆饱满。

a. 平缝厚度及立缝宽度：(10 ± 2) mm。

b. 饱满度要求：水平缝不小于 80%，竖缝不小于 60%。

c. 检查：百网格检查，取三块砖平均值。

d. 影响饱满度因素：砖含水率（浇水否）及砂浆和易性。

②墙体垂直、墙面平整。

a. 要求：垂直度不大于5 mm，平整度不大于5～8 mm。

b. 检查：利用2 m靠尺、楔形塞尺进行检查。

③上下错缝、内外搭砌，不得出现通缝。

④留槎合理、接槎牢固。

转角处及交接处应同时砌筑。

a. 留斜槎：长度不小于墙高度的2/3，抗震者加拉接筋。

b. 留直槎：非抗震，或6、7度设防地区。

c. 留凸直槎且加拉接筋：每500 mm高一道，每道至少2根、每120墙厚一根，直径ϕ6，端部90°弯钩，每端压入不小于500 mm，6、7度设防地区不小于1 000 mm。

3.1.5 抹灰工实训技术规程

1. 材料要求

(1) 水泥。

宜采用普通水泥或硅酸盐水泥，也可采用矿渣水泥、火山灰水泥、粉煤灰水泥及复合水泥。水泥强度等级宜采用32.5级以上颜色一致、同一批号、同一品种、同一强度等级、同一厂家生产的产品。水泥进厂时需对产品名称、代号、净含量、强度等级、生产许可证编号、生产地址、出厂编号、执行标准、日期等进行外观检查，同时应验收合格。

(2) 砂。

宜采用平均粒径为0.35～0.5 mm的中砂，在使用前应根据使用要求过筛，筛好后保持洁净。

(3) 磨细石灰粉。

磨细石灰粉的细度为：过0.125 mm的方孔筛，累计筛余量不大于13%。使用前用水浸泡使其充分熟化，熟化时间不少于3 d。

浸泡方法：提前备好大容器，均匀地向容器中撒一层生石灰粉，浇一层水，然后撒一层石灰粉，再浇一层水，依此进行，当达到容器容积的2/3时，将容器内放满水，使之熟化。

(4) 石灰膏。

石灰膏与水调和后具有凝固时间快，在空气中硬化，硬化时体积不收缩的特性。用块状生石灰淋制时，用筛网过滤，贮存在沉淀池中，使其充分熟化。熟化时间常温一般不少于15 d。用于罩面灰时不少于30 d，使用时石灰膏内不得含有未熟化的颗粒和其他杂质。在沉淀池中的石灰膏要加以保护，防止其干燥、冻结和污染。

(5) 纸筋。

采用白纸筋或草纸筋施工时，要先将其用水浸透（时间不少于3周），并捣烂成糊状，达到洁净、细腻的标准后方可使用。用于罩面时宜用机械碾磨细腻，也可制成纸浆。要求稻草、麦秆应坚韧、干燥、不含杂质，其长度不得大于30 mm，稻草、麦秆应经石灰浆浸泡处理。

(6) 麻刀。

麻刀必须柔韧干燥，不含杂质，行缝长度一般为20～30 mm，用前4～5 d敲打松散并用石灰膏调好，也可采用合成纤维。

2. 主要机具

麻刀机、砂浆搅拌机、纸筋灰拌和机、窄手推车、铁锹、筛子、水桶（大小）、灰槽、灰勺、刮杠（大2.5 m，中1.5 m）、靠尺板（2 m）、线坠、钢卷尺（标、验*）、方尺（标、验*）、托灰板、铁抹子、木抹子、塑料抹子、八字靠尺、方口尺（标、验*）、阴阳角抹子、长舌铁抹子、金属水平尺（标、验*）、捋角器、软水管、长毛刷、鸡腿刷、钢丝刷、茅草帚、喷壶、小线、钻子（尖、扁）、粉线袋、铁锤、钳子、钉子、托线板等。

3. 操作工艺

(1) 基层清理。

①砖砌体：应清除表面杂物，残留灰浆、舌头灰、尘土等。

②混凝土基体：表面凿毛或在表面洒水润湿后涂刷1∶1水泥砂浆（加适量胶黏剂或界面剂）。

③加气混凝土基体：应在湿润后边涂刷界面剂，边抹强度不大于M5的水泥混合砂浆。

(2) 浇水湿润。

浇水湿润一般在抹灰前一天进行，用软管或胶皮管或喷壶顺墙自上而下浇水湿润，每天宜浇两次。

(3) 吊垂直、套方、找规矩、做灰饼。

根据设计图纸要求的抹灰质量及基层表面平整垂直情况，用一面墙做基准，吊垂直、套方、找规矩，确定抹灰厚度，抹灰厚度不应小于7 mm。当墙面凹度较大时应分层衬平。每层厚度为7～9 mm。操作时应先抹上灰饼，再抹下灰饼。抹灰饼时应根据室内抹灰要求确定灰饼的正确位置，再用靠尺板找直与找平。灰饼宜用1∶3水泥砂浆抹成5 cm见方形状。房间面积较大时应先在地上弹出十字中心线，然后按基层面平整度弹出墙角线，随后在距墙阴角100 mm处吊垂线并弹出铅垂线，再按地上弹出的墙角线往墙上翻引弹出阴角两面墙上的墙面抹灰层厚度控制线，以此做灰饼，然后根据灰饼充筋。

(4) 抹水泥踢脚（或墙裙）。

根据已抹好的灰饼充筋（此筋可以充得宽一些，8～10 cm为宜，因为此筋既作为抹踢脚或墙裙的依据，同时也作为墙面抹灰的依据），底层抹1∶3水泥砂浆，抹好后用大杠刮平，木抹搓毛，常温第二天用1∶2.5水泥砂浆抹面层并压光，所抹踢脚或墙裙厚度应符合设计要求，无设计要求时凸出墙面5～7 mm为宜。凡凸出抹灰墙面的踢脚或墙裙上口必须保证光洁顺直。踢脚或墙面抹好后，将靠尺贴在大面与上口平齐，然后用小抹子将上口抹平压光，凸出墙面的棱角要做成钝角，不得出现毛茬和飞棱。

(5) 做护角墙、柱间的阳角。

做护角墙、柱间的阳角时，应在墙、柱面抹灰前用1∶2水泥砂浆做护角，其高度为自地面以上2 m。然后将墙、柱的阳角处浇水湿润。具体操作步骤如下：

第一步：在阳角正面立上八字靠尺，靠尺凸出阳角侧面，凸出厚度与成活抹灰面平。然后在阳角侧面，依靠尺边抹水泥砂浆，并用铁抹子将其抹平，按护角宽度（不小于5 cm）将多余的水泥砂浆铲除。

第二步：待水泥砂浆稍干后，将八字靠尺移到抹好的护角面上（八字坡向外）。在阳角的正面，依靠尺边抹水泥砂浆，并用铁抹子将其抹平，按护角宽度将多余的水泥砂浆铲除。抹完后去掉八字靠尺，用素水泥浆涂刷护角尖角处，并用捋角器自上而下捋一遍，使其形成钝角。

(6) 抹水泥窗台。

先将窗台基层清理干净，松动的砖要重新补砌好。砖缝划深，用水润透，然后用1∶2∶3豆石混凝土铺实，厚度宜大于2.5 cm，次日刷胶黏性素水泥一遍，随后抹1∶2.5水泥砂浆面层，待表面达到初凝后，浇水养护2～3 d，窗台板下口抹灰要平直，没有毛刺。

(7) 墙面充筋。

当灰饼砂浆达到七八成干时，即可用与抹灰层相同砂浆充筋，充筋根数应根据房间的宽度和高度确定，一般标筋宽度为5 cm。两筋间距不大于1.5 m。当墙面高度小于3.5 m时宜做立筋。大于

---

*标：指检验合格后进行的标识。验：指量具在使用前应进行检验合格。

3.5 m时宜做横筋，做横向充筋时做灰饼的间距不宜大于2 m。

（8）抹底灰。

一般情况下充筋完成2 h左右可开始抹底灰，抹前应先抹一层薄灰，要求将基体抹严。抹时用力压实使砂浆挤入细小缝隙内，接着分层装档、抹与充筋平，用木杠刮找平整，用木抹子搓毛。然后全面检查底子灰是否平整，阴阳角是否方直、整洁，管道后与阴角交接处、墙顶板交接处是否光滑平整、顺直，并用托线板检查墙面垂直与平整情况。散热器后边的墙面抹灰，应在散热器安装前进行，抹灰面接槎应平顺。地面踢脚板或墙裙、管道背后应及时清理干净，做到活完底清。

（9）修抹预留孔洞、配电箱、槽、盒。

当底灰抹平后，要随即由专人把预留孔洞、配电箱、槽、盒周边5 cm宽的石灰砂刮掉，并清除干净，用大毛刷沾水沿周边刷水湿润，然后用1∶1∶4水泥混合砂浆把洞口、箱、槽、盒周边压抹平整、光滑。

（10）抹罩面灰。

应在底灰六七成干时开始抹罩面灰（抹时如底灰过干应浇水湿润），罩面灰两遍成活，厚度约为2 mm，操作时最好两人同时配合进行，一人先刮一遍薄灰，另一人随即抹平。依先上后下的顺序进行，然后赶实压光，压时要掌握火候，既不要出现水纹，也不可压活，压好后随即用毛刷蘸水将罩面灰污染处清理干净。施工时整面墙不宜甩破活，如遇有预留施工洞，可甩下整面墙待抹为宜。

4. 一般抹灰工程质量

一般抹灰工程质量应符合下面允许偏差检验方法，见表3.6。

表3.6　一般抹灰工程允许偏差和检验方法

项次	项目	允许偏差/mm		检验方法
		普通抹灰	高级抹灰	
1	立面垂直度	4	2	用2 m垂直检测尺检查
2	表面平整度	4	2	用2 m靠尺及塞形尺检查
3	阴阳角方正	4	2	用直角检测尺检查
4	分割条（缝）直线度	4	2	拉5 m线，不足5 m拉通线，用钢直尺检查
5	墙群、勒角上口直线度	4	2	拉5 m线，不足5 m拉通线，用钢直尺检查

3.2 模板工、架子工实训

3.2.1 模板工、架子工实训任务书

1. 指导思想和目的

（1）指导思想：通过实训教学方式，提高理论教学效果。

（2）目的：通过实训，使学生对模板工程和脚手架工程有一个感性认识。

2. 实训内容

按图3.7设计模板拼板图，用4#图纸画展开图（采用钢模板）。编制简要的搭设方案，并附模板搭设图。

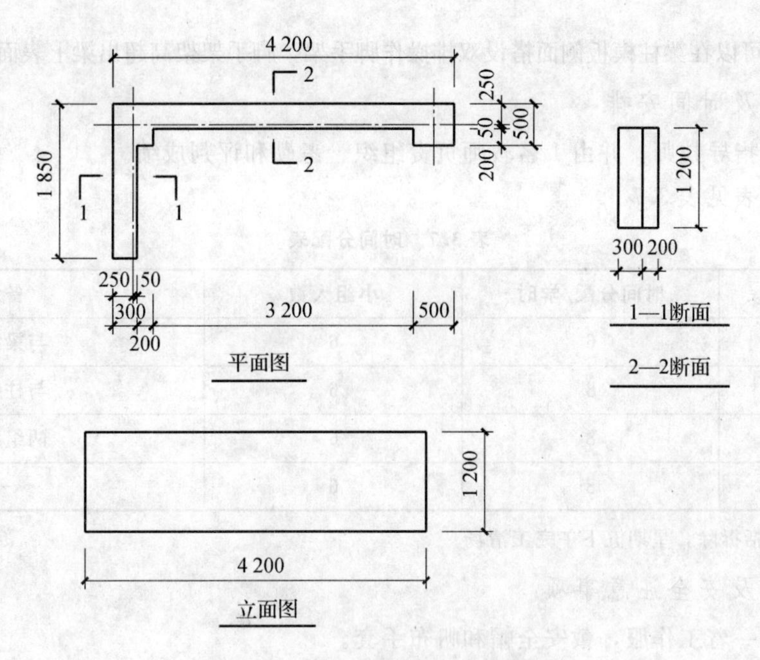

图 3.7 剪力墙模板架子工实训图

按图 3.8 设计模板拼板图，用 4＃图纸画展开图（采用钢模板）。编制简要的搭设方案，并附模板搭设图。

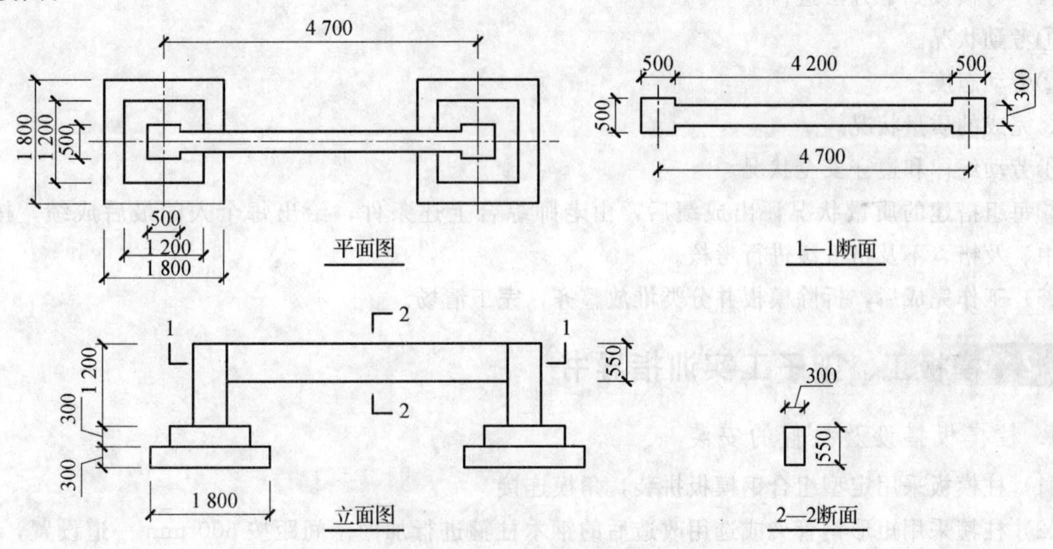

图 3.8 独立基础加柱带梁模板架子工实训图

3. 实训目标要求

(1) 构件搭设实训以定型组合钢模板为主，学习拼板与连接方式。

(2) 支撑系统采用 ϕ48 脚手架钢管搭设。掌握搭设方法及支撑要求。

(3) 在搭设支撑系统的同时，学习和领悟双排钢管脚手架的搭设程序及基本方法。

(4) 掌握梁、柱连接处的处理方法及校正加工方法。

4. 实训方法

(1) 各班以每 6 人为一组，分别完成各种构件模板的搭设任务（柱为 2 根）。

(2) 钢筋混凝土墙的模板搭设。2 组之间按 3 m 左右间距搭设，便于中间加设支撑体系和校正。

(3) 柱、梁模板搭设。2 组之间可以按 4～6 m 间距排列，便于在两片框架模板之间搭设模板支撑体系。

（4）根据需要可以在梁柱模板侧面搭设双排操作脚手架，脚手架架高超出梁上表面 100～200 mm。

5. 实训指导及时间安排

（1）每班 1 位指导技师，并由 1 名教师负责组织、考勤和评判成绩。

（2）时间分配表见表 3.7。

表 3.7　时间分配表

训练内容	时间分配/学时	小组人数	备注
柱模板实训	6	6	与梁结合
梁模板实训	8	6	与柱结合
墙模板实训	8	6	两组结合
独立柱基实训	8	6	—

注：全部时间包括拆除，星期五下午完工清场

6. 实训考核及安全注意事项

（1）训练中统一着工作服，戴安全帽和帆布手套。

（2）钢管不得任意切割，使用机械时应在指导技师指导下按操作规程进行。

（3）高空作业，模板钢管和扣件不得任意抛甩，应传递。

（4）考核按如下方法进行：

①考勤状况。

②劳动态度。

③完成的质量状况。

④劳动纪律和遵守安全状况。

⑤每组搭建的质量状况评出成绩后，由老师综合上述条件，给出每个人的最后成绩，按优、良、中、及格、不及格五级进行考核。

（5）工作完成后，拆除模板并分类堆放整齐，完工清场。

3.2.2 模板工、架子工实训指导书

1. 柱模板搭设及柱箍的安装

（1）柱模板采用定型组合钢模板拼装，角模连接。

（2）柱箍采用矩形钢管夹或选用改造后的钢木柱箍进行加固。间距按 600 mm 一道设置，钢木柱箍每道 2 个交错夹固。

（3）柱子用线锤吊线后采用抛撑校正加固。如两组相邻搭设时，采用钢管支撑体系横向加固校正（最好采用这种方法）。

（4）钢木柱箍的加工制作由实训指导技师在实训前负责制作，尺寸不合适的由指导技师指导进行改造（木枋上钻孔或在螺杆上加木块）。

2. 梁模板安装

（1）确定立柱间距为 1 m，由指导技师指导完成。

（2）梁与柱的连接按下列两种情况考虑：

①阴角模连接。

②木板或木枋连接，注意与钢模板的固定方法。

（3）先安梁底模，后安侧模，底模与侧模用连接角模连接，当底板尺寸不符合模数时，建议在梁底模中部适当位置留孔镶木板拼装。注意木板下应加横钢管支撑，防止脱落。

(4) 上口应拉通线校正并用钢管或钢木夹具锁口。锁口处应加设木内顶撑，防止梁上口变形。内顶撑夹在梁上口，便于浇筑混凝土时取掉。钢木夹具可选用成品加以适当改造。

3. 墙模板安装

(1) 墙模板采用定型组合钢模板，其对拉件形式有2种，可分别选用。一种为有止水片的，一种为对拉片不防水的。2种对拉片分别适用于地下室墙体和非防水墙体。

(2) 模板应错缝连接，对拉件按间距600 mm一道（横竖方向）设置。模板外侧采用钩头螺栓和蝶卡夹住 ϕ48 钢管，横竖向间距为1.5 m左右加固一道，以提高模板的侧向刚度和整体性。

(3) 模板校正主要解决2个问题。首先是垂直度校正，其次是平整度和厚度。厚度用对拉件解决，偏差一般按5 mm考虑，垂直度可以采用在邻组的墙模板之间加钢管支撑系统进行校正固定。模板支撑系统如图3.9所示。

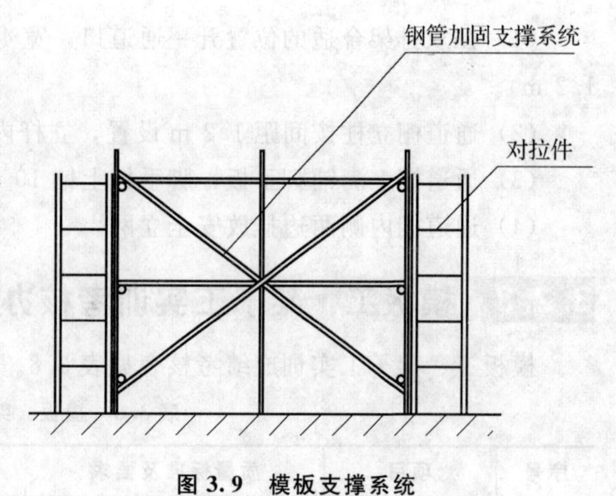

图3.9 模板支撑系统

4. 独立柱基模板搭设

(1) 独立柱基模板搭设按2种方式进行。

①利用第二阶一侧的钢模板按长边方向架在下阶模板口上。

②完全利用钢管抬起第二、三阶模板。

(2) 注意扣件与模板之间的接触方式，保证钢管和扣件在台阶混凝土表面。

(3) 采用钢管加固，除保证台阶正确外，应注意柱顶面的中心线控制。

(4) 柱脚处用模板搭设一段高450 mm左右的模板用于固定柱钢筋骨架。

5. 双排脚手架的搭设

(1) 确定立杆间距，按1.5 m间隔进行排列。

(2) 排放扫地杆（纵向）。先用6 m钢管排列两排，再用接头扣件接长。

(3) 在扫地杆上连接4 m的立杆（用十字扣件），在扫地杆两端先各立一根立杆，扫地杆距地200 mm。扫地杆在立杆外侧（见任务书图），依次安放立杆。立杆搭设3～4根时，在距地1.4 m高处扣接纵向水平横杆，并用抛撑将其支稳。

(4) 先立外一排主杆并加抛撑支稳后，再立第二排立杆，两排立杆之间用小横杆拉接成两排，而后挂尼龙线进行平直度调整，做到横平竖直。

(5) 依次搭设第二步架。待第二步架完成后，取消抛撑，在两端头增设剪力撑。

(6) 铺设脚手板，要求全部脚手板平整对接，接头处在距端头10～15 cm处板下加小横杆，防止翘头。铺设时要选择搭配，保证满铺不留空隙。

(7) 在脚手架内侧安放安全立网，直至栏杆顶，立网用铁丝绑扎。

6. 斜跑道搭设

(1) 跑道宽同双排脚手架，坡度为1∶3。

(2) 跑道两侧搭设双栏杆，高1.1 m。

(3) 满铺脚手板，并钉防滑条，下端用小横杆压稳。

7. 下料平台

(1) 下料平台按6～8 m搭设，与脚手架分离。平台按立杆1 m间距搭设（用4 m立杆），横杆步距按 1.2 m 搭设。

(2) 平台上满铺脚手板，三方设 1.1 m 高双栏杆，平台面高 2.8 m。

(3) 下料平台三方围安全方网，做法同双排脚手架。

8. 安全通道棚

(1) 在双排架合适的位置开一通道口，宽 4 m，高 2.8 m，长 3.6 m，进深设剪力撑 3 道（间距 1.2 m）。

(2) 通道棚立柱按间距 1.2 m 设置，立杆内侧绑扎斜杆以增加刚度。

(3) 通道棚上满铺脚手板，脚手板上铺 10 mm×2 m 竹胶板。

(4) 通道棚内侧两边挂放安全立网。

3.2.3 模板工、架子工实训考核办法

模板工、架子工实训成绩考核表见表 3.8。

表 3.8 模板、架子工实训成绩考核表

序号	项目	质量标准及要求	分值	实测结果	实际得分
1	梁、柱模板	支撑及加固正确、合理	10		
		柱箍安装正确合理	5		
		模板配板正确合理	5		
		垂直度偏差不大于 10 mm	10		
2	独立柱基	模板配板正确	10		
		支撑及加固可靠、合理	10		
3	混凝土墙	模板配板正确	5		
		支撑及加固规范、合理	10		
		对拉件安装规范	5		
		垂直度不大于 10 mm	10		
4	劳动态度	文明施工、紧张有序	10		
5	劳动纪律	无迟到、早退、旷课	10		

学生实训成绩综合考核表见表 3.9。

表 3.9 学生实训成绩综合考核表

姓名	劳动态度/分	劳动纪律/分	施工质量/分	合计得分	备注

注：1. 成绩考核评定后，由指导教师填写成绩册报学院实训教学管理部门，60 分以上为合格

2. 除垂直度检查需要测量外，其他项目可观察判定，由指导教师和指导技师共同进行

3. 劳动态度由指导技师在过程中观察判定，酌情给定分值（落实到个人）

4. 劳动纪律由指导技师考勤确定，迟到 2 h 以上者按旷课处理

5. 此训练为集体实训项目，成绩按五级评比，实际得分按五级套用优、良、中、及格、不及格；90 分以上为优，80 分以上为良，70 分以上为中，60 分以上为及格，60 分以下为不及格

3.2.4 模板工、架子工实训技术规程

1. 模板安装与拆除的一般规定

(1) 模板的安装。

模板及其支架必须符合以下规定：保证工程结构和构件各部分形状尺寸和相互位置正确；具有足够的承载能力、刚度和稳定性，能可靠地承受新浇筑混凝土的自重和侧压力以及在施工过程中所产生的荷载；构造简单，装拆方便，并便于钢筋的绑扎、安装和混凝土的浇筑、养护等要求；模板的接缝不应漏浆。

模板与混凝土的接触面应涂隔离剂，且严禁隔离剂沾污钢筋和混凝土接槎处。

必须注意，当竖向模板和支架的支撑部分安装在基础上时应加设垫板，基土必须坚实且有排水措施。对湿陷性黄土，必须采取防水措施；对冻胀性土，必须采取防冻措施。另外，模板及其支架在安装过程中，必须设防倾覆的临时措施。

现浇钢筋混凝土梁、板，当跨度不小于 4 m 时，模板应起拱；当设计无具体要求时，起拱高度宜为全跨的$\frac{1}{1\ 000}$～$\frac{3}{1\ 000}$。

对于现浇多层结构，应采取分层分段支模的施工方法，安装上层模板及其支架应符合以下规定：下层楼板应具有承受上层荷载的承载能力或设支架支撑；上层支架的立柱应对准下层支架的立柱，并铺设垫板；如果采用悬挑模板、桁架支撑方法，其支撑结构的承载能力和刚度必须符合要求；当层高大于 5 m 时，宜选用桁架支模，或多层支架支模；当采用多层支架支模时，支架的横垫板应平整，支柱应垂直，上下层支柱应在同一中心线上。

组合钢模板系统由两部分组成。其一是模板部分，包括平面模板、转角模板及将它们连接成整体的连接件；其二是契尔氏支撑件，包括梁卡具、柱箍、桁架、支柱、斜撑等。

钢模板由边框、面板和纵横肋组成。模板边框和面板常用 2.5～3.0 mm 厚的钢板轧制而成，纵横肋则采用 3 mm 厚扁钢与面板及边框焊接而成。钢模板的厚度均为 55 mm，宽度有 100 mm、150 mm、200 mm、250 mm、300 mm 5 种规格，长度则有 450 mm、600 mm、750 mm、900 mm、1 200 mm和 1 500 mm 6 种，因此，可组成 30 种规格的钢模。平面模板的代号以字母 P 开头表示种类，用长度尺寸组成的四位数字表示规格。如宽 300 mm、长1 500 mm的平面模板的代号是 P3015。

转角模板（简称角模）应用于柱与墙体、梁与墙体、梁与楼板的连接部分。角模分为阴角模、阳角模和连接角模三种。阴阳角模是指混凝土成型后的转折处为阴角或阳角。模板的转折处做成弧形，起连接两侧平模的作用。连接角模是直接将互成直角的平模连接固定，其本身并不与混凝土接触。阴阳角模长度与平面模板一致。阴角模为 150 mm×150 mm、长为 900 mm 的阴角模代号为 E1509；阳角模以 Y 表示，肢长有 100 mm×100 mm 和 50 mm×50 mm 2 种，如肢长为 50 mm×50 mm、长为 750 mm 的角模代号为 Y0507；连接角模以 J 表示，长为 900 mm 的角模代号为 J0009。

U 形卡和 L 形插销是用于将模板纵横向自由连接的配件。U 形卡可将相邻模板锁位并夹紧，保证相邻模板不错位，并使接缝紧密；L 形插销插入横肋的插销孔内，可增强模板纵向接缝的刚度，也可防止水平模板拆卸时模板一起掉下来。其安装间距不大于 300 mm，纵向连接两者间隔使用。另外，大片模板组装采用钢楞或钢管，用扣件和钩头螺栓连接固定。

支撑部件的作用是将拼装完毕的模板组合固定并支撑在它的设计位置。支撑件有柱箍、梁托架、钢楞、桁架、钢管支撑及钢管支架等。在实际工程施工中，工地上通常采用钢管脚手架来代替一些支撑件。

模板支设评定标准见表 3.10。

表 3.10　模板支设评定标准

项次	内　　容		允许偏差/mm	实测值				
1	轴线位置		5	4	5	3	4	2
2	底模上表面标高		±5	−2	−5	−4	3	2
3	截面内部尺寸	基础	±10	−4	3	−4	2	1
		柱墙梁	+4、−5					
4	层高垂直度	≤5	6					
		>5	8					
5	相邻两板高低差		2	3	2	0	3	1
6	表面平整度		5	2	4	3	1	2

（2）模板的拆除。

现浇结构的模板及其支架拆除时的混凝土强度应符合设计要求。当无具体设计要求时应符合以下规定：侧模，在混凝土强度能保证其表面及棱角不因拆除模板而受损坏后，方可拆除；底模，在混凝土强度符合表 3.11 的规定后，方可拆除。

预制构件模板拆除时的混凝土强度应符合设计要求。当设计无要求时，应符合以下规定：侧模，在混凝土强度能保证结构不变形且棱角完整时，方可拆除；芯模或预留孔洞的内模，在混凝土强度能保证构件和孔洞表面不发生塌陷和裂缝后，方可拆除；底模，当构件跨度小于等于 4 m 时，在混凝土强度符合设计的混凝土强度标准值的 50％的要求后，方可拆除；当构件跨度大于 4 m 时，在混凝土强度符合设计的混凝土强度标准值的 75％的要求后，方可拆除。

表 3.11　现浇结构拆模时需要的混凝土强度

结构类型	结构跨度/ m	按设计的混凝土强度标准值的百分比计/％
板	≤2	50
	>2，≤8	75
	>8	100
梁、拱、壳	≤8	75
	>8	100
悬臂构件	>2	100

注：表中“设计的混凝土强度标准值”指与设计混凝土强度等级相应的混凝土立方体抗压强度标准值

已拆除的模板及其支架的结构，在混凝土强度符合设计混凝土强度等级的要求后，方可承受全部使用荷载；当施工荷载所产生的效应比使用荷载的效应更为不利，必须经过验算时，需设临时支撑。

拆除模板的顺序与安装模板的顺序相反。一般依次拆除柱模板、楼板模板的底模、梁侧模及梁底模。拆除模板时尽量避免损伤构件表面及模板本身。模板拆下应及时加以清理和修正，按种类和尺寸堆放，以便重复使用。

2. 架子工实训技术规程

扣件式钢管落地脚手架是当前普遍采用的一种脚手架，这种脚手架由钢管和专用扣件组成，具有承载力大、装拆方便、搭设灵活等特点，也比较经济实用，这种脚手架不受施工结构形体的限制，所以适用范围比较广。扣件式钢脚手架由钢管、扣件、脚手板和底座等组成。钢管一般用 ϕ48×3.5 mm焊接钢管，用于立柱、纵向水平和支撑杆的钢管长宜为 4～6.5 m；用于横向水平杆的钢管长宜为 2.1～2.3 m。扣件用于钢管之间的连接，其基本形式有 3 种，如图 3.10 所示。

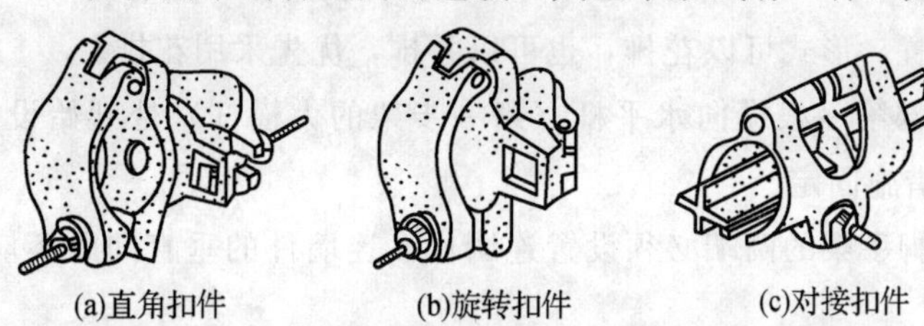

图 3.10 扣件形式

图 3.10（a）为直角扣件，用于两根钢管呈垂直交叉连接；图 3.10（b）为旋转扣件，用于两根钢管呈任意角度交叉连接；图 3.10（c）为对接扣件，用于两根钢管的对接连接。立柱端立于底座上，以传递荷载到地面上；脚手架可采用冲压钢脚手架、钢木脚手架和竹脚手板等。

（1）立杆基础。

①根据脚手架的搭设高度、使用的荷载情况及搭设场地的大致情况，对脚手架立杆基础进行处理，基础处理的结果直接影响架体稳定。由于施工进度的不合理要求和施工工艺等多种原因，建筑物基础或地下工程结束后，槽土不能按规范要求进行逐步回填夯实，达不到脚手架基础所需要的承载力，如不采取措施，在脚手架长期荷载作用下，特别是雨后，地基会出现不均匀下沉，轻者造成脚手架严重变形和倾斜，重者造成脚手架坍塌甚至导致事故的发生。因此，必须保证立杆基础的处理质量，满足脚手架基础承载力的要求，必要时要采取措施增强脚手架基础的整体刚度。

②沿脚手架四周应设置排水沟或在周边浇筑混凝土散水坡。如果不设置排水设施，当湿作业或多雨天气时，大量水淤积在脚手架基础内，在荷载的作用下，土质逐渐变实、沉降。脚手架将会发生不均匀下沉，导致架体严重变形、倾斜。

③目前使用的脚手管是 ϕ48×3.5 mm 的普通低碳高频焊缝钢管，其截面很小，立杆是脚手架的主要受力杆件，它的作用是将脚手架上所承受的荷载通过大、小横杆传递到立杆的基础上，再通过底座、垫板传到地基上。为防止发生钢管不均匀陷入地面，引起架体的倾斜、倒塌的严重后果，应根据脚手架搭设的高度来确定立杆底座的处理方式。首先地基处理应牢固可靠，垫板厚度不小于 50 mm,长度不小于 2 m；其次通长铺设，每块板上不少于 2 根立杆，铺设平稳，不得有悬空；最后脚手板底座应用钉子钉牢在垫木上，如采用配筋混凝土地梁可不垫板只垫底座。

④脚手架必须设置纵向和横向扫地杆。纵向扫地杆应采用直角扣件固定在与底座下皮不大于 20 cm 处的立杆上。横向扫地杆应采用直角扣件固定在紧靠纵向扫地杆下方的立杆上，当立杆基础不在同一高度上时，必须将高处的纵向扫地杆向低处延长 2 跨立杆固定。靠边坡的立杆轴线到边坡的距离不小于 50 cm。

（2）架体与建筑结构拉接。

①一般脚手架搭设得都比较高，而架体宽度仅在 1.2 m 左右，形成长细比失调的状况。另外，搭设中的立杆很难保证垂直。偏心力矩大，加大了脚手架失稳的概率，因此架设拉接点使架体与建筑结构连成一体，从实际情况看，造成架体变形、倾覆的主要原因就是拉接点稀少和人为地在装修外墙、安装窗口、安装幕墙时乱拆拉接点。由此看来，连墙杆（拉接点）是保证脚手架稳定、安全、可靠的重要构造和措施，在施工中不允许随意变更或拆除，如影响施工必须移位的，应有相应的加固措施，之后方可进行原杆件的移位。

②拉接点的设计拉力不能小于 10 kN（1 000 kg）。连墙拉接点的设计位置，应按规范要求，两步三跨或三步两跨设置，设置在小横杆下方 10 cm 左右、距主节点不大于 30 cm 的脚手架的立杆上。

③要求：

a. 连墙件应均匀布置，形式可以花排，也可以并排，优先采用花排。

b. 连墙件必须从底部第一根纵向水平杆（第一步架的大横杆）处开始设置，当该处设置有困难时，应采用其他可靠措施固定。

c. 一字形、开口型脚手架的两端必须设置连墙件，连墙件的垂直间距不应大于建筑物的层高，并不超过 4 m。

d. 脚手架下部不能设连墙件时或脚手架搭设高度小于 7 m 时可采用抛撑。抛撑应采用通长杆件与脚手架可靠连接，与地面的夹角应为 45°～60°，连接点距主节点的距离不应大于 30 cm。抛撑在连墙件设置后方可拆除。

e. 连墙件主要有两种：一种是刚性的；另一种是柔性的。柔性连墙件只能用于承重墙体结构，而且要求架体搭设高度在 24 m 内。其他非承重结构或架体搭设高度超过 24 m 时均应采用刚性连墙件。

f. 连墙件的连墙杆或拉筋应水平，并垂直于墙面设置，与脚手架连接的一端可稍向下倾斜，不允许向上翘起，当无法水平设置时应下拉，不能上拉。

g. 在搭设脚手架时，连墙件应与其他杆件同步搭设。在拆除脚手架时应在其他杆件拆到连墙件高度时，再拆除连墙件。最后一道连墙件拆除前，应先设置抛撑，再拆除连墙件，以确保脚手架拆除过程中的稳定。

(3) 杆件间距与剪刀撑。

①立杆是脚手架的主要受力杆件，间距应均匀设置并符合规范规定和施工方案的要求，不能加大间距，否则会降低立杆的承载能力，一般立杆纵距为：施工脚手架不大于 1.5 m，装修脚手架不大于 1.8 m，防护架不大于 2 m，立杆横距一般在 1.3 m 以内，最大不超过 1.5 m。

②大横杆是约束立杆纵向距离传递荷载的重要杆件，步距的变化直接影响脚手架的承载能力，一般施工脚手架步距为 1.2 m，装修脚手架步距为 1.8 m，现在的工程大部分是框架结构，脚手架作为外防护多采用 1.5 m 步距，用直角扣件固定在立杆的内侧。

③小横杆主要是约束立杆侧向变形、传递脚手架使用荷载、增强脚手架刚度的重要杆件，与大横杆、立杆共同组成脚手架的架体，而且承担着缩短脚手板使用跨度，保证脚手板承受使用荷载的作用。

小横杆应符合下列要求：

a. 每一主节点处必须设置一根小横杆，用直角扣件扣紧在大横杆的上方，偏离主节点的轴线距离不大于 15 cm，且严禁拆除。

b. 在双排脚手架上，靠墙一侧的外伸长度不应大于 50 cm。

c. 操作层上非主节点处的小横杆应根据支撑脚手板的需要等间距设置，最大间距不应大于立杆间距的 1/2。

d. 单排脚手架的小横杆一端应采用直角扣件固定在大横杆的上方，另一端插入墙内不小于 18 cm。但不能用于 18 cm 墙、轻质墙、空心墙等稳定性差的墙体。

④剪刀撑是防止脚手架纵向变形的重要杆件和措施，合理设置剪刀撑可以增强脚手架的整体刚度，提高脚手架的承载能力。剪刀撑的设置应符合下列要求：

a. 每组剪刀撑以 4～6 跨为宜，但不小于 6 m，斜杆与地面的夹角为 45°～60°。

b. 搭设高度在 24 m 以下的单、双排脚手架，均必须在外侧立面的两端各设一组剪刀撑，由底部至顶部随脚手架的搭设连续设置，中间部分可间断设置，各组剪刀撑间净距不大于 15 m。

c. 搭设高度在 24 m 以上的双排脚手架，在外侧立面必须沿长度和高度连续设置。

d. 剪刀撑斜杆应与立杆和伸出的小横杆用扣件扣牢，底部斜杆的下端应置于垫板上。

e. 剪刀撑斜杆的接长均采用搭接，搭接长度不小于 1 m，设置两个旋转扣件固定，端部扣件盖板边缘至搭接纵向杆端的距离不应小于 10 cm。

f. 一字形、开口型双排脚手架的两端必须设置横向支撑。

g. 脚手架搭设高度超过 24 m 时，转角处及中间沿纵向每隔 6 跨，在横向平面内加横向支撑。

h. 横向支撑斜杆应在 1～2 步内，由底到顶呈"之"字形，连续布置斜杆应采用旋转扣件，固定在与之相交的立杆上，或固定在横杆靠近脚手架节点处。

(4) 杆件搭接。

①立杆接长除在顶层可采用搭接外，其余各接头必须采用对接扣件对接，对接、搭接应符合下列规定：

a. 立杆上的对接扣件应交错布置，两相邻立杆接头不应设在同步、同跨内，两相邻立杆接头在高度方向错开的距离不应小于 50 cm；各接头中心距主节点的距离不应大于步距的 1/3。

b. 立杆顶层搭接长度不小于 1 m，用不少于 2 个旋转扣件固定，端部扣件盖板的边缘至杆端距离不应小于 10 cm。

c. 双立杆的副立杆高度不应低于 3 步，钢管长度不应小于 6 m。

d. 立杆顶端高出建筑物檐口上表面高度 1.5 m。

e. 每根立杆均应设置底座和垫板。

②大横杆设置于小横杆的下方，在立杆的内侧，并用直角扣件与立杆扣紧，其接长应符合下列规定：

a. 大横杆一般应采用对接扣件连接。

b. 对接的接头应交错布置，不应设在同步、同跨内，相邻接头水平距离不应小于 50 cm，并应避免设在大横杆纵向的跨中。

③小横杆不允许有接头。

扣件式钢管脚手架如图 3.11 所示。

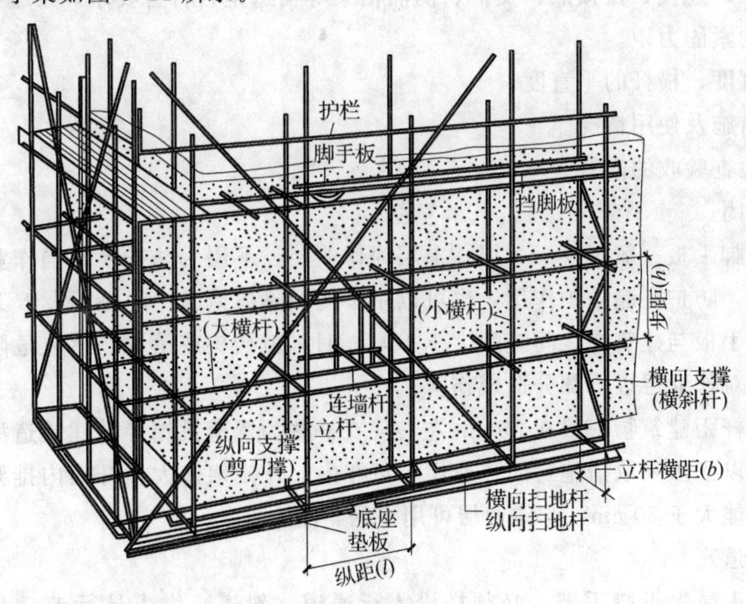

图 3.11　扣件式钢管脚手架组成

（5）脚手板与防护栏杆。

脚手板是施工人员的作业平台，脚手架上铺脚手板，是为了方便施工人员进行施工操作、行走、运输材料等。脚手板必须按脚手架的宽度满铺，板与板之间靠紧，如不满铺脚手板，出现空缺，人员在上面行走时容易踏空，造成高处坠落事故。

①脚手板一般采用木质和钢质，其材质应符合规范要求。木脚手板应是 5 cm 厚，非脆性木材（如桦木），无腐朽、劈裂；钢脚手板用 2 mm 厚板材冲压制成，如有锈蚀、裂纹则不能使用。

②脚手板采用对接时，接头处下设两根小横杆；脚手板外伸长度为 13～15 cm，2 块脚手板外伸长度的和不大于 30 cm。

③脚手板采用搭接时，接头必须支在小横杆上，搭接长度应大于 20 cm，伸出横向水平杆的长度不应小于 10 cm。

④脚手板应设置在不少于 3 根小横杆上。

⑤脚手板下设置的小横杆，两端应与大横杆用直角扣件扣牢。

⑥脚手板应满铺、铺稳，离开墙面 12～15 cm，板下方应设安全网，防止脚手板折断，发生事故。

⑦作业层脚手板探头长度应取 15 cm，并应不大于 20 cm。探头板过长可能造成坠落事故，其板长两端均应与支撑小横杆可靠固定。

⑧脚手架的外侧应按规定设置密目安全网，安全网设置在外排立杆的内侧，安全网必须合格，使用符合要求的绳扣牢系在脚手管上。

⑨作业层在脚手架外侧大横杆与脚手板之间，应按临边防护的要求设置防护栏杆和挡脚板，防止作业人员坠落和脚手板上物料滚落。

⑩自顶层操作层的脚手板往下计，每隔 10 m 铺一层脚手板或设置安全平网做隔离。

（6）验收。

① 杆件、扣件的材质、锈蚀情况及刷防锈漆情况。

② 脚手板材质及几何尺寸。

③ 地基与基础的排水情况，底座是否松动，立杆有无悬空。

④ 杆件的间距、连接、拉接点、支撑、门洞桁架等构造是否符合要求。

⑤ 扣件螺栓的紧固力矩。

⑥ 立杆的垂直度、横杆的平直度。

⑦ 安全防护措施及使用情况。

⑧ 其他应该检查验收的内容。

（7）架体内封闭。

①脚手架铺设脚手板一般不少于 2 层，上层为作业层，下层为防护层，当作业层脚手板发生问题而落人、落物时，防护层起防护作用，也可以用平网做隔离措施，间隔不大于 10 m。

②当作业层脚手板与建筑物之间缝隙大于 15 cm 时，就会构成落物、落人危险，也应采取防护措施，防止落物时对作业层以下部分造成伤害。

③脚手架内立杆距建筑物一般在 30 cm 左右，在一些为躲避挑檐等的建筑造型内，立杆距建筑物很可能更大，所以必须采取措施封闭作业层。可在内、外排架体大横杆向内排架外侧挑出小横杆铺设脚手板，但不能大于 50 cm，非作业层可用平网封闭。

（8）通道（斜道）。

为了方便各类人员上下脚手架，必须搭设人行通道（斜道）供人员行走，人员不得攀爬脚手架，通道可附着建筑物设置，也可附着在脚手架外侧设置，但搭设通道（斜道）的杆件必须独立设置。架高 6 m 以下（含 6 m）宜采用“一”字形斜道，架高 6 m 以上宜采用“之”字形斜道。

①斜道构造应符合下列要求：

a. 人行斜道宽度不应小于 1 m，坡度宜采用 1∶3（高∶长）的比例；运输斜道宽度不应小于 1.5 m，坡度宜采用 1∶6 的比例。

b. 拐弯处应设置平台，宽度不小于斜道宽度。

c. 斜道两侧及平台外围均必须设置栏杆及挡脚板。栏杆高度为 1.2 m，挡脚板高度不应小于 15 cm。

d. 运输斜道两侧、平台外围和端部均按拉接点的要求与建筑物设置连墙件，每 2 步应加设水平斜杆，同时应按剪刀撑的规定设置剪刀撑和横向斜撑。

②斜道脚手板应符合下列要求：

a. 脚手板横铺时，应在横向水平杆上增设纵向支撑斜杆，斜杆间距应不大于 50 cm。

b. 脚手板顺铺时，脚手板的接头宜采用搭接，下面的板头压住上面的板头，板头的凸棱处应用三角木填顺。

c. 人行道、运输斜道的脚手板上每隔 25～30 cm 设置一根防滑木条，木条厚度宜为2～3 cm。

③在脚手架使用期间，严禁任意拆除下列杆件：

a. 主节点处的纵、横向水平杆，纵、横向扫地杆。

b. 连墙件。

c. 支撑（剪刀撑、斜撑）。

d. 栏杆、挡脚板。

3.3 钢筋工实训

3.3.1 钢筋工实训任务书

1. 目的

通过该实训过程，提高学生对钢筋工程的认识和了解，并学会和基本掌握一两门钢筋加工技术。

2. 要求

(1) 严格按指导人员的要求进行实训作业。

(2) 遵守纪律，注意安全。

(3) 学会正确使用钢筋机械。

(4) 基本掌握钢筋加工制作的工艺方法。

3. 任务书

(1) 实训任务。

①钢筋加工制作。

a. 钢筋机械调直。

b. 钢筋下料（断钢机、切割机）。

c. 手工弯制箍筋。

d. 粗箍筋弯曲成形。

②钢筋绑扎。

③钢筋连接。

a. 双面搭接焊。

b. 竖向电渣压力焊。

c. 窄间隙焊。

④观摩机械连接工艺及试作。

a. 套筒挤压连接技术。

b. 滚轧直螺纹连接技术。

⑤观摩钢筋接头力学实验。

(2) 任务量。

①钢筋调直和断料按个人完成的加工需求量进行。

②手工弯制箍筋每人10个。

③粗钢筋弯曲成形在指导技师的协助下完成。

④钢筋绑扎以组为单位完成数个构件。

⑤用构件连接的3种方法，每人完成一个成品焊件。

4. 组织管理及工作秩序安排

(1) 组织与管理。

①由实训中心负责任务及技术安排。

②由相关工种指导技师组成实训指导小组，分工合作指导各组学生进行相关内容实训。

③由实训中心安排专门人员负责安全管理。

④每班以8人一组，轮流进行各项内容的实训。

⑤严格考勤制度，每天由指导技师负责各组的考勤。

(2) 工作秩序安排。

每班自行安排工作秩序，具体安排见表3.12。

钢筋拉力试验，由各组完成试件后利用7～8节课到实验室观摩试验过程及结果。

表3.12 工作秩序安排

组别	工作内容	工作天数/d
1	观摩、试作钢筋机械连接	0.5
2	钢筋加工制作	1
3	钢筋绑扎	0.5
4	电渣压力焊	1
5	窄间隙焊、搭接焊	1.5
	星期五下午钢筋焊件实验	0.5

3.3.2 钢筋工实训指导书

1. 钢筋放样

在钢筋指导技师的协助下，完成一根构件的放样任务，并填写成钢筋大样表，完成后交给实训中心，作为评定成绩的依据。

2. 钢筋机械的使用

(1) 打开调直机护盖，观看内部构造。

(2) 开机调直断料，按加工的箍筋下料尺寸断料。

(3) 使用断钢机，在指导技师的指导下，完成粗钢筋下料工作。

(4) 弯钢机在进行钢筋弯曲时，由指导技师指导确定好弯心直径大小、弯折移动量大小、控制弯折角度，试弯，最后弯曲成形。

3. 焊接

(1) 选定焊件的钢筋尺寸为 ϕ12～22（一、二级钢均可）。

(2) 焊件长：电渣压力焊，800 mm 2 根；窄间隙焊，350 mm 2 根；搭接焊（双面），300 mm 2 根。

注明：电渣压力焊和窄间隙焊的焊件可反复割断，重复使用，直到满足基本试件长度为止。

(3) 钢筋电渣压力焊：这是将两条钢筋安放成竖向对接形式，利用焊接电流通过两条钢筋间隙，在焊剂层下形成电弧过程和电渣过程，产生电弧热和电阻热，熔化钢筋，加压完成的一种压焊方法。电渣压力焊的焊接过程包括 4 个阶段：引弧过程、电弧过程、电渣过程和顶压过程。实训过程中学生需按照焊接过程的 4 个阶段反复试作体验，最终完成一个焊件，焊接结束。

(4) 搭接焊：采用双面焊，焊缝长 5 *d*（*d* 为钢筋直径），钢筋轴线偏差控制在 40 mm 内，做好起弧、引弧、施焊等全部操作过程，先用其他废旧材料练习，最后完成一个焊件。

(5) 窄间隙焊：掌握焊缝原理、熔槽夹具的作用及正确使用。引弧、试焊，反复练习，最后完成一个焊件。

4. 机械连接

(1) 套筒挤压连接。观摩设备，了解设备工作原理、套筒材料、挤压试件样品等。

(2) 滚轧直螺纹连接。观摩设备的工作原理，套筒材料，螺纹加工过程、连接过程，观看试件样品。

5. 钢筋接头力学实验的试件取样

(1) 每组按个人最终完成的样品，随机抽取 1 根。

(2) 每组共抽取 3 个试件（搭接焊、电渣压力焊、窄间隙焊）。

6. 安全注意事项

(1) 每个学员要服从指导技师指挥，不得乱动用机械。

(2) 使用切割、切断机、弯钢机、调直机等应在指导技师指导下进行。

(3) 电焊机的使用要注意用电安全，防止强电灼伤或触电伤亡。

3.3.3 钢筋工实训考核办法

1. 考核内容及数量

各种钢筋示意图如图 3.12 所示。

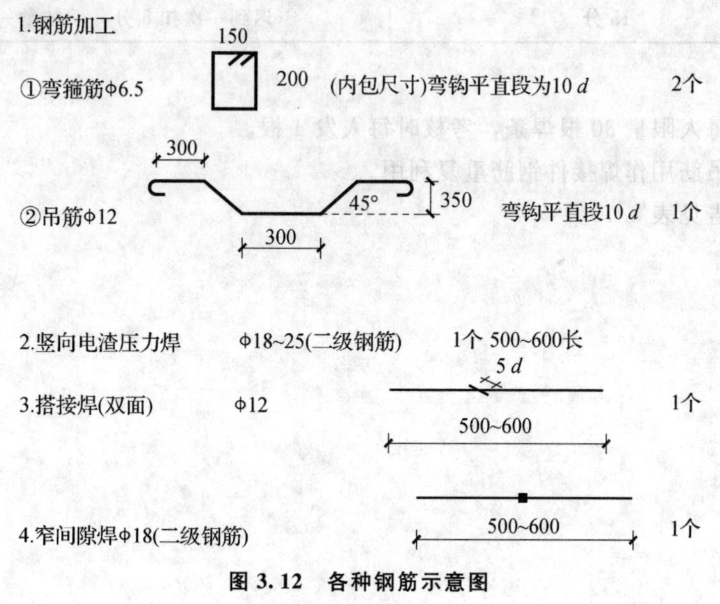

图 3.12 各种钢筋示意图

d—钢筋直径

2. 考核办法及验收标准

(1) 计时考核表见表 3.13。

表 3.13 计时考核表

项次	考核内容	时间/min	备注
1	钢筋加工(两项内容)	15～20	从下料开始
2	竖向电渣压力焊	5～8	从夹料开始
3	搭接焊	5～10	料预先备好
4	窄间隙焊	5～10	料预先备好

(2) 质量评定内容:

①观感检查。

②焊缝长度检查。

③钢筋加工尺寸检查。

(3) 评定办法:

①质量检查见《钢筋工实训报告》。

②凡是达不到报告中要求的累计分数 60 分的为不合格。

③考核成绩由指导教师做出并上报。

④考核时由学生将填写好的钢筋工实训报告交指导教师考核、填写成绩。

(4) 工效分值分配(表 3.14)。

表 3.14 工效分值分配

项次	分值分配		工效分	
1	钢筋加工	箍筋 10 分 吊筋 15 分	15 min 完成 25 分 20 min 完成 15 分	
2	竖向电渣压力焊	20 分	5 min 完成 20 分	8 min 完成 15 分
3	搭接焊	20 分	5 min 完成 20 分	10 min 完成 10 分
4	窄间隙焊	20 分	5 min 完成 20 分	10 min 完成 10 分
5	出勤状况	15 分	迟到一次扣 5 分	缺勤一次扣 20 分

3. 材料消耗

(1) 焊工实训每人限量 30 根焊条,考核时每人发 4 根。

(2) 考核后的吊筋用作焊接件钢筋重复利用。

钢筋工实训报告见表 3.15。

表 3.15 钢筋工实训报告

<table>
<tr><td>实训班级</td><td colspan="3"></td><td colspan="2">姓名</td><td colspan="2"></td><td colspan="2">实训时间</td><td colspan="2"></td></tr>
<tr><td>实训项目</td><td colspan="5"></td><td colspan="4">实训指导教师</td><td colspan="2"></td></tr>
<tr><td>实训报告</td><td colspan="11"></td></tr>
<tr><td rowspan="13">成绩考核表</td><td colspan="7">质量检查</td><td colspan="4">工效考核</td></tr>
<tr><td>序号</td><td>内容</td><td>检查项目</td><td>允许偏差</td><td>分值</td><td>实测</td><td>得分</td><td>时限
/min</td><td>实测</td><td>分值</td><td>得分</td></tr>
<tr><td rowspan="2">1</td><td rowspan="2">箍筋加工</td><td>弯钩尺寸</td><td>±10 mm</td><td>10</td><td></td><td></td><td rowspan="4">15～20</td><td rowspan="2"></td><td rowspan="2">10</td><td rowspan="2"></td></tr>
<tr><td>内空尺寸</td><td>±5 mm</td><td>10</td><td></td><td></td></tr>
<tr><td rowspan="2">2</td><td rowspan="2">吊筋加工</td><td>角度</td><td>±5°</td><td>10</td><td></td><td></td><td rowspan="2"></td><td rowspan="2">15</td><td rowspan="2"></td></tr>
<tr><td>外包尺寸</td><td>±10 mm</td><td>10</td><td></td><td></td></tr>
<tr><td rowspan="2">3</td><td rowspan="2">竖向电渣焊</td><td>轴线垂直</td><td>3 mm</td><td>5</td><td></td><td></td><td rowspan="2">5～8</td><td rowspan="2"></td><td rowspan="2">20</td><td rowspan="2"></td></tr>
<tr><td>焊缝观感</td><td></td><td>15</td><td></td><td></td></tr>
<tr><td>4</td><td>窄间隙焊</td><td>焊缝观感</td><td></td><td>15</td><td></td><td></td><td>5～10</td><td></td><td></td><td></td></tr>
<tr><td rowspan="3">5</td><td rowspan="3">搭接焊</td><td>焊缝长度</td><td>≥5 d</td><td>10</td><td></td><td></td><td rowspan="3">5～10</td><td rowspan="3"></td><td rowspan="3">20</td><td rowspan="3"></td></tr>
<tr><td>轴线偏差</td><td>≤4°</td><td>10</td><td></td><td></td></tr>
<tr><td>焊缝观感</td><td></td><td>5</td><td></td><td></td></tr>
<tr><td>6</td><td colspan="7">劳动纪律（出勤状况）</td><td></td><td>15</td><td></td></tr>
</table>

注：实训报告的主要内容应包括实训内容、实训心得、建议等；d 为钢筋直径

3.3.4 钢筋工实训技术规程

1. 施工准备

(1) 作业条件。

钢筋进场后应检查是否有产品合格证、出厂检测报告和进场复验报告，并按施工平面图中指定的位置，按规格、使用部位、编号分别加垫木堆放。

钢筋绑扎前，应检查有无锈蚀，除锈之后再运至绑扎场地。

熟悉图纸，按设计要求检查已加工好的钢筋规格、形状、数量是否正确。

(2) 材料要求。

①钢筋原材：应有供应单位或加工单位资格证书，钢筋出厂质量证明书，并按规定做力学性能复试和见证取样试验。当加工过程中发生脆断等特殊情况时，还需做化学成分检验。钢筋应无铁锈及油污。

②成形钢筋：必须符合配料单的规格、型号、尺寸、形状和数量，并应进行标注。成形钢筋必须进行覆盖，防止雨淋生锈。

(3) 施工机具。

钢筋钩子、撬棍、扳子、绑扎架、钢丝刷子、手推车、粉笔及尺子等。

2. 工艺流程

(1) 柱钢筋绑扎。

柱钢筋绑扎流程：套柱箍筋→搭接绑扎竖向受力筋→画箍筋间距线→绑箍筋。

①套柱箍筋：按图纸要求间距，计算好每根柱箍筋数量，先将箍筋套在下层伸出的搭接筋上，然后立柱子钢筋，在搭接长度内绑扣不少于3个，绑扣要朝向柱中心。如果柱子主筋采用光圆钢筋搭接时，角部弯钩应与模板成45°角，中间钢筋的弯钩应与模板成90°角。

②搭接绑扎竖向受力筋：柱子主筋立起之后，接头的搭接长度应符合设计要求，如设计无要求，应按表3.16采用。

表3.16 纵向受拉钢筋的最小搭接长度

钢筋类型	混凝土强度等级C15、C20～C25、C30～C35、≥C40
光圆钢筋 HPB235 级	45 *d*、35 *d*、30 *d*、25 *d*
带肋钢筋 HRB335 级	55 *d*、45 *d*、35 *d*、30 *d*
HRB400 级、RRB400 级	55 *d*、40 *d*、35 *d*

注：两根直径不同钢筋的搭接长度，按较细的钢筋的直径计算；*d* 为钢筋直径

柱子的竖向钢筋采用机械或焊接连接时，按规范要求同一截面内钢筋接头面积百分率应不大于50%。第一步接头距楼面大于500 mm且大于 $H/6$（H为每层建筑高度），不在箍筋加密区。

③画箍筋间距线：在立好的柱子竖向钢筋上，按图纸要求用粉笔画箍筋间距线。

④绑箍筋：按已画好的箍筋位置线，将已套好的箍筋向上移动，由上向下绑扎，宜采用缠扣绑扎。

箍筋与主筋要垂直，箍筋转角处与主筋交点均要绑扎，主筋与箍筋非转角部分的相交点成梅花交错绑扎。

箍筋的弯钩叠合处应沿柱子竖筋交错布置，并绑扎牢固。

有抗震要求的地区，柱箍筋端头应弯成135°，平直部分长度不小于10 *d*（*d* 为箍筋直径）。

柱上下两端箍筋应加密，加密区长度及加密区内箍筋间距应符合设计图纸及施工规范中不大于100 mm且不大于5 *d* 的要求（*d* 为主筋直径）。如设计要求箍筋设拉筋，拉筋应钩住箍筋。

柱筋保护层厚度应符合规范要求，如主筋外皮为25 mm，垫块应绑在柱竖筋外皮上，间距一般为1 000 mm，(或用塑料卡卡在外竖筋上）以保证主筋保护层厚度准确。同时，可采用钢筋定距框来保证钢筋位置的正确性。当柱截面尺寸有变化时，柱应在板内弯折，弯折后的尺寸要符合设计要求。

墙体拉接筋或埋件，根据墙体所用材料，按有关图集留置。

柱筋到结构封顶时，要特别注意边柱外侧柱筋的锚固长度为 $1.7L_{ae}$（L_{ae} 为抗震构件的钢筋锚固长度），具体参见《建筑物抗震构造详图》03G329－1（民用框架、框架－剪力墙、剪力墙部分框支剪力墙）中的有关做法。同时在钢筋连接时要注意柱筋的锚固方向，保证柱筋正确锚入梁和板内。

(2) 梁钢筋绑扎。

梁钢筋绑扎分为模内绑扎和模外绑扎。

模内绑扎流程：画主次梁箍筋间距→放主梁次梁箍筋→穿主梁底层纵筋→穿次梁底层纵筋并与箍筋固定→穿主梁上层纵向架立筋→按箍筋间距绑扎→穿次梁上层纵向钢筋→按箍筋间距绑扎。

模外绑扎流程（先在梁模板上口绑扎成形后再入模内）：画箍筋间距→在主次梁模板上口铺横杆数根→在横杆上面放箍筋→穿主梁下层纵筋→穿次梁下层钢筋→穿主梁上层钢筋→按箍筋间距绑扎→穿次梁上层纵筋→按箍筋间距绑扎→从模板内抽出横杆落骨架→板钢筋绑扎→清理模板→模板上画线→绑板下受力筋→绑负弯矩钢筋→楼梯钢筋绑扎→画位置线→绑主筋→绑分布筋→绑踏

步筋。

梁钢筋绑扎，具体操作过程如下：

①在梁侧模板上画出箍筋间距，摆放箍筋。

②先穿主梁的下部纵向受力钢筋同时弯起钢筋，将箍筋按已画好的间距逐个分开；穿次梁的下部纵向受力钢筋同时弯起钢筋，并套好箍筋；放主次梁的架立筋；隔一定间距将架立筋与箍筋绑扎牢固；调整箍筋间距使间距符合设计要求，绑架立筋，再绑主筋，主次同时配合进行。次梁上部纵向钢筋应放在主梁上部纵向钢筋之上，为了保证次梁钢筋的保护层厚度和板钢筋位置，可将主梁上部钢筋降低一个次梁上部主筋直径的距离加以解决。

③框架梁上部纵向钢筋应贯穿中间节点，梁下部纵向钢筋伸入中间节点锚固长度及伸过中心线的长度要符合设计要求。框架梁纵向钢筋在端节点内的锚固长度也要符合设计要求。一般大于 45 d（d 为钢筋直径）。绑梁上部纵向筋的箍筋，宜用套扣法绑扎。

④箍筋在叠合处的弯钩，在梁中应交错布置，箍筋弯钩采用135°，平直部分长度为 10 d（d 为箍筋直径）。

⑤梁端第一个箍筋应设置在距离柱节点边缘 50 mm 处。梁与柱交接处箍筋应加密，其间距与加密区长度均要符合设计要求。梁柱节点处，由于梁筋穿在柱筋内侧，导致梁筋保护层加大，故应采用渐变箍筋，渐变长度一般为 600 mm，以保证箍筋与梁筋绑扎到位。

⑥在主、次梁受力筋下均应垫垫块（或塑料卡），保证保护层的厚度。受力筋为双排时，可用短钢筋垫在两层钢筋之间，钢筋排距应符合设计规范要求。

⑦梁筋的搭接：梁的受力钢筋直径不小于22 mm时，宜采用焊接接头或机械连接接头；小于22 mm时，可采用绑扎接头，搭接长度要符合规范的规定。搭接长度末端与钢筋弯折处的距离，不得小于钢筋直径的 10 倍。接头不宜位于构件最大弯矩处，受拉区域内一级钢筋绑扎接头的末端应做弯钩（二级钢筋可不做弯钩），搭接处应在中心和两端扎牢。接头位置应相互错开，当采用绑扎搭接接头时，在规定搭接长度的任一区段内有接头的受力钢筋截面面积占受力钢筋总截面面积的百分率，受拉区不大于 50％。

（3）剪力墙钢筋绑扎。

剪力墙钢筋绑扎流程：立 2～4 根竖筋→画水平筋间距→绑定位横筋→绑其余横竖筋。

①立 2～4 根竖筋：将竖筋与下层伸出的搭接筋绑扎，在竖筋上画好水平筋分档标志，在下部及齐胸处绑两根横筋定位，并在横筋上画好竖筋分档标志，接着绑其余竖筋，最后再绑其余横筋。横筋在竖筋里面或外面应符合设计要求。

②竖筋与伸出搭接筋的搭接处需绑 3 根水平筋，其搭接长度及位置均符合设计要求，设计无要求时，应符合本书中的纵向受拉钢筋的最小搭接长度表中的要求。

③剪力墙筋应逐点绑扎，双排钢筋之间应绑拉筋或支撑筋，其纵横间距不大于 600 mm，钢筋外皮绑扎垫块或用塑料卡。

④剪力墙与框架柱连接处，剪力墙的水平横筋应锚固到框架柱内，其锚固长度要符合设计要求。如先浇筑柱混凝土后绑剪力墙筋时，柱内要预留连接筋或柱内预埋铁件，待柱拆模绑墙筋时作为连接用。其预留长度应符合设计或规范的规定。

⑤剪力墙水平筋在两端头、转角、十字节点、连梁等部位的锚固长度以及洞口周围加固筋等，均应符合设计、抗震要求。

⑥合模后对伸出的竖向钢筋应进行修整，在模板上口加角铁或用梯子筋将伸出的竖向钢筋加以固定，浇筑混凝土时应有专人看护，浇筑后再次调整以保证钢筋位置的准确。

（4）楼板钢筋绑扎。

①清理模板上面的杂物，用墨斗在模板上弹好主筋、分布筋间距线。

②按画好的间距，先摆放受力主筋，后摆放分布筋。预埋件、电线管、预留孔等应及时配合安装。

③在现浇板中有板带梁时，应先绑扎板带梁钢筋，再摆放板钢筋。绑扎板钢筋时一般用顺扣或八字扣，除外围两根筋的相交点应全部绑扎外，其余各点可交错绑扎（双向板相交点须全部绑扎）。

④如板为双层钢筋，两层筋之间须加钢筋马凳，以确保上部钢筋的位置。负弯矩钢筋每个相交点均要绑扎。

⑤在钢筋的下面垫好砂浆垫块，间距 1.5 m。垫块的厚度等于保护层厚度，应满足设计要求，如设计无要求，板的保护层厚度应为 15 mm。盖铁下部安装马凳，位置同垫块。

(5) 楼梯钢筋绑扎。

在楼梯底板上画主筋和分布筋的位置线。

根据设计图纸中主筋、分布筋的方向，先绑扎主筋后绑扎分布筋，每个交点均应绑扎。如有楼梯梁，先绑梁筋后绑板筋。板筋要锚固到梁内。

底板筋绑完，待踏步模板支好后，再绑扎踏步钢筋。主筋接头数量和位置均要符合施工规范的规定。

(6) 成品保护及应注意的质量问题。

①成品保护。

楼板的弯起钢筋、负弯矩钢筋绑好后，不准在上面踩踏行走。浇筑混凝土时派钢筋工专门负责修理，保证负弯矩筋位置的正确性。

绑扎钢筋时禁止碰动预埋件及洞口模板。

钢模板内面涂隔离剂时不要污染钢筋。

安装电线管、暖卫管线或其他设施时，不得任意切断和移动钢筋。

②应注意的质量问题。

浇筑混凝土前检查钢筋位置是否正确，振捣混凝土时防止碰动钢筋，浇筑混凝土后立即修整甩筋的位置，防止柱筋、墙筋移位。

梁钢筋骨架尺寸小于设计尺寸，配制箍筋时应按内皮尺寸计算。

梁、柱核心区箍筋应加密，熟悉图纸，按要求施工。

箍筋末端应弯成 135°，平直部分长度为 10 d（d 为箍筋直径）。

梁主筋进支座长度要符合设计要求，弯起钢筋位置准确。

板的弯起钢筋和负弯矩钢筋位置应准确，施工时不应踩倒。

绑板的盖铁钢筋应拉通线，绑扎时随时找正调直，防止板筋不顺直、位置不准或观感不好。

绑竖向受力筋时要吊正，搭接部位绑 3 个扣，绑扣不能用同一方向的顺扣。层高超过 4 m 时，搭架子进行绑扎，并采取措施固定钢筋，防止柱、墙钢筋骨架不垂直。

在钢筋配料加工时要注意，端头有对焊接头时，要避开搭接范围，防止绑扎接头内混入对焊接头。

模块 4

施工综合实训

本模块主要讲述砖混结构施工综合训练和钢筋混凝土结构综合训练，通过这 2 种综合训练，要求学生在单工种训练的基础上，结合自己编写的施工组织设计和相关图纸内容完成两种结构体系的施工作业。

4.1 砖混结构施工综合实训

虽然砖混结构建筑多存在于乡镇中，但是由于砖混结构取材方便、施工简单、成本低廉、历史悠久，仍是一种极其重要的建筑结构形式。

4.1.1 目的和要求

通过砖混结构施工综合训练，掌握砖混结构施工体系的施工工艺、方法和程序，并且有独立组织完成施工的能力，同时在此基础上要求学生具有熟练掌握施工质量验收的能力，并完成相关内业资料的编写。

4.1.2 实训工器具

1. 实训工器具领取计划

此部分内容参见 1.3 节实训工器具发放规则，此处不再重复。

2. 实训所需工器具

工作服、安全帽、手套、卷尺、钢尺、线锤、墨斗、线板、挂锁、砖刀、羊角锤、扳手、钢筋钩、铝合金靠尺、水桶、经纬仪、水平仪、木桩、龙门板和尼龙线。

注：上述材料部分可重复利用。

4.1.3 实训任务书

1. 训练目的

通过训练使学生能深刻理解和掌握所学的理论知识，体验并在一定程度上掌握施工组织管理过程及基本技能操作方法等。

2. 实现目标

通过完成综合训练任务应实现下列知识和能力目标：

(1) 基本掌握砌筑工、钢筋工、模板工、架子工的操作技能。

(2) 了解和掌握砖混结构施工程序、技术控制方法和手段，掌握和熟悉各种施工工艺及工种之间的工序关系。

(3) 能综合利用所学知识参与解决施工中的技术和组织管理工作。

(4) 能正确使用检测工具、检测方法检测工程质量并填写报告。

3. 训练项目及任务

(1) 训练项目：砖混结构施工。

(2) 项目任务量：以班为单位完成一个单元一层约 200～250 m^2 住宅的结构施工。

(3) 时间要求：按日历数 4 周。

(4) 相关任务内容：

①施工准备工作。

a. 熟悉图纸，编制结构施工方案。

b. 编制材料、机具、劳动力组合计划。

c. 编制施工作业进度计划（按指定的任务量）。

d. 完成钢筋、模板、构件节点等放样。

e. 熟悉现场、加工匹数杆，做好开工准备工作。

注：a、b、c、d 文字类工作每人必须做，并在训练后按作业形式上交。

②施工作业。

a. 抄平放线，弹出应砌墙体的轴线和轮廓线。

b. 按需求试摆砖。

c. 墙体砌筑。

(a) 组砌 240、120 墙。

(b) 安放墙拉筋。

(c) 预留洞口、留直槎。

(d) 构造柱施工。

(e) 做钢筋砖过梁。

d. 钢筋工程。

(a) 做钢筋配筋表。

(b) 钢筋调直、下料。

(c) 钢筋连接。

(d) 钢筋成形。

(e) 钢筋绑扎（调梁、封口梁、圈梁、构造柱、楼梯、板）。

e. 模板工程。

(a) 构造柱。

(b) 挑梁封口梁。

(c) 楼梯。

(d) 圈梁。

(e) 现浇平板（阳台、厨房、卫生间）。

f. 脚手架工程。

(a) 钢管双排外架。

(b) 门式外架。

(c) 钢管单双排内架。

g. 工程质量自检、互检、评比。

(a) 学习质量检测方法。

(b) 填写质量评定表、自检表。

(c) 评比工程、排列名次。

h. 拆除。

(a) 模板。

(b) 钢筋。

(c) 墙体。

(d) 脚手架。

(e) 砂浆试块质量评定(按指定的条件评定)。

i. 写实训总结，交施工方案、各种计划表、质检表等文件，并装订成册交指导教师评阅后给出成绩。

4. 训练组织与管理

(1) 每班配备 2 名指导教师，组织管理训练过程中的劳动纪律、质量安全、进度检查、评定学生成绩等。

(2) 每班安排 3 个工种的指导技师，由指导技师负责安排工作并考勤。

(3) 参加训练班级由指导技师指派 3～5 名学生组成管理小组辅助教师工作。

(4) 实训室负责材料、机具采购供应，指导技师招聘，维修工器具检查及训练后的清理。同时全面协调、宏观管理训练过程，负责对指导技师进行考勤考评。

5. 任务指导建议

(1) 建议各班学生分工种编组轮换作业。

(2) 工种分工见表 4.1。

表 4.1　工种分工

木工兼架子工	1 组
砌筑工	1 组
钢筋工	1 组
辅助工	1 组

(3) 进度计划安排。

进度计划安排见表 4.2。

表 4.2　进度计划安排

阶段	完成内容	所需时间/d	备注
第一阶段	现场准备、领工具用品	1	熟悉图纸、编写方案、计划等工作提前 2 周安排
第二阶段	施工作业	15	砌筑、安装、校正、加固
第三阶段	自检、互检、评比	2	自检、互检、填表、评比
第四阶段	拆除清理	3	场地清扫干净
第五阶段	填写实训报告、整理施工方案计划、装订上交	3	作业交指导教师评阅
合计	现场作业 21 天，法定假日正常休息	24	其中第二阶段星期六、日不休息

4.1.4 实训指导书

1. 主体结构施工方案的编制

（1）作业任务及要求。

①根据给定的图纸、资料及相应条件编写出主体结构施工方案（图纸见附图）。

②任务要求。

a. 完成现场平面布置图（用16开纸画）。

b. 完成下列计划表：

（a）施工准备工作计划一览表。

（b）劳动力组织需求计划表。

（c）机械机具需求计划表。

（d）基础施工作业计划表（横道图表示）。

（e）主体结构施工计划表（横道图表示）。

c. 编写各分部分项工程施工技术措施。

d. 方案中要图文并茂（节点大样示意图）。

e. 该工程给定工期280 d，其中主体结构施工期占总工期的43%～45%，依此编制工期计划。

f. 假定开工期为×年×月×日（跨雨季）。

（2）作业的基本格式及内容：

作业的基本格式如下：

（一）封面

（二）方案目录（目录编制顺序即方案内容所示顺序）

（三）方案内容

1. 工程概况及特点
2. 施工总体部署
3. 施工准备工作
4. 现场总平面布置图
5. 施工测量、定位放线
6. 主体结构施工方法及技术措施

（1）主体结构施工工艺流程。

（2）基础施工。

（3）上部砌体结构施工。

①脚手架工程。

②砌筑施工。

③构造柱施工。

④圈梁施工。

⑤现浇板施工。

⑥现浇楼梯施工。

7. 质量保证措施（有针对性的1、2条）
8. 安全文明生产

（四）各种表格

1. 基础课程施工作业计划表

2. 主体结构施工进度计划表

3. 劳动力需求计划表

4. 机械机具需求计划表

（五）作业内容要求

1. 工程概况

(1) 工程地点，结构形式，开、竣工时间等。

(2) 工程特点及难点。

2. 施工总体布置

(1) 组织机构设立。

(2) 质量目标。

(3) 工期目标。

(4) 文明施工目标。

(5) 安全生产目标。

(6) 环境保护目标。

3. 施工准备工作一览表（样式、内容按计划安排填写，并可以分类）

施工准备工作一览表见表4.3。

表4.3　施工准备工作一览表

序号	准备工作内容	规格规模	完成时限	备注
1	材料库搭建	×× m^2	具体时间或开工前多少天完成	
2	办公室搭建	×× m^2		
3	材料检验（分品种、批次）			
4	配合比设计书			
5	塔机安装			
⋮	……			

4. 现场总平面布置图

现场总平面布置图应给出塔吊安装位置、搅拌机安装位置、各种临设位置、施工道路、弃土堆土位置、食堂位置等。

5. 定位放线、施工测量

(1) 定位放线

①确定放线尺寸。

②放线依据。

③放线方法。

④控制桩做法。

⑤控制线引测：

a. 依据；

b. 方法。

(2) 施工测量

①±0.000的引测标注点确定。

②标高测试及传递方法。

③阶段测量放线方法及要求。

④沉降观测点的布置及方法。

6. 主体结构施工方法

(1) 主体结构施工工艺流程。

(2) 砖基础施工。

①施工组织安排。

②大放脚的组砌要求。

③轴线控制方法、要求。

a. 垫层上双面弹线;

b. 双面拉线砌筑;

c. 立匹数杆等。

④施工段安排。

⑤基础验收准备工作。

(3) 基础回填。

①方法。

a. 机械——填夯。

b. 人工——填夯。

②要求：分层、分层厚度、土质对称、墙上堵洞等。

(4) 上部主体结构施工。

①墙体砌筑高度、组砌层数的确定，十皮累计尺寸。

②墙体留槎方式，墙拉筋埋设。

③砌体质量要求。

④质量控制要求，措施。

⑤脚手架工程。

a. 类型选择。

b. 用里脚手还是外脚手。

c. 脚手板种类，连墙固定方式。

d. 脚手架要求，注意事项。

e. 安全措施（洞口、周边、平网、立网）。

⑥构造柱施工。

a. 马牙槎的做法、要求。

b. 墙拉筋的要求。

c. 模板种类、安装方法（图示）。

d. 砼浇筑——方法、要求、注意事项。

⑦圈梁施工。

a. 模板种类。

b. 模板安装。

c. 模板要求。

d. 混凝土浇筑：

(a) 方法。

(b) 注意事项。

⑧现浇板施工。

a. 模板种类。

b. 支撑系统方式。

c. 标高控制方法等。

⑨楼梯施工。

a. 模板种类 钢、木层板、竹胶板。

b. 模板安装方法。

c. 施工时间。

d. 施工缝留置方法。

---

2. 现场施工作业

(1) 任务及任务量。

①取标准层一个单元一层为施工范围。

②作业内容含抄平放线、砌筑及技术控制、构件模板安装、钢筋绑扎、电器预埋管线安装、预留洞等。

(2) 完成任务方式。

①以班级为单位分工合作完成上述任务。

②任务实施完全依所编制的方案进行。

③班级分工组合由班上自由安排。

(3) 做法要求：

①砂浆采用石灰砂浆、机械搅拌（1∶4)。

②构件模板种类，可以用钢模板、木层板及竹胶板。如采用硬架支模则应采用厚木板（厚45～50 mm)。

③为使硬架支模工艺的仿真效果演示更好，YKB板用轻型墙板代替，但上面不能上人。

④为了提高整体效果，构造柱模板与圈梁平面交接处应平齐处理，保证圈梁模板能通长安装。

3. 分工组织与安排

(1) 每个班派砌筑工、钢筋工、木工指导技师各一人，负责全过程的施工技能作业指导。

(2) 每班安排指导教师2名，负责日常管理、理论指导、考勤、考核、纪律检查、成绩评定等。

(3) 每班按下列工种分工：

普工5人（专供砂浆）(36～48人班普工可为5～10人)；砌筑工20人（砖自己运送）(36～48人班可为20～25人)；木工、钢筋工最后由普工和砌筑工组成；机动、协调、辅助管理5人。

4. 拆除清理与考核

(1) 施工作业完成后，及时进行质检评定，班与班之间还可相互评比（质检评定的内容方法见施工内业资料填写指导书)。

(2) 质检评比完成后，及时进行拆除，按逻辑关系进行合理拆除，主要是模板和钢筋。

(3) 拆除要求：

①构件模板拆除后按构件型号分别集中堆放，并做标识。

②钢筋板拆除后依构件名称、钢筋编号、统一“打包”集中堆放在指定的地点。

③标准砖拆除应文明作业，分层进行，清理砖上的砂浆，堆码整齐。

(4) 完工清场，归还工器具，完成施工作业。

(5) 成绩评定：

①按实际完成任务的质量效果评定基本成绩，每人一份（A、B、C、D、E；优、良、中、及格、不及格)。

②按考勤状况、劳动态度做加减处理。

③按完成的方案设计质量、施工资料填报情况打分。

④最后总评成绩以前三项综合评定，由指导教师作出。

⑤成绩评定应征求指导技师和班级组织管理者的意见并作为参考。

施工方案评分标准见表4.4。

表4.4 施工方案评分标准

优	良	及格
1. 内容齐全，文字工整 2. 总平面布置合理，内容齐全，有工作一览表 3. 有定位放线计算式，放线布置安排图，控制桩布置正确 4. 基础施工顺序基本正确，有作业计划，有模板图 5. 主体施工顺序正确，有轴线标高控制方法，有正确的砌筑工艺、马牙槎、墙拉筋、墙体高度计算式 6. 有构造柱模板图 7. 有正确的圈梁模板图 8. 有正确的楼板安装工艺，有正确的现浇板缝工艺 9. 有计划表： ①工期控制计划 ②劳动需求计划 ③机具计划	1. 内容齐全 2. 总平面布置基本合理，内容基本齐全，有表格 3. 有放线布置安排图，控制桩布置基本正确 4. 基础施工顺序基本正确，有模板图 5. 有主体施工顺序（基本正确），有正确的砌筑工艺、马牙槎、墙拉筋、墙体高度计算式 6. 有构造柱模板图 7. 有正确的圈梁模板图 8. 有正确的楼板安装工艺 9. 有计划表： ①工期控制计划 ②劳动需求计划 ③机具计划	1. 内容基本齐全 2. 有总平面布置，有基本内容，有表格 3. 有放线内容叙述，有控制桩布置 4. 有施工顺序安排 5. 有主体施工顺序，有砌筑工艺叙述，有墙高计算 6. 有构造柱模板图 7. 有圈梁模板图 8. 有楼板安装工艺 9. 有计划表

注：1. 引用教学上内容多的加分
2. 节点图正确的加分
3. 施工方案按五级成绩进行评定，具体由指导教师按内容及质量进行评定

4.1.5 注意事项

1. 安全目标

做到全过程无任何安全事故。

2. 安全组织及机构

（1）由指导教师组成安全领导小组，每位指导教师为安全组成员，负责日常安全检查监督工作。

（2）各班指导教师作为安全事故第一责任人。

（3）各班由班长负责，组成由3人组成的安全监督小组，负责本班实训过程中的安全检查监督工作，挂牌上岗，履行义务。

（4）全部实训过程聘请一名有经验的专职安全员，负责每天的安全检查工作，发现问题，及时处理。

3. 安全措施

（1）每位学生必须着工作服、戴安全帽参加实训，学校统一发放劳动保护手套。

（2）危险机械的使用必须有专业指导技师专职辅助作业，学生不得独立操作。

(3) 指导教师在安排指导学生作业时，对具有危险的作业内容要事先予以指导，使学生做到正确操作，安全施工。

(4) 安全标志、安全条例挂牌上墙，提示操作人员注意。

(5) 发现安全隐患和不安全行为，各层安全责任人都应立即制止，并对情节严重者给予批评教育甚至处分。

(6) 每项实训开始前，各班由指导教师进行安全交底并组织学习相关安全常识。

4.1.6 图　纸

砖混结构建筑施工图和结构施工图见建筑施工实训指导施工图《集中居住区5#楼——施工图》。

4.2　钢筋混凝土结构施工综合实训

随着我国经济飞速发展，钢筋混凝土结构的建筑如雨后春笋般矗立在祖国大江南北，因此要求应用型人才掌握钢筋混凝土结构施工。

4.2.1 目的和要求

通过钢筋混凝土结构施工综合训练，掌握钢筋混凝土结构施工体系的施工工艺、方法和程序，并且有独立组织完成施工的能力，同时在此基础上要求学生具有熟练掌握施工质量验收的能力，并完成相关内业资料的编写。

4.2.2 实训工器具

此部分内容参见4.1.2小节，此处不再重复。

4.2.3 实训任务书

1. 实训目的

通过实训，使学生对框架剪力墙结构工程的施工过程有一个较完整的感性和理性认识；体验并在一定程度上掌握组织管理过程，达到理论联系实际，加深和巩固对专业理论知识的理解，增强实际动手能力的目的。

2. 实现目标

通过完成综合实训任务应实现下列知识和能力目标：

(1) 具有编写施工组织设计、施工预算的能力。

(2) 具有钢筋配料放样、模板施工放样和工料分析、汇总计划的能力，并能按图实施。

(3) 基本掌握钢筋工、模板工、架子工的一般操作技能。

(4) 能正确使用检测工具、检测方法对钢筋、模板工程质量进行检查并填写报告。

(5) 了解和掌握钢筋混凝土框架结构施工程序、技术控制方法和手段，掌握和熟悉施工工艺及工种之间的工序关系。

3. 训练项目

框架剪力墙结构工程（高层建筑）施工综合实训。

4. 项目任务

(1) 模拟图纸会审。

(2) 编制框架剪力墙结构工程施工组织设计。

(3) 编制工程指定部位工程量，进行工料分析并提出计划。

(4) 做出部位构件的钢筋大样表，并汇总提出材料计划。

(5) 绘制模板工程的配板图（施工放样）并完成 200～250 m^2 的钢筋模板制、安、拆工作。

(6) 完成钢筋模板工程的质量检测评定。

(7) 给定混凝土质量检测结果，进行混凝土强度质量评定。

5. 训练时间

全过程按日历周数 4 周。

6. 相关任务内容及要求

任务总体分成两大部分，即内业技术作业和现场施工技术作业。

(1) 内业技术作业

①编制完整的施工组织设计。

a. 熟悉图纸并分组会审（模拟场面按各学生手中图纸内容分组进行）。

b. 按规范的格式编制施工组织设计（施工部署、平面布置、施工技术措施、模板计算、脚手架计算等）。

c. 各种计划的编制、汇总。

②计算实物工程量。

a. 按指定的部位和任务书要求工作。

b. 钢筋加工大样表（指定应搭建的部位）。

c. 材料分析汇总（钢筋）。

③绘制模板施工大样图（配板图）。

a. 梁、柱配板图（钢木不限）。

b. 剪力墙配板图（钢木不限）。

c. 特定部位配板图、节点构造图。

d. 提出施工部位的模板及支撑系统（钢管、扣件、木材）需求计划和相关配套材料计划（对拉件、柱箍等）。

④编制作业方案与计划（按给定工期制订指定部位的模板工程和钢筋工程作业计划）按预定搭设的结构部位详细编制，并具有指导工程实施的意义。

(2) 现场施工技术作业

①建筑放线。

按施工图纸做好建筑物拟定部位的放线工作，主要是轴线、模板安装线等，按放线规律和程序作业（达到实用性）。

②模板制作安装。

a. 根据结构形式和拟订方案制作安装模板体系。

b. 模板固定件加工制作。

c. 模板体系安装校正。

d. 定型组合钢模板与木模板配套使用。

③钢筋制作。

a. 调直、下料、制作成型。

b. 钢筋连接（焊接、机械连接）。

c. 钢筋绑扎。

④质量检测、检验评定。

a. 钢筋材质证明，抽样检查。

b. 钢筋焊接报告（模拟取样、实作对焊、竖向电渣压力焊、手工搭接焊、窄间隙焊、实际送检结果）。

c. 钢筋机械连接（模拟取样、实作套筒挤压、滚轧直螺纹连接）。

d. 钢筋绑扎质量检查评定。

e. 模板工程质量检查评定。

f. 填写质量评定表、报告单。

7. 训练组织与管理

此部分内容同 4.1.3 小节的训练组织与管理，此处不再重复。

8. 任务指导建议

（1）时间分配。

时间分配见表 4.5。

表 4.5　时间分配表

阶段	完成内容	所需时间/d	备注
第一阶段	1. 完成内业技术工作 1～4 项 2. 完成钢筋工基本技能训练	3～5	提前 2 周发给图纸，占用星期六、星期日
第二阶段	现场完成指定部位的模板、钢筋工程	12	制作、安装、校正、加固
第三阶段	质量检查、总结评比	2	自检、互检、填表、评比
第四阶段	拆除清理	1	场地清扫干净
第五阶段	施工资料、技术文件整理、装订成册	4	作业交指导教师评阅

注：国家法定假日不休，占用星期六、星期日，最后 2 周的星期六、日休息

（2）劳动分工组合。

①钢筋工基本技能训练。

a. 钢筋制作绑扎 1 组。

b. 钢筋竖向电渣压力焊、机械连接 1 组。

c. 钢筋手工焊接 1 组。

②场地内施工作业。

a. 钢筋组：6～8 人 1 组。

b. 模板工：2 组。

c. 综合组：6～8 人 1 组（机动、辅助、协助管理）。

4.2.4 图纸会审指导书

1. 形式组织

（1）以各组图纸内容相同者组合成 1 个班，共分成 4 个大班。

（2）由指导教师组成 4 套班子，分别代表业主、设计、监理各方，其中业主代表 1 人，设计单位代表 2 人，监理方代表 1 人。

（3）指定教室作为会场，其布置方式如图 4.1 所示。

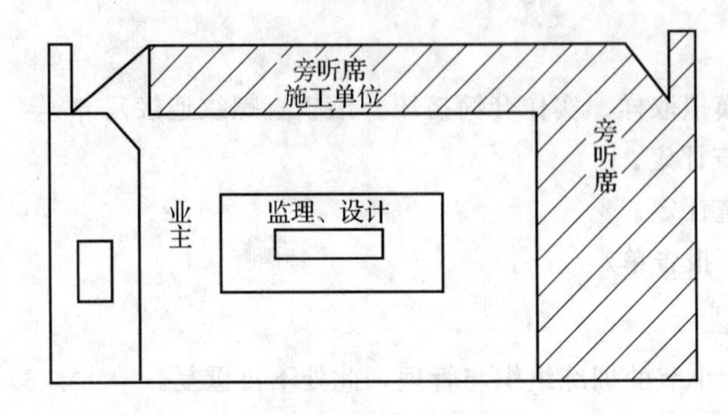

图 4.1　会场布置图

(4) 各班推选 4 名代表参加会审，在指定席位上代表施工单位。

其中：主讲人　　2 名（结构方面、建筑方面各 1 名）

记　录　　2 名（每班各 1 名）

补充发言人　2 名（结构方面、建筑方面各 1 名，交叉安排）

预备发言人　2 名

2. 会审程序及方法

(1) 参加单位。

①业主（建设单位）：业主代表（专业技术负责人）。

②监理单位：总监理工程师、专业监理工程师、监理员等。

③设计单位：项目负责人、各专业设计师等。

④施工单位：项目经理、技术负责人、各专业主要工长、质检安全员等。

(2) 会审召集主持。

①由施工单位提出会审时间（或由业主指定），由业主召集安排并具体负责相关事宜。

②由业主或业主委托监理工程师主持。

(3) 会审过程和方法。

①由主持人致开场白并安排会议顺序和相关事项。

②由设计单位进行设计交底或对图纸中的相关问题进行说明等（对特殊部位有特殊要求处应进行技术措施交底），交底按建筑、结构、水、电等顺序进行。

③施工单位代表、监理单位代表针对图纸中的相关疑问或问题请设计单位答复。

④会商可能的重大变更。

⑤会商交流后形成会审纪要。

注：会议中各参加方均应记录相关事宜，主要内容以施工单位的记录为主。在会商时，参照各方记录，形成统一意见后，由施工单位整理，报请各参加单位审查并鉴章后形成正式设计施工文件并生效。

3. 会审的准备工作

(1) 会审前，各班应组织内部预审，反复推敲问题内容，在正式确定后，再列出来。

(2) 问题确定后，各班确定会议发言人代表，按前面安排的名额及内容做相应的准备工作。

(3) 会审中应注意把握提问方式、方法及言辞技巧等，本着解决疑问、弄清问题、有利施工的原则进行。

(4) 问题按列表的方式打印成册，交给参加会议的各方代表。会议记录表格式见表 4.6。

表 4.6　会议记录表

序号	图纸图号	构件名称或部位	问题	答复结果	备注

4. 会审问题的答复与资料整理

(1) 图纸中的问题由指导教师在会上做正式答复，不能确定的内容由教师直接指定或假定结果并作为会审文件的依据。

(2) 会审后的资料（会审纪要）由各班整理并印发到每个指导教师和学生手中，作为编制方案或其他作业的依据，正式印发前应交指导教师审查。

4.2.5 定位放线指导书

1. 实训目的

通过实训，使学生对建筑物定位放线全过程有一个真实的体验，达到理论联系实际，正确运用知识提高技能的目的。

2. 实现目标

通过完成综合实训任务应实现下列知识和能力目标。

(1) 具有编写定位放线方案的能力。

(2) 具有作放线记录和资料的能力。

(3) 具有熟练和正确使用测量仪器、工具的能力。

(4) 具有将建筑物准确定位、放线的能力。

3. 任务

(1) 总任务：每个实习小组完成一栋建筑物的全部定位放线工作内容。

(2) 具体内容如下：

①按放线程序做出放线方案（含图示）。

②填绘放线记录表（交工资料之一）。

③做出建筑物轴线控制桩（标记）。

④放出基础开挖框线（白色灰线）。

⑤测绘自然地面高程（在假定±0.000 条件）。

⑥做出施工不准控制点标记（即±0.000），在给定依据条件下完成。

⑦计算出工程土方开挖量。

(3) 给定条件。

①提供施工图 1 套。

②提供放线记录表。

③给定建筑红线或其他放线依据。

④指定建筑物±0.000 参照点。

(4) 时间要求。

给出一个日历周时间完成上述全部内容。

(5) 质量要求。

①建筑物定位应准确，满足放线依据所给定的条件。

②建筑几何形状、尺寸的允许偏差值满足规范要求。

③控制桩位的设计布置应合理、准确，其允许偏差值应满足本质量要求的第②条要求。

④放线尺寸的确定要正确、合理；场地自然标高测设正确。

⑤土方工程量计算正确。

(6) 成绩评定。

①以完成的成果质量评定出优、良、中、及格、不及格 5 种。

②评定依据：除按完成上述内容的质量要求外，结合完成时间、劳动纪律综合评定。

③评定方法：

a. 实测检查验收（定位、轴线尺寸、控制桩布置）。

b. 综合效果评定（完成时间、纪律、效果、难易程度等）。

4. 任务指导书

放线方案的编制方法如下。

(1) 依据给定的条件及实际地形地貌和建筑平面特征进行编制。

(2) 主要编制内容：

①如何确定建筑物的第一长边和第一个定位点。

②确定定位放线步骤。

③安排轴线桩位及桩数。

④安排控制桩（桩位、桩数、利用条件、方式、桩的保护、桩距）。

⑤确定放线尺寸（按土质、施工工艺、实际开挖深度确定）。

⑥画出定位放线平面布置图。

(3) 编写放线操作要点：

①仪器使用（按书上要求和规定操作仪器）。

②工作制度（分组定员、确定小组技术负责人、器具保管、材料使用）。

③尺寸丈量（方法、注意事项等）。

④放灰线的步骤及方法（撒灰线）。

(4) 实习操作步骤：

①提前完成内业技术工作（方案编制、放线尺寸计算）。

②熟悉场地，试选择起始方向。

③按拟订方案进行实际定位放线。

a. 定第一条边及第一个定位点（依据给定条件和依据）。

b. 做出一直边（长边），完成角桩、轴线桩、前后控制桩的埋设或在围墙上、建筑物墙上做出标记（注：新公寓只能利用散水坡做标记）。

c. 转 90°测角做短边，完成本轴线上的全部内容（分开间尺寸钉轴线桩）。

d. 转点移经纬仪做另一边，操作方法及完成内容同步骤 a、b、c。

e. 再转点完成另一长边的定位工作，“闭合”误差应在允许范围之内。

f. 结果计算、校核（轴线、开间尺寸等）。

g. 完成轴线标记、控制桩标记及保护工作。

h. 用钢尺分细部轴线尺寸和开挖边框线、撒灰线完成放线工作。

i. 填写放线记录表（同方案中平面布置图式样）。

（5）提交成果报告，请示验收。

（6）实习注意事项：

a. 雨天不能作业。

b. 每天完成的内容和结果应记牢，注意成果标记和保护（桩位撒白灰、涂刷油漆、做大框线标记等）。

c. 注意工作的连续性，应在一次架设仪器中完成的内容必须当班次完成，不得跨班次。

d. 充分利用时间，尽快做完钉（定）桩位工作。

e. 看护好仪器、工具及保管好桩、线等。

f. 高低台阶处的丈量工作应做辅助三脚架完成。

g. 在高压线下操作，注意不要高挥塔尺，防止触电。

4.2.6 施工组织设计指导书

1. 工程概况

（1）主要内容。

①建筑概况：建筑高度、建筑面积、建筑层数、建筑用途。

②结构概况：基础结构形式及主要尺寸、主体结构形式及主要尺寸、所用混凝土强度情况、所用钢筋类型、填充墙材料、设防烈度、抗震等级。

③地质、地貌、气象概况：按地质勘探报告摘要说明。

（2）具体要求。

①结合工程实际，逐条文字说明。

②文字简练、通顺，避免大段摘录。

2. 施工总体部署

（1）主要内容。

①组织机构的设立（方式、组成）。

②管理目标的确定：质量目标、工期目标、安全生产目标、文明施工目标、环境保护目标。

（2）具体要求：简要文字说明，附机构框图。

3. 施工准备

（1）主要内容。

①技术准备：对周围环境的调查了解、熟悉图纸及规范、各级技术交底。

②资源准备：

a. 材料准备。

（a）主要工程材料的准备：钢筋、水泥、砂、石等。

（b）主要周转材料的准备：钢管、扣件、模板、回形卡等。

b. 劳动力准备。

（a）劳动力组织方式。

（b）劳动力需用量估计。

c. 机具设备准备：

（a）垂直运输设备：塔吊、施工电梯。

（b）搅拌设备：混凝土搅拌机、砂浆搅拌机。

（c）其他：钢筋对焊机、钢筋弯曲机、钢筋切断机、交流电焊机、卷扬机、插入式振动器、平板式振动器、打夯机、手推车。

d. 临时水电准备：

(a) 临时给水管线，临时排水系统，临时供电（线路布置、施工机械用电、现场照明用电）。

(b) 用电负荷、线径、配电箱计算、确定、选择。

(c) 施工用水量、供水管径及水压计算、确定。

(2) 具体要求。

①技术准备结合工程实际，逐条文字说明。

②资源准备结合工程实际，列表说明（表 4.7～4.9）。

表 4.7 例表一

序号	材料名称	单位	数量	备注

表 4.8 例表二

序号	工种	数量	备注

表 4.9 例表三

序号	机具名称	型号	数量	设备功率	备注

③临时水电应计算出相应数据，标示于施工平面布置图中，并附加相关说明。

4. 施工平面布置

(1) 主要内容：已建和拟建的建筑物及其他设备的位置和尺寸；垂直运输设备的位置；搅拌站，加工棚，仓库，材料、构件堆场，运输道路，临时设施（办公室、宿舍、食堂、厕所等），临时水电管线及安全防火设施的位置和尺寸。

(2) 具体要求：画出施工平面布置图，标识出以上内容。生产、生活应分开，可列表标明规格、面积、完成时限、要求等。

5. 施工测量

(1) 主要内容。

①建筑物定位放线：要求编制放线方案、方法。

②轴线、标高的测量：每层轴线的测量，施工现场临时标高点的布置，每层标高的测量，说明测量允许误差。

③垂直度的控制：垂直度的控制方法及允许误差。

④基础的放线方法：基础施工时轴线的测量，轴线桩的留设，基础梁及柱位置的确定。

⑤沉降观测：观测点的布置及观测时间。

⑥仪器配备：水准仪、经纬仪的型号及数量。

(2) 具体要求：

①结合工程实际，以方便施工为前提，给出文字说明，必要时应画出示意图。

②说明过程中做到措施具体化，讲求科学性、可靠性、适用性。

6. 支护结构施工方案

(1) 主要内容：

①工程概况：围护结构形式，主要尺寸，混凝土标号。

②定位方法：围护桩位置的确定方法。

③施工方法：简要说明围护结构施工的方法和顺序，施工中的质量、安全措施。

④位移观测：为保证施工安全，应对围护结构在基础及地下室施工过程中的位移进行观测，请拟出观测方案。

⑤进度安排：绘制横道图及网络图。

(2) 具体要求：结合工程实际，逐条进行文字说明，要求文字简练、通顺。

7. 基础及地下室施工方案

(1) 主要内容：

①基础及地下室施工工艺流程。按时间先后顺序写出工艺流程，项目划分应准确、大小适中。

②基坑降水方案（根据给定图纸内容及相应条件决定是否进行此方案）。根据工程实际，决定降水方案：井点降水或基坑底集水井降水。确定降水方案后，结合书本知识，给出具体措施及数据。

③土方开挖方案。选择土方开挖机械，确定土方开挖顺序，制定土方开挖标高控制措施。

④地基加固方案（根据给定图纸内容及相应条件决定是否进行此方案）。

a. 加固方法：选择加固方法及确定开始加固（具体加固参数另定）时间。

b. 注意事项。

⑤模板工程。

a. 模板选择。各个位置模板种类的选择（如：组合钢模、木模等）。

b. 模板安装。各类模板的安装方法及允许误差；各个位置模板的支撑方式，应确保装拆简便、定位准确、支撑牢固（做节点大样和详图说明）。

c. 模板拆除。各个位置模板的拆除方法要求及注意事项。

⑥钢筋工程。

a. 钢筋的加工（调直、切断、弯曲、焊接等）。钢筋加工时的注意事项；钢筋加工的允许误差。

b. 钢筋的安装。钢筋安装时的注意事项；钢筋安装的允许误差。

⑦混凝土工程。

a. 混凝土的配比。混凝土施工配合比、施工配料的确定。

b. 混凝土的搅拌。原材料的计量方法及允许误差，搅拌制度的确定。

c. 混凝土的运输。混凝土运输方式及时间。

d. 混凝土的浇筑：

(a) 混凝土的布料方式及浇筑方向，尤其应说明筏板的布料方式及浇筑方向。

(b) 混凝土的振捣方式：振捣点的布置，振捣时间的确定。

(c) 施工缝留设方案：地下室墙体施工缝留设位置，留设方式，处理办法（必要时作详图说明）。

e. 混凝土的养护。养护方式及时间。

f. 大体积混凝土浇筑时的测温方法及温控措施。测温点的布置，测温孔的形状、尺寸，混凝土的测温措施。

⑧地下室防水施工方案。

a. 工程概况：确定防水位置，选择防水材料。

b. 施工顺序。

c. 注意事项。

⑨土方回填方案。包括填土材料，回填顺序，回填方法的注意事项。

⑩砌体工程。包括砌筑工艺流程及施工注意事项（不同砌体材料的填充墙应分别叙述）。

⑩进度安排。绘制横道图及网络图、主控制计划横道图（全部工程项目）、基础施工计划网

络图。

（2）具体要求：

①结合工程实际，查阅相关资料，写出具体措施，要求文字简练、通顺。

②必要时应画出示意图或列表说明。

8. 主体施工方案

（1）主要内容：

①主体工程施工工艺流程：按时间先后顺序写出工艺流程，项目划分应准确、大小适中。

②模板工程（按主要构件和部位编写，选择其中一个局部在现场实施）。

a. 模板选择。各个位置模板种类的选择（如：组合钢模、木模、砖胎模等）。

b. 模板安装。各类模板的安装方法及允许误差；各个位置模板的支撑方式，应确保装拆简便、定位准确、支撑牢固。

c. 模板拆除。各个位置模板的拆除方法、要求及注意事项。

③钢筋工程。

同基础及地下室施工方案。

④砼工程。

同基础及地下室施工方案。

⑤砌体工程。包括砌筑工艺流程及施工注意事项。

⑥进度安排。编制主体施工阶段进度控制计划（绘制成网络图）。

（2）具体要求：

同基础及地下室施工方案。

9. 施工质量保证措施

（1）主要内容：

①技术保护措施。熟悉规范、图纸；制订技术交底制度；各工种密切配合；做好技术复核、隐蔽验收工作；做好工程质量的检查、评定、验收等。

②试验、计量保证措施。对试块、试件的试验措施；对计量器具的管理、使用和监督措施。

③材料保证措施。对进场材料的检验制度；现场材料的分类堆放措施；对新材料、新产品、新构件应对其做出技术鉴定，制定相应的质量标准和施工工艺后，才能在工程上使用。

（2）具体要求：

结合工程实际，查阅相关资料，写出具体措施，应有自己的见解。

10. 施工工期保证措施

（1）主要内容：

①施工组织保证措施。写出应采取什么组织措施（如组织流水作业，现场协调会，签订工期合同等）。

②材料供应保证措施。写出应采取什么措施保证材料的充足供应。

③劳动力组织保证措施。写出应采取什么措施保证劳动力的充足供应。

④施工机具配备保证措施。写出应采取什么措施保证配备的机具满足现场所需（数量充足，维修保养得力）。

（2）具体要求：

结合工程实际，查阅相关资料，写出具体措施，应有自己的见解。

11. 安全生产及防护措施

（1）主要内容：

写出应采取什么措施保证安全生产（如制订安全生产责任制，建立安全管理体系，特殊工种必须持证上岗等）。

（2）具体要求：

结合工程实际，查阅相关资料，写出具体措施，应有自己的见解。

4.2.7 现场施工作业指导书

1. 任务及任务量

（1）按拟定的结构部位的第三层为施工范围。

（2）作业内容含抄平放线、模板制作安装、钢筋绑扎（部分）、工序质量检测、拆除清理等。

（3）搭设双排脚手架（结构外围两侧）。

2. 完成任务施工

（1）以班级为单位分工合作完成上述任务。

（2）任务实施完全依所编制的施工组织设计文件中的技术措施（或工艺设计）执行。

（3）班级分工组合由班上自由安排。

3. 做法及要求

（1）抄平放线。

①在指定的场地区域内按图纸要求放线，主要是构件轴线、中心线及模板安装框线。

②放线方法。

a. 用经纬仪或几何作图法定出主轴框线，并做油漆标志。

b. 用墨斗将模板安装线和轴线弹在地面上，标注出构件编号。

注意：轴线及构件编号遵照图纸要求。

放线示意图如图 4.2 所示。

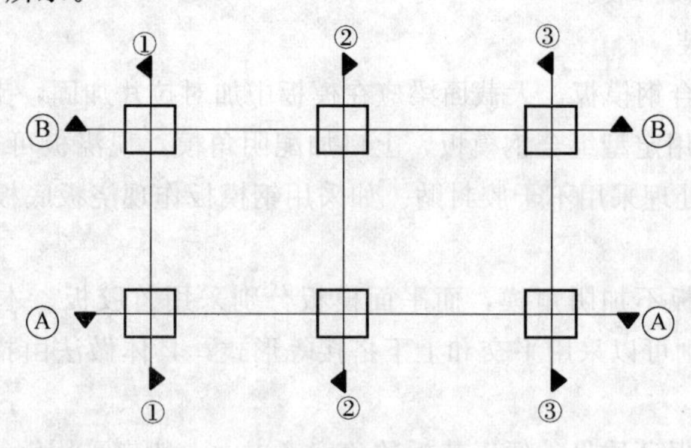

图 4.2 放线示意图

c. 两个班之间的作业面保持 3 m 以上的安全距离，以方便施工及管理。

③用水平仪测出拟建结构部分的四大角地面高程，以便支撑安放模板时，调整模板底面标高，保证上部安装标高满足设计要求。

（2）模板制作。

①模板种类选择。

a. 柱：采用单面覆膜层板和定型组合钢模板两种。

b. 梁：采用定型组合钢模板，辅助用阴角模及木板镶拼。

c. 墙：按不同的结构部位（或假定）和功能要求作如下选择：

（a）结构自防水地下结构墙采用木质层板。

（b）上部剪力墙采用木质层板。

（c）上部剪力墙采用定型组合钢模板。

d. 肋梁楼板。

（a）梁采用定型组合模板搭配阴角模，现浇楼板用竹胶板。

（b）梁采用定型组合钢模板，现浇板采用竹胶板。

（c）梁及现浇板全部采用定型组合钢模板。

e. 楼梯：侧模采用木板，底板采用竹胶板，踏步踢脚板用木板。

②加工制作。

a. 木板、层板及竹胶板在配料时，要征求指导技师的意见，在指导技师的指导安排下，合理用料，正确使用机械，防止发生浪费和安全事故。

b. 对拉片和对拉螺杆的制作要先有加工图，而后在指导教师和指导技师的指导下，正确加工制作（作部分量即可）。

c. 各班在选用模板种类和形式时，可交叉选择，供大家相互参观学习，减少重复制作，降低材料消耗，具体由指导教师协调。

d. 柱箍加工制作主要有两种形式：一是钢管柱箍，施工时尽可能采用一个标准尺寸，防止乱锯钢管，造成浪费和损失；二是钢木柱箍，在指导技师的指导下正确加工制作。

（3）模板安装。

①柱模安装。

a. 采用定型组合钢模板拼装的应按施工文件中的配板图执行，采用钢管或钢木柱箍，如需对拉件则采用对拉片形式，支撑系统用钢管。

b. 采用木质层板时，应先加工好四面模板，采用可反复周转使用的螺杆对拉件，支撑系统用钢管。

c. 柱模上口与梁交接处，木质模板应平齐交接，钢模板采用木板镶拼达到平齐交接。

d. 钢模板采用连接角模拼装。

②梁及肋梁板模板安装。

a. 梁一般采用定型组合钢模板，大截面梁应在模板中加对拉片加固，支撑体系采用钢管。

b. 肋梁板的梁侧模采用定型组合钢模板，上口加配阴角模，现浇板可采用竹胶板或木质层板，用平交的方式装配，接缝处理采用不干胶封贴。如采用钢模板作现浇板底板则直接对连，用U形卡在模板底部连接。

c. 如梁侧模采用钢模板不加阴角模，而平面模板分别采用竹胶板、木质层板或钢模板做底模时，底模与梁侧模的连接则可以采用平交和上下搭接等形式，具体做法由指导教师和指导技师指导完成。

d. 梁板的支撑体系从保证质量、便于装拆的角度考虑，一般应采用钢管支架上铺木枋的支撑方式来实现。

③剪力墙模板。

a. 地下防水结构的剪力墙模板应采用木质层板为宜，对拉件上应加焊止水片、止推片，学习安装金属止水带、后浇带处的模板处理方式等，完全按实用技术手法处理模板安装问题，具体做法由指导教师建议并指导实施。

b. 上部结构的剪力墙模板采用钢模板加对拉片加固方法，模板的立面刚度采用蝶形钩头螺栓加钢管加固的方法解决，支撑体系应采用钢管。

c. 上部结构的剪力墙如采用木质层板时，其对拉件应采用多次反复周转使用的对拉螺杆来加固，侧向刚度问题可采用横向木枋加钢管或竖向木枋加钢管的方式来解决，支撑系统采用钢管。

④楼梯模板。

a. 楼梯模板安装关键是准确地放样分尺，以地面为平台面，第一步的位置确定十分重要，确定好起步位置后，准确加工侧模，并在其上分出踏步数，而后扎钢筋、封踢脚板。注意封板的钉子不应钉落底，以便于拆除。

b. 平台梁的侧模用木板制作，与楼板底模板的交接应平整严密，具体方法应由指导教师和指导技师指导实施。

c. 支撑体系采用钢管和木枋相结合的方式，防踢脚板变形的方式可按指导技师建议的方法实施。

4. 分工组织与安排

(1) 每个班派模板工（木工）1人，钢筋工1人，负责全过程的施工技能作业指导，其中指导技师在各班平行作业时相对集中合作指导。

(2) 每个班安排指导教师2名，负责日常管理、理论指导、考勤、考核、纪律检查、成绩评定等工作。

(3) 每班按下列工种分工。

模板工：20人（36～48人班可为205～30人）；

钢筋工：5人（36～48人班可为8～10人）。

机动、协调、辅助管理：5人（用于对拉件加工、杂务等）；

脚手架搭设由模板工和机动人员完成。

5. 拆除清理与考核

(1) 施工作业完成后，及时进行质检评定，班与班之间还可以相互评比。

(2) 质检评比完成后，应及时按逻辑关系进行合理拆除（先支的后拆）。

(3) 拆除要求：

①钢筋按构件名称、钢筋编号统一"打包"集中堆放在指定地点。

②木模板和竹胶板注明构件名称、模板部位及编号，文明拆卸、集中分类堆放（放在各班的工位旁）。

③对拉件、柱箍分规格集中堆放（放在各班的工位旁）。

④钢管、扣件及其他坚固件按指定位置堆放。

⑤钢模板分规格堆码整齐（放在各班的工位旁）。

(4) 完工清场，归还工具、用具，完成施工作业。

(5) 成绩评定：

①以实际完成任务的质量效果为基本成绩，每人一份（A、B、C、D、E；优、良、中、及格、不及格）。

②按考勤状况、劳动态度做加减分处理。

③按完成的施工资料填报质量情况打分。

④最后总评成绩以前三项综合评定，由指导教师做出。

⑤成绩评定应征求指导技师和班级组织管理者的意见并作为参考。

4.2.8 施工内业资料填写指导书

1. 目的

通过施工内业资料的实际模拟填写实训，了解目前现行施工内业资料中有关表格的填写要求和方法，为学生毕业走上工作岗位后的内业工作打下基础。

2. 表格选用

下面以四川省工程建设统一用表为例加以介绍。

四川省工程建设统一用表分为5部分，共计241张表格（有补充表格）。其中，建设单位用表6张，编码为JS—×××；施工单位用表166张，包括土建用表101张，编码为SG—T×××，安装用表65张，编码为SG—A×××；监理单位用表34张，编码为JL—×××；检测用表29张，编码为JC—×××；监督用表6张，编码为JS—×××。这些表格都规定了填写的内容，实际施工时，只需按照实际发生情况进行分类填写即可。

鉴于综合实训的实际情况，本书仅从这些表格中选择一小部分（24张）有代表性的土建类表格（鉴于实际的可操作性，水、电、暖通等表格未选用），这些表格基本上代表了从开工到竣工验收各个阶段应填报的表格类型（见表4.10），通过这些表格的模拟或实际填报，使学生基本掌握表格的填报程序、方法和要求。

表4.10 实训用表汇总

序号	选用表格名称	表格编码	实训要求	
			模拟	实作
1	单位工程开工报告	SG－002		√
2	建筑物（构筑物）定位（放线）测量记录	SG－T104		√
3	建筑材料报审表	SG－A006	√	
4	材料、设备合格证、试验单汇总表	SG－A049	√	
5	土方开挖工程检验批质量验收记录	SG－T013	√	
6	土方回填工程检验批质量验收记录	SG－T014	√	
7	砖砌体工程检验批质量验收记录	SG－T035		√
8	地基与基础分部工程质量验收报告	SG－T095	√	
9	建筑工程隐蔽检验记录	SG－T102	√	
10	填充墙砌体工程检验批质量验收记录	SG－T039		√
11	混凝土小型空心砌块工程检验批质量验收记录	SG－T036		√
12	砌筑砂浆强度评定	SG－T110	√	
13	模板工程检验批质量验收记录	SG－T029		√
14	钢筋安装工程检验批质量验收记录	SG－T028		√
15	钢筋焊接质量验收记录	SG－T106	√	
16	混凝土工程检验批质量验收记录	SG－T030		√
17	混凝土强度合格评定	SG－T111	√	
18	主体结构分部工程质量验收报告	SG－T093	√	
19	——分部（子分部）工程质量验收记录	SG－T005	√	
20	单位（子单位）工程观感质量检查记录	SG－T004	√	
21	单位工程质量竣工验收记录	SG－T001		√
22	单位（子单位）工程质量控制资料核查记录	SG－T002	√	
23	单位（子单位）工程安全和功能检验资料核查及主要功能抽查记录	SG－T003	√	
24	（四川房屋建筑工程和市政基础设施工程）竣工验收报告	JS－004	√	

注：部分实训用表详见附录1

3. 填表指导书

（1）实际填写表格。

①建筑物（构筑物）定位（放线）测量记录（SG—T104）。

建筑物（构筑物）定位放线应以当地城市规划部门批准的“红线图”为依据，开工前，规划部门的有关技术人员亲自到施工现场进行建筑物（构筑物）的定位，并给出“规划建设工程放线记录”，在此基础上，施工单位进行施工测量放线。

本表格的填写按照《钢筋混凝土结构施工综合实训定位放线指导书》中定位放线方案进行，但要在表中绘出实际放线图。如建筑面积较大，可另外附图表示，表格中填写“另详附图”字样，但附图中应有相关技术人员签字。

②建筑工程隐蔽检验记录（SG—T102)。

建筑施工过程中有很多工序会被后续工序掩盖，而在竣工验收时无法实际检测，这就需要在施工过程中进行隐蔽，并填写隐蔽工程验收记录，这是施工中最重要的表格之一（如现浇混凝土、基础等均应填写此表格）。

表中主要内容的填写方法如下：

a. 隐蔽部位、内容。根据实际隐蔽情况填写，如“二层、构造柱”“三层现浇板”等。

b. 检查情况。施工的依据是施工图、规范等，检查中对存在的问题应整改，以满足要求，最后应填写“符合设计、规范要求”等字样。

c. 有关测试资料。主要是隐蔽部位所用材料的测试情况说明。

d. 附图。应详细绘制出隐蔽部位构件的断面（剖面）图、配筋情况、断面尺寸等。

③砖砌体工程检验批质量验收记录（SG—T035)。

这是砖混结构中常用的表格（填充墙、混凝土小型砌块另有表格)，表中主要内容的填写方法如下：

a. 主要以文字形式说明施工的情况，如满足要求填写“符合设计、规范要求”等字样。

b. “主控项目”中第 6、7 项及“一般项目”中每 1～8 项，以数据形式填写，表中已列出允许偏差值，实测时，按现行规范规定的检查方法、抽检数量进行实测（检测工具的使用、偏差值的读取方法可由任课教师在课堂上进行补充或实训时由指导教师现场讲解)。

c. 施工单位检查评定结果。

按现行规范规定：主控项目必须满足规范要求，一般项目的合格率应在 80%及以上。满足要求的填写“合格”字样。

④砌筑砂浆强度评定（SG—T110)。

砌筑砂浆应按规定取样送检，并进行强度评定。

a. 养护条件。规范规定应以在标准养护条件下养护 28 d 的试块为准，在实际施工时与工程实体“同条件养护”。

b. 强度评定。

(a) 规范规定：同一验收批砂浆试块抗压强度平均值必须大于或等于设计强度等级所对应的立方体抗压强度；同一验收批砂浆试块抗压强度的最小一组平均值必须大于或等于设计强度等级所对应的立方体抗压强度的 75%。砌筑砂浆的验收批，同一类型、强度等级的砂浆试块应不少于 3 组。当同一验收批只有一组试块时，该组试块抗压强度的平均值必须大于或等于设计强度等级所对应的立方体抗压强度。

(b) 强度评定：首先按砂浆试压报告统计出同一验收批同类型、同强度等级砂浆试块强度值，然后进行评定，其强度必须同时满足下列二式要求：

$$Mf_{\mathrm{m}} \geqslant f_{\mathrm{m.k}}$$

$$F_{\mathrm{m.min}} \geqslant 0.75 f_{\mathrm{m.k}}$$

当单位工程只一组试块时，其强度必须满足：

$$F_{\mathrm{m.min}} \geqslant f_{\mathrm{m.k}}$$

现给出 5 组强度值，实训时可任选一组进行模拟评定，见表 4.11。

表 4.11 砂浆实训数据

序号	设计强度等级	强度标准值/MPa	试压结果/MPa							
1	M7.5	7.5	8.0	7.9	7.9	7.4	7.6	7.0	8.2	6.5
2	M7.5	7.5	7.5	7.4	7.3	8.0	8.2	7.8	5.5	6.9
3	M10	10	11.0	10.5	10.3	10.8	9.5	8.0	11.2	10.5
4	M10	10	10.5	10.5	10.8	11.2	9.8	7.2	—	—
5	M15	15	16.0	15.8	16.5	15.5	13.0	14.5	14.9	—

(c) 评定结论。当同时满足上述两式时，强度合格，填写“评定合格”字样。

⑤模板工程检验批质量验收记录（SG—T029）。

表中主要内容的填写方法如下：

a. 主控项目以文字形式说明实际情况，如满足要求填写“符合设计、规范要求”等字样。

b. 以数据形式填写，表中已列出允许偏差值，实测时，按现行规范规定的检查方法、抽检数量进行实测。

c. 施工单位检查评定结果。

按现行规范规定：主控项目必须满足规范要求，一般项目的合格率应在80%及以上。满足要求的填写“合格”字样。

⑥钢筋安装工程检验批质量验收记录（SG—T028）。

表中主要内容填写方法同模板工程检验批质量验收记录（SG－T029）。

⑦钢筋焊接质量验收记录（SG－T106）。

表中主要内容填写方法：

a. 主控项目和一般项目。以文字形式填写，实训时每组做电弧焊（搭接）和电渣压力焊试件各3～5个，送校试验室检测，根据试验结果填写，如满足要求填写“符合设计、规范要求”等字样。

b. 实测项目。表中已给出允许的偏差值，根据检测结果，实际量测填写。

c. 施工单位检查评定结果。按现行规范规定：主控项目必须满足规范要求，一般项目的合格率应在80%及以上。满足要求填写“合格”字样。

⑧混凝土强度合格评定（SG—T111）。

按《混凝土检验评定标准》（GBJ 107—87）规定进行。

a. 当试块组数 $n \geqslant 10$ 组时，采用统计方法评定，其强度应同时符合下列两式的规定：

$$m_{fcu} - \lambda_1 S_{fcu} \geqslant 0.9 f_{cu.k}$$

$$f_{cu.min} \geqslant \lambda_2 f_{cu.k}$$

当 S_{fcu} 的计算值小于 $0.06 f_{cu.k}$ 时，取 $S_{fcu} = 0.06 f_{cu.k}$

合格判定系数（λ_1、λ_2）参照《混凝土结构工程施工质量验收规范》和《混凝土强度检验评定标准》的要求。

b. 当试块组数 $n < 10$ 组时，采用非统计方法评定，其强度应同时符合下列两式的规定：

$$m_{fcu} \geqslant 1.15 f_{cu.k}$$

$$f_{cu.min} \geqslant 0.95 f_{cu.k}$$

c. 当单位工程中仅有一组试块时，其强度应满足：

$$f_{cu_0} \geqslant 1.15 f_{cu.k}$$

现给出5组强度值，实训时可任选一组进行模拟评定，见表4.12。

表 4.12 混凝土实训数据

序号	设计强度等级	强度标准值/MPa	试压结果/MPa											
1	C15	15	14.5	14.3	15.5	17.0	19.2	18.0	17.0	16.5	—	—	—	—
2	C20	20	18.2	20.0	24.3	19.5	21.1	23.4	22.5	24.3	22.3	24.7	19.2	24.0
3	C25	25	24.0	25.6	27.0	28.0	25.2	25.0	29.3	28.4	27.0	26.5	27.7	25.8
4	C30	30	34.7	33.3	32.0	31.0	28.5	29.8	33.0	34.5	32.0	31.2	28.8	29.9
5	C40	40	43.5	44.0	45.0	43.0	42.3	39.4	38.9	43.3	42.5	44.0	43.5	44.4

(2) 模拟填写表格。

除以上表格外，其余表格在实训时，由指导教师讲解填写方法和要求，然后学生模拟填写。

(3) 填表注意问题：

①各种表格下方均有相关单位签字盖章栏，这是对检查（测）内容的确认，这一步骤十分重要。

②在各种表格的最下方均要有要求填写的份数及保存单位，一般为原件，有时可以为非原件，但必须加盖印章。

4. 设计成果的组成

(1) 子目录。

(2) 一套完整的资料。

按照“表格选用”中的序号进行装订。

4.2.9 综合实训安全注意事项

此部分内容参见 4.1.5 小节注意事项，此处不再重复。

4.2.10 图　纸

钢筋混凝土结构建筑施工图和结构施工图见建筑施工实训指导施工图《综合楼——施工图》。

附录　资料编制表格

单位工程开工报告

工程名称			工程地址	
建设单位			施工单位	
工程类别			结构类型	
预算造价			计划总投资	
建筑面积		开工日期	年　月　日	

主要实务工程量		单位	数量	主要实物工程量	工程名称	单位	数量

资料与文件	准备情况
批准的建设立项文件或年度计划	
征用土地批准文件及红线图	
投标、议标、中标文件	
施工合同协议书	
资金落实情况的文件资料	
三通一平的文件资料	
施工方案及现场平面布置图	
设计文件、施工图及施工图设计审查意见	
主要材料、设备落实情况	
施工许可证	
质量、安全监督手续	

建设单位（公章） 项目负责人：（签字） 年　月　日	监理单位（公章） 总监理工程师：（签字） 年　月　日	施工单位（公章） 项目负责人：（签字） 年　月　日	主管部门意见：（公章） 主管负责人：（签字） 年　月　日

注：本表一式五份，建设单位、监理单位、施工单位、主管部门、城建档案馆各一份

四川省建设厅制

建筑物（构筑物）定位（放线）测量记录

<table>
<tr><td colspan="2">工程名称</td><td colspan="3"></td><td colspan="2">施工单位</td><td colspan="3"></td></tr>
<tr><td colspan="2">测量依据</td><td colspan="3"></td><td colspan="2">测量日期</td><td colspan="3"></td></tr>
<tr><td rowspan="2">使用仪器</td><td>水平仪</td><td></td><td rowspan="2">水准点
标高/m</td><td>相对</td><td></td><td rowspan="2">地坪标高
/m</td><td>室内</td><td colspan="2"></td></tr>
<tr><td>经纬仪</td><td></td><td>绝对</td><td></td><td>室外</td><td colspan="2"></td></tr>
<tr><td colspan="10">定位（放线）示意图：</td></tr>
<tr><td colspan="3">建设单位现场代表：
（签字）
年　月　日</td><td colspan="3">监理工程师注册方章：
（签字）
年　月　日</td><td colspan="2">施工单位技术负责人：
（签字）
年　月　日</td><td colspan="2">测量员：（签字）
年　月　日</td></tr>
</table>

注：本表一式四份，建设单位、监理单位、施工单位、城建档案馆各一份

四川省建设厅制

砖砌体工程检验批质量验收记录

工程名称		分项工程名称		
验收部位		施工单位		
项目负责人		专业工长		施工班组长
施工执行标准及编号				

类别	质量验收规范的规定		施工单位检查评定记录	监理（建设）单位验收记录
主控项目	1. 砖强度等级必须符合设计要求			
	2. 砂浆强度等级必须符合设计要求			
	3. 砖砌体转角处和交接处应同时砌筑，严禁无可靠措施的内外墙分砌施工，临时间断处砌成斜槎，斜槎水平投影长度不应小于高度的2/3			
	4. 留槎正确，拉接筋应符合规范规定		留槎正确，拉接筋按设计和规范进行设置	
	5. 砂浆饱满度			
	6. 轴线位移			
	7. 垂直度	每层		
		全高		
一般项目	1. 组砌方法应正确		符合设计和施工规范要求	
	2. 水平灰缝厚度宜为8～12 mm			
	3. 基础顶面、楼面标高			
	4. 表面平整度	清水墙柱		
		混水墙柱		
	5. 门窗洞口高宽（后塞口）			
	6. 外墙上下窗口偏移			
	7. 水平灰缝平直度	清水墙柱		
		混水墙柱		
	8. 清水墙游丁走缝			

共实测　　点，其中合格　　点，不合格　　点，合格点率为　　%。

施工单位检查评定结果	项目专业质量检查员：　　项目专业质量（技术）负责人：　　年　月　日
监理（建设）单位验收结论	监理工程师（建设单位项目技术负责人）：　　年　月　日

四川省建设厅制

SG—T035 填写说明

一、本表适用于烧结普通砖、烧结多孔砖、蒸压灰砂砖、粉煤灰砖等砌体工程的施工质量验收记录。

二、本表由施工单位和监理单位共同填写。施工单位检查记录全部记录在本表中；监理（建设）单位在本表中记录实测结果，其他记录在与之配套的监理用表《工程构配件报审表》（JL—A008）和《实测项目检查表》（JL—C001）中。

三、本表的主控项目中：

1. 砖和砂浆的强度等级必须符合设计要求。

抽检数量：每个生产厂家的砖运到现场后，按烧结砖 15 万块、多孔砖 5 万块、灰砂砖及粉煤灰砖 10 万块各为一检验批，抽检数量为 1 组。砂浆试块的数量按每 1 检验批且不超过 250 m^3 砌体的各种类型及强度等级的砌筑砂浆，每台搅拌机应至少抽检 1 次。检查方法：查砖和砂浆试块试验报告。

2. 砌体水平灰缝的砂浆饱满度不得小于 80%。

抽检数量：每检验批抽检不应少于 5 处。检查方法：用百格网检查砖底面与砂浆的粘结痕迹面积。每处检测 3 块砖，取其平均值。

3. 砖砌体转角处和交接处应同时砌筑，严禁无可靠措施的内外墙分砌施工，临时间断处砌成斜槎，斜槎水平投影长度不应小于高度的 2/3。

抽检数量：每检验批抽检 20%接槎，且不应少于 5 处。检查方法：观察检查。

4. 留槎正确，拉接筋应符合规范规定。

抽检数量：每检验批抽检 20%接槎，且不应少于 5 处。检查方法：观察和尺量检查。

5. 砖砌体的位置及垂直度。

抽检数量：轴线查全部承重墙柱；外墙垂直度全高查阳角不应少于 4 处，每层每 20 m 查 1 处；内墙按有代表性的自然间抽 10%，但不应少于 3 间，每间不应少于 2 处，柱不少于 5 根。检验方法：经纬仪、吊线、尺量检查。

四、本表的一般项目中，分为清水墙和混水墙两种类型。

1. 组砌方法应正确。

抽检数量：外墙每 20 m 抽查 1 处，每处 3～5 m，且不应少于 3 处；内墙按有代表性的自然间抽 10%，且不应少于 3 间。检查方法：观察检查。

2. 砖砌体的灰缝应横平竖直，厚薄均匀。水平灰缝厚度宜为 8～12 mm。

抽检数量：每步脚手架施工的砌体，每 20 m 抽查 1 处。检查方法：用尺量 10 皮砖砌体高度折算。

3. 砖砌体的一般尺寸允许偏差。

均应符合 GB 50203—2002 规范 5.3.3 条的规定。

五、检查评定结果由施工单位填写，应明确结论性意见，并签字齐全。验收结论由监理（建设）单位填写，应给予明确的验收结论，即合格或不合格，并签字齐全。

六、本表一式两份，施工、监理（建设）单位各存一份。

填充墙砌体工程检验批质量验收记录

工程名称			分项工程名称			
验收部位			施工单位			
项目负责人			专业工长		施工班组长	
施工执行标准及编号						
质量验收规范的规定			施工单位检查评定记录			监理（建设）单位验收记录
主控项目	1. 砖、砌块强度等级应符合设计要求					
	2. 强度等级应符合设计要求					
一般项目	1. 轴线位移					
	2. 垂直度（每层）	小于或等于 3 m				
		大于 3 m				
	3. 砂浆饱满度					
	4. 表面平整度					
	5. 门窗洞口高度（后塞口）					
	6. 外墙上下窗口偏移					
	7. 砌现象					
	8. 拉接钢筋					
	9. 搭砌长度					
	10. 灰缝厚度、宽度					
	11. 梁底砌法					
共实测　　点，其中合格　　点，不合格　　点，合格点率为　　%。						
施工单位检查评定结果	项目专业质量检查员：　　项目专业质量（技术）负责人：　　年　月　日					
监理（建设）单位验收结论	监理工程师（建设单位项目技术负责人）：　　年　月　日					

注：本表由施工项目专业质量专业检查员填写，监理工程师（建设单位项目技术负责人）组织项目专业质量技术）负责人等进行验收

四川省建设厅制

SG—T039 填写说明

一、本表适用于空心砖、蒸压加气混凝土砌块、轻骨料混凝土小型空心砌块等填充墙砌体工程的施工质量检查验收记录。

二、本表由施工单位和监理单位共同填写。施工单位检查记录全部记录在本表中；监理（建设）单位在本表中记录实测结果，其他记录在与之配套的监理用表《工程构配件报审表》(JL—A008)和《实测项目检查表》(JL—C001) 中。

三、本表的主控项目中：

1. 砖、砌块和砌筑砂浆的强度等级应符合设计要求。

抽检数量：每一生产厂家砖，按每一验收批，抽检数量为 1 组。砂浆试块的抽检数量按每一验收批不超过 250 m^3 砌体的各种类型及强度等级的砌筑砂浆，每台搅拌机应至少抽检 1 次。检查方法：查砖和砂浆试块试验报告。

四、本表的一般项目

1. 填充墙砌体一般尺寸的允许偏差应符合《建筑工程施工质量验收规范》中 9.3.1 条的规定。

抽检数量：对轴线偏移、表面平整度，在检验批的标准间中随机抽查 10%，但不应少于 3 间；大面积房间和楼道按 2 个轴线或每 10 延长米按 1 标准间计数，每间检验不应少于 3 处。对门窗洞口高宽、外墙上下窗口偏移，在检验批中抽检 10%，且不应少于 5 处。

2. 蒸压加气混凝土砌块、轻骨料混凝土小型空心砌块不应与其他块材混砌。

抽检数量：在检验批中抽检 20%，且不应少于 5 处。检查方法：外观检查。

3. 填充墙砌体的砂浆饱满度及检验方法应符合《建筑工程施工质量验收规范》中 9.3.3 条的规定。

抽检数量：每步架不少于 3 处，且每处不应少于 3 块。

4. 填充墙砌体留置的拉接钢筋或网片的位置应与块体匹数相符合，并符合设计要求，竖向位置偏差不应超过一皮砖高度。

抽检数量：在检验批中抽检 20%，且不应少于 5 处。检查方法：观察和用尺量检查。

5. 填充墙砌筑时应错缝搭砌，蒸压加气混凝土砌块搭砌长度不应小于砌块长度的 1/3；轻骨料混凝土小型空心砌块搭砌长度不应小于 90 mm；竖向通缝不应大于 2 皮。

抽检数量：在检验批的标准间中抽查 10%，且不应少于 3 间。检查方法：观察和用尺检查。

6. 填充墙砌体的灰缝厚度和宽度应正确。空心砖、轻骨料混凝土小型空心砌块的砌体灰缝应为 8～12 mm；蒸压加气混凝土砌块的水平灰缝厚度和竖向灰缝宽度分别宜为 15 mm 和 20 mm。

抽检数量：在检验批的标准间中抽查 10%，且不应少于 3 间。检查方法：用尺量 5 皮砌块的高度和 2 m 砌体长度折算。

7. 填充墙砌至接近梁、板底时，应留一定空隙，待填充墙砌筑完并应至少间隔 7 d 后，再将其补砌挤紧。

抽检数量：每检验批抽取 10%填充墙片，且不应少于 3 片墙。检查方法：观察检查。

五、本表一式两份，施工、监理（建设）单位各存一份。

混凝土小型空心砌块工程检验批质量验收记录

工程名称		分项工程名称		
验收部位		施工单位		
项目负责人		专业工长	施工班组长	
施工执行标准及编号				
质量验收规范的规定			施工单位检查评定记录	监理（建设）单位验收记录
主控项目	1. 小砌块强度等级必须符合设计要求			
	2. 砂浆强度等级必须符合设计要求			
	3. 墙体转角处和纵横墙交接处应同时砌筑，临时间断处砌成斜槎，斜槎水平投影长度不应小于高度的 2/3			
	4. 水平灰缝饱满度			
	5. 竖向灰缝饱满度			
	6. 轴线位移			
	7. 垂直度	每层		
		全高		
一般项目	1. 水平灰缝厚度和竖向灰缝宽度宜为 10 mm，但不应大于 12 mm，也不应小于 8 mm			
	2. 基础顶面和楼面标高			
	3. 表面平整度	清水墙柱		
		混水墙柱		
	4. 门窗洞口高、宽（后窗口）			
	5. 外墙上下窗口偏移			
	6. 水平灰缝平直度	清水墙柱		
		混水墙柱		
	7. 清水墙游丁走缝			
共实测　点，其中合格　点，不合格　点，合格点率为　%。				
施工单位检查评定结果	项目专业质量检查员：　项目专业质量（技术）负责人：　年　月　日			
监理（建设）单位验收结论	监理工程师（建设单位项目技术负责人）：　年　月　日			

注：本表由项目专业质量检查员填写，监理工程师（建设单位项目技术负责人）组织项目专业质量（技术）负责人等进行验收

四川省建设厅制

SG—T036 填写说明

一、本表适用于普通混凝土小型空心砌块和轻骨料混凝土小型空心砌块（以下称小砌块）工程的施工质量检查验收记录。

二、本表由施工单位和监理单位共同填写。施工单位检查记录全部记录在本表中；监理（建设）单位在本表中记录实测结果，其他记录在与之配套的监理用表《工程构配件报审表》（JL—A008）和《实测项目检查表》（JL—C001）中。

三、本表的主控项目中：

1. 砌块和砂浆的强度等级必须符合设计要求。

抽检数量：每个生产厂家，按每1万块小砌块至少应抽检1组。用于多层以上建筑基础和底层的小砌块抽检数量不应少于2组。砂浆试块的抽检数量按每一检验批且不超过250 m^3 砌体的各种类型及强度等级的砌筑砂浆，每台搅拌机应至少抽检1次。检查方法：查砌块和砂浆试块试验报告。

2. 砌体水平灰缝的砂浆饱满度不得小于90%，竖向不得小于80%。

抽检数量：每检验批抽检不应少于3处。检查方法：用百格网检查砌块底面与砂浆的黏结痕迹面积。每处检测3块砌块，取其平均值。

3. 墙体转角处和交接处应同时砌筑，严禁无可靠措施的内外墙分砌施工，临时间断处砌成斜槎，斜槎水平投影长度不应小于高度的2/3。

抽检数量：每检验批抽检20%接槎，且不应少于5处。检查方法：观察检查。

4. 墙体的位置及垂直度。

抽检数量：轴线查全部承重墙柱；外墙垂直度全高查阳角不应少于4处，每层每20 m查1处；内墙按有代表性的自然间抽100%，但不应少于3间，每间不应少于2处，柱不少于5根。检查方法：经纬仪、吊线、尺量检查。

四、本表的一般项目中，分为清水墙和混水墙两种类型。

1. 墙体的水平灰缝厚度和竖向灰缝宽度宜为10 mm，但不应大于12 mm，也不应小于8 mm。

抽检数量：每层楼的检测点不应少于3处。检查方法：用尺量5皮小砌块高度和2 m砌体长度折算。

2. 小砌体墙体一般尺寸允许偏差。

均应符合GB 50203—2002规范5.3.3条中1～5项的规定。

五、检查评定结果由施工单位填写，应明确结论性意见，并签字齐全。验收结论由监理（建设）单位填写，应给予明确的验收结论，即合格或不合格，并签字齐全。

六、本表一式两份，施工、监理（建设）单位各存一份。

模板工程检验批质量验收记录

工程名称		分项工程名称			
验收部位		施工单位			
项目负责人		专业工长		施工班组长	
施工执行标准及编号					

	质量验收规范的规定			施工单位检查评定记录	监理（建设）单位验收记录
主控项目	1. 支架		4.2.1 条		
	2. 隔离剂		4.2.2 条		
一般项目	1. 轴线位置				
	2. 底模上表面标高				
	3. 截面内部尺寸	基础			
		梁、柱、墙			
	4. 层高垂直度				
	5. 相邻两板表面高低差				
	6. 表面平整				
	7. 预埋钢板中心线位置				
	8. 预埋管、预留孔中心线位置				
	9. 插筋	中心线位置			
		外露长度			
	10. 预埋螺栓	中心线位置			
		外露长度			
	11. 预留洞	中心线位置			
		尺寸			
	12. 起拱				
共实测　　点，其中合格　　点，不合格　　点，合格点率为　　%。					

施工单位检查评定结果	项目专业质量检查员：　　项目专业质量（技术）负责人：　　年　月　日
监理（建设）单位验收结论	监理工程师（建设单位项目技术负责人）：　　年　月　日

四川省建设厅制

SG—T029 填写说明

一、本表适用于模板工程检验批质量验收记录。

二、本表由监理工程师（建设单位技术负责人）组织项目专业质量（技术）负责人等进行验收。

三、检验批的划分：模板安装工程应与施工组织设计或施工方案相一致且按便于控制施工质量的原则划分，按工作班、楼层、结构缝或施工段划分为若干个检验批。

四、检查数量：

1. 表中主控项目的检查数量：全数检查。

2. 表中一般项目中1～6项和12项：全数检查。第7～11项：在同一检验批中，对梁柱和独立基础，应抽查构件数量的10%，且不少于3件；对墙和板，应按有代表性的自然间抽查10%，且不少于3间；对大空间结构，墙可按相邻轴线间高度5 m左右划分检查面，板可按纵、横轴线划分检查面，抽查10%，且不少于3面。

3. 检查底模与支架拆除时，混凝土强度应符合设计或表3.11规定。

五、表中主控项目的检查方法：

1. 安装现浇结构的上层模板及其支架时，下层楼板应具有承受上层荷载的承载能力，或加设支架；上、下层支架的立柱应对准，并铺设垫板；对照模板设计文件和施工技术方案观察。

2. 在涂刷模板隔离剂时，不得沾污钢筋和混凝土接槎处。

3. 检查轴线和中心线位置时，应沿纵、横两个方向量测，并取其中的较大值。

4. 表中一般项目检查方法：钢尺、经纬仪、水准仪、塞尺等。

5. 表中一般项目允许偏差值的单位为“mm”。

6. 本表一式四份，建设、监理单位各存一份，施工单位两份。

钢筋安装工程检验批质量验收记录

工程名称		分项工程名称			
验收部位		施工单位			
项目负责人		专业工长		施工班组长	
施工执行标准及编号					

质量验收规范的规定					施工单位检查评定记录	监理（建设）单位验收记录
主控项目						
一般项目	绑扎钢筋网	长、度		设计给定值		
		网眼尺寸		设计给定值		
	绑扎钢筋骨架	长		设计给定值		
		宽、高		设计给定值		
	受力钢筋	间距		设计给定值		
		排距		设计给定值		
		保护层厚度	基础	设计给定值		
			柱、梁	设计给定值		
			板、墙、壳	设计给定值		
	绑扎箍筋、横向钢筋间距			设计给定值		
	钢筋弯起点位置			设计给定值		
	预埋件	中心线位置		设计给定值		
		水平高差		设计给定值		
共实测　　点，其中合格　　点，不合格　　点，合格点率为　　%。						

施工单位检查评定结果	项目专业质量检查员：　　项目专业质量（技术）负责人：　　年　月　日
监理（建设）单位验收结论	监理工程师（建设单位项目技术负责人）：　　年　月　日

四川省建设厅制

SG—T028 填写说明

一、本表适用于现浇钢筋混凝土结构钢筋安装工程检验批质量验收记录。

二、本表由监理工程师（建设单位技术负责人）组织施工单位项目专业质量（技术）负责人等进行验收。

三、检验批的划分：钢筋安装工程可根据与施工方案或施工组织设计方式相一致且便于控制施工质量的原则，按工作班、楼层、结构缝或施工段划分为若干个检验批。

四、检查数量：

1. 表中主控项目检查数量：全数检查。

2. 表中一般项目检查数量：在同一检验批中，对梁、柱和独立基础，应抽查构件数量的10%，且不少于3件；对墙和板，应按有代表性的自然间抽查10%，且不少于3间；对大空间结构，墙可按相邻轴线间高度5 m左右划分检查面，板可按纵、横轴线划分检查面，抽查10%，且不少于3面。

五、表中主控项目的检查方法：

受力钢筋的品种、级别、规格和数量必须符合设计要求：观察、钢尺检查。

六、表中一般项目的检查方法：

1. 钢尺检查。

2. 检查预埋件中心线位置时，应沿纵、横两个方向量测，并取其中的较大值。

七、表中标准偏差由设计给定值和实际值比较而得。

八、表中偏差值单位均为“mm”。

九、本表一式四份，建设、监理单位各存一份，施工单位两份。

混凝土工程检验批质量验收记录

<table>
<tr><td>工程名称</td><td></td><td>分项工程名称</td><td></td><td>验收部位</td><td></td></tr>
<tr><td>施工单位</td><td></td><td>项目负责人</td><td></td><td>专业工长</td><td></td></tr>
<tr><td>分包单位</td><td></td><td>项目负责人
（分包单位）</td><td></td><td>施工班组长</td><td></td></tr>
<tr><td colspan="3">施工执行标准及编号</td><td colspan="3"></td></tr>
<tr><td colspan="3">质量验收规范的规定</td><td colspan="2">施工单位检查评定记录</td><td>监理（建设）单位验收记录</td></tr>
<tr><td rowspan="4">主控项目</td><td colspan="2">结构混凝土的强度等级符合要求；用于检查结构件混凝土强度的试件，应在混凝土的浇筑地点随机抽取取样与试件留置应符合《建筑工程施工质量验收规范》的规定</td><td colspan="2"></td><td rowspan="4"></td></tr>
<tr><td colspan="2">对有抗渗要求的混凝土结构，其混凝土试件应在浇筑地点随机抽样。同一工程、同一配合比混凝土，取样不应少于1次，留置组数可根据实际需要确定</td><td colspan="2"></td></tr>
<tr><td colspan="2">混凝土原材料每盘称量的偏差应符合《建筑工程施工质量验收规范》的规定</td><td colspan="2"></td></tr>
<tr><td colspan="2">混凝土运输、灌注及间歇的全部时间不应超过初凝时间；同一施工段的混凝土浇筑完毕。当底层混凝土初凝之后浇筑上一层混凝土时，应按施工技术方案中对施工缝的要求进行处理</td><td colspan="2"></td></tr>
<tr><td rowspan="3">一般项目</td><td colspan="2">施工缝的位置应在混凝土浇筑前按设计要求和施工技术方案确定，其处理应按施工技术方案执行</td><td colspan="2"></td><td rowspan="3"></td></tr>
<tr><td colspan="2">后浇带的留置应按要求和施工技术方案确定，后浇带确定混凝土浇筑应按施工方案进行</td><td colspan="2"></td></tr>
<tr><td colspan="2">混凝土浇筑完毕后，应按施工技术方案及时采取有效措施进行养护，并应符合《建筑工程施工质量验收规范》的规定</td><td colspan="2"></td></tr>
<tr><td colspan="2">施工单位检查评定结果</td><td colspan="4">项目专业质量检查员：　　项目专业质量（技术）负责人：　　年　月　日</td></tr>
<tr><td colspan="2">监理（建设）单位验收结论</td><td colspan="4">监理工程师（建设单位项目技术负责人）：　　年　月　日</td></tr>
</table>

四川省建设厅制

SG—T030 填写记录

一、本表适用于混凝土工程检验批质量验收记录。

二、本表由监理工程师（建设单位技术负责人）组织项目专业质量（技术）负责人等进行验收。

三、检验批的划分：混凝土工程可根据与施工方式相一致且便于控制施工质量的原则，按工作班、楼层、结构缝或施工段划分为若干个检验批。

四、表中主控项目的检查数量及方法：

1. 结构混凝土的强度等级符合设计要求：用于检查结构构件混凝土强度的试件，应在混凝土的浇筑地点随机抽取。取样与试件的留置应符合《建筑工程施工质量验收规范》的规定：每拌制 100 盘且不超过 100 m^3 的同配合比的混凝土，取样不得少于 1 次；每工作班拌制的同一配合比的混凝土不足 100 盘时，取样不得少于 1 次；当 1 次连续浇筑超过 1 000 m^3 时，同一配合比的混凝土每 200 m^3 取样不得少于 1 次；每一楼层、同一配合比的混凝土，取样不得少于 1 次；每次取样应至少留置一组标准养护试件，同条件养护试件的留置组数应根据实际需要确定。检查方法：检查施工记录及试件强度试验报告。

2. 对有抗渗要求的混凝土结构，其混凝土试件应在浇筑地点随机抽样。同一工程、同一配合比的混凝土，取样不应少于 1 次，留置组数可根据实际需要确定。检查方法：检查试件抗渗试验报告。

3. 混凝土原材料每盘称量的偏差应符合《建筑工程施工质量验收规范》的规定：每工作班抽查不应少于 1 次。检查方法：复称。

4. 主控项目中混凝土间歇时间应全数检查，检查方法：观察和检查施工记录。

五、表中一般项目的检查数量及方法：

1. 施工缝的位置应在混凝土浇筑前按设计要求和施工技术方案确定，其处理应按施工技术方案执行：全数检查。检查方法：观察、检查施工记录。

2. 后浇带的留置位置应按设计要求和施工技术方案确定，后浇带混凝土浇筑应按施工技术方案进行：全数检查。检查方法：观察、检查施工记录。

3. 混凝土浇筑完毕后，应按施工技术方案及时采取有效措施进行养护；并应符合《建筑工程施工质量验收规范》的规定：全数检查。检查方法：观察、检查施工记录。

六、由于该检验批验收时，混凝土 28 d 强度试验报告未出，因此，该检验批根据施工需要需进行 2 次验收，并在分项工程验收时进一步评定强度及验收。

七、本表一式四份，建设、监理单位各存一份，施工单位两份。

单位工程质量竣工验收记录

工程名称		结构类型		层数/建筑面积	
施工单位		技术负责人		开工日期	
项目负责人		项目技术负责人		竣工日期	

序号	项　目	验收记录	验收结论
1	分部工程		
2	质量控制资料核查		
3	安全和主要功能核查及抽查结果		
4	观感验收		
5	综合验收结论		

参加验收单位	建设单位	监理单位	施工单位	设计单位
	（公章） 单位（项目）负责人： 年　月　日	（公章） 总监理工程师： 年　月　日	（公章） 单位负责人： 年　月　日	（公章） 单位（项目）负责人： 年　月　日

四川省建设厅制

SG—T001 填写说明

一、本表为单位工程质量竣工验收进行综合质量评定时使用。

二、单位工程完工后，施工单位应自行组织有关人员进行检查评定，并向建设单位提交工程验收报告；建设单位接到工程验收报告后应由建设单位（项目）负责人组织施工（含分包单位）、设计、监理等单位（项目）负责人进行单位（子单位）工程验收。

三、单位工程质量验收应符合下列规定：

1. 单位工程所含分部工程的质量均应验收合格。

2. 质量控制资料应完整。

3. 单位工程所含分部工程有关安全和功能的检测资料完整。

4. 主要功能项目的抽查结果应符合相关专业质量验收规范的规定。

5. 观感质量验收应符合要求。

四、本表由建设、施工、监理单位共同填写。

五、填写要求：

1. 表头及验收记录内容由施工单位项目（技术）负责人填写，表头部分的工程名称、施工单位名称应填写全称，与检验批、分项工程、分部工程等验收记录相一致。

2. 验收结论由总监理工程师（建设单位项目负责人）填写验收是否合格，观感质量验收情况应填写是否符合要求，观感质量抽查项目及数量在施工单位自查基础上由验收各方共同商定。

3. 综合验收结论由参加验收各方共同商定后由建设单位填写，对工程是否符合设计和规范要求及工程总体质量是否合格作出评价，验收时检查出的工程（资料）问题应作为附件附于后面。

4. 参加验收单位各方负责人应填写验收意见并签字盖章。

5. 表头中的技术负责人应为施工单位技术负责人。

六、本表一式四份，建设单位、施工单位、监理单位、城建档案馆各一份。

参考文献

[1] 韩玉文.建筑施工实训指南[M].北京:冶金工业出版社,2010.
[2] 王兆.建筑施工实训指导[M].北京:机械工业出版社,2006.
[3] 钟振宇.建筑工程实训指导[M].北京:机械工业出版社,2008.
[4] 赵艳敏.建筑工程技术专业实践教学体系构建与实训基地建设的研究[J].中国现代教育装备,2011,133(21):39~41.
[5] 刘湛新.高职院校土木工程实训基地建设的思考[J].技术与市场,2011,18(06):318~319.
[6] 许光,鲍东杰.高职院校建筑类专业示范建设的研究与实践[J].教育与职业,2008,579(11):74~76.
[7] 于红杰,姚艳红.建筑工程专业校内实训基地建设探析[J].民营科技,2010,(05):75~76.
[8] 钟振宇,秦虹,张喜娥.高职建筑工程技术专业校内实训基地"分类化"建设初探[J].职业教育研究,2010,(10):105~106.
[9] 杨卫国,马彩霞,王京.高等职业教育国家级建筑技术实训基地建设探讨—以邯郸职业技术学院建筑技术实训基地为例[J].中国成人教育,2011,(03):66~67.
[10] 潘睿.关于构建特色土木工程教育的教学对策研究[J].黑龙江高教研究,2005,131(03):134~135.
[11] 程建芳.借鉴国外经验强化应用型本科教育实践教学[J].中国高教研究,2007,(08):54~55.
[12] 石磊.工程教育中实践能力的培养研究[D].西安:西安电子科技大学,2007.

建筑施工实训指导施工图

JIANZHU SHIGONG SHIXUN ZHIDAO SHIGONGTU

主　审　陈文元

主　编　万　健

副主编　林文剑　张建新　肖　进　王晓亮　闫　兵

编　者　高建华　张忠良

哈尔滨工业大学出版社

HITP

施工图

建筑施工图设

1.设计依据

1.1甲方提供的设计要求、地质资料，水、电源及雨水、污水排放等相关设计资料及电子文件；

1.2规划和建设局2013年9月11日对本项目建筑规划设计方案的批复；

1.3甲乙双方经磋商形成的设计调整、补充意见和相关设计标准；

1.4现行的国家有关建筑设计规范、规程和规定：

(1)《民用建筑设计通则》 GB 50352—2005；

(2)《办公建筑设计规范》 JGJ 67—2006；

(3)《商店建筑设计规范》 JGJ 48—88；

(4)《汽车库建筑设计规范》 JGJ 100—98；

(5)《汽车库、修车库、停车场设计防火规范》 GB 50067—97；

(6)《建筑地面设计规范》 GB 50037—96；

(7)《建筑设计防火规范》 GB 50016—2006；

(8)《高层民用建筑设计防火规范》 GB 50045—95(2005年版)；

(9)《无障碍设计规范》 GB 50763—2012；

(10)《公共建筑节能设计标准》 GB 50189—2005；

(11)《民用建筑热工设计规范》 GB 50176—93；

(12)《屋面工程技术规范》 GB 50345—2012。

1.5本工程除图纸及设计说明规定外，还应切实按照国家颁布的《屋面工程施工及验收规范》《地面工程施工及验收规范》《装饰工程施工及验收规范》《建筑玻璃应用技术规程》《外墙外保温工程技术规程》等相关建筑安装工程施工及验收规范进行操作，工程中采用的各种材料及设备必须符合国家规定的质量标准，严禁使用假冒伪劣或不合格产品。

2.项目概况

2.1本项目为综合楼位于德阳市。建筑面积为4096.31m²，建筑总高度为38.25m。结构形式为混凝土框架结构，地上九层地下一层，地下一层设有汽车库（Ⅳ类）、设备用房，地上一层为商业服务网点，二至九层为写字间（开放式办公用房）。建筑分类为二类高层。

2.2本工程抗震设防烈度为七度(0.1g)，抗震设防分类为丙类，建筑结构安全等级为二级，设计合理使用年限为50年。建筑耐火等级地上为二级，地下为一级；屋面防水等级为Ⅱ级，地下室防水等级为Ⅰ级。

2.3本工程施工图设计文件包括建筑、结构、给排水、电气（含强弱电）等各专业图纸；本工程施工图设计文件不包括二次装修、庭院景观等设计部分，相关内容由甲方另行委托设计。

3.设计标高

3.1本工程采用城建坐标、高程系统室内标高±0.000相当于总图绝对标高 507.30m。

3.2各层平面标注标高为建筑完成面标高，屋面标高为结构面标高。

3.3本工程总图的标高、长度、高度及子项的标高均以 m 为单位。

4.墙体工程

4.1墙体的基础部分详见结施图；除特殊标注外，门窗垛均为100或与柱平齐。

4.2图中地下室外围墙体、消防水池墙体为300厚P6自防水钢筋混凝土墙，其余未标注墙体均为200厚页岩空心砖。

4.3工程砌体选用须达到《建筑材料放射性核素限量》GB6566—2001的要求，其他构造和技术要求详见西南G701<—>图集中的相关规定和作法。所有填充墙上的门窗过梁、构造柱及圈梁等的布置、构造及施工要求均详结施总说明及结施图。

4.4墙体留洞及封堵。

4.4.1钢筋混凝土墙上的留洞详结施图和设施图，分体式空调室外机安装作法详西南11J516第40页2。

4.4.2预留洞的封堵：

4.4.2.1钢筋混凝土墙留洞的封堵详结施图；

4.4.2.2砌筑墙体留洞应待管道设备安装完毕后用C20细石混凝土填实；

4.4.2.3防火墙当有管道穿过时，应采用不燃烧体防火材料将其周围的空隙填塞密实。

4.5配电箱及消火栓等留洞将墙体打通时，在留洞后衬5厚钢板封堵，周边交接处加0.8厚400宽金属网(9×25孔)，抹灰与墙边平；

4.6所有设备用房及机房的围护墙应与安装工程配合，待大体积设备就位后再砌筑到位。

4.7所有通风管井内表面要求随砌砖随抹灰；水电管井墙体应在设备及管道安装完毕后砌筑。

5.屋面工程

5.1本工程屋面防水等级为Ⅱ级，平屋面采用高分子防水卷材屋面构造，防水层合理使用年限为10年，屋面防水做法详建施工程做法及相关节点详图。

5.2屋面工程施工应遵照《屋面工程质量验收规范》GB 50207—2012和《屋面工程技术规范》GB 50345—2012的有关规定。屋面排水组织及雨水管下水口位置详见建施屋面平面图。

5.3屋面雨水口：

5.3.1出水口周围直径500mm 范围内坡度不小于 5%，并设一层防水卷材附加层；

5.3.2外排水雨水斗、雨水管采用钢板雨水斗及 UPVC 塑料雨水管，作法详建施；

5.3.3内排水雨水斗采用成品87型雨水斗，内排水雨水管见水施图；

5.3.4除图中另有注明外，雨水管的直径均为DN100；

5.3.5室内外雨水管外包，做法参见西南11J201第54页1号大样。

5.4屋面保温层排气道作法西南11J201第32页A大样、第33页1b大样。

5.5卷材防水屋面基层与突出屋面结构（女儿墙、出屋面房间立墙、装饰墙、天窗壁、变形缝、出屋面烟道、构造柱等）的交接处，以及基层的转角处（水落口、檐口、
于50mm的圆弧。

5.6屋面设施的基座与结构层相连时，防水层应包裹设施基座
1，并在地脚螺栓周围用密封膏做密封处理，作法详国标 99J
设施时，设施下部的防水层应做一层同材质卷材增强层，并在其
设施周围和屋面出入口至设施间的人行道应铺设砖保护层。

5.7屋面女儿墙及泛水作法详大样图。

5.8其他构造作法：

5.8.1防水找平层及保护层分格缝间距均为1m，作法详西

5.8.2屋面出入口作法详西南11J201第55页2；

5.8.3上层屋面雨水排至下层屋面处做 C15 细石混凝土水簸

5.9屋面工程所采用的防水、保温隔热材料应有产品合格证书
应符合现行国家产品标准和要求；材料进场后应按规定抽样复验

5.10屋面防水工程应由相应资质的专业队伍进行施工；作业人

5.11屋面施工应按有关规定对各道工序进行检验，合格后方可
应对已完成部分采取保护措施。

5.12伸出屋面的管道、设备或预埋件等，应在防水层施工前安
孔、打洞或重物冲击。

5.13排水系统应保持畅通，严禁水落口、天沟、檐沟等堵塞。

5.14屋面防水工程及构造均应满足西南11J201图集中的相

6.门窗工程

6.1门窗玻璃的选用应遵照《建筑玻璃应用技术规程》和《建筑
号的有关规定。

6.2门窗立面均表示洞口尺寸，门窗加工尺寸应按门窗洞口设

6.3外门窗均采用断桥铝合金门窗，外门单块玻璃超过0.5m
时采用安全玻璃，安全玻璃均采用12厚钢化夹层玻璃；其他门

7.外装修工程

7.1外装修设计和作法见建筑技术措施表、建施立面图及外墙

7.2由专业公司二次设计的广告位等轻钢结构、装饰构架等外

设置要求，配合各专业施工图进行预埋设置。

7.3外墙内保温材料采用膨胀玻化微珠干混砂浆，构造详建施

8.内装修工程

8.1内装修工程执行《建筑内部装修设计防火规范》 GB 5
设计规范》GB 50037—96，一般装修见建筑技术措

8.2卫生间楼地面防水层接墙处上翻 1800 高，上翻高度均
标高低于相邻房间标高30。残疾人卫生间入口处不应有高差。

8.3栏杆竖向杆件间的净距不得大于110。楼梯栏杆详大样图
不应小于 1.10m。外窗窗台高度低于900 处设不锈钢护窗
栏杆高度为挡水线以上 1100。同时各类栏杆采取防止儿童
求。

9.油漆涂料工程

9.1室内装修所采用的油漆涂料见建筑技术措施表。

9.2木构件油漆均为漆油性调和漆，详见西南11J312 第79

9.3金属构件油漆为醇酸磁漆，详见西南11J312 第81页—
锈漆二道，并按各专业规定的颜色罩调和漆二道。

10.建筑设备、设施工程

10.1卫生器具均为陶瓷成品、隔断采用塑钢隔断详西南 11J5

10.2本工程设置无障碍电梯两部，其中一部为观光电梯，由专
暂选用三菱 GPSIII 系列乘客电梯，电梯型号为 GPSIII-
速度为1.0m/s。施工时需专业电梯厂家提供电梯工艺要求。

11.建筑隔声设计

11.1室外台阶、坡道详大样图。

11.2底层散水、排水沟作法详大样图，散水每 10m 长度设

11.3砖砌踏步台阶作做法详大样图。

12.其他施工中注意事项

12.1图中所选用标准图中有对结构中的预埋件、预留洞，如
以及本图所标注的各种留洞和预埋件应与各工种密切配合后，
备安装之间的密切配合，除按施工图选用的标准图及设备产品
相关施工规范规程进行施工，并做好隐蔽工程的记录。如发现
禁擅自更改、隐瞒，避免出现严重的工程质量问题和设计意图

做　　法	使用部位	备　注
喷甲基硅醇钠憎水剂	详立面	
喷外墙漆两遍		
6厚1:2.5水泥砂浆抹平		
12厚1:3水泥砂浆打底，两次成活，扫毛或划出纹道		
砖基层（混凝土基层需刷界面处理剂）		
花岗石干挂详图集西南11J516第54、55页	详立面	
9厚1:1:6水泥石灰砂浆打底扫毛	商店、写字间	
基层处理（混凝土基层刷水泥砂浆一道）		
刷乳胶漆	合用前室、前室门厅、楼梯间	
5厚1:0.3:2.5水泥石灰砂浆罩面压光		
7厚1:1:6水泥石灰砂浆垫层		
9厚1:1:6水泥石灰砂浆打底扫毛		
基层处理（混凝土基层刷水泥砂浆一道）		
深灰色无机涂料（A级）	地下室除合用前室、楼梯间外所有房间消防控制室、机房、地上车位	
水泥浆一道（内掺建筑胶）		
12厚水泥混合砂浆打底扫毛，8厚水泥混合砂浆抹面		
基层处理（混凝土基层刷水泥砂浆一道）		
300x450面砖贴面（高度至吊顶）	卫生间	
8厚1:0.15:2水泥石灰砂浆粘接层（加建筑胶适量）		
聚合物（丙烯酸）乳液防水涂料，沿墙上翻1800		
10厚1:3水泥石灰砂浆打底，分两次抹		
基层处理（混凝土基层刷水泥砂浆一道）		
内墙面层做法	外墙	
抗裂柔性腻子两遍刮平		
5厚水泥砂浆保护层		
5厚抗裂砂浆压入两层耐碱玻纤网格布		
45厚膨胀玻化微珠保温干混砂浆		
8厚聚合物砂浆		
200厚页岩空心砖砌体		
外墙装饰面		
钢筋混凝土内预留Ø6吊环，双向吊点，中距900~1200	卫生间	
Ø8钢筋吊杆，双向吊点，中距900~1200		
龙骨（专用），中距<1200		
0.5~0.8厚铝合金条板，中距100、150、200等		
无机涂料（A级）	卫生间外所有房间	
4厚1:0.3:3水泥石灰砂浆		
10厚1:1:4水泥石灰砂浆		
水泥浆一道（内掺建筑胶）		
基层处理（混凝土基层刷水泥砂浆一道）		

说　明

Illustration

注：本图未经相关建设主管部门批准不得使用。

项目负责人 Project Director	姓　名 Name	
	注册证书编号 Registration Seal No.	
执行项目负责人 Perform Project Director		
专业负责 Specialized Person in Charge		
设　计 Design		
校　对 Check		
审　核 Examiner		
审　定 Approved		

工程名称 Project	
单体名称 Single Name	综合楼
图　名 Drawing Name	建筑技术措施表
图　别 Drawing Sort	建　施 / 工程编号 Project No.
图　号 Drawing No.	2/25 / 日　期 Date

地　址 ADD	
电　话 TEL	
传　真 FAX	

建筑节能设计计算书

一、地理气候条件

德阳地处川西盆地，属于亚热带湿润季风气候。夏季气温较高、湿度大、风速小、潮湿闷热；冬季气温低、湿度大、日照率低，阴冷潮湿（参照最近的成都地区）气象参数如下：

项目	数值	项目	数值
年平均温度	16.1℃	最冷月平均温度	5.4℃
极端最低温度	−5.9℃	最热月平均温度	25.5℃
极端最高温度	37.3℃	冬季平均相对湿度	85%
夏季平均相对湿度	80%	全年日照率	28%
冬季日照率	14%	冬、夏季主导风向	NNE
主导风向频率	33%	夏季平均风速	1.4m/s

二、设计依据性文件、规范、标准

1.《公共建筑节能设计标准》GB 50189—2005。

2.《民用建筑热工设计规范》GB 50176—93。

三、建筑体形系数及相应措施

城市名称	德阳	体形系数	在夏热冬冷地区公共建筑不进行建筑的体形系数（S）的计算
建筑楼层数		建筑高度	

四、外墙的保温设计：建筑各部位内保温构造参照图集外墙内保温建筑构造 11J122—第C1页～第C10页。

1.200厚页岩空心砖墙（内保温）。

材料名称	厚度 /mm	导热系数 /（$W\cdot m^{-1}\cdot K^{-1}$）	导热系数修正系数	修正后导热系数 /（$W\cdot m^{-1}\cdot K^{-1}$）	蓄热系数 /（$W\cdot m^{-2}\cdot K^{-1}$）	热阻值 /（$m^2\cdot K\cdot W^{-1}$）	热惰性指标 $D=R\cdot S$
内墙面层	—	—	—	—	—	—	—
抗裂柔性腻子两遍刮平	—	—	—	—	—	—	—
5厚水泥砂浆保护层	5	0.930	1.00	0.930	11.370	0.005	0.057
5厚抗裂砂浆保护层压入两层耐碱玻纤网格布	5	0.930	1.00	0.930	11.370	0.005	0.057
45厚膨胀玻化微珠保温干混砂浆	45	0.070	1.15	0.0805	0.950	0.560	0.551
8厚聚合物砂浆	8	0.930	1.00	0.930	11.370	0.009	0.102
200厚页岩空心砖砌体	200	0.58	1.00	0.58	11.110	0.357	4.77
8厚1:3水泥砂浆	8	0.930	1.00	0.930	10.750	0.009	0.099
7厚1:3水泥砂浆找平	7	0.930	1.00	0.930	11.370	0.008	0.171
外墙水刷石面层	0	—	—	—	—	—	—
合　计	278	—	—	—	—	0.953	5.807
墙主体传热阻	$R_0=R_i+\Sigma R+R_e=0.04+0.953+0.11=1.103\ m^2\cdot K\cdot W^{-1}$						
墙主体传热系数	$0.907\ W\cdot m^{-2}\cdot K^{-1}$						

2.200厚钢筋混凝土构造柱，梁（内保温）。

材料名称	厚度 /mm	导热系数 /（$W\cdot m^{-1}\cdot K^{-1}$）	导热系数修正系数	修正后导热系数 /（$W\cdot m^{-1}\cdot K^{-1}$）	蓄热系数 /（$W\cdot m^{-2}\cdot K^{-1}$）	热阻值 /（$m^2\cdot K\cdot W^{-1}$）	热惰性指标 $D=R\cdot S$
内墙面层	—	—	—	—	—	—	—
抗裂柔性腻子两遍刮平	—	—	—	—	—	—	—
5厚水泥砂浆保护层	5	0.930	1.00	0.930	11.370	0.005	0.057
5厚抗裂砂浆保护层压入两层耐碱玻纤网格布	5	0.930	1.00	0.930	11.370	0.005	0.057
45厚膨胀玻化微珠保温干混砂浆	45	0.070	1.15	0.0805	0.950	0.560	0.551
8厚聚合物砂浆	8	0.930	1.00	0.930	11.370	0.009	0.102
钢筋混凝土	200	1.740	1.00	1.740	17.200	0.115	2.372
8厚1:3水泥砂浆	8	0.930	1.00	0.930	10.750	0.009	0.099
7厚1:3水泥砂浆找平	7	0.930	1.00	0.930	11.370	0.008	0.171
外墙面砖面层	0	—	—	—	—	—	—
合　计	300	—	—	—	—	0.711	3.409
墙主体传热阻	$R_0=R_i+\Sigma R+R_e=0.04+0.711+0.11=\ 0.861\ m^2\cdot K\cdot W^{-1}$						
墙主体传热系数	$1.16\ W\cdot m^{-2}\cdot K^{-1}$						
墙体平均传热系数	$0.907\times0.65+1.16\times0.35=0.996\ W\cdot m^{-2}\cdot K^{-1}\leqslant1.0$						

墙体传热系数满足公共建筑节能设计标准4.2.2—4条的要求

五、屋顶的保温设计

上人屋面

材料名称	厚度 /mm	导热系 /（W·m
铺地砖		—
20厚水泥砂浆结合层	20	0.9
4厚SBS防水层	4	0.1
SBS改性沥青防水卷材冷底油		—
25厚水泥砂浆找平层	25	0.9
XH04级配泡沫混凝土保温兼找坡	150	0.0
钢筋混凝土	120	1.74
20厚水泥石灰砂浆顶棚抹灰	20	0.8
合　计	339	—
屋顶传热阻	$R_0=R_i+\Sigma$	
屋顶传热系数	0.64 W·m	

屋顶传热系数满足《公共建筑节能设计标准》4.2

非上人屋面

材料名称	厚度 /mm	导热系 /（W·m
25厚水泥砂浆保护层	25	0.9
4厚SBS防水层	4	0.1
SBS改性沥青防水卷材冷底油		—
25厚水泥砂浆找平层	25	0.9
XH04级配泡沫混凝土保温兼找坡	150	0.0
钢筋混凝土	120	1.74
20厚水泥石灰砂浆顶棚抹灰	20	0.8
合　计	339	—
屋顶传热阻	$R_0=R_i+\Sigma$	
屋顶传热系数	0.64 W·m	

屋顶传热系数满足《公共建筑节能设计标准》4

六、外窗的保温设计

1、窗墙面积比：

朝向	外窗面积 /m²
东	137.60
南	179.32
西	280.25
北	287.96

宿舍根据各朝向窗墙面积比确定外窗，外窗均

朝向	传热系数	外窗的技术
东	4.0<4.7	6高透光Low
南	3.4<3.5	6透明+9空
西	2.5<3.0	6高透光Low
北	2.5<2.8	6高透光Low

遮阳系数不足的房间室内采用深色窗帘遮阳。

外门窗选型满足公共建筑节能设计标准表4.2

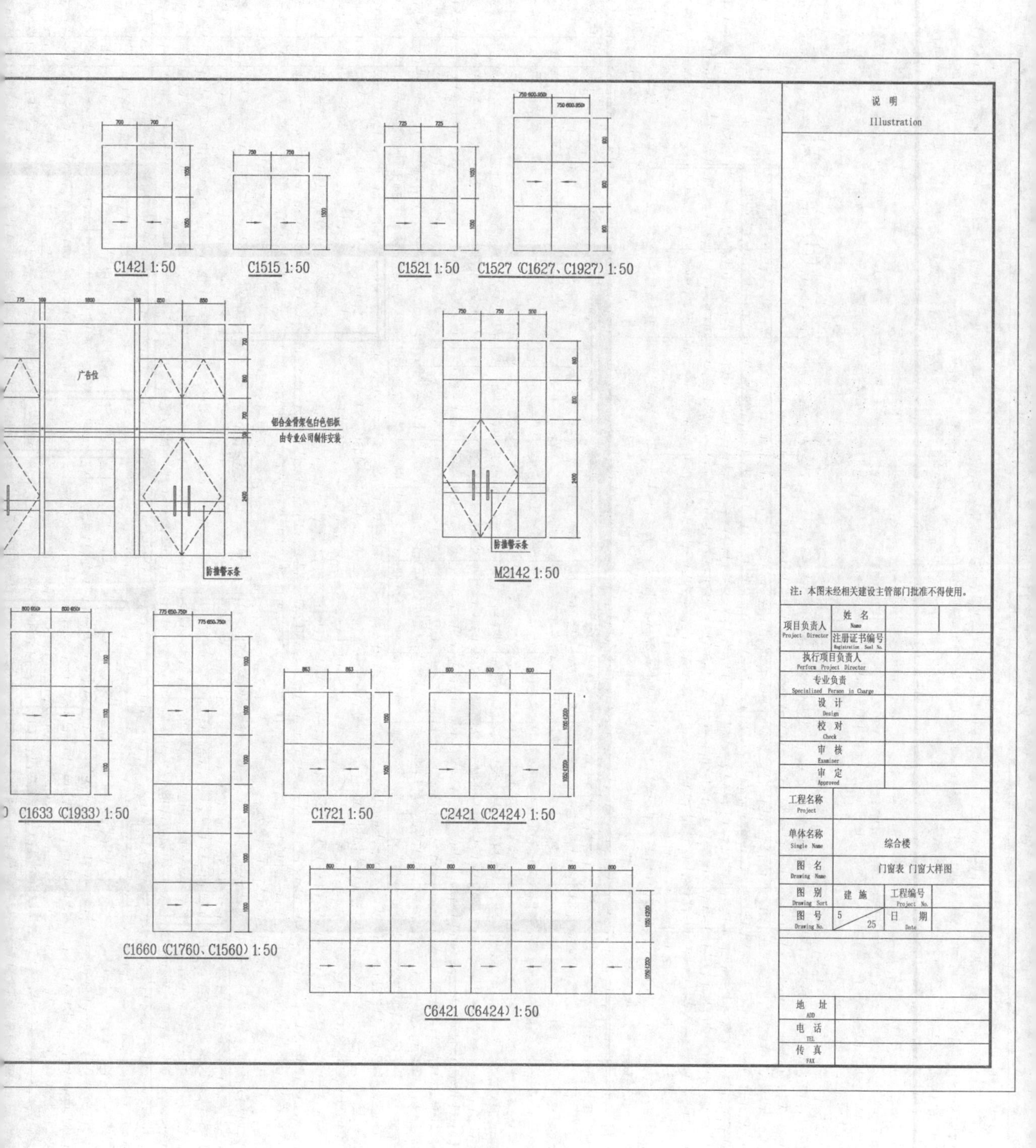
C1421 1:50
C1515 1:50
C1521 1:50
C1527 (C1627、C1927) 1:50
广告位
铝合金骨架包白色铝板
由专业公司制作安装
防撞警示条
防撞警示条
M2142 1:50
C1633 (C1933) 1:50
C1721 1:50
C2421 (C2424) 1:50
C1660 (C1760、C1560) 1:50
C6421 (C6424) 1:50
说明
Illustration
注：本图未经相关建设主管部门批准不得使用。
项目负责人
Project Director
姓名
Name
注册证书编号
Registration Seal No.
执行项目负责人
Perform Project Director
专业负责
Specialized Person in Charge
设计
Design
校对
Check
审核
Examiner
审定
Approved
工程名称
Project
单体名称
Single Name
综合楼
图名
Drawing Name
门窗表 门窗大样图
图别
Drawing Sort
建施
工程编号
Project No.
图号
Drawing No.
5
25
日期
Date
地址
ADD
电话
TEL
传真
FAX

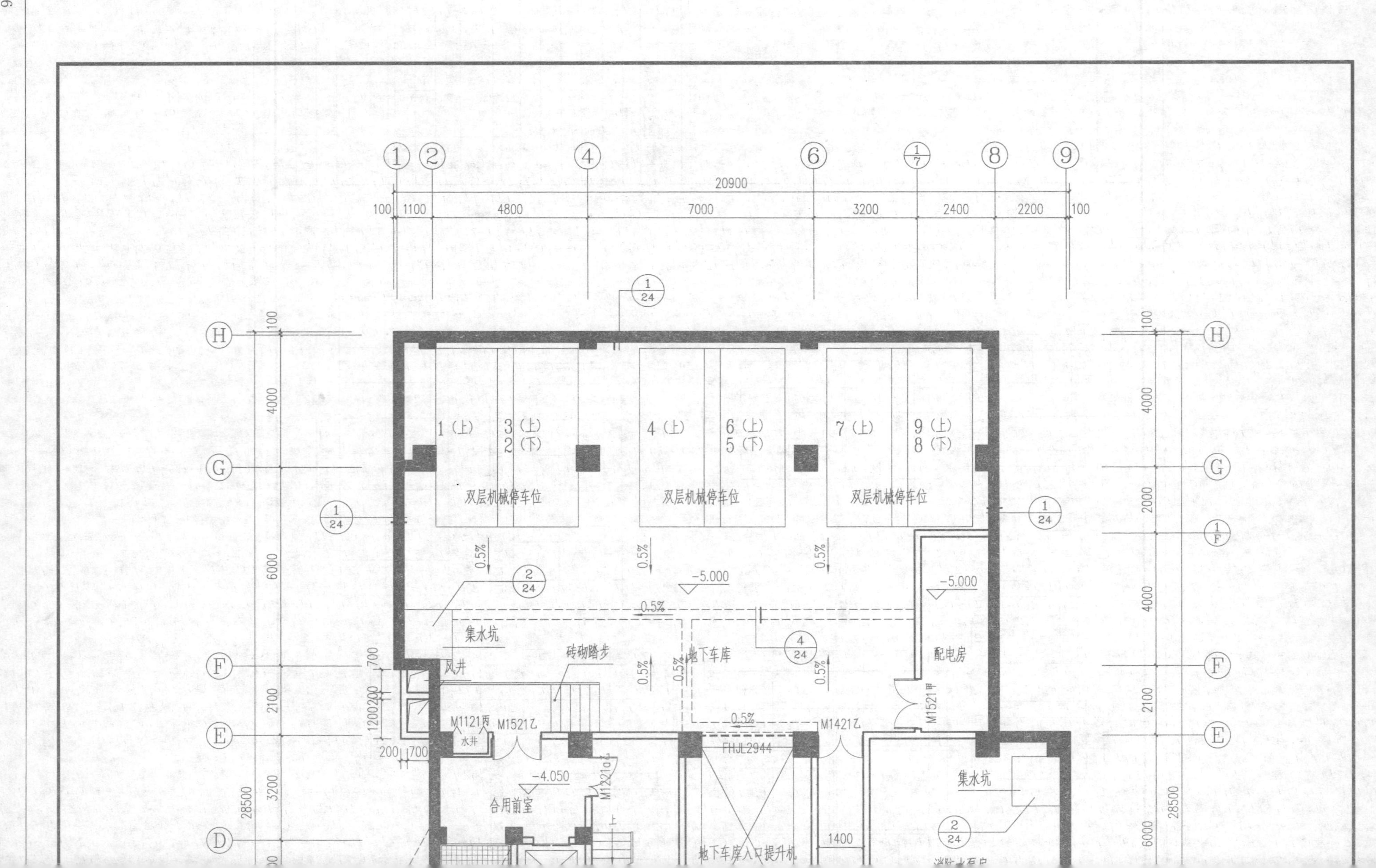
双层机械停车位
双层机械停车位
双层机械停车位
1 (上)
3 (上)
2 (下)
4 (上)
6 (上)
5 (下)
7 (上)
9 (上)
8 (下)
配电房
集水坑
集水坑
地下车库
地下车库入口提升机
砖砌踏步
合用前室
风井
水井
-5.000
-5.000
-4.050
0.5%
M1521甲
M1421乙
M1521乙
M1121丙
M1221a
FHJL2944
20900
100
1100
4800
7000
3200
2400
2200
28500
4000
2000
6000
2100
1400
700
200
1200

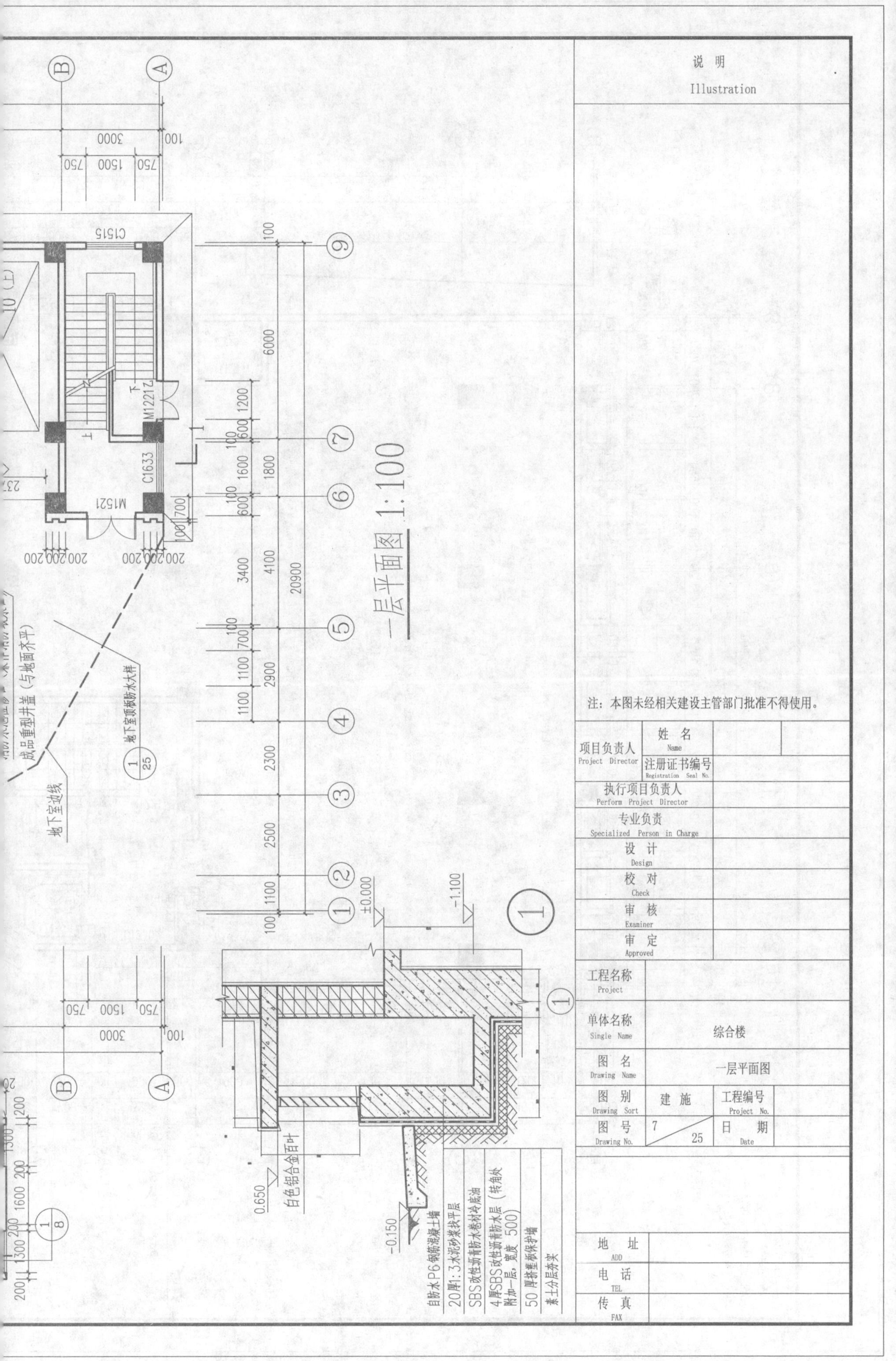

说 明
Illustration
一层平面图 1:100
C1515
M1221
C1633
M1521
3000
750
1500
100
6000
1200
600
1600
1800
700
3400
4100
20900
1100
2900
2300
2500
±0.000
-1.100
0.650
-0.150
成品垂型井盖（与地面齐平）
地下室边线
地下室顶板防水大样
白色铝合金百叶
自防水P6钢筋混凝土墙
20厚1:3水泥砂浆找平层
SBS改性沥青防水卷材涂底油
4厚SBS改性沥青防水层（转角处附加一层，宽度 500）
50 厚挤塑板保护墙
素土分层夯实
注：本图未经相关建设主管部门批准不得使用。
项目负责人 Project Director
姓 名 Name
注册证书编号 Registration Seal No.
执行项目负责人 Perform Project Director
专业负责 Specialized Person in Charge
设 计 Design
校 对 Check
审 核 Examiner
审 定 Approved
工程名称 Project
单体名称 Single Name
综合楼
图 名 Drawing Name
一层平面图
图 别 Drawing Sort
建 施
工程编号 Project No.
图 号 Drawing No.
7
25
日 期 Date
地 址 ADD
电 话 TEL
传 真 FAX

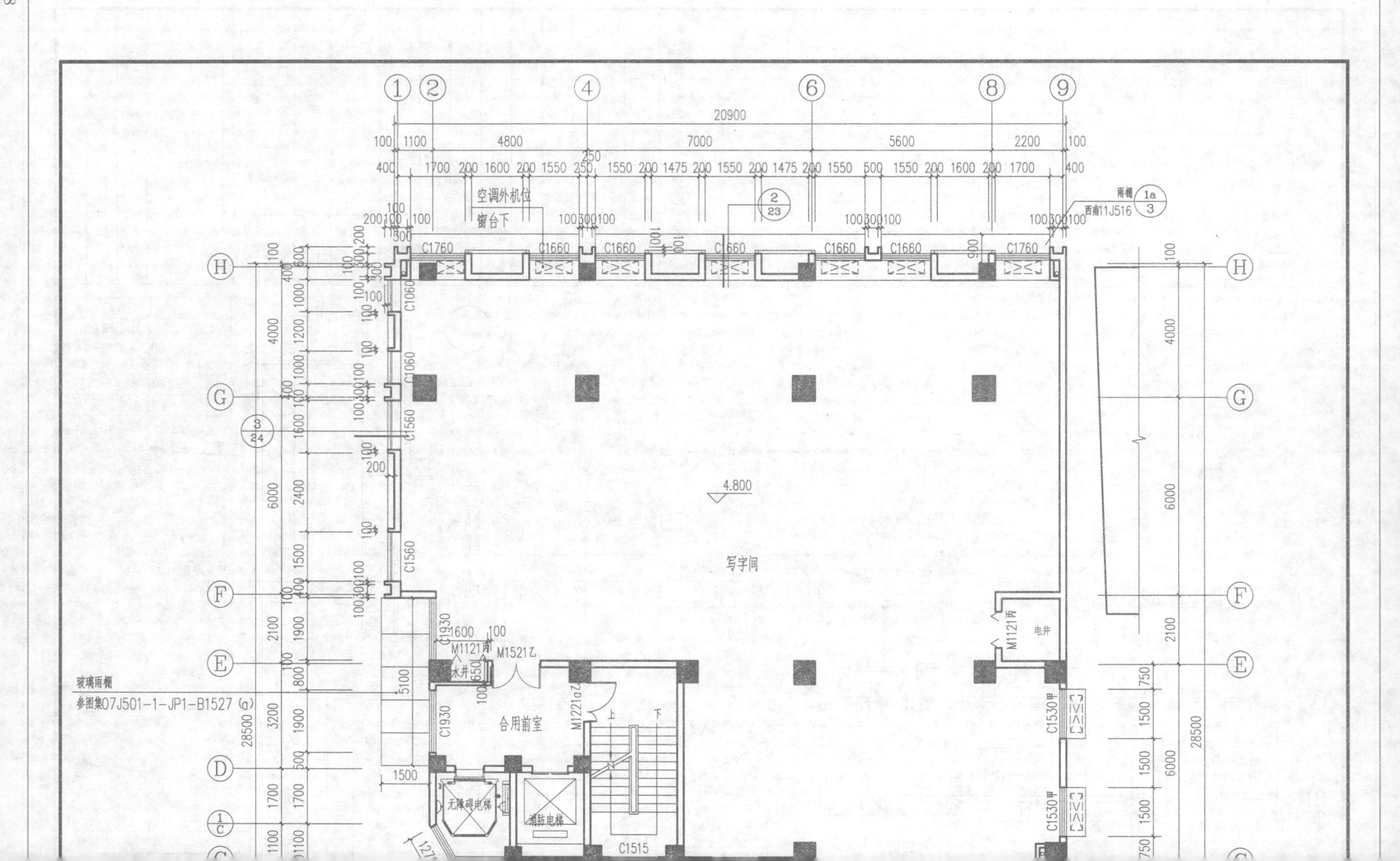
写字间
4.800
合用前室
消防电梯
无障碍电梯
空调外机位
窗台下
电井
水井
雨棚
西南11J516
玻璃雨棚
参图集07J501-1-JP1-B1527 (g)

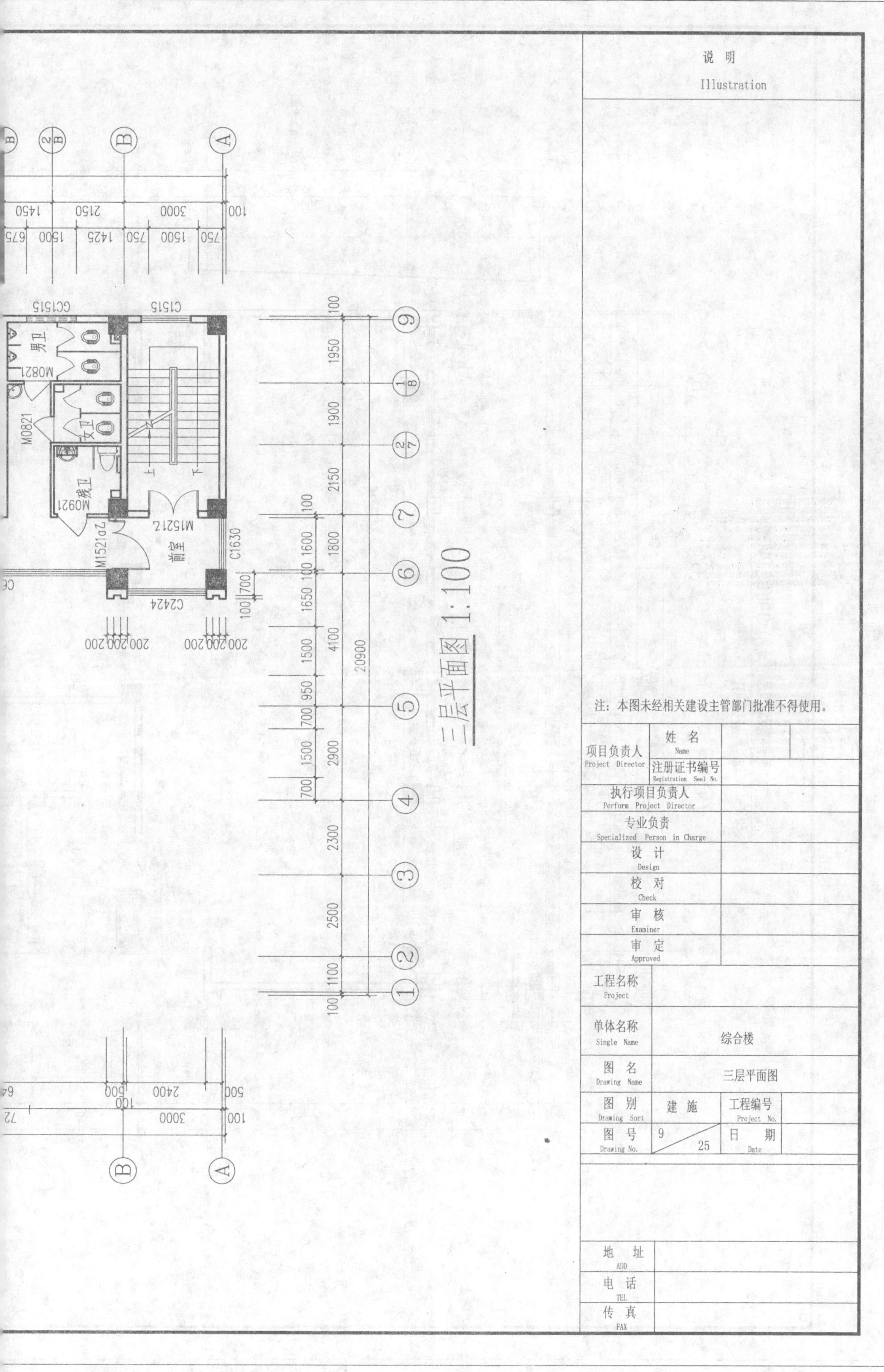

三层平面图 1:100
说 明
Illustration
注：本图未经相关建设主管部门批准不得使用。
项目负责人
Project Director
姓 名
Name
注册证书编号
Registration Seal No.
执行项目负责人
Perform Project Director
专业负责
Specialized Person in Charge
设 计
Design
校 对
Check
审 核
Examiner
审 定
Approved
工程名称
Project
单体名称
Single Name
综合楼
图 名
Drawing Name
三层平面图
图 别
Drawing Sort
建 施
工程编号
Project No.
图 号
Drawing No.
9
25
日 期
Date
地 址
ADD
电 话
TEL
传 真
FAX

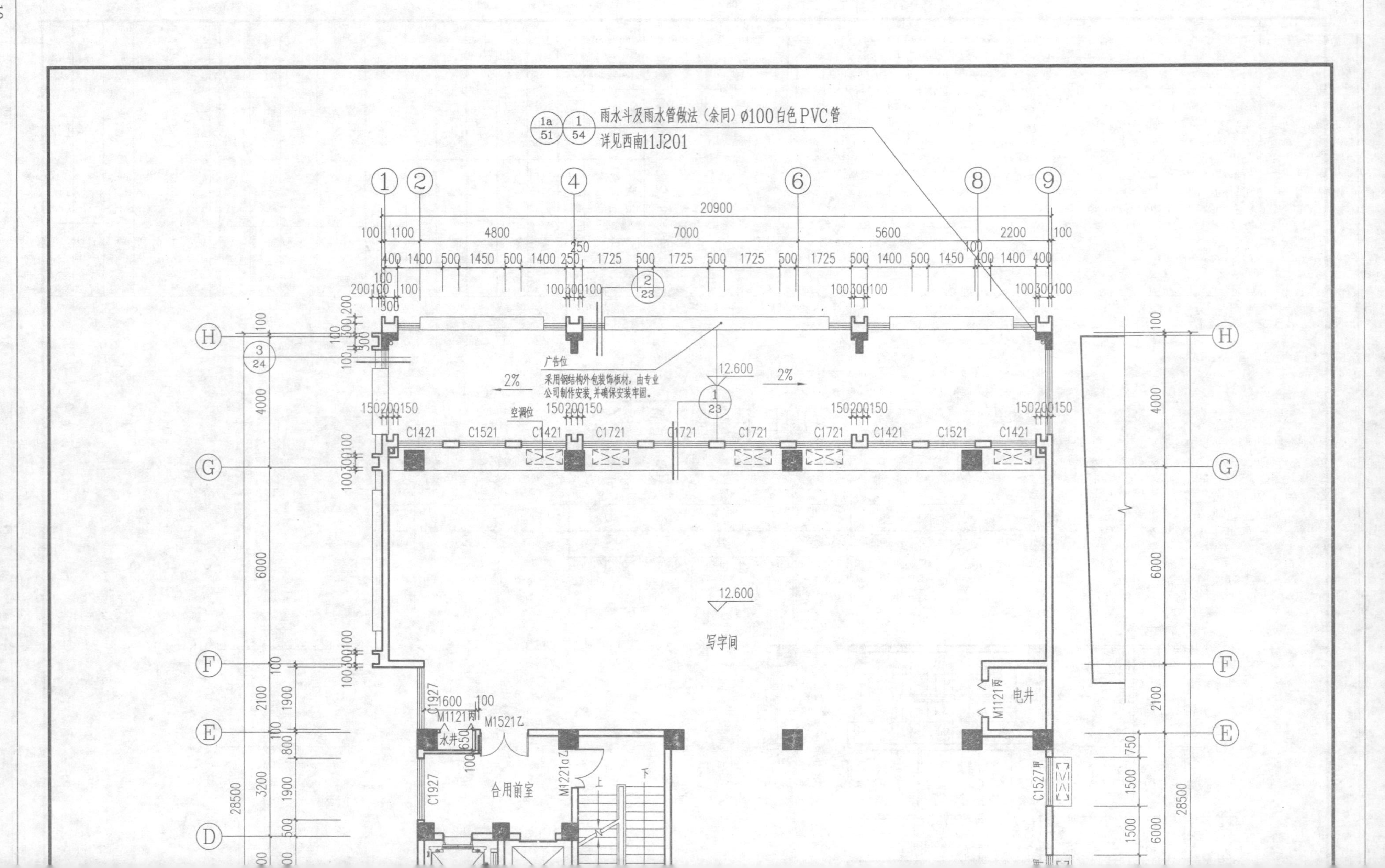

1a/51 1/54 雨水斗及雨水管做法（余同）ø100白色PVC管
详见西南11J201
20900
4800
7000
5600
2200
广告位
采用钢结构外包装饰板材，由专业公司制作安装，并确保安装牢固。
空调位
12.600
2%
C1421
C1521
C1721
写字间
电井
M1121丙
C1527甲
C1927
M1521乙
M1221a乙
水井
合用前室
28500

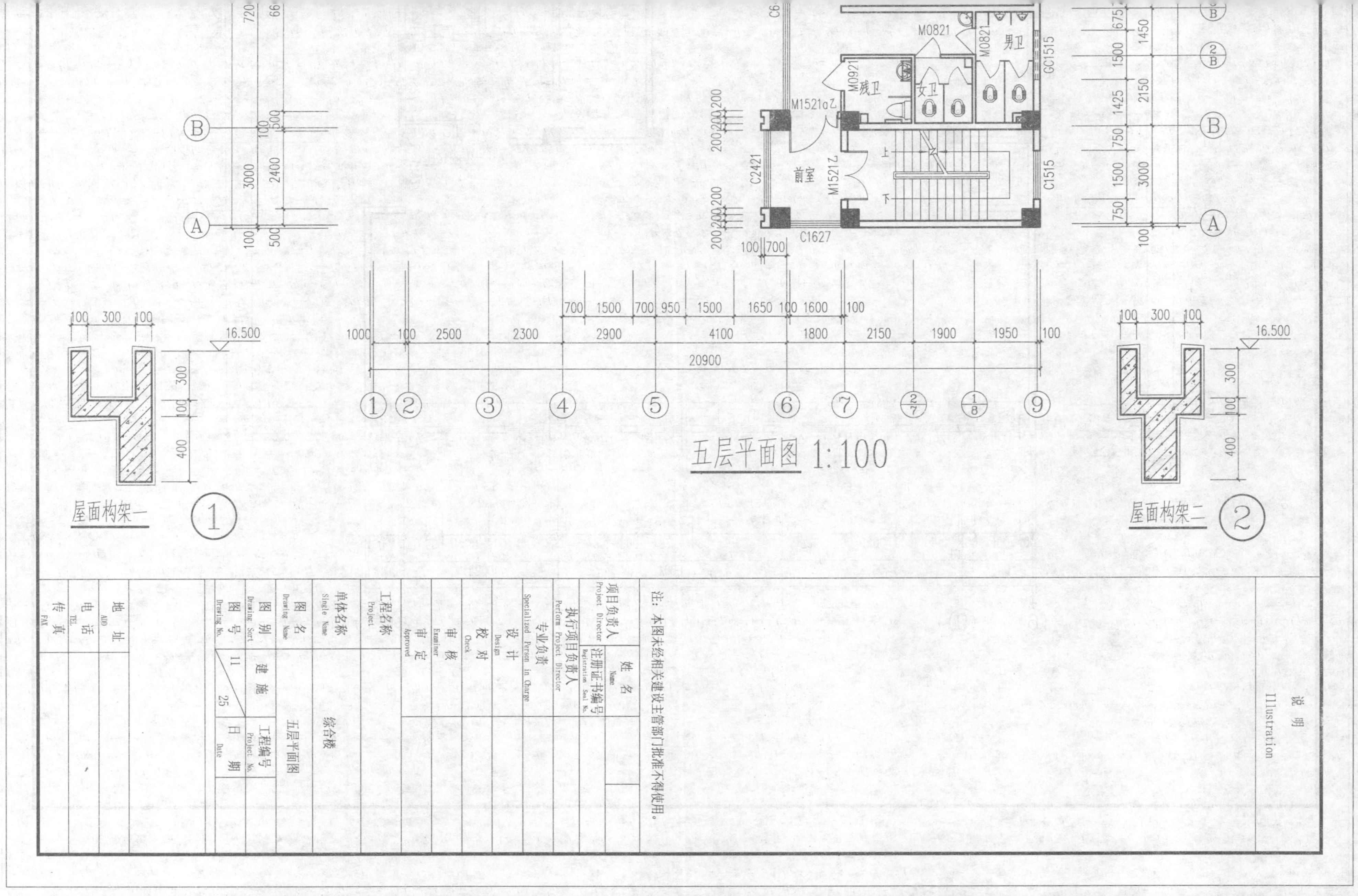
五层平面图 1:100
屋面构架一
屋面构架二
16.500
20900
前室
残卫
女卫
男卫
M0821
M0921
M1521a乙
M1521乙
C2421
C1627
C1515
GC1515
说 明
Illustration
注：本图未经相关建设主管部门批准不得使用。
项目负责人 Project Director
姓 名 Name
注册证书编号 Registration Seal No.
执行项目负责人 Perform Project Director
专业负责 Specialized Person in Charge
设 计 Design
校 对 Check
审 核 Examiner
审 定 Approved
工程名称 Project
单体名称 Single Name
综合楼
图 名 Drawing Name
五层平面图
图 别 Drawing Sort
建 施
工程编号 Project No.
图 号 Drawing No.
11
25
日 期 Date
地 址 ADD
电 话 TEL
传 真 FAX

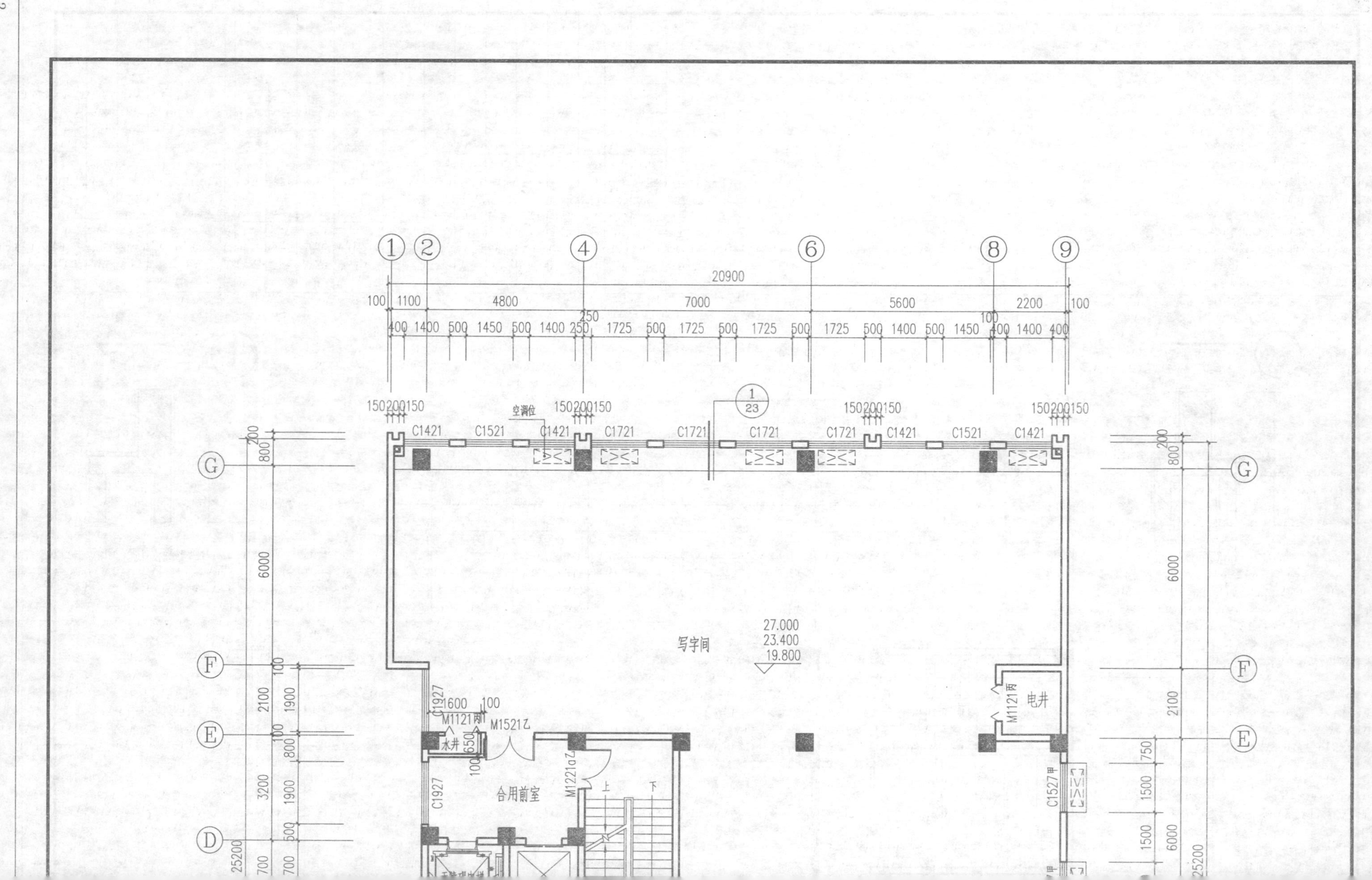
20900
4800
7000
5600
2200
写字间
合用前室
电井
水井
空调位
27.000
23.400
19.800
C1421
C1521
C1721
C1927
C1527甲
M1121丙
M1521乙
M1221乙

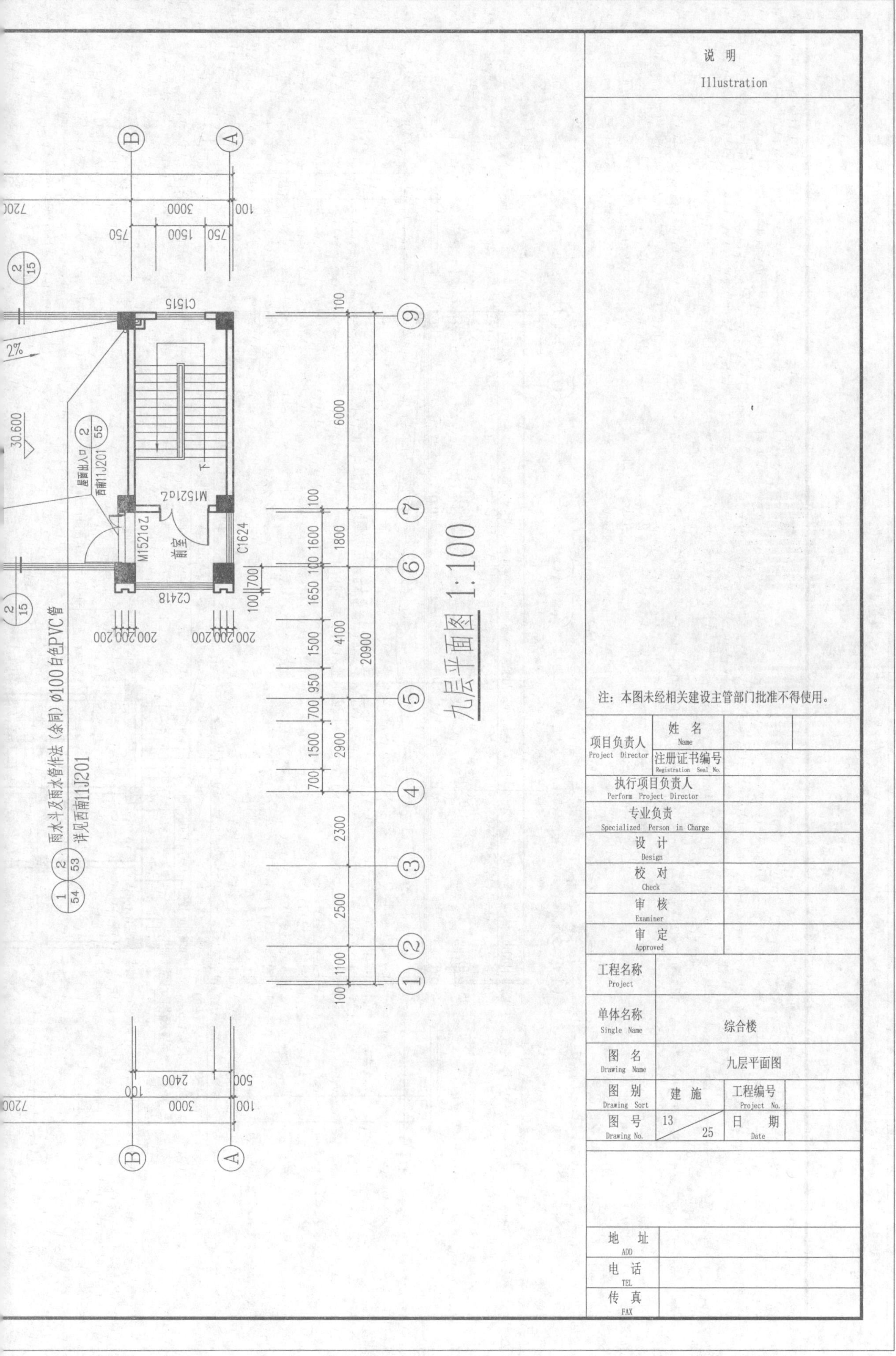

说 明
Illustration
注：本图未经相关建设主管部门批准不得使用。
项目负责人 Project Director
姓 名 Name
注册证书编号 Registration Seal No.
执行项目负责人 Perform Project Director
专业负责 Specialized Person in Charge
设 计 Design
校 对 Check
审 核 Examiner
审 定 Approved
工程名称 Project
单体名称 Single Name
综合楼
图 名 Drawing Name
九层平面图
图 别 Drawing Sort
建 施
工程编号 Project No.
图 号 Drawing No.
13
25
日 期 Date
地 址 ADD
电 话 TEL
传 真 FAX
九层平面图 1:100
雨水斗及雨水管作法（余同）ø100白色PVC管
详见西南11J201
屋面出入口
西南11J201
前室

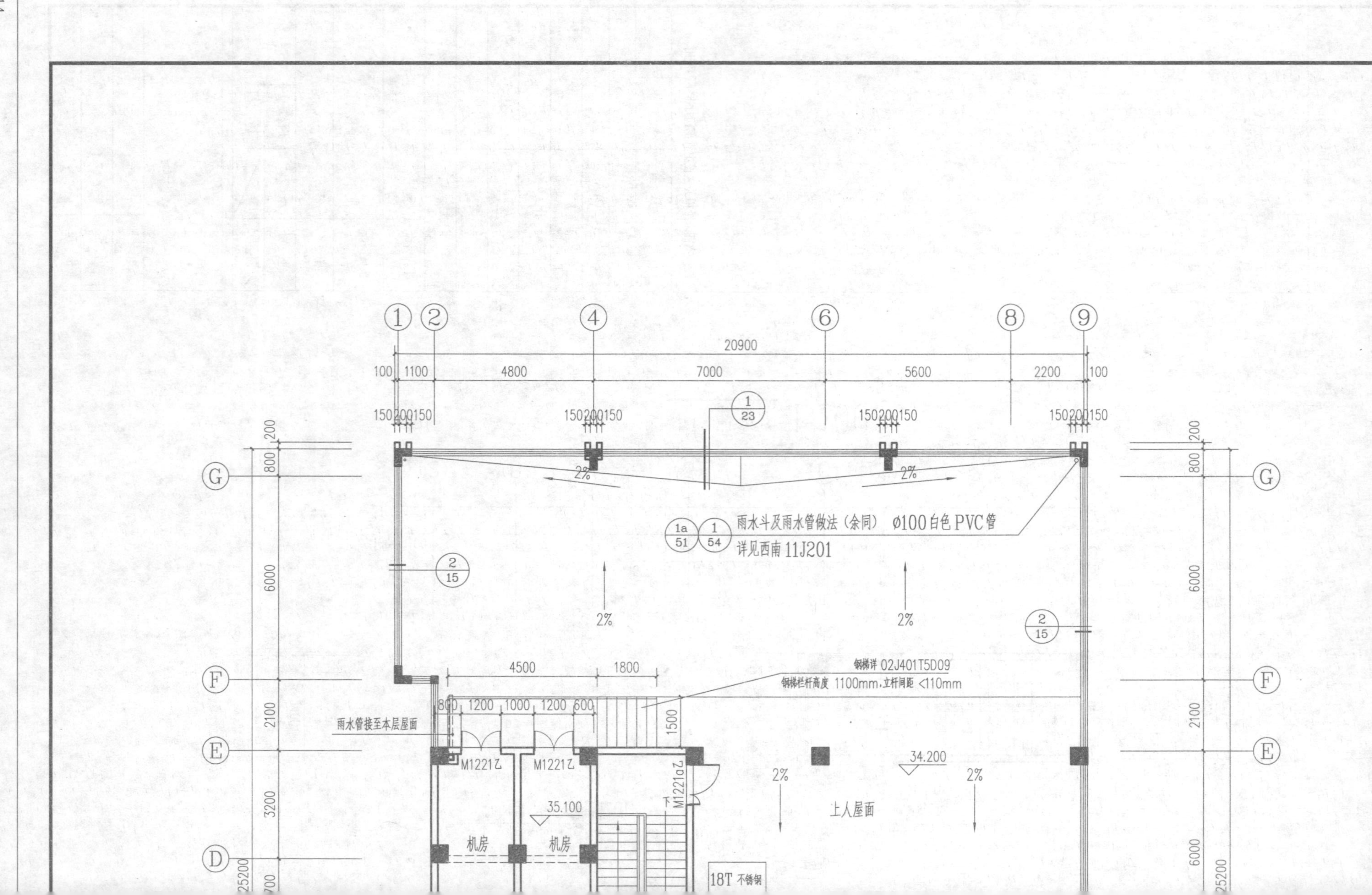

雨水斗及雨水管做法（余同） Ø100白色PVC管
详见西南11J201
钢梯详 02J401T5D09
钢梯栏杆高度 1100mm，立杆间距 <110mm
雨水管接至本层屋面
上人屋面
机房
机房
M1221乙
M1221乙
M1221a乙
34.200
35.100
18T 不锈钢
20900

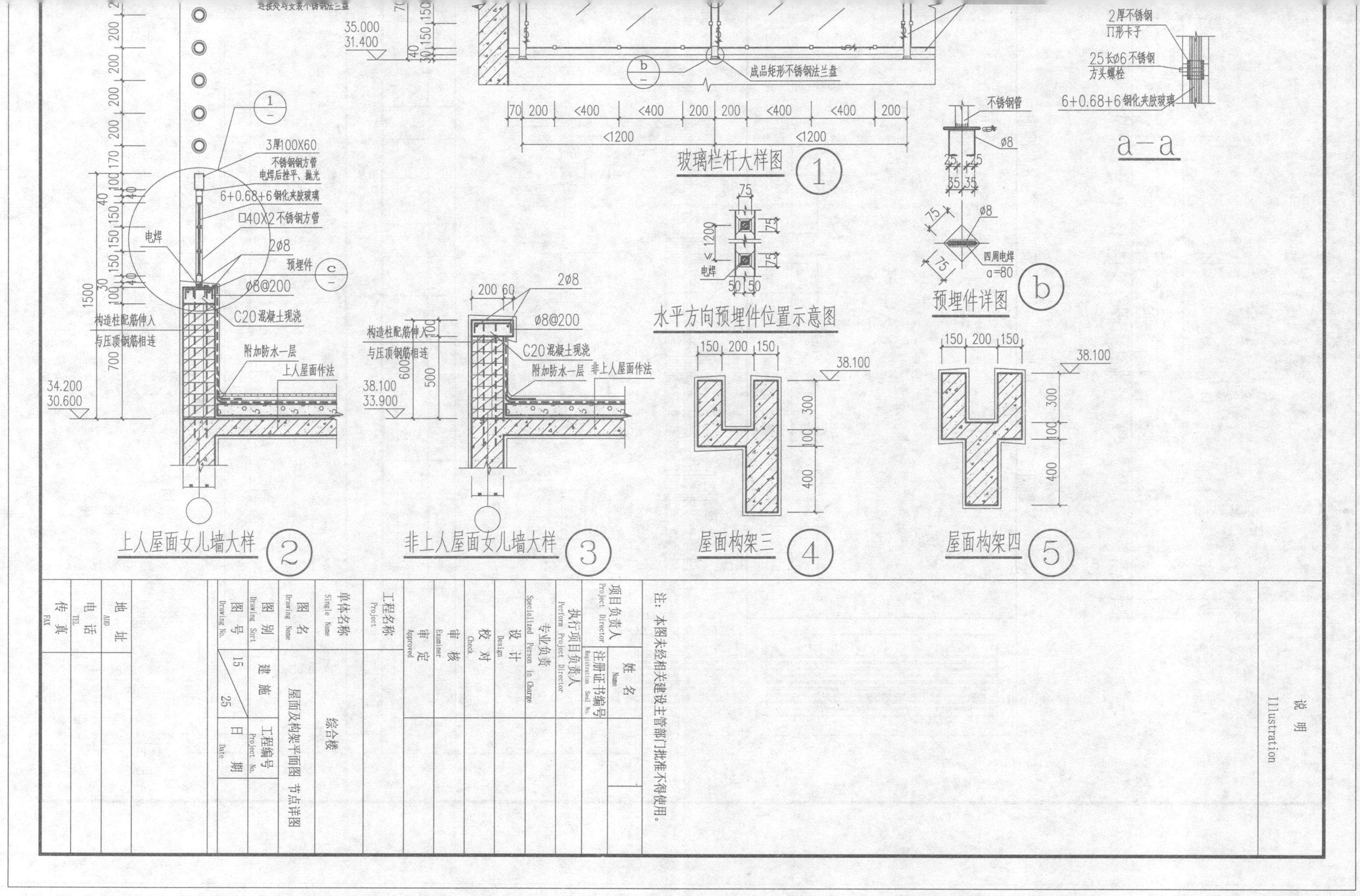

3厚100X60
不锈钢钢方管
电焊后挫平、抛光
6+0.68+6钢化夹胶玻璃
□40X2不锈钢方管
电焊
2ø8
预埋件
ø8@200
C20混凝土现浇
构造柱配筋伸入
与压顶钢筋相连
附加防水一层
上人屋面作法
上人屋面女儿墙大样
非上人屋面作法
非上人屋面女儿墙大样
成品矩形不锈钢法兰盘
玻璃栏杆大样图
水平方向预埋件位置示意图
不锈钢管
四周电焊
a=80
预埋件详图
2厚不锈钢
Π形卡子
25长ø6不锈钢
方头螺栓
a-a
屋面构架三
屋面构架四
说 明
Illustration
注：本图未经相关建设主管部门批准不得使用。
项目负责人 Project Director
姓名 Name
注册证书编号 Registration Seal No.
执行项目负责人 Perform Project Director
专业负责 Specialized Person in Charge
设计 Design
校对 Check
审核 Examiner
审定 Approved
工程名称 Project
单体名称 Single Name
综合楼
图名 Drawing Name
屋面及构架平面图 节点详图
图别 Drawing Sort
建施
工程编号 Project No.
图号 Drawing No.
15
25
日期 Date
地址 ADD
电话 TEL
传真 FAX

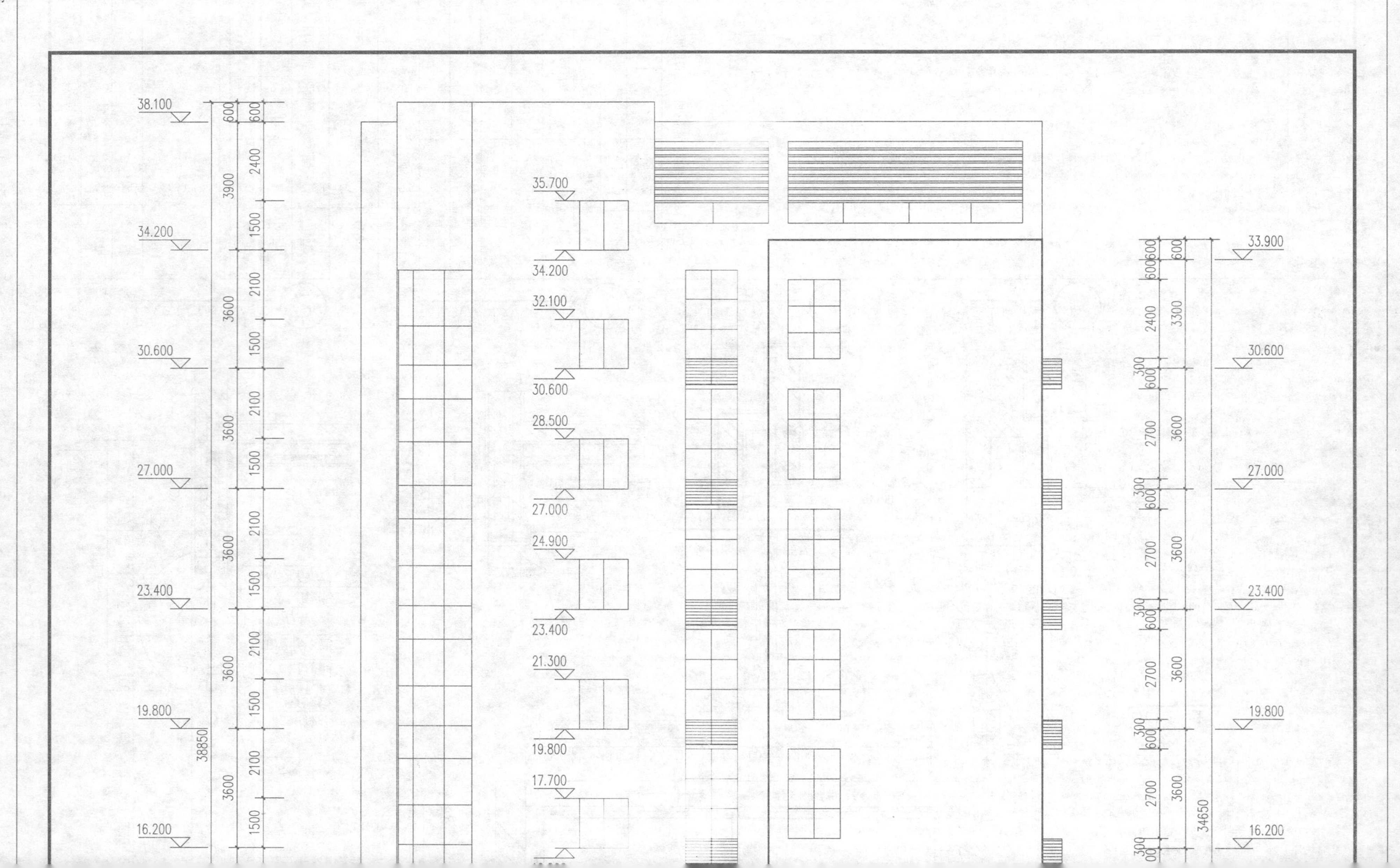
38.100
34.200
30.600
27.000
23.400
19.800
16.200
38850
3900
3600
600
2400
1500
2100
35.700
32.100
28.500
24.900
21.300
17.700
33.900
34650
3300
2700
300

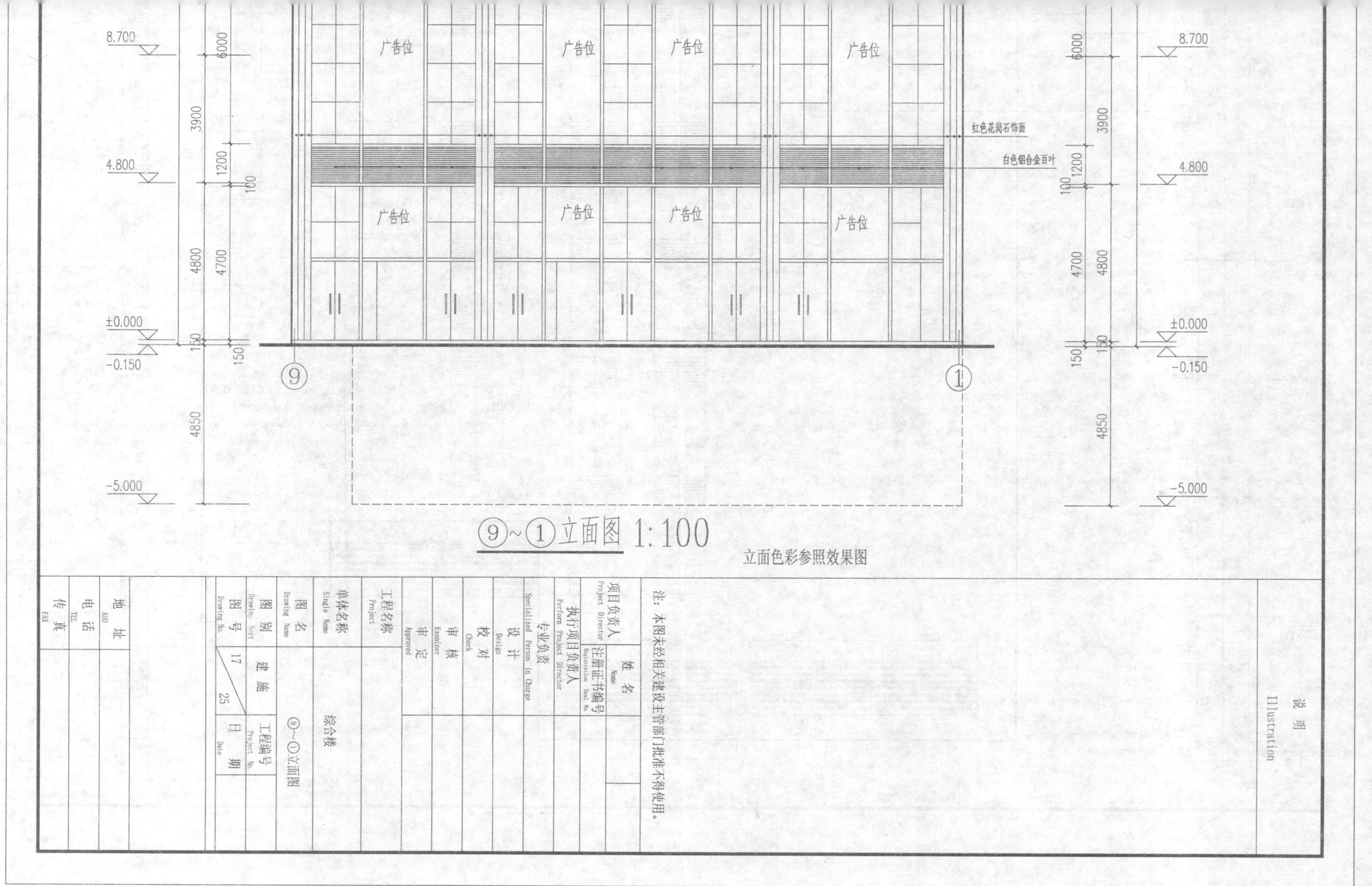

8.700
4.800
±0.000
-0.150
-5.000
6000
3900
1200
100
4800
4700
150
4850
广告位
红色花岗石饰面
白色铝合金百叶
9
1
⑨~①立面图 1:100
立面色彩参照效果图
注：本图未经相关建设主管部门批准不得使用。
说明
Illustration
项目负责人 Project Director
姓名 Name
注册证书编号 Registration Seal No.
执行项目负责人 Perform Project Director
专业负责 Specialized Person in Charge
设计 Design
校对 Check
审核 Examiner
审定 Approved
工程名称 Project
单体名称 Single Name
综合楼
图名 Drawing Name
⑨~①立面图
图别 Drawing Sort
建施
工程编号 Project No.
图号 Drawing No.
17
25
日期 Date
地址 ADD
电话 TEL
传真 FAX

38.100
34.200
30.600
27.000
23.400
19.800
16.200
38850
3900
3600
1900
1500
2700
600
300
500
32.100
28.500
24.900
21.300
17.700
33.900
4200
3300
1200
1800

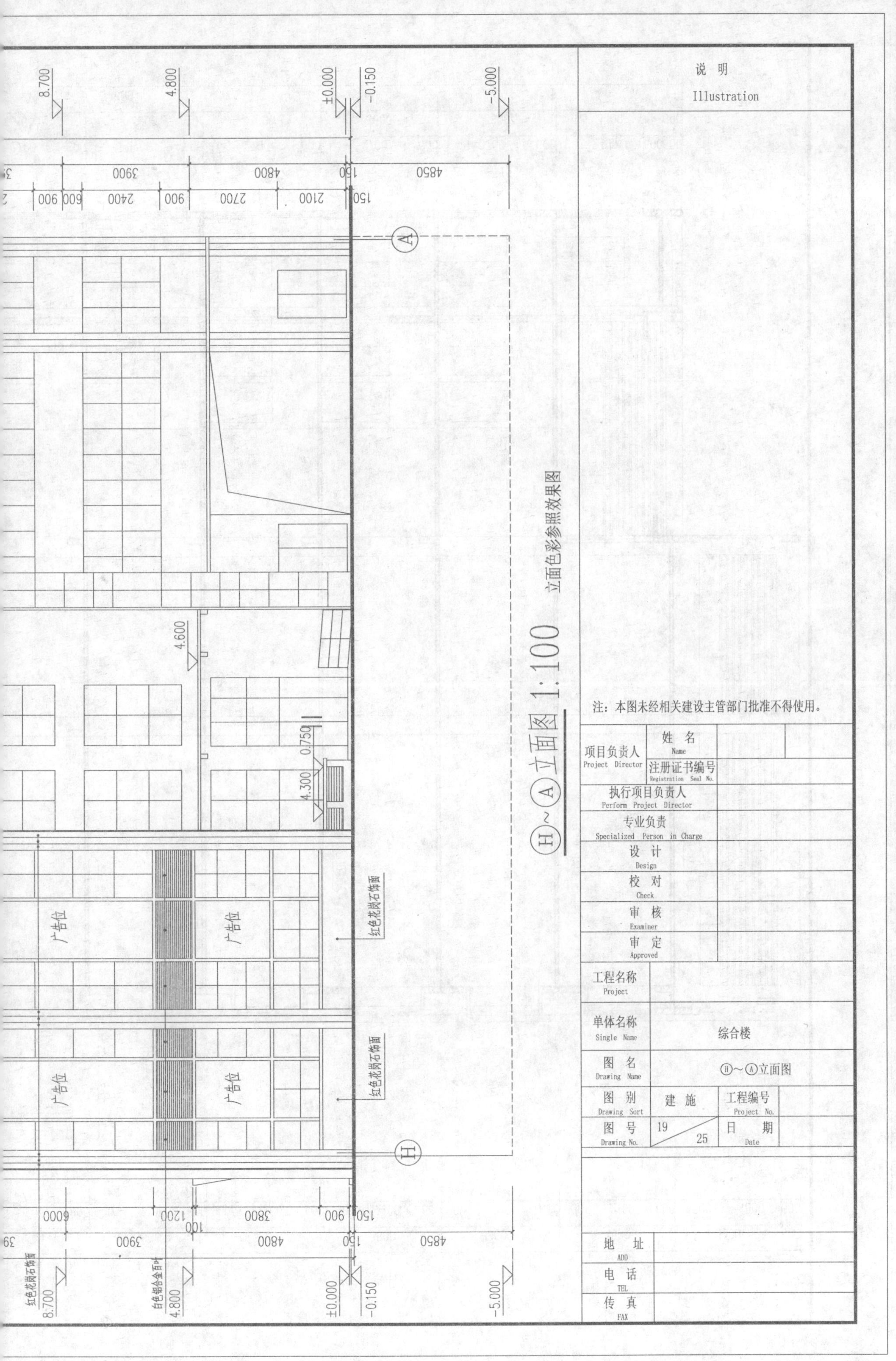

说 明
Illustration
Ⓗ~Ⓐ立面图 1:100
立面色彩参照效果图
8.700
4.800
±0.000
-0.150
-5.000
4.600
4.300
0.750
3900
4800
150
4850
900
600
2400
2700
2100
6000
1200
100
3800
广告位
红色花岗石饰面
白色铝合金百叶
注：本图未经相关建设主管部门批准不得使用。
项目负责人
Project Director
姓 名
Name
注册证书编号
Registration Seal No.
执行项目负责人
Perform Project Director
专业负责
Specialized Person in Charge
设 计
Design
校 对
Check
审 核
Examiner
审 定
Approved
工程名称
Project
单体名称
Single Name
综合楼
图 名
Drawing Name
Ⓗ~Ⓐ立面图
图 别
Drawing Sort
建 施
工程编号
Project No.
图 号
Drawing No.
19
25
日 期
Date
地 址
ADD
电 话
TEL
传 真
FAX

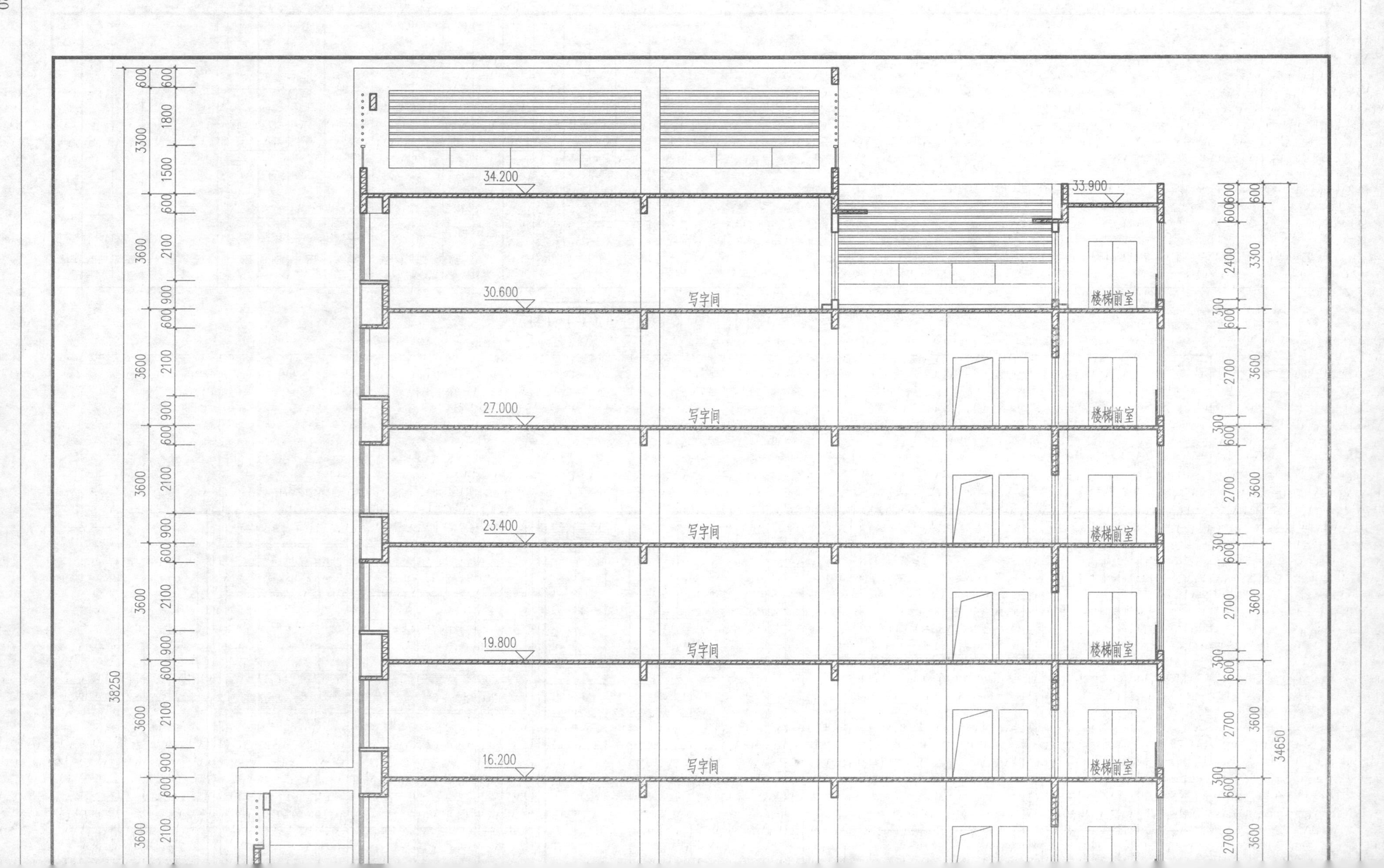
34.200
33.900
30.600
27.000
23.400
19.800
16.200
写字间
楼梯前室
38250
34650

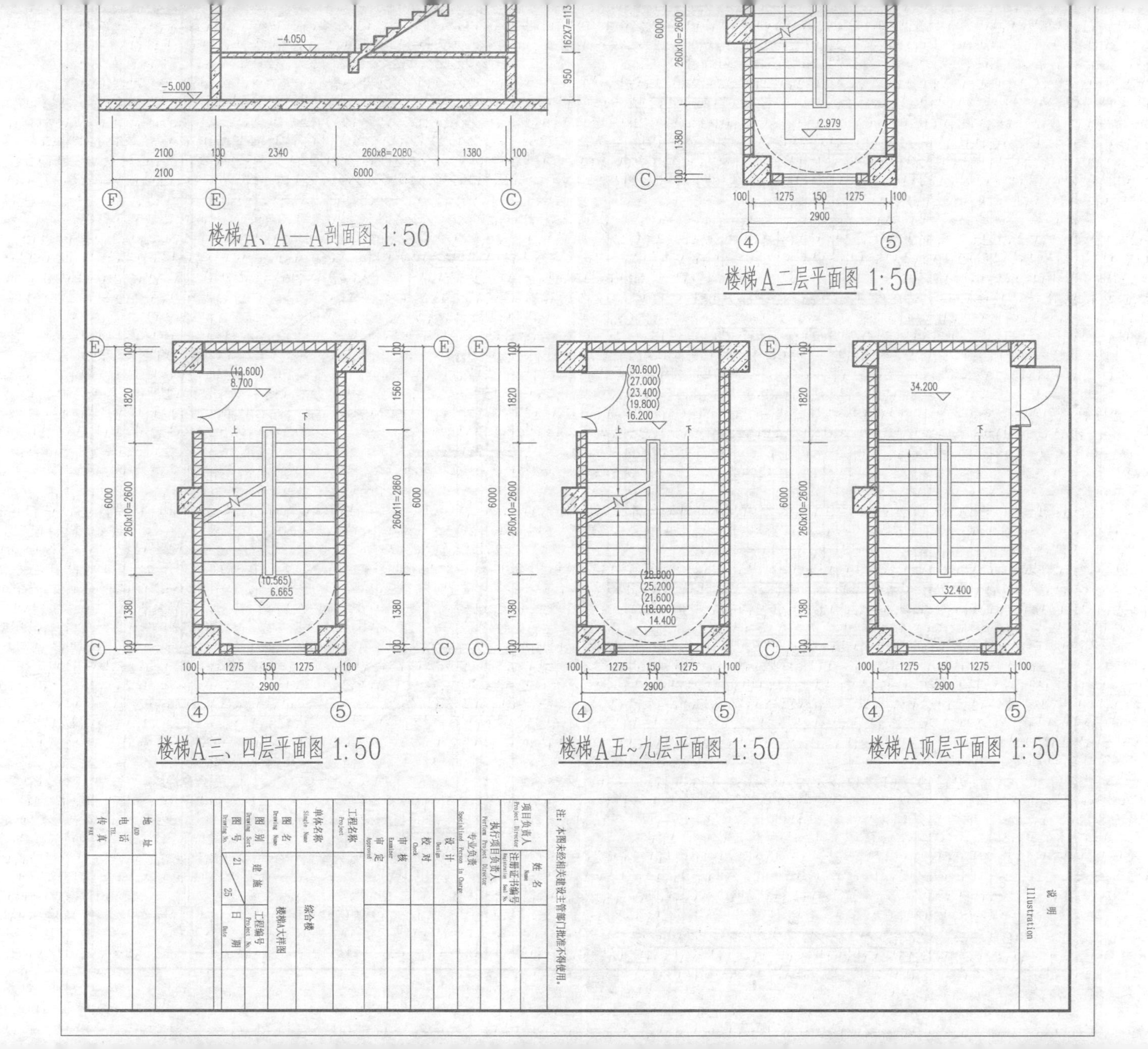
楼梯A、A—A剖面图 1:50
楼梯A二层平面图 1:50
楼梯A三、四层平面图 1:50
楼梯A五~九层平面图 1:50
楼梯A顶层平面图 1:50
说 明
Illustration
注：本图未经相关建设主管部门批准不得使用。
项目负责人 Project Director
姓 名 Name
注册证书编号 Registration Seal No.
执行项目负责人 Perform Project Director
专业负责 Specialized Person in Charge
设 计 Design
校 对 Check
审 核 Examiner
审 定 Approved
工程名称 Project
单体名称 Single Name
综合楼
图 名 Drawing Name
楼梯A大样图
图 别 Drawing Sort
建 施
工程编号 Project No.
图 号 Drawing No.
21
25
日 期 Date
地 址 ADD
电 话 TEL
传 真 FAX

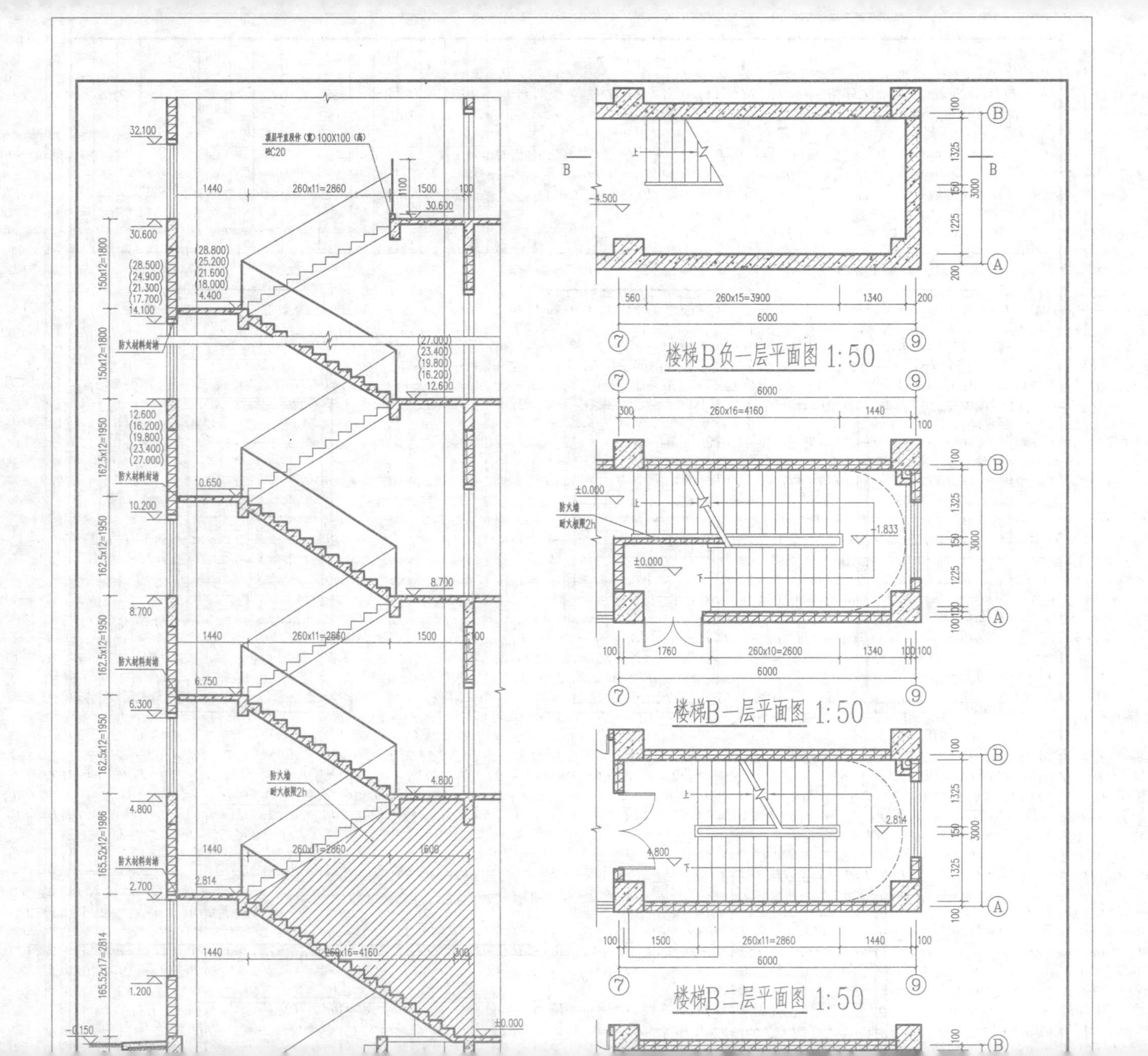
楼梯B负一层平面图 1:50
楼梯B一层平面图 1:50
楼梯B二层平面图 1:50
260x15=3900
260x16=4160
260x10=2600
260x11=2860
6000
3000
±0.000
4.800
防火墙
耐火极限2h
防火材料封堵

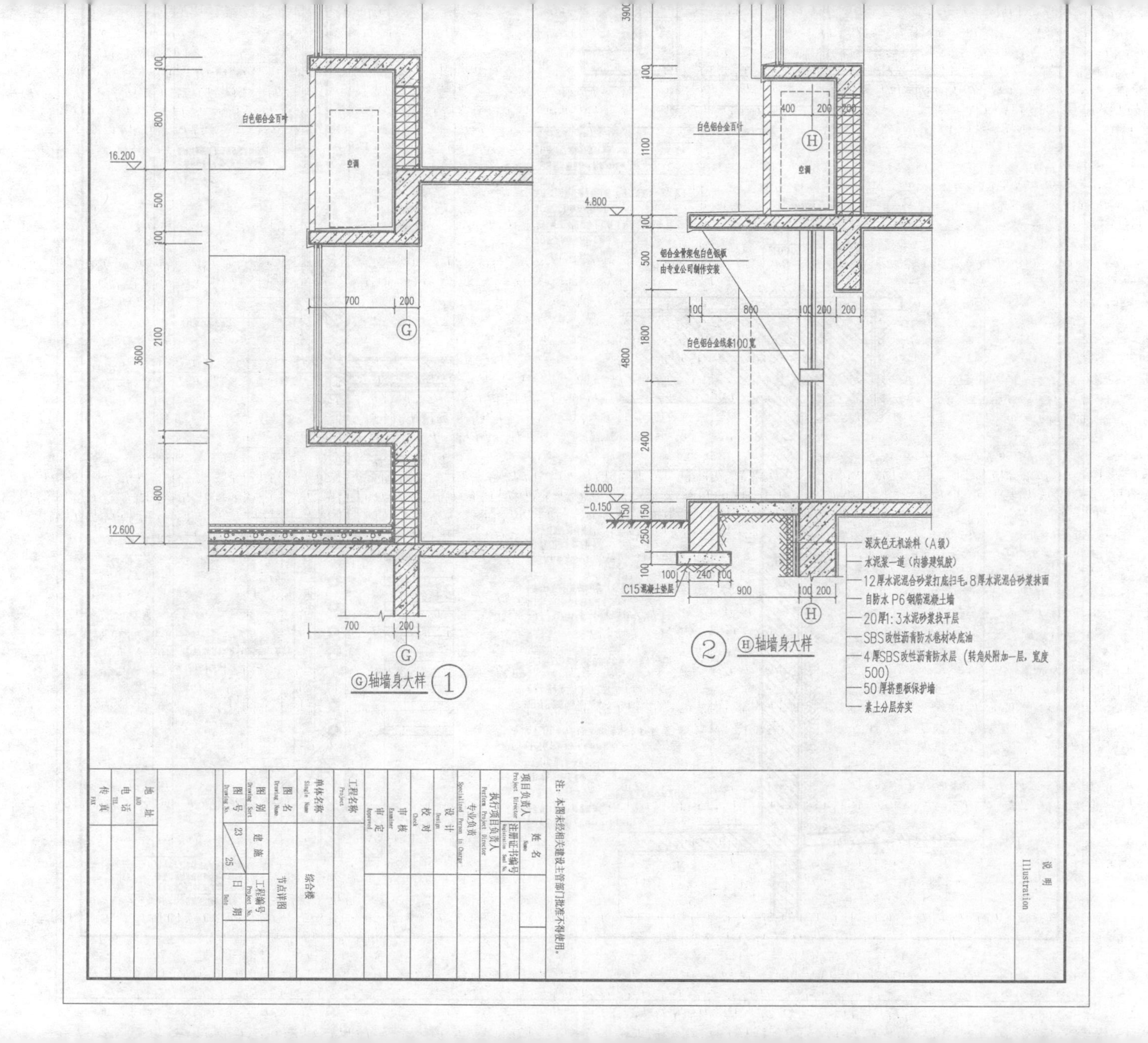

白色铝合金百叶
空调
16.200
12.600
Ⓖ轴墙身大样 ①
白色铝合金百叶
空调
4.800
铝合金管架包白色铝板
由专业公司制作安装
白色铝合金线条100宽
±0.000
-0.150
C15混凝土垫层
深灰色无机涂料（A级）
水泥浆一道（内掺建筑胶）
12厚水泥混合砂浆打底扫毛，8厚水泥混合砂浆抹面
自防水P6钢筋混凝土墙
20厚1:3水泥砂浆找平层
SBS改性沥青防水卷材冷底油
4厚SBS改性沥青防水层（转角处附加一层，宽度500）
50厚挤塑板保护墙
素土分层夯实
Ⓗ轴墙身大样 ②
说明
Illustration
注：本图未经相关建设主管部门批准不得使用。
项目负责人
Project Director
姓名
Name
注册证书编号
Registration Seal No.
执行项目负责人
Perform Project Director
专业负责
Specialized Person in Charge
设计
Design
校对
Check
审核
Examiner
审定
Approved
工程名称
Project
单体名称
Single Name
综合楼
图名
Drawing Name
节点详图
图别
Drawing Sort
建施
工程编号
Project No.
图号
Drawing No.
23
25
日期
Date
地址
ADD
电话
TEL
传真
FAX

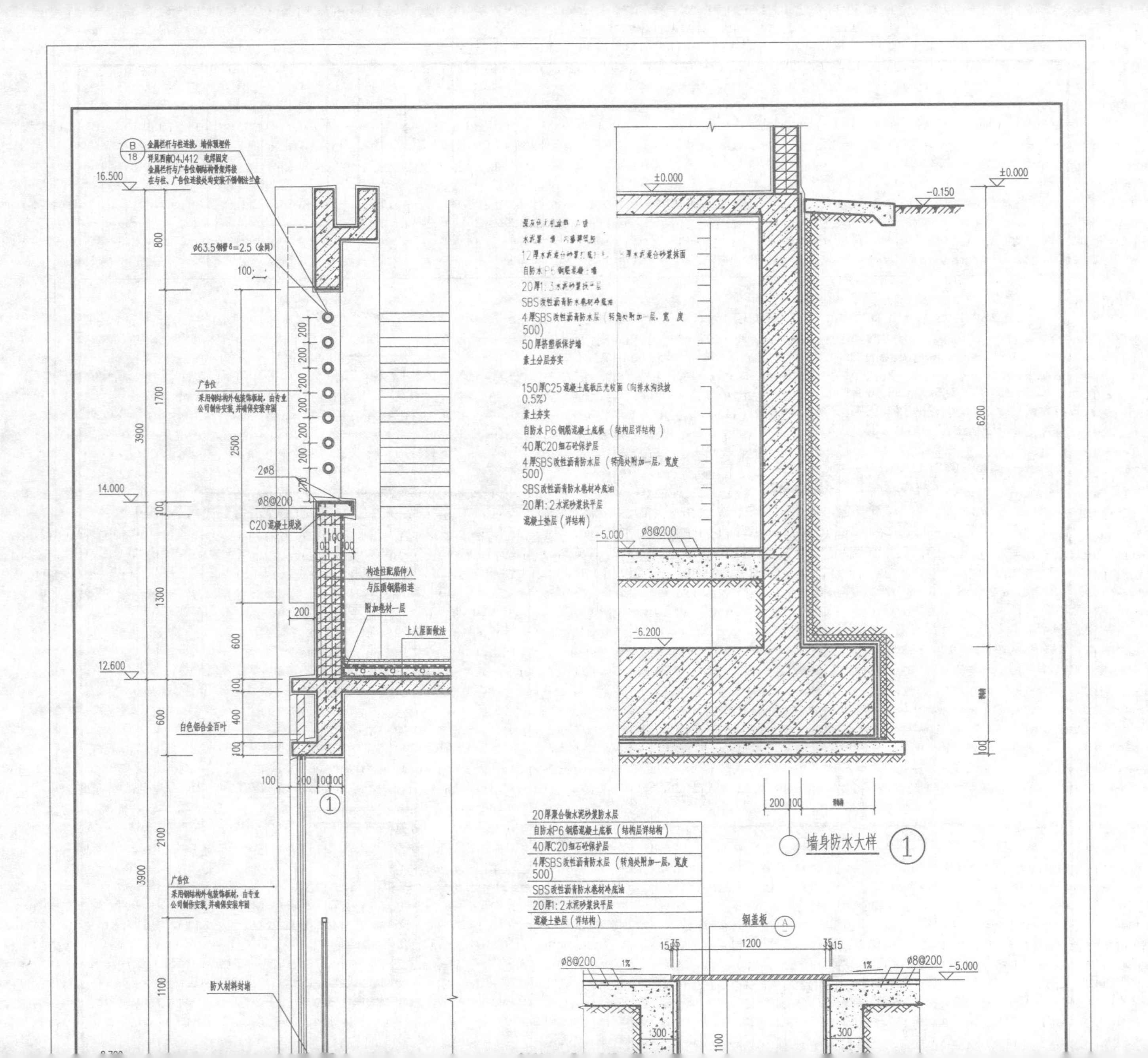
金属栏杆与柱连接，墙体预埋件
详见西南04J412 电焊固定
金属栏杆与广告位钢结构骨架焊接
在与柱、广告位连接处均安装不锈钢法兰盘
16.500
ø63.5钢管δ=2.5（涂黑）
广告位
采用钢结构外包装饰板材，由专业公司制作安装，并确保安装牢固
14.000
2ø8
ø8@200
C20混凝土现浇
构造柱配筋伸入
与压顶钢筋相连
附加卷材一层
上人屋面做法
12.600
白色铝合金百叶
广告位
采用钢结构外包装饰板材，由专业公司制作安装，并确保安装牢固
防火材料封堵
±0.000
-0.150
20厚1:3水泥砂浆找平层
SBS改性沥青防水卷材冷底油
4厚SBS改性沥青防水层（转角处附加一层，宽度500）
50厚挤塑板保护墙
素土分层夯实
150厚C25混凝土底板压光收面（向排水沟找坡0.5%）
素土夯实
自防水P6钢筋混凝土底板（结构层详结构）
40厚C20细石砼保护层
4厚SBS改性沥青防水层（转角处附加一层，宽度500）
SBS改性沥青防水卷材冷底油
20厚1:2水泥砂浆找平层
混凝土垫层（详结构）
-5.000
-6.200
6200
20厚聚合物水泥砂浆防水层
自防水P6钢筋混凝土底板（结构层详结构）
40厚C20细石砼保护层
4厚SBS改性沥青防水层（转角处附加一层，宽度500）
SBS改性沥青防水卷材冷底油
20厚1:2水泥砂浆找平层
混凝土垫层（详结构）
墙身防水大样
钢盖板
1200
-5.000

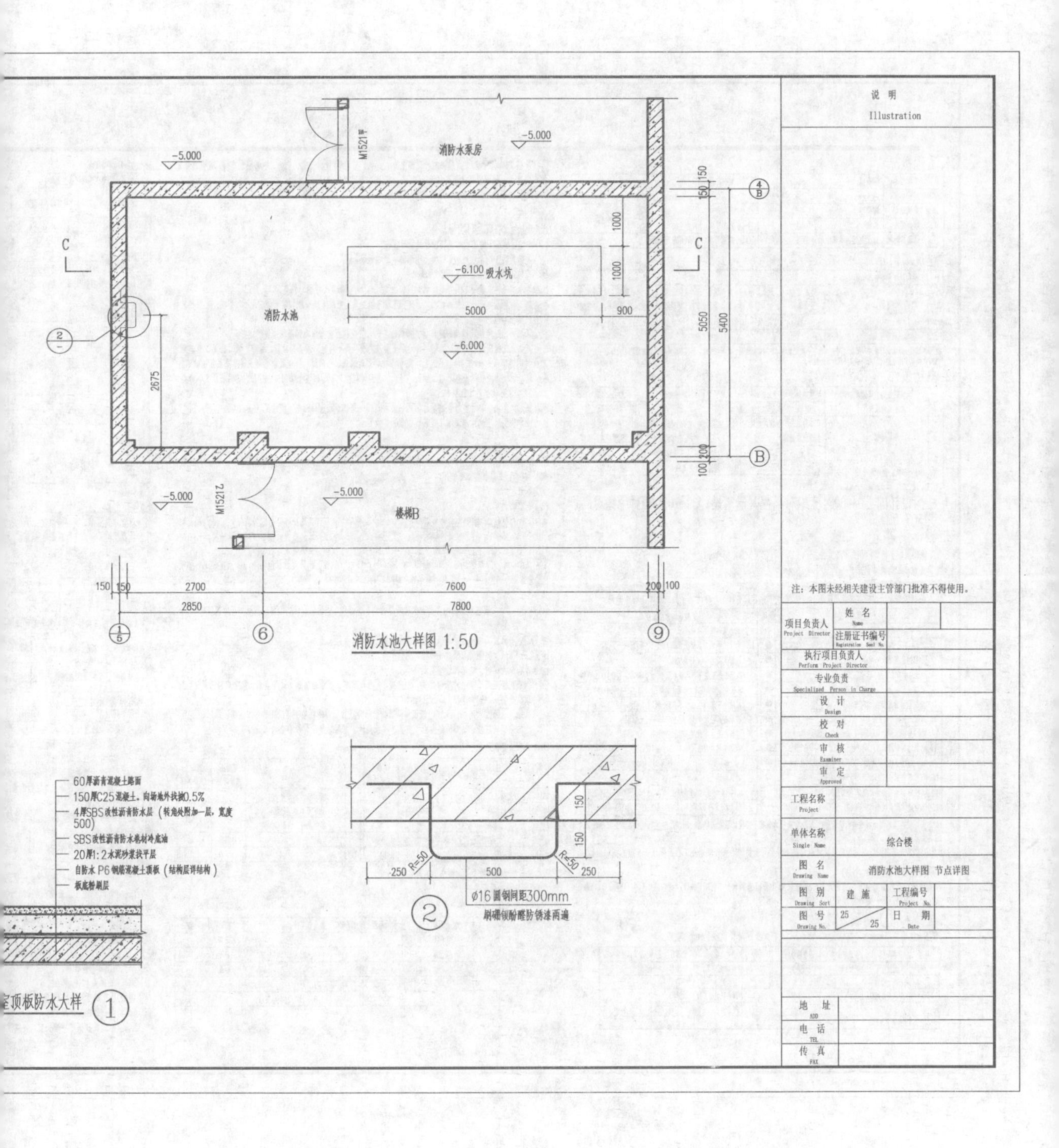

消防水泵房
M1521甲
-5.000
消防水池
吸水坑
-6.100
-6.000
5000
900
1000
1000
2675
5050
5400
150
150
200
100
C
C
楼梯B
M1521乙
-5.000
150
150
2700
2850
7600
7800
200
100
6
9
B
消防水池大样图 1:50
60厚沥青混凝土路面
150厚C25混凝土，向场地外找坡0.5%
4厚SBS改性沥青防水层（转角处附加一层，宽度500）
SBS改性沥青防水卷材冷底油
20厚1:2水泥砂浆找平层
自防水 P6 钢筋混凝土顶板（结构层详结构）
板底粉刷层
室顶板防水大样 1
R=50
R=50
250
500
250
150
150
Ø16圆钢间距300mm
2
说明
Illustration
注：本图未经相关建设主管部门批准不得使用。
项目负责人
Project Director
姓名
注册证书编号
执行项目负责人
Perform Project Director
专业负责
Specialized Person in Charge
设计
Design
校对
Check
审核
Examiner
审定
Approved
工程名称
Project
单体名称
Single Name
综合楼
图名
Drawing Name
消防水池大样图 节点详图
图别
建施
工程编号
Project No.
图号
25
25
日期
Date
地址
ADD
电话
TEL
传真
FAX

1. 工程概况

1	工程名称	综合楼	6	结构总高	38.25m
2	建设单位	xxxxxxx	7	总长x总宽	20.9mX28.6m
3	建设地点	德阳市	8	基础形式	筏板基础
4	结构形式	框架	9	使用性质	办公楼
5	结构层数	地上九层、局部十层	10	建筑面积	4096.31m²

2. 建筑结构分类等级

1	结构设计安全使用年限	50年					
2	结构设计等级	建筑结构安全等级	地基基础设计等级	建筑抗震设防类别	建筑耐火等级	地下室防水等级	地下室混凝土抗渗等级
		二级	乙级	标准设防类	二级	/	/
3	结构抗震等级	框架二级					

注：本混凝土结构设计使用年限为50年，每5年一次定期的对结构进行检测；或者在火灾、地震等特殊情况后对结构进行检测，对结构出现耐久性或安全缺陷时，应采取其处理后方能使用。

3. 自然条件

1	建筑场地的工程地质及水文地质情况	建筑场地类别	砂土液化判别	常年地下水位绝对标高		抗浮设计水位绝对标高	
		II类	不液化	/		/	
2	地震参数	本地区抗震设防烈度	设计地震加速度	设计地震分组	用于结构抗震验算的烈度		用于确定结构抗震措施的烈度
		7度	0.10g	第二组	7度		7度
3	风、雪荷载	基本风压		地面粗糙度类别		基本雪压	
		w_0=0.30kN/m²		B类		S=0.20kN/m²	

4. 结构设计的±0.000对应绝对高程同建筑设计的±0.000对应绝对高程为507.3m

5. 设计依据

5.1 建设规划主管部门相关审批文件

5.2 建设单位的设计委托书

5.3 各相关专业条件图

5.4 现行国家及行业标准规范及规程　　注：凡有标记[●]者，均表示本工程应选用。

序号	规范名称及编号	选用	序号	规范名称及编号	选用
一	中华人民共和国国家标准		13	砌体结构设计规范(GB 50003—2011)	●
1	建筑结构可靠度设计统一标准(GB 50068—2001)	●	14	先张法预应力混凝土管桩(GB 13476—2009)	
2	建筑地基基础设计规范(GB 50007—2011)	●	二	中华人民共和国行业标准	
3	建筑结构荷载规范(GB 50009—2012)	●	1	高层建筑混凝土结构技术规程(JGJ 3—2010)	●
4	混凝土结构设计规范(GB 50010—2010)	●	2	冷轧带肋钢筋混凝土结构技术规程(JGJ 95—2011)	
5	建筑抗震设计规范(GB 50011—2010)	●	3	混凝土异形柱结构技术规程(JGJ 149—2006)	
6	建筑工程抗震设防分类标准(GB 50223—2008)	●	4	建筑桩基技术规范(JGJ 94—2008)	
7	混凝土结构耐久性设计规范(GB/T 50476—2008)(仅为参考)	●	5	建筑桩基技术规范(JGJ 94—2008)	
8	建筑结构制图标准(GB/T 50105—2010)	●	6	载体桩设计规程(JGJ 135—2007)	
9	地下工程防水技术规范(GB 50108—2008)(仅为参考)	●			
10	住宅设计规范(GB50096—2011)	●	三	地区标准	
11	人民防空地下室设计规范(GB 50038—2005)		1	四川省抗震设防超限高层建筑工程界定标准(DB 51/T 5058—2008)	
12	工业建筑防腐蚀设计规范(GB 50046—2008)		2	先张法预应力高强度混凝土管桩基础技术规程(DB 51/5070—2010)	

本工程按现行国家设计标准进行设计，施工时除应遵守本说明及各设计图纸说明外，尚应严格执行现行国家及工程所在地区的有关规范或规程。

5.5 本工程根据中国建筑西南勘察设计研究院有限公司提供的《综合楼岩土工程勘察报告》进行基础设计

6. 设计计算程序

结构建模、整体分析计算、基础计算：分别采用PKPM系列软件-PMCAD2010版、SATWE2010版、JCCAD2010版，发行日期为2012年5月。

7. 使用和施工荷载限制

7.1 本工程使用和施工荷载标准值(kN/m²)不得大于下表(恒载均不包含结构自重)

序号	部位	恒载标准值	活载标准值	序号	部位	恒载标准值	活载标准值
1	底层商铺	1.8	5.0	6	电梯机房	1.8	7.0
2	楼梯间、合用前室	1.8	3.5	7	卫生间	5.0	2.5
3	非上人屋面	5.0	0.5	8	双层机械停车位	1.8	10
4	上人屋面	5.5	2.0	9	写字间	1.8	2.5
5	室外地下室顶板	5.0	35	10			

7.2 楼梯、阳台、看台和上人屋面栏杆顶部应能承受水平荷载：学校、食堂、剧场、电影院、车站、礼堂、展览馆或体育场，栏杆顶部水平荷载为1.0KN/m，竖向荷载为1.2KN/m，水平荷载与竖向荷载应分别考虑；其他建筑栏杆顶部应能承受水平荷载为1.0KN/m。

8. 地基、基础

8.1 场地的工程地质及地下水条件。

(1) 本工程地基土的工程地质特征详见勘察报告。

(2) 地勘表明，地下水对钢筋混凝土中钢筋有微腐蚀。

8.2 基础方案：详基础施工图。

8.3 地下室基坑采用机械开挖时，最后应留出300mm，用人工挖掘、修整。

8.4 施工开挖基坑时应注意边坡稳定，定期观测基坑对周围道路市政设施和建筑物有无不利影响，非自然放坡开挖时基坑护壁应做专门设计。

8.5 基坑开挖时严禁超挖相邻建筑物、构筑物基础，且应有可靠措施确保基坑边坡稳定安全。

8.6 基础施工前应进行钎探、验槽，如发现土质与勘察报告不符时，须会同建设、勘察、设计、施工及监理各单位共同协商研究处理。验槽通过后，应立即按要求对基坑进行回填，防止暴晒或雨水浸泡造成基土破坏。

8.7 基坑回填土及位于设备基础、地面、散水、踏步等基础之下的回填土采用素土分层对称回填压实，每层厚度<200，压实系数>0.94。

8.8 底层内隔墙，非承重墙（高度<4000）可直接砌筑在混凝土地面上，做法见大样二十五。

8.9 除本说明外，尚应满足本工程勘察报告的其他要求。

9. 主要结构材料

9.1 所有结构材料的强度标准值应具有不低于95%的保证率。钢筋、水泥除必须有出厂合格证明以外，还须专门抽样检验，质量合格方可使用。

9.2 钢筋及钢材

(1) 钢筋级别

HPB300级钢筋(Φ)屈服强度标准值f_{yk}=300N/mm²，抗拉、压强度设计值$f_y(f'_y)$=270N/mm²。

HRB335级钢筋(Φ)屈服强度标准值f_{yk}=335N/mm²，抗拉、压强度设计值$f_y(f'_y)$=300N/mm²。

HRB400级钢筋(Φ)屈服强度标准值f_{yk}=400N/mm²，抗拉、压强度设计值$f_y(f'_y)$=360N/mm²。

CRB550级($Φ^R$)极限抗拉强度标准值f_{yk}=550N/mm²，抗拉、压强度设计值$f_y(f'_y)$=360N/mm²。

(2) 普通部位钢筋在最大力下的总伸长率：HPB300不应小于10%，HRB335、HRB400、CRB550不应小于7.5%。

(3) 一、二、三级抗震等级的各类框架和斜撑构件（含梯段）中的纵向受力钢筋，当采用普通钢筋时，其检验所得强度实测值应符合下列要求：

a. 钢筋抗拉强度实测值与屈服强度实测值的比值不应小于1.25。

b. 钢筋屈服强度实测值与强度标准值的比值不应大于1.3。

c. 钢筋在最大拉力下的总伸长率实测值不应小于9%。

(4) 钢筋代换应按照等强的原则换算，并应满足最小配筋率、抗裂验算和构造等要求，同时应经过设计同意。

(5) 钢板、型钢、钢管采用Q235B钢。

(6) 吊钩、吊环均采用HPB300级钢筋，吊钩、吊环及预埋件的锚筋不得采用冷加工钢筋。

(7) 结构用钢材应符合抗震性能要求，应具有抗拉强度、屈服强度、伸长率合格保证。

9.3 混凝土强度等级：

序号	构件或部位		混凝土强度等级	混凝土抗渗等级	序号	构件或部位	混凝土强度等级	混凝土抗渗等级
1	基础垫层		C15		5	楼梯板、梯梁及相应构件	C30	
2	筏板基础		C30		6	地下室混凝土墙体	C35	
3	框架柱	基础~16.15m标高	C35		7	其他现浇、预制构配件	C25	
		16.15m以上标高	C30		8	采用图集构件	按图集	
4	梁、板		C30		10			

9.4 混凝土结构环境类别及耐久性的基本要求：

(1) 混凝土结构环境类别：见10.1表。

(2) 混凝土结构耐久性的基本要求见下表。

环境类别	最大水胶比	最低混凝土强度等级	最大氯离子含量/%	最大碱含量/(kg·m⁻³)
一	0.60	C20	0.30	不限制
二(a)	0.55	C25	0.20	3.0
二(b)	0.50	C30	0.15	3.0
三(a)	0.45	C35	0.15	3.0
三(b)	0.40	C40	0.10	3.0

9.5 焊条、焊剂

一.焊条：钢筋电弧焊焊条型号如下。	
钢筋级别	帮条焊、搭接焊
HPB300级(Φ)	E4303
HPB335级(Φ)	E4303
HRB400级(Φ)	E4303
二.焊剂：在电渣压力焊和预埋件埋弧压力焊中	

9.6 油漆所有外露的钢铁件表面（包括仅有
注意维护。

9.7 非承重砌体

构件部位		
所有位置	屋顶女儿墙(200mm厚)	
	电梯井道	
室外地面以上	外墙	
	内墙	厨房、卫生间
		其他部位
室外地面以下	其他内隔墙	

注：填充墙及隔墙（断）的位置，厚度见建

9.8 屋面找坡层：填充材料见建筑做法，容

9.9 结构构件的耐火极限（括号内为一级）

部位或构件	墙
耐火极限/h	2.50(3.0

10. 混凝土结构的构造要求

10.1 钢筋混凝土构件中最外层钢筋的混凝土

构件名称	基础		地下室底板		地下室外墙		
具体部位	底面	顶面	底面	顶面	外侧	内侧	底板
保护层厚度	40	25	25	20	25	20	25
环境类别	二(b)						

附注：①混凝土强度等级不大于C25时，表中

②受力钢筋的混凝土保护层厚度应从

③梁板中预埋管的砼保护层厚度≥40

④各构件中应采用不低于构件强度等

⑤人防地下室墙、板、梁、柱钢筋的

10.2 纵向钢筋的锚固专项要求：

10.2.1 纵向受拉钢筋最小锚固长度详见[
固长度按图集中HRB400执行。

10.2.2 纵向钢筋的弯钩与机械锚固形式
确定。

10.2.3 墙、柱纵筋锚入基础的做法详见

10.2.4 连梁（LL）纵筋锚入剪力墙的做
震等级计算，当由于上层剪力墙变短造成连

10.2.5 框架梁（KL、WKL）与剪力墙
度按剪力墙的抗震等级计算。

10.2.6 框架梁（KL、WKL）纵筋锚入
度按框架的抗震等级计算。

10.2.7 框架梁（KL、WKL）与剪力墙
向下锚固，且总长度满足L_{aE}（受拉钢筋的抗

10.3 纵向钢筋的连接专项要求：

10.3.1 纵向受拉钢筋搭接长度、连接区

10.3.2 筏板钢筋应采用机械连接，同一连

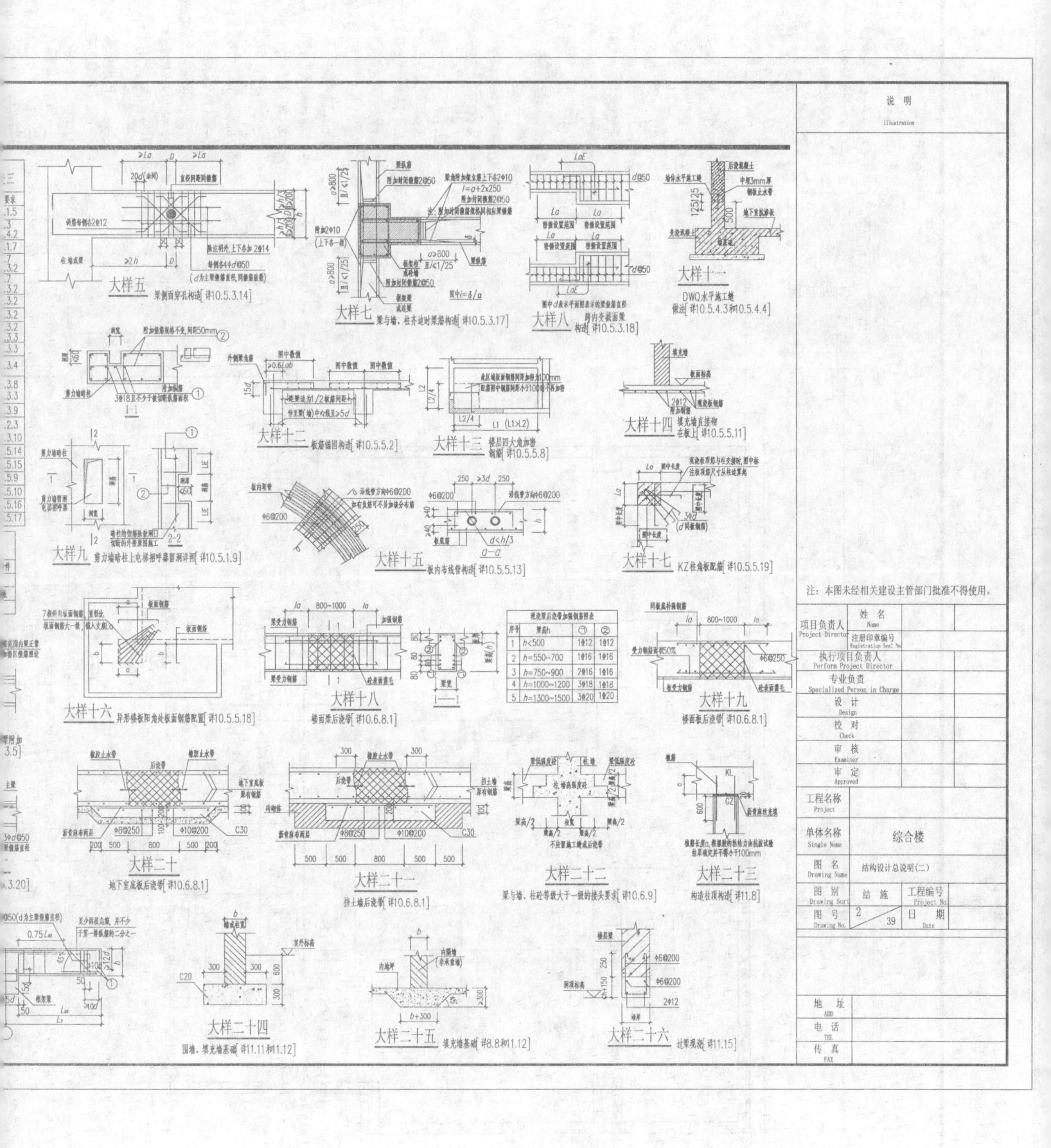
大样五 梁侧面穿孔构造[详10.5.3.14]
大样七 梁与墙、柱齐边时梁筋构造[详10.5.3.17]
大样八 跨内变截面梁构造[详10.5.3.18]
大样十一 DWQ水平施工缝 做法[详10.5.4.3和10.5.4.4]
大样十二 板筋锚固构造[详10.5.5.2]
大样十三 楼层四大角加强钢筋[详10.5.5.8]
大样十四 填充墙直接砌在板上[详10.5.5.11]
大样九 剪力墙暗柱上电梯按钮呼叫器留洞详图[详10.5.1.9]
大样十五 板内布线管构造[详10.5.5.13]
大样十七 KZ柱角板配筋[详10.5.5.19]
大样十六 异形楼板阳角处板面钢筋配置[详10.5.5.18]
大样十八 楼面梁后浇带[详10.6.8.1]
大样十九 楼面板后浇带[详10.6.8.1]
大样二十 地下室底板后浇带[详10.6.8.1]
大样二十一 挡土墙后浇带[详10.6.8.1]
大样二十二 梁与墙、柱砼等级大于一级的接头要求[详10.6.9]
大样二十三 构造柱顶构造[详11.8]
大样二十四 围墙、填充墙基础[详11.11和11.12]
大样二十五 填充墙基础[详8.8和11.12]
大样二十六 过梁现浇[详11.15]
说明 Illustration
注：本图未经相关建设主管部门批准不得使用。
项目负责人 Project Director
姓名 Name
注册印章编号 Registration Seal No.
执行项目负责人 Perform Project Director
专业负责 Specialized Person in Charge
设计 Design
校对 Check
审核 Examiner
审定 Approved
工程名称 Project
单体名称 Single Name
综合楼
图名 Drawing Name
结构设计总说明(二)
图别 Drawing Sort
结施
工程编号 Project No.
图号 Drawing No.
2
39
日期 Date
地址 ADD
电话 TEL
传真 FAX

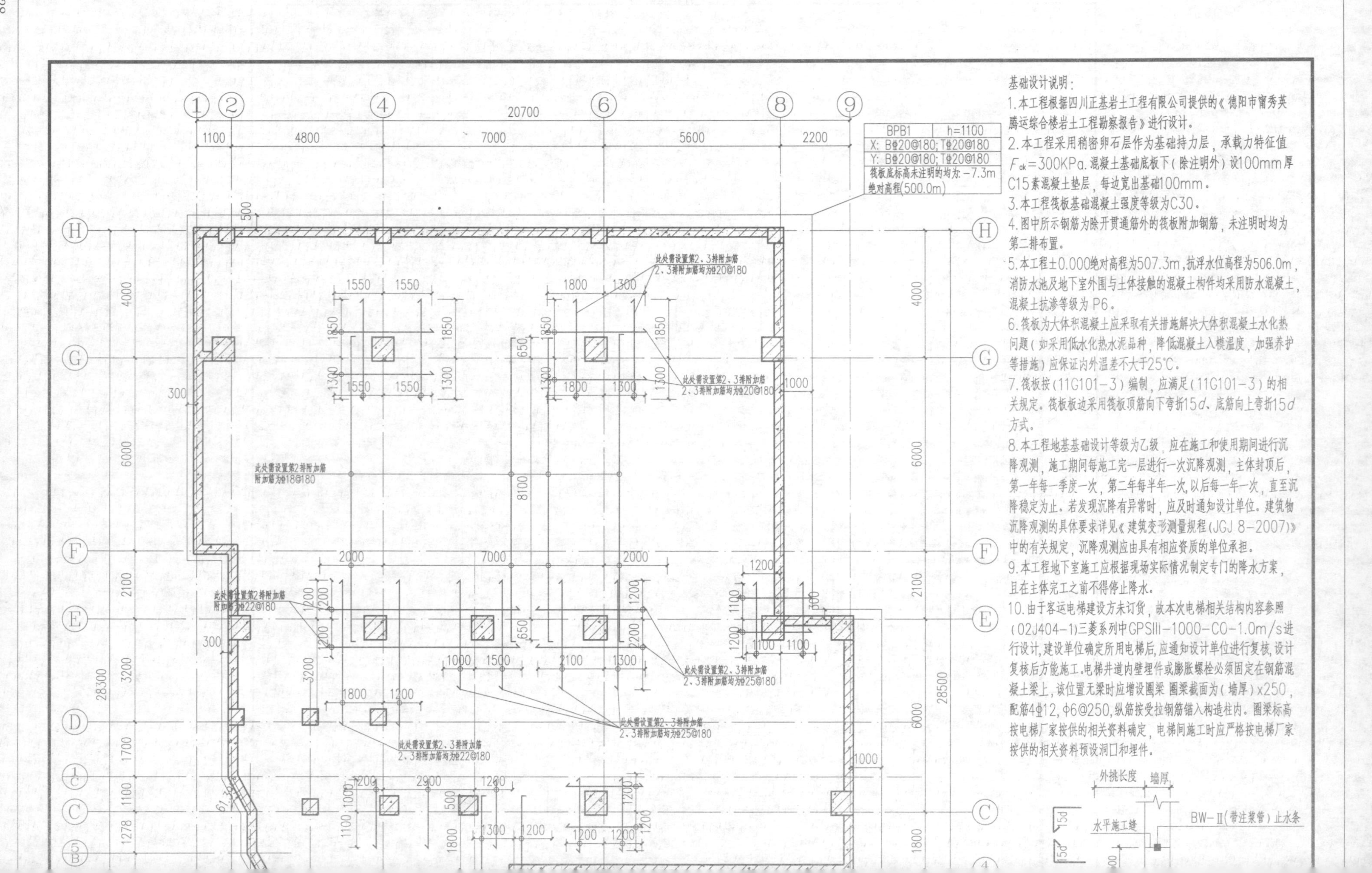

基础设计说明：

1. 本工程根据四川正基岩土工程有限公司提供的《德阳市甯秀英腾运综合楼岩土工程勘察报告》进行设计。
2. 本工程采用稍密卵石层作为基础持力层，承载力特征值 F_{ak}=300KPa. 混凝土基础底板下(除注明外)设100mm厚C15素混凝土垫层，每边宽出基础100mm。
3. 本工程筏板基础混凝土强度等级为C30。
4. 图中所示钢筋为除开贯通筋外的筏板附加钢筋，未注明时均为第二排布置。
5. 本工程±0.000绝对高程为507.3m，抗浮水位高程为506.0m，消防水池及地下室外围与土体接触的混凝土构件均采用防水混凝土，混凝土抗渗等级为 P6。
6. 筏板为大体积混凝土应采取有关措施解决大体积混凝土水化热问题(如采用低水化热水泥品种，降低混凝土入模温度，加强养护等措施)应保证内外温差不大于25℃。
7. 筏板按(11G101-3)编制，应满足(11G101-3)的相关规定。筏板板边采用筏板顶筋向下弯折15d、底筋向上弯折15d方式。
8. 本工程地基基础设计等级为乙级，应在施工和使用期间进行沉降观测，施工期间每施工完一层进行一次沉降观测，主体封顶后，第一年每一季度一次，第二年每半年一次，以后每一年一次，直至沉降稳定为止。若发现沉降有异常时，应及时通知设计单位。建筑物沉降观测的具体要求详见《建筑变形测量规程(JGJ 8-2007)》中的有关规定，沉降观测应由具有相应资质的单位承担。
9. 本工程地下室施工应根据现场实际情况制定专门的降水方案，且在主体完工之前不得停止降水。
10. 由于客运电梯建设方未订货，故本次电梯相关结构内容参照(02J404-1)三菱系列中GPSIII-1000-CO-1.0m/s进行设计，建设单位确定所用电梯后，应通知设计单位进行复核，设计复核后方能施工。电梯井道内壁埋件或膨胀螺栓必须固定在钢筋混凝土梁上，该位置无梁时应增设圈梁 圈梁截面为(墙厚)x250，配筋4⌀12，⌀6@250，纵筋按受拉钢筋锚入构造柱内。圈梁标高按电梯厂家提供的相关资料确定，电梯间施工时应严格按电梯厂家提供的相关资料预设洞口和埋件。

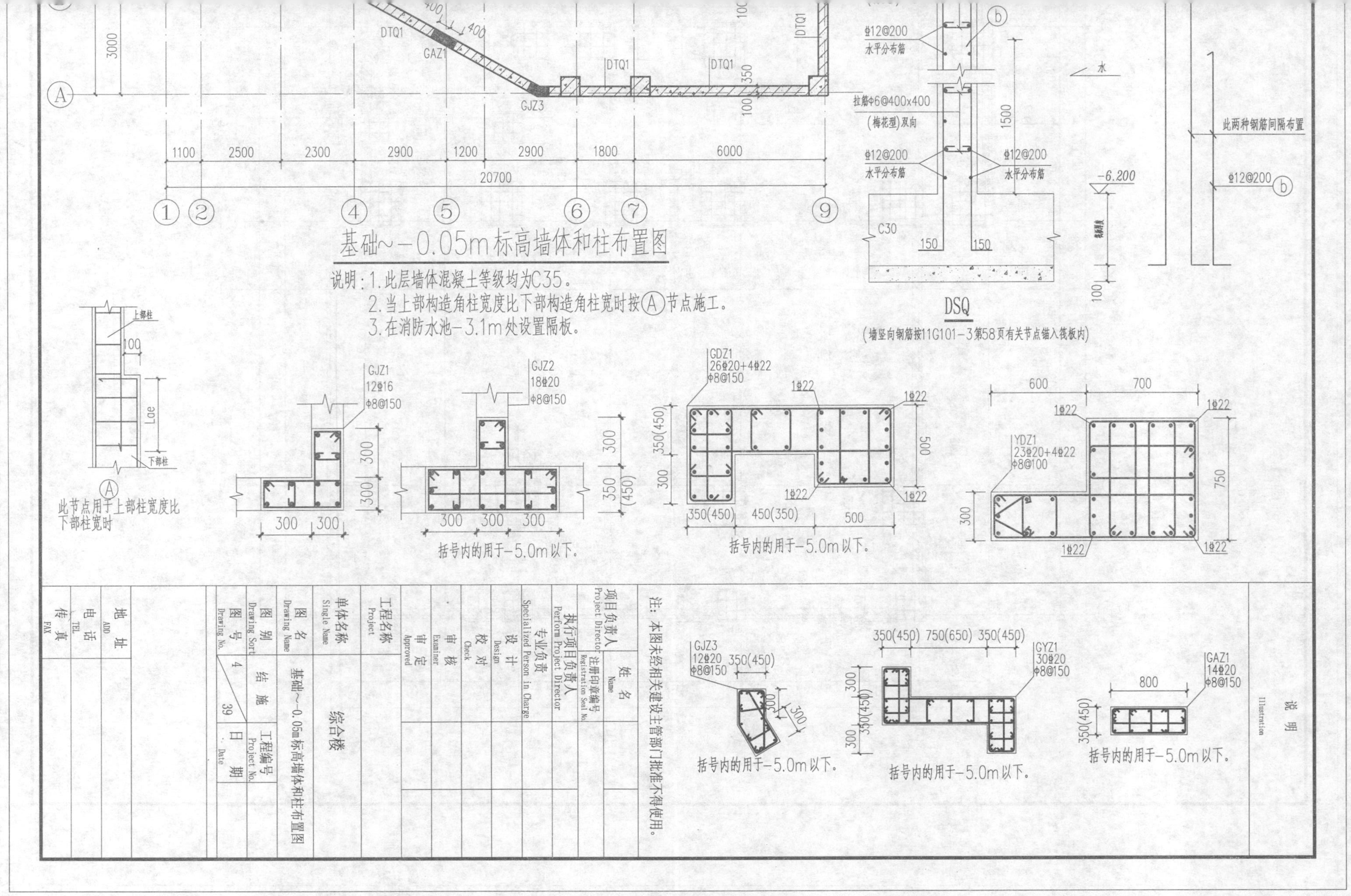

基础～-0.05m标高墙体和柱布置图
说明：1.此层墙体混凝土等级均为C35。
2.当上部构造角柱宽度比下部构造角柱宽时按Ⓐ节点施工。
3.在消防水池-3.1m处设置隔板。
DQT1
GAZ1
GJZ3
20700
拉筋Φ6@400x400
(梅花型)双向
水平分布筋
此两种钢筋间隔布置
C30
-6.200
DSQ
(墙竖向钢筋按11G101-3第58页有关节点锚入筏板内)
上部柱
下部柱
Loe
此节点用于上部柱宽度比下部柱宽时
GJZ1
GJZ2
GDZ1
YDZ1
GJZ3
GYZ1
GAZ1
括号内的用于-5.0m以下。
说 明
Illustration
注：本图未经相关建设主管部门批准不得使用。
项目负责人
Project Director
姓 名
Name
注册印章编号
Registration Seal No.
执行项目负责人
Perform Project Director
专业负责
Specialized Person in Charge
设 计
Design
校 对
Check
审 核
Examiner
审 定
Approved
工程名称
Project
单体名称
Single Name
综合楼
图 名
Drawing Name
基础～-0.05m标高墙体和柱布置图
图 别
Drawing Sort
结 施
工程编号
Project No.
图 号
Drawing No.
4
39
日 期
Date
地 址
ADD
电 话
TEL
传 真
FAX

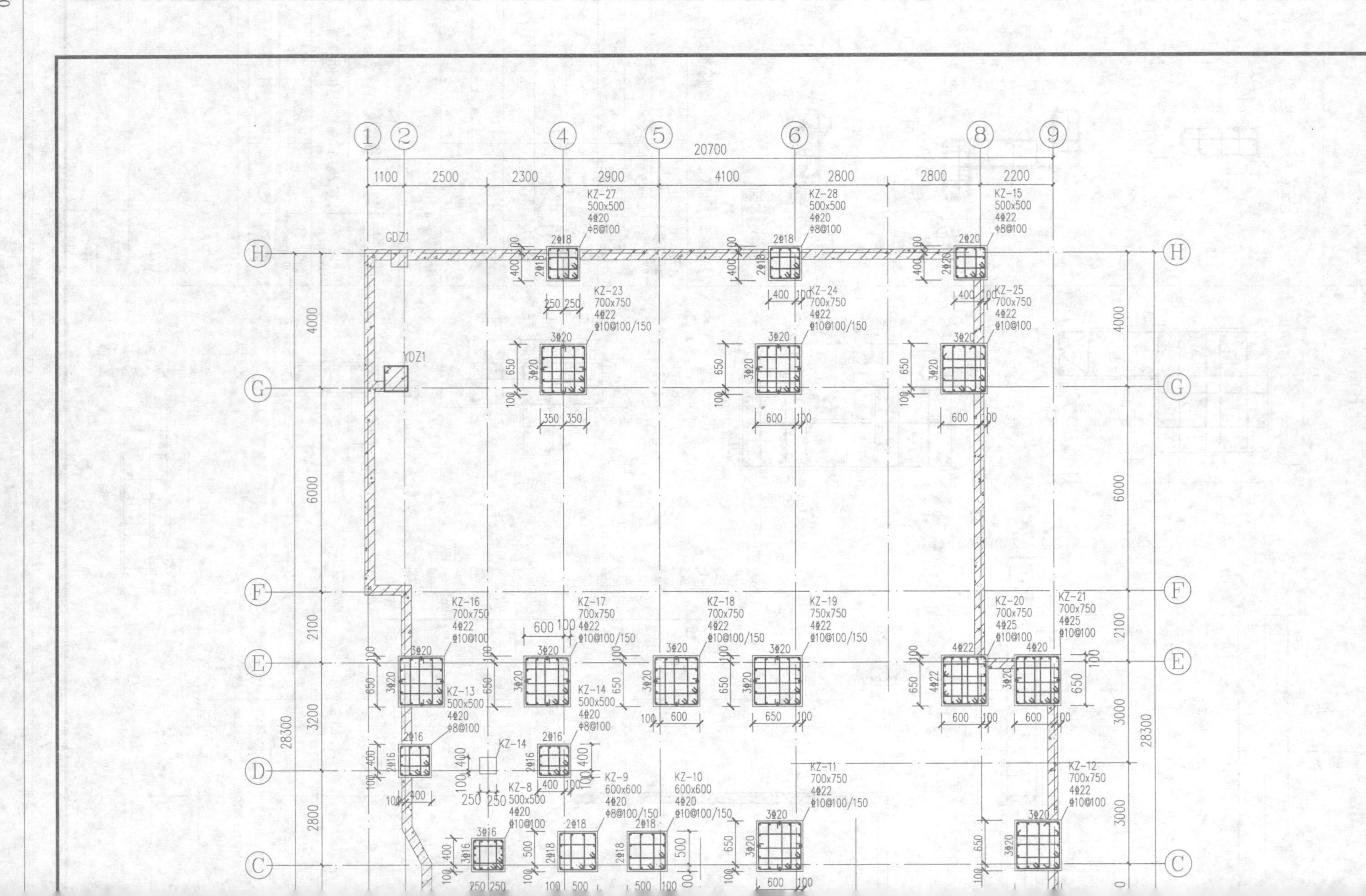
KZ-27
500x500
4Φ20
Φ8@100
KZ-28
500x500
4Φ20
Φ8@100
KZ-15
500x500
4Φ22
Φ8@100
KZ-23
700x750
4Φ22
Φ10@100/150
KZ-24
700x750
4Φ22
Φ10@100/150
KZ-25
700x750
4Φ22
Φ10@100
GDZ1
YDZ1
KZ-16
700x750
4Φ22
Φ10@100
KZ-17
700x750
4Φ22
Φ10@100/150
KZ-18
700x750
4Φ22
Φ10@100/150
KZ-19
750x750
4Φ22
Φ10@100/150
KZ-20
700x750
4Φ25
Φ10@100
KZ-21
700x750
4Φ25
Φ10@100
KZ-13
500x500
4Φ20
Φ8@100
KZ-14
500x500
4Φ20
Φ8@100
KZ-14
KZ-8
500x500
4Φ20
Φ10@100
KZ-9
600x600
4Φ20
Φ8@100/150
KZ-10
600x600
4Φ20
Φ10@100/150
KZ-11
700x750
4Φ22
Φ10@100/150
KZ-12
700x750
4Φ22
Φ10@100
20700
1100
2500
2300
2900
4100
2800
2800
2200
4000
6000
2100
3200
2800
28300
3000
3000

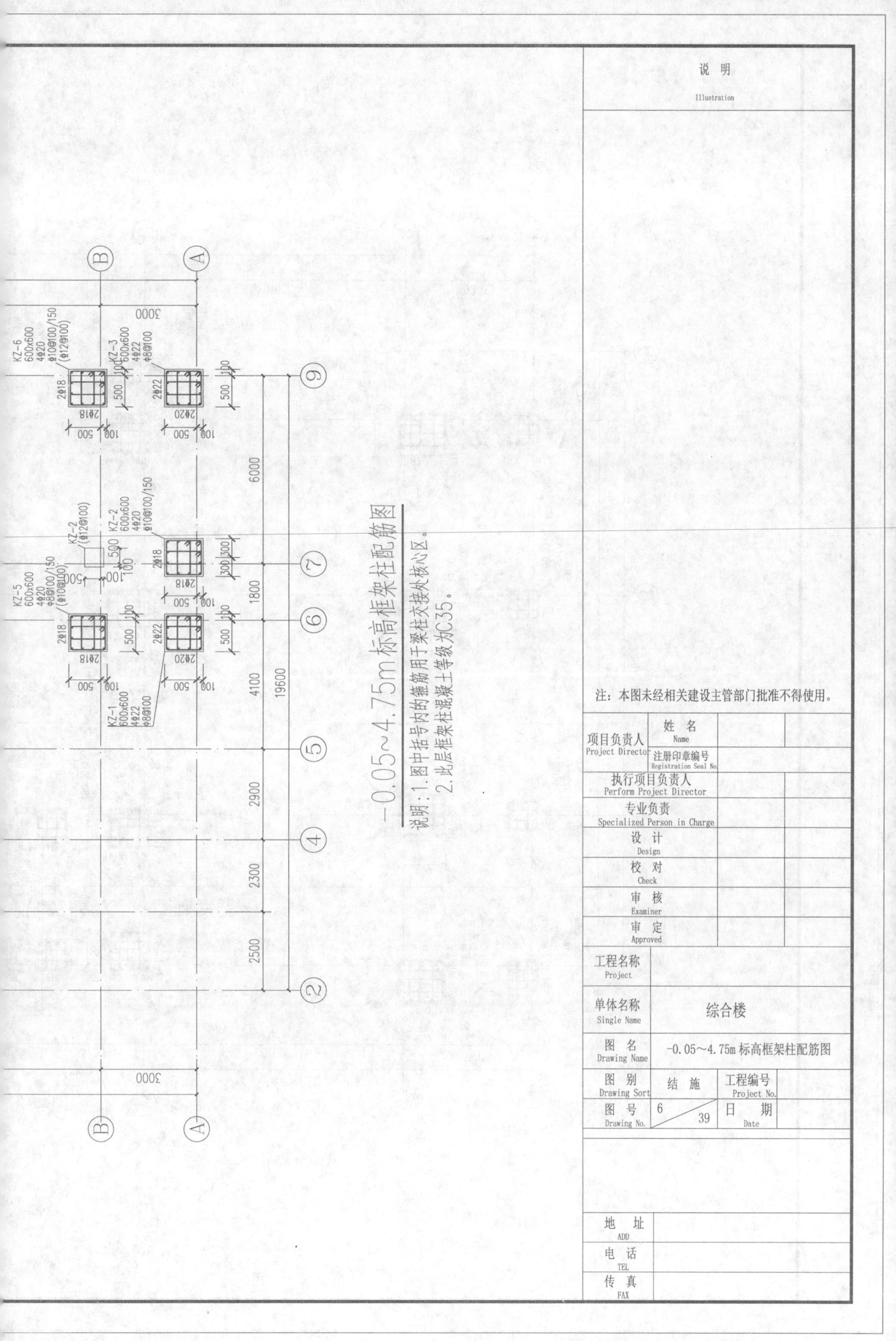

-0.05~4.75m标高框架柱配筋图
说明：1.图中括号内的箍筋用于梁柱交接处核心区。
2.此层框架柱混凝土等级为C35。
KZ-1 600x600 4Φ22 Φ8@100
KZ-2 600x600 4Φ20 Φ10@100/150
KZ-2 (Φ12@100)
KZ-3 600x600 4Φ22 Φ8@100
KZ-5 600x600 4Φ20 Φ8@100/150 (Φ10@100)
KZ-6 600x600 4Φ20 Φ10@100/150 (Φ12@100)
2Φ18
2Φ20
2Φ22
500
100
300
3000
2500
2300
2900
4100
1800
6000
19600
A
B
2
4
5
6
7
9
说 明
Illustration
注：本图未经相关建设主管部门批准不得使用。
项目负责人
Project Director
姓 名
Name
注册印章编号
Registration Seal No.
执行项目负责人
Perform Project Director
专业负责
Specialized Person in Charge
设 计
Design
校 对
Check
审 核
Examiner
审 定
Approved
工程名称
Project
单体名称
Single Name
综合楼
图 名
Drawing Name
-0.05~4.75m 标高框架柱配筋图
图 别
Drawing Sort
结 施
工程编号
Project No.
图 号
Drawing No.
6
39
日 期
Date
地 址
ADD
电 话
TEL
传 真
FAX

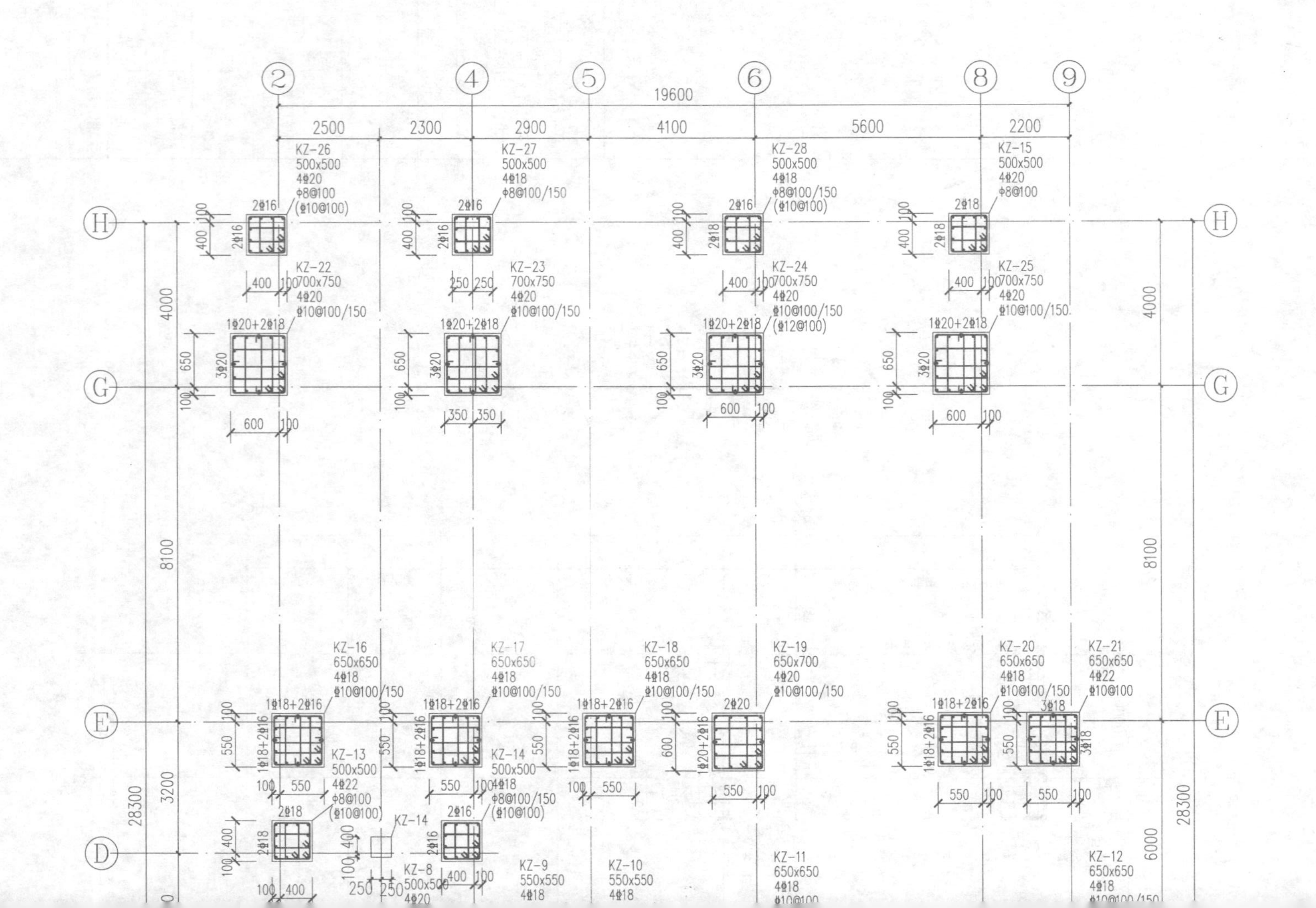

19600
2500
2300
2900
4100
5600
2200
KZ-26
500x500
4Φ20
Φ8@100
(Φ10@100)
KZ-27
500x500
4Φ18
Φ8@100/150
KZ-28
500x500
4Φ18
Φ8@100/150
(Φ10@100)
KZ-15
500x500
4Φ20
Φ8@100
KZ-22
700x750
4Φ20
Φ10@100/150
KZ-23
700x750
4Φ20
Φ10@100/150
KZ-24
700x750
4Φ20
Φ10@100/150
(Φ12@100)
KZ-25
700x750
4Φ20
Φ10@100/150
KZ-16
650x650
4Φ18
Φ10@100/150
KZ-17
650x650
4Φ18
Φ10@100/150
KZ-18
650x650
4Φ18
Φ10@100/150
KZ-19
650x700
4Φ20
Φ10@100/150
KZ-20
650x650
4Φ18
Φ10@100/150
KZ-21
650x650
4Φ22
Φ10@100
KZ-13
500x500
4Φ22
Φ8@100
(Φ10@100)
KZ-14
500x500
4Φ18
Φ8@100/150
(Φ10@100)
KZ-8
KZ-9
550x550
4Φ18
KZ-10
550x550
4Φ18
KZ-11
650x650
4Φ18
KZ-12
650x650
4Φ18
4000
8100
3200
6000
28300

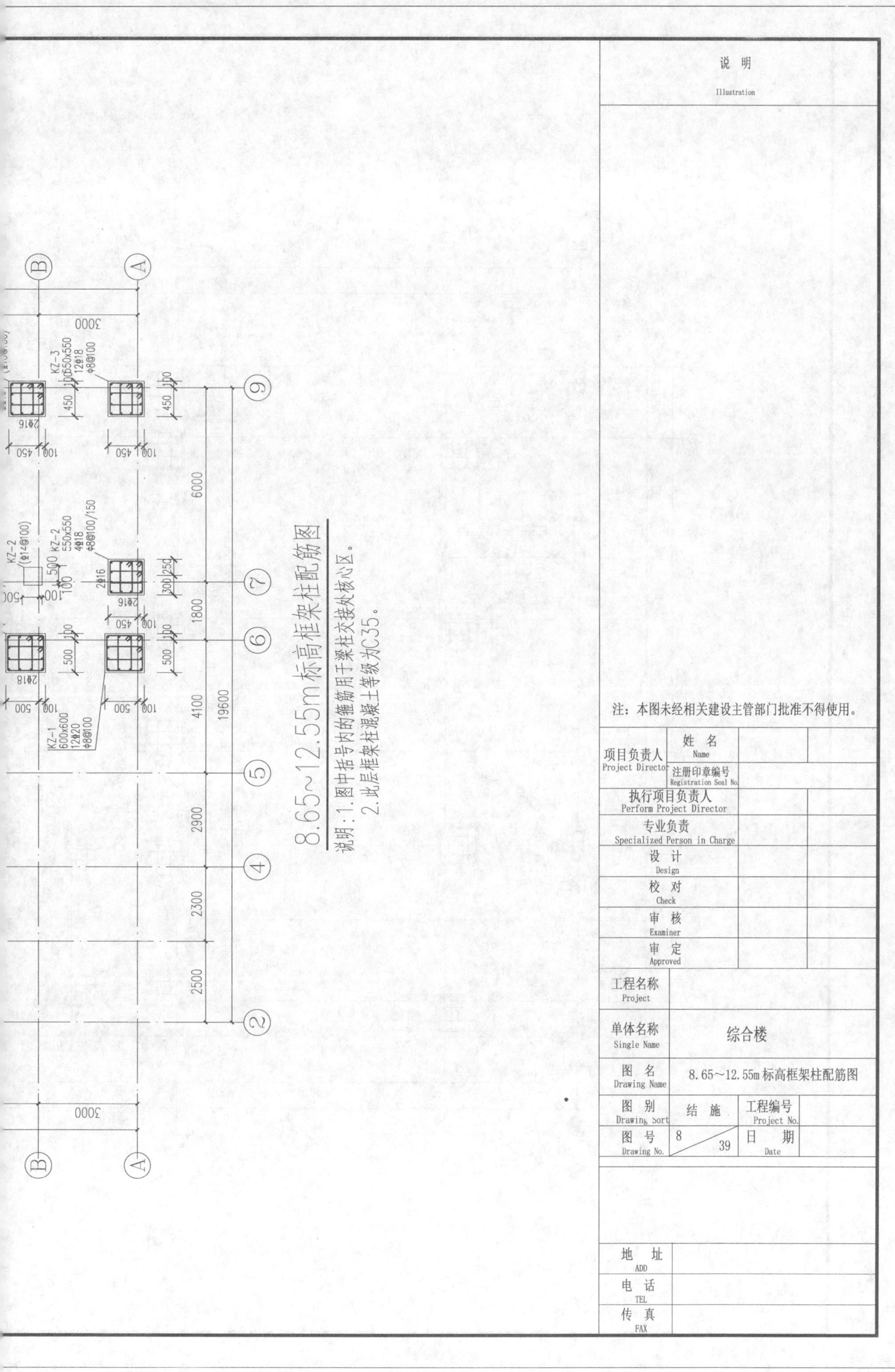
8.65~12.55m标高框架柱配筋图
说明：1.图中括号内的箍筋用于梁柱交接处核心区。
2.此层框架柱混凝土等级为C35。
KZ-1
600x600
12Φ20
Φ8@100
KZ-2
550x550
4Φ18
Φ8@100/150
KZ-3
550x550
12Φ18
Φ8@100
3000
6000
1800
4100
2900
2300
2500
19600
说 明
Illustration
注：本图未经相关建设主管部门批准不得使用。
项目负责人
Project Director
姓 名
Name
注册印章编号
Registration Seal No.
执行项目负责人
Perform Project Director
专业负责
Specialized Person in Charge
设 计
Design
校 对
Check
审 核
Examiner
审 定
Approved
工程名称
Project
单体名称
Single Name
综合楼
图 名
Drawing Name
8.65～12.55m标高框架柱配筋图
图 别
Drawing Sort
结 施
工程编号
Project No.
图 号
Drawing No.
8
39
日 期
Date
地 址
ADD
电 话
TEL
传 真
FAX

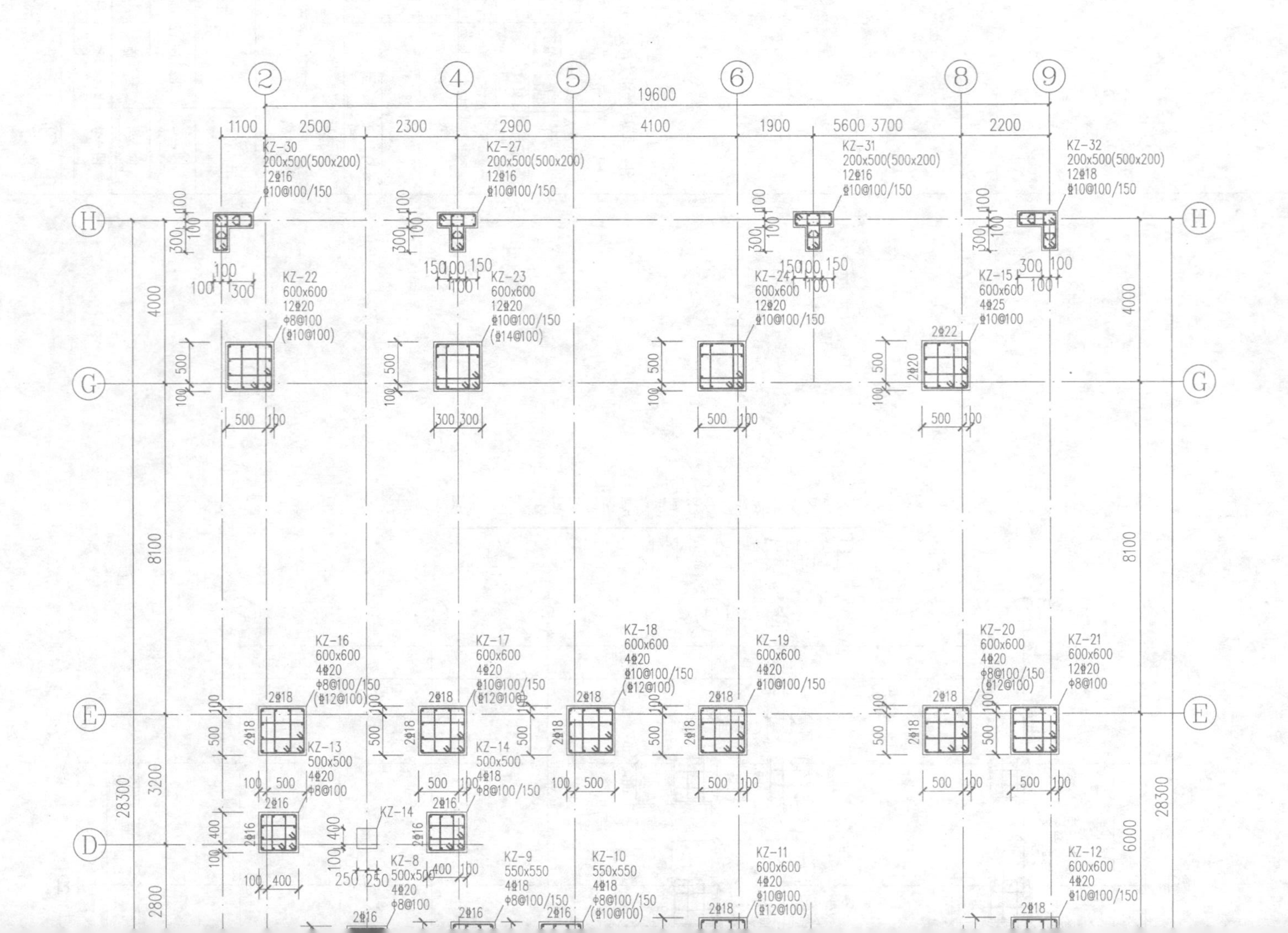

2
4
5
6
8
9
19600
1100
2500
2300
2900
4100
1900
5600 3700
2200
H
G
E
D
4000
8100
3200
2800
28300
6000
KZ-30
200x500(500x200)
12Φ16
Φ10@100/150
KZ-27
200x500(500x200)
12Φ16
Φ10@100/150
KZ-31
200x500(500x200)
12Φ16
Φ10@100/150
KZ-32
200x500(500x200)
12Φ18
Φ10@100/150
KZ-22
600x600
12Φ20
Φ8@100
(Φ10@100)
KZ-23
600x600
12Φ20
Φ10@100/150
(Φ14@100)
KZ-24
600x600
12Φ20
Φ10@100/150
KZ-15
600x600
4Φ25
Φ10@100
2Φ22
2Φ20
KZ-16
600x600
4Φ20
Φ8@100/150
(Φ12@100)
KZ-17
600x600
4Φ20
Φ10@100/150
(Φ12@100)
KZ-18
600x600
4Φ20
Φ10@100/150
(Φ12@100)
KZ-19
600x600
4Φ20
Φ10@100/150
KZ-20
600x600
4Φ20
Φ8@100/150
(Φ12@100)
KZ-21
600x600
12Φ20
Φ8@100
2Φ18
KZ-13
500x500
4Φ20
Φ8@100
KZ-14
500x500
4Φ18
Φ8@100/150
2Φ16
KZ-14
KZ-8
500x500
4Φ20
Φ8@100
KZ-9
550x550
4Φ18
Φ8@100/150
KZ-10
550x550
4Φ18
Φ8@100/150
(Φ10@100)
KZ-11
600x600
4Φ20
Φ10@100
(Φ12@100)
KZ-12
600x600
4Φ20
Φ10@100/150

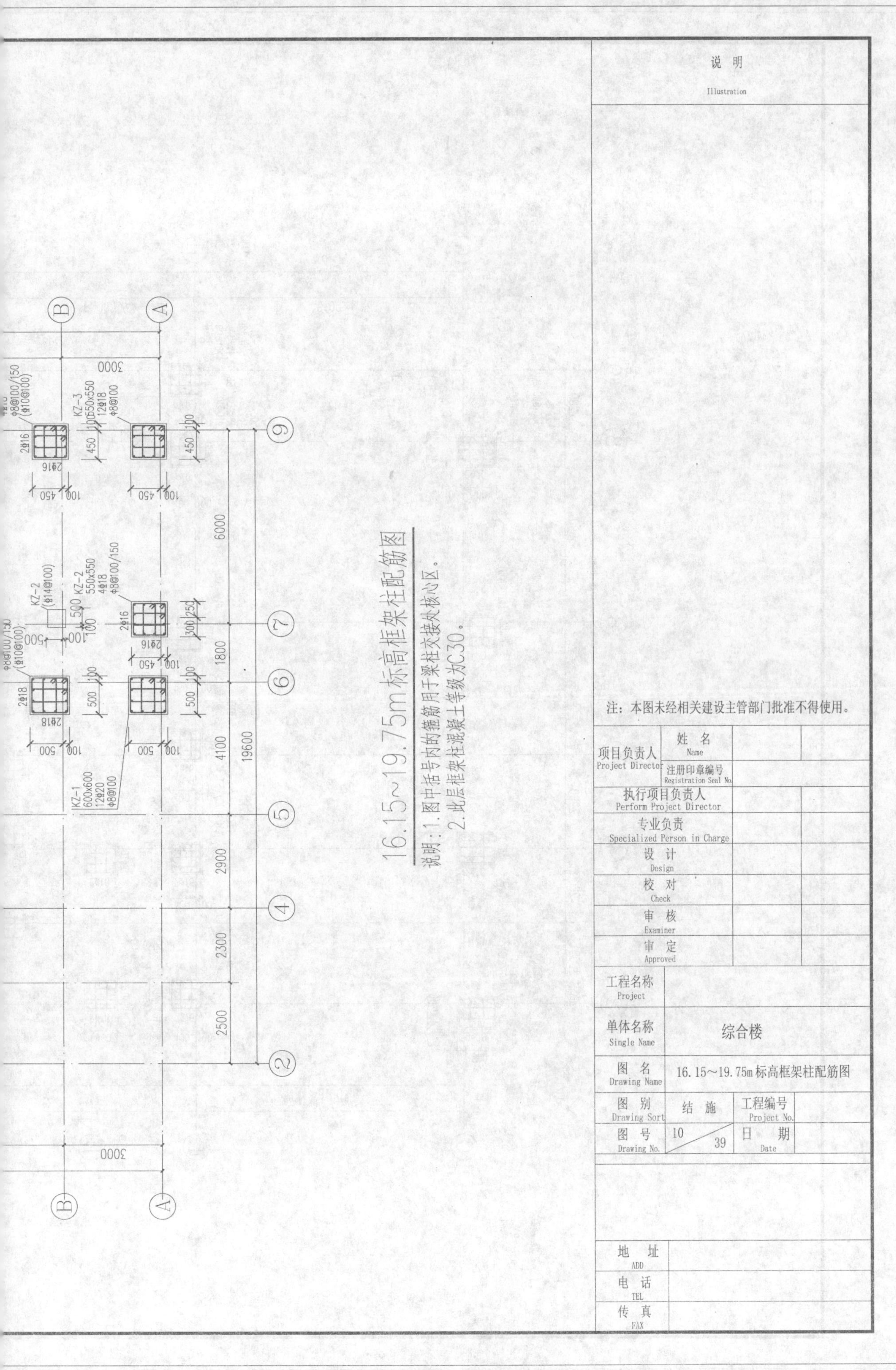
16.15~19.75m标高框架柱配筋图
说明：1.图中括号内的箍筋用于梁柱交接处核心区。
2.此层框架柱混凝土等级为C30。
说 明
Illustration
注：本图未经相关建设主管部门批准不得使用。
项目负责人 Project Director
姓 名 Name
注册印章编号 Registration Seal No.
执行项目负责人 Perform Project Director
专业负责 Specialized Person in Charge
设 计 Design
校 对 Check
审 核 Examiner
审 定 Approved
工程名称 Project
单体名称 Single Name
综合楼
图 名 Drawing Name
16.15～19.75m标高框架柱配筋图
图 别 Drawing Sort
结 施
工程编号 Project No.
图 号 Drawing No.
10
39
日 期 Date
地 址 ADD
电 话 TEL
传 真 FAX

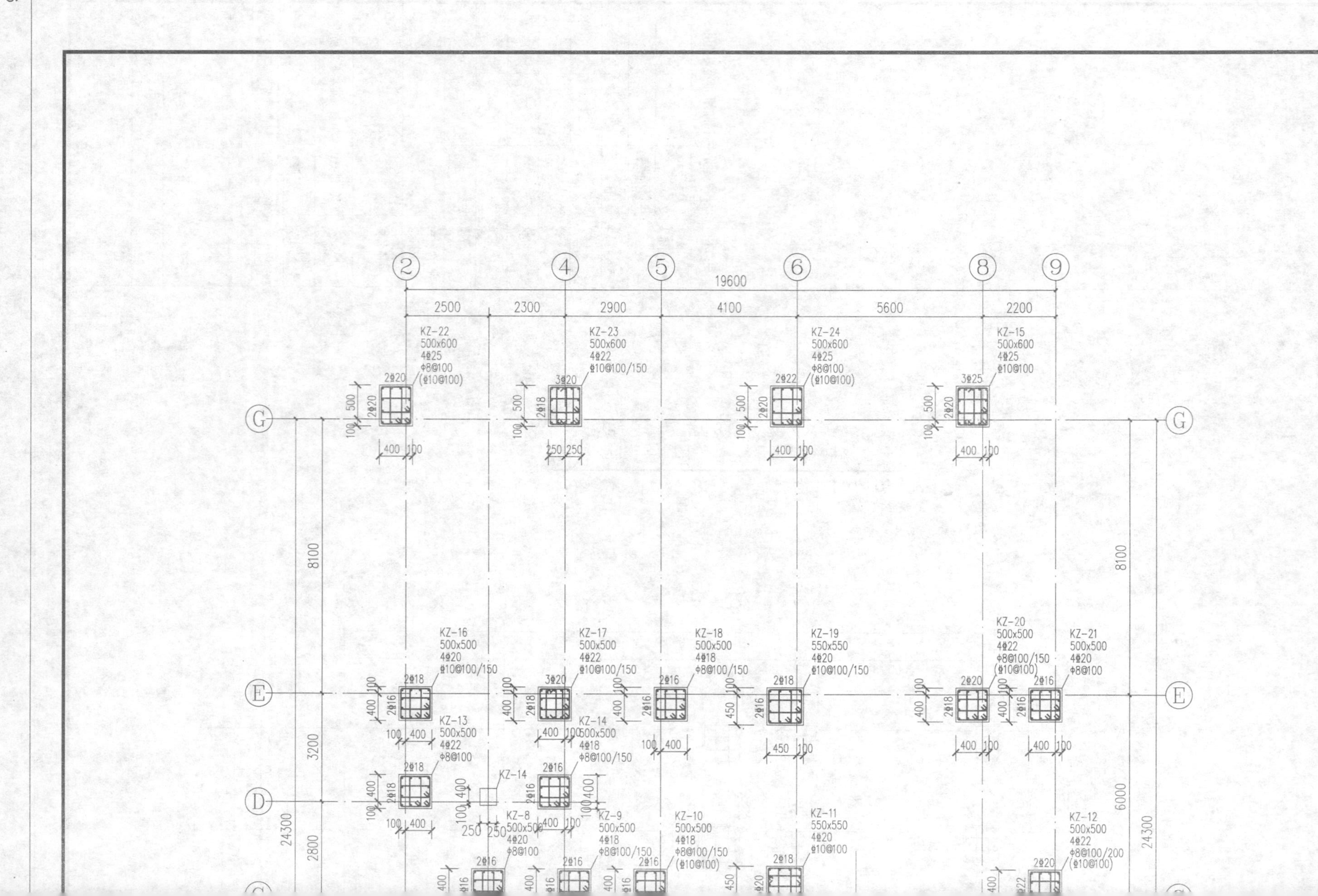
2
4
5
6
8
9
19600
2500
2300
2900
4100
5600
2200
G
E
D
8100
3200
2800
24300
6000
KZ-22
500x600
4⌀25
⌀8@100
(⌀10@100)
KZ-23
500x600
4⌀22
⌀10@100/150
KZ-24
500x600
4⌀25
⌀8@100
(⌀10@100)
KZ-15
500x600
4⌀25
⌀10@100
KZ-16
500x500
4⌀20
⌀10@100/150
KZ-17
500x500
4⌀22
⌀10@100/150
KZ-18
500x500
4⌀18
⌀8@100/150
KZ-19
550x550
4⌀20
⌀10@100/150
KZ-20
500x500
4⌀22
⌀8@100/150
(⌀10@100)
KZ-21
500x500
4⌀20
⌀8@100
KZ-13
500x500
4⌀22
⌀8@100
KZ-14
500x500
4⌀18
⌀8@100/150
KZ-14
KZ-8
500x500
4⌀20
⌀8@100
KZ-9
500x500
4⌀18
⌀8@100/150
KZ-10
500x500
4⌀18
⌀8@100/150
(⌀10@100)
KZ-11
550x550
4⌀20
⌀10@100
KZ-12
500x500
4⌀22
⌀8@100/200
(⌀10@100)

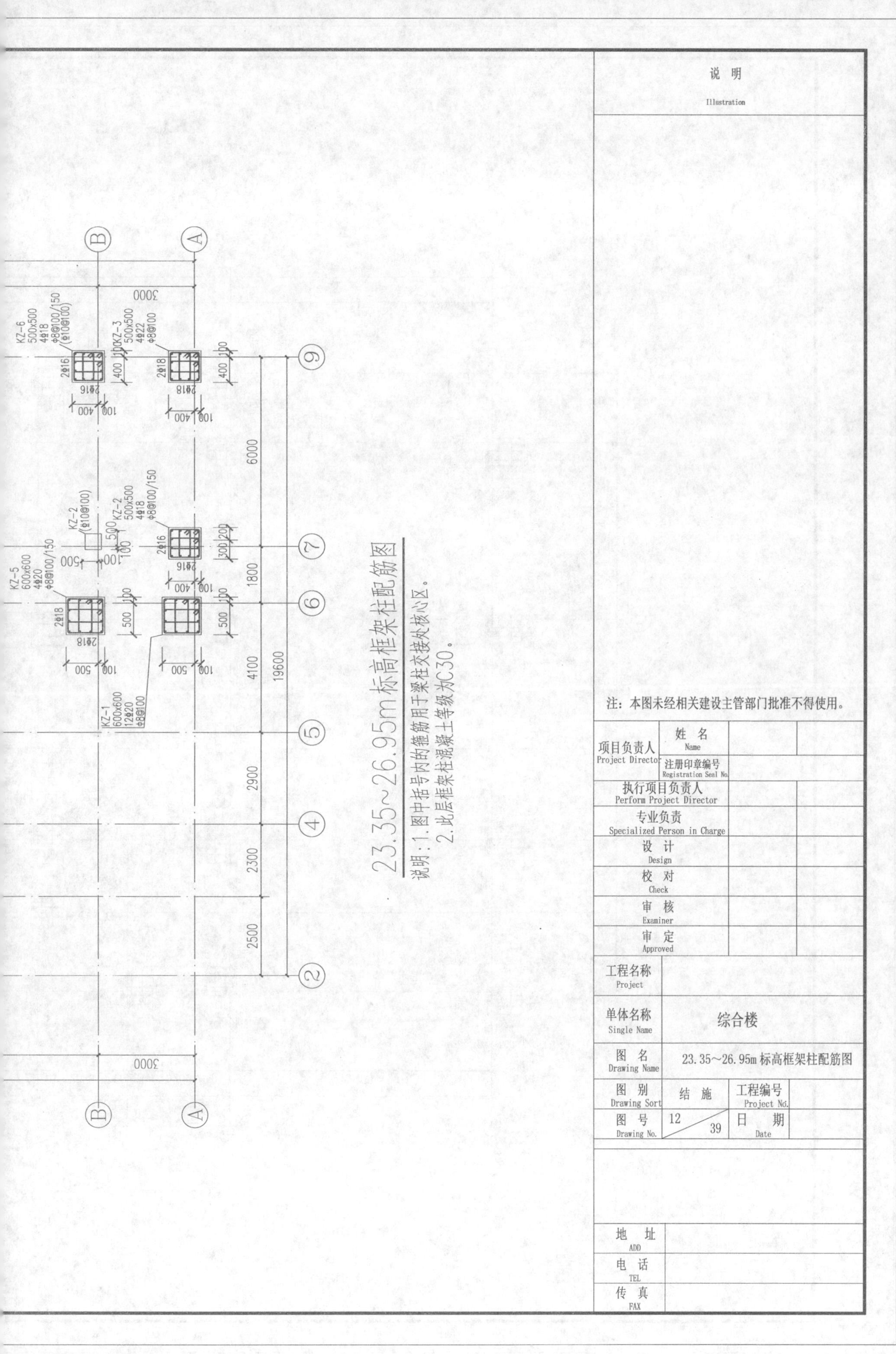
23.35~26.95m标高框架柱配筋图
说明：1.图中括号内的箍筋用于梁柱交接处核心区。
2.此层框架柱混凝土等级为C30。
KZ-1
600x600
12Φ20
Φ8@100
KZ-2
500x500
4Φ18
Φ8@100/150
(Φ10@100)
KZ-3
500x500
4Φ22
Φ8@100
KZ-5
600x600
4Φ20
Φ8@100/150
KZ-6
500x500
4Φ18
Φ8@100/150
(Φ10@100)
2Φ16
2Φ18
3000
6000
1800
4100
2900
2300
2500
19600
说明
Illustration
注：本图未经相关建设主管部门批准不得使用。
项目负责人
Project Director
姓名
Name
注册印章编号
Registration Seal No.
执行项目负责人
Perform Project Director
专业负责
Specialized Person in Charge
设计
Design
校对
Check
审核
Examiner
审定
Approved
工程名称
Project
单体名称
Single Name
综合楼
图名
Drawing Name
23.35~26.95m标高框架柱配筋图
图别
Drawing Sort
结施
工程编号
Project No.
图号
Drawing No.
12
39
日期
Date
地址
ADD
电话
TEL
传真
FAX

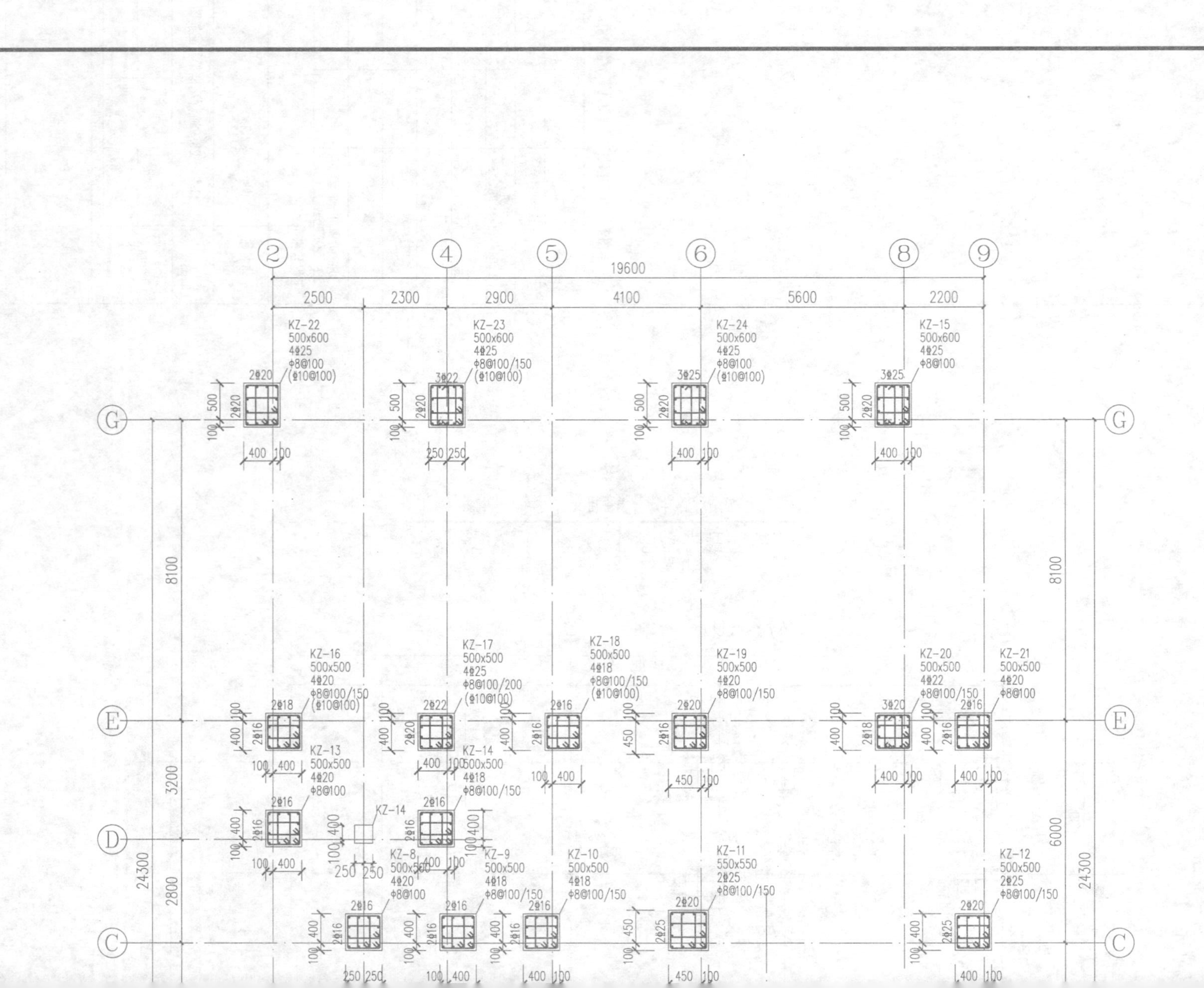

KZ-22
500x600
4Φ25
Φ8@100
(Φ10@100)
KZ-23
500x600
4Φ25
Φ8@100/150
(Φ10@100)
KZ-24
500x600
4Φ25
Φ8@100
(Φ10@100)
KZ-15
500x600
4Φ25
Φ8@100
KZ-16
500x500
4Φ20
Φ8@100/150
(Φ10@100)
KZ-17
500x500
4Φ25
Φ8@100/200
(Φ10@100)
KZ-18
500x500
4Φ18
Φ8@100/150
(Φ10@100)
KZ-19
500x500
4Φ20
Φ8@100/150
KZ-20
500x500
4Φ22
Φ8@100/150
KZ-21
500x500
4Φ20
Φ8@100
KZ-13
500x500
4Φ20
Φ8@100
KZ-14
500x500
4Φ18
Φ8@100/150
KZ-8
500x500
4Φ20
Φ8@100
KZ-9
500x500
4Φ18
Φ8@100/150
KZ-10
500x500
4Φ18
Φ8@100/150
KZ-11
550x550
2Φ25
Φ8@100/150
KZ-12
500x500
2Φ25
Φ8@100/150
19600
2500
2300
2900
4100
5600
2200
24300
8100
3200
2800
6000
G
E
D
C
2
4
5
6
8
9

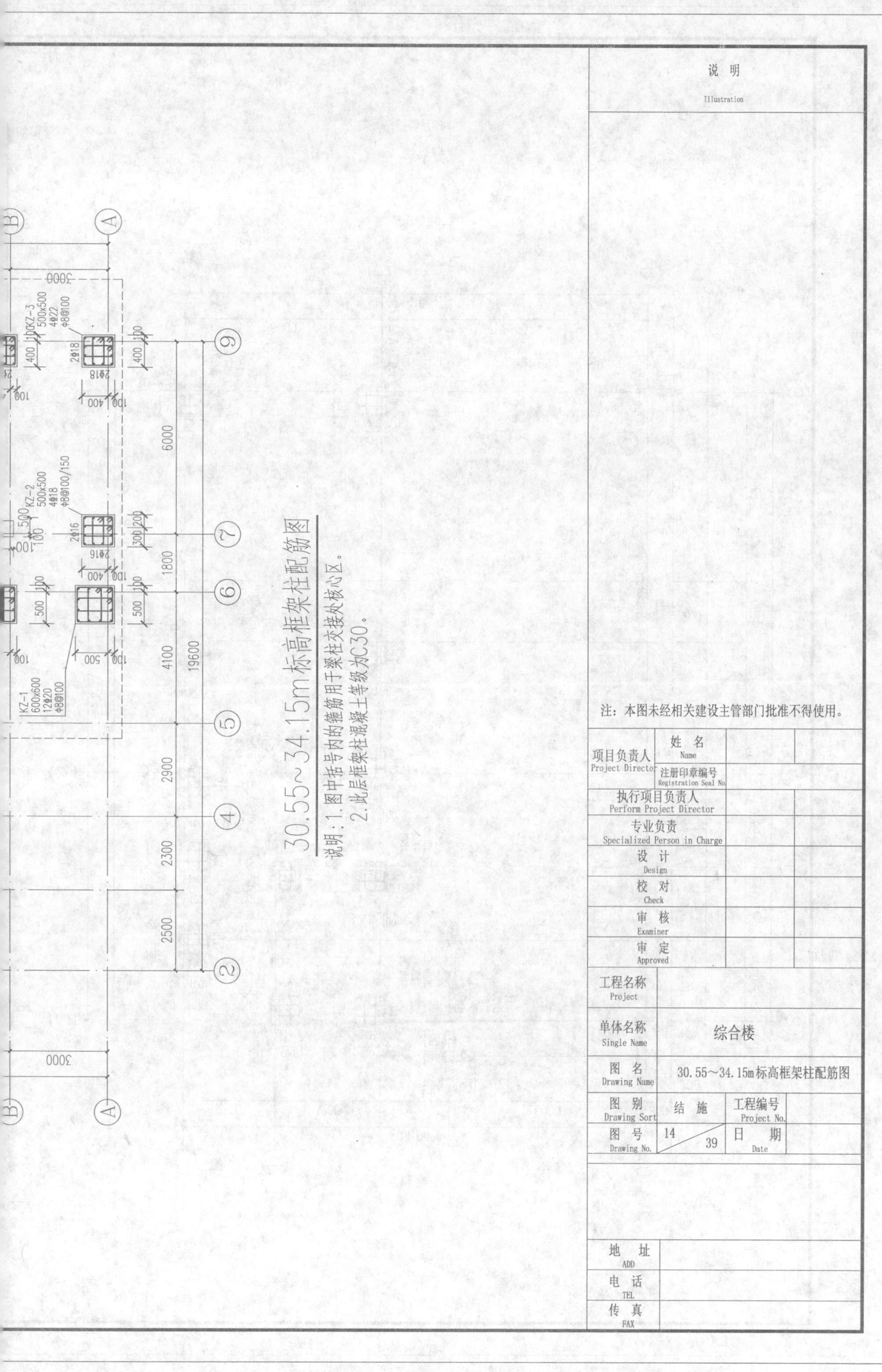

说 明
Illustration
注：本图未经相关建设主管部门批准不得使用。
项目负责人 Project Director
姓 名 Name
注册印章编号 Registration Seal No.
执行项目负责人 Perform Project Director
专业负责 Specialized Person in Charge
设 计 Design
校 对 Check
审 核 Examiner
审 定 Approved
工程名称 Project
单体名称 Single Name
综合楼
图 名 Drawing Name
30.55～34.15m标高框架柱配筋图
图 别 Drawing Sort
结 施
工程编号 Project No.
图 号 Drawing No.
14
39
日 期 Date
地 址 ADD
电 话 TEL
传 真 FAX
30.55~34.15m标高框架柱配筋图
说明：1.图中括号内的箍筋用于梁柱交接处核心区。
2.此层框架柱混凝土等级为C30。
KZ-1
600x600
12⌀20
⌀8@100
KZ-2
500x500
4⌀18
⌀8@100/150
KZ-3
500x500
4⌀22
⌀8@100
2⌀16
2⌀18
3000
6000
1800
4100
2900
2300
2500
19600
400
500
100
300
200
A
B
2
4
5
6
7
9

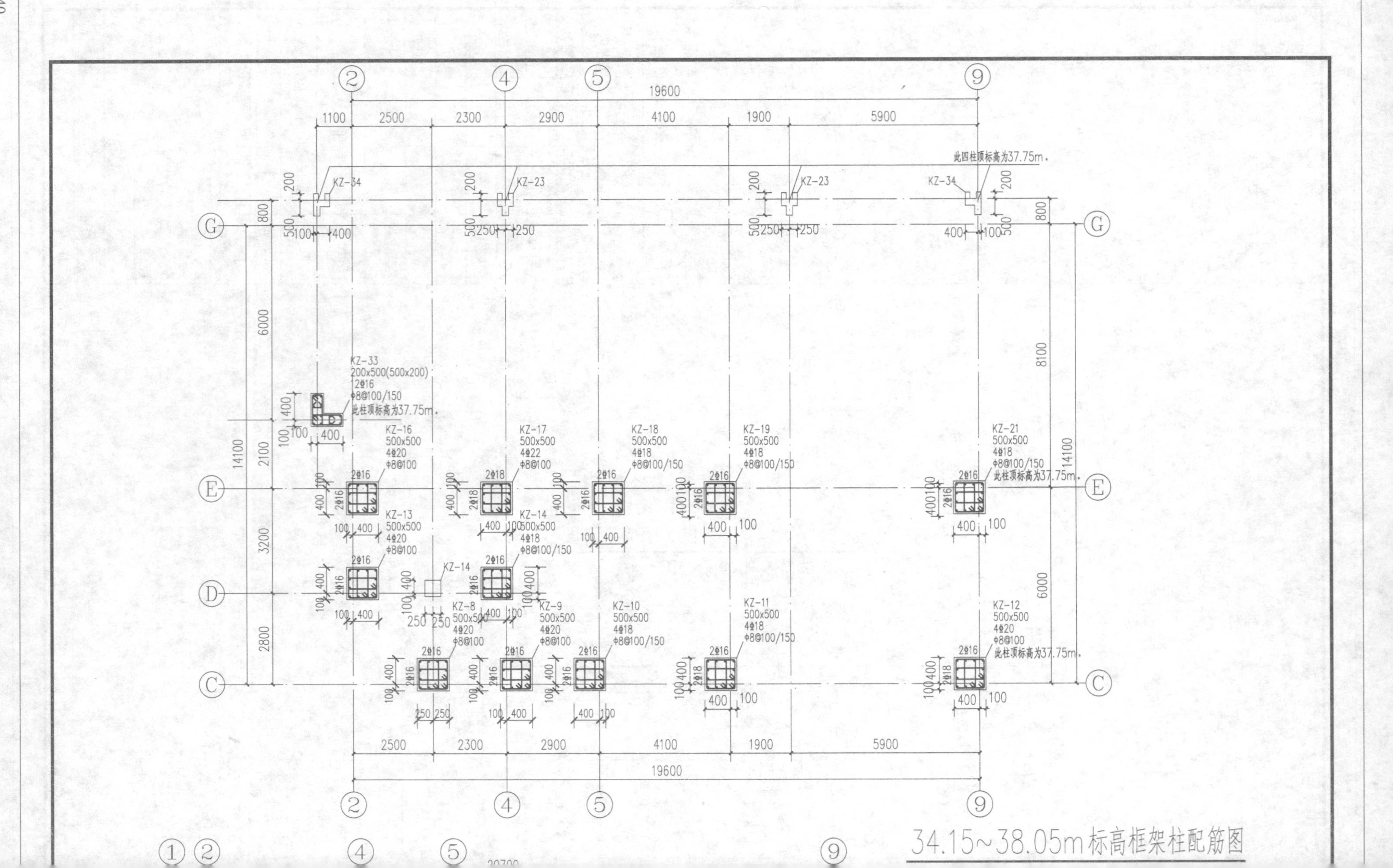

34.15~38.05m标高框架柱配筋图

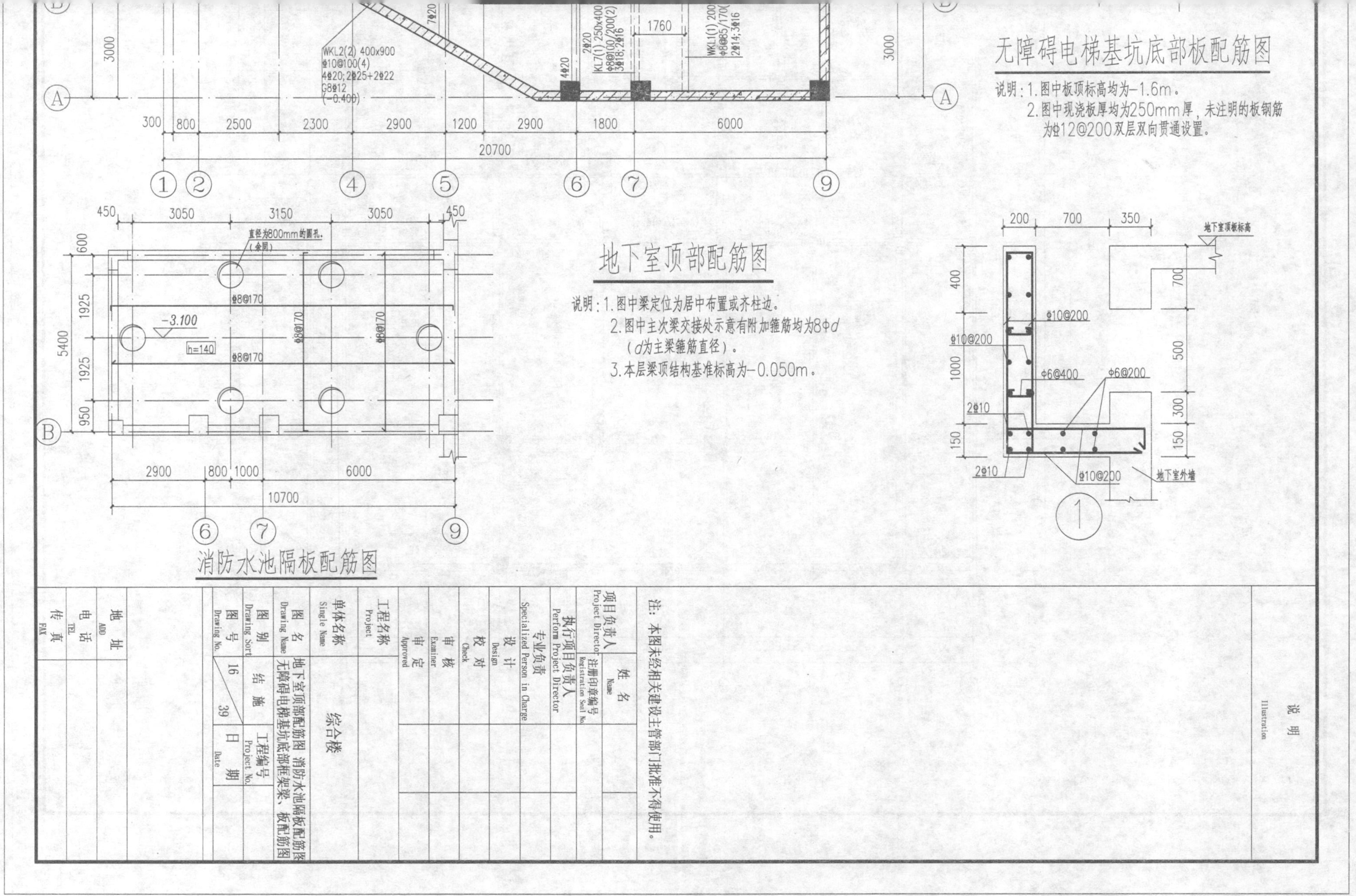

无障碍电梯基坑底部板配筋图
说明：1.图中板顶标高均为-1.6m。
2.图中现浇板厚均为250mm厚，未注明的板钢筋为Φ12@200双层双向贯通设置。
地下室顶部配筋图
说明：1.图中梁定位为居中布置或齐柱边。
2.图中主次梁交接处示意有附加箍筋均为8Φd（d为主梁箍筋直径）。
3.本层梁顶结构基准标高为-0.050m。
消防水池隔板配筋图
直径为800mm的圆孔。
-3.100
h=140
Φ8@170
WKL2(2) 400x900
地下室顶板标高
地下室外墙
说明
Illustration
注：本图未经相关建设主管部门批准不得使用。
项目负责人 Project Director
姓名 Name
注册印章编号 Registration Seal No.
执行项目负责人 Perform Project Director
专业负责 Specialized Person in Charge
设计 Design
校对 Check
审核 Examiner
审定 Approved
工程名称 Project
单体名称 Single Name
综合楼
图名 Drawing Name
地下室顶部配筋图 消防水池隔板配筋图
无障碍电梯基坑底部框架梁、板配筋图
图别 Drawing Sort
结施
工程编号 Project No.
图号 Drawing No.
16
39
日期 Date
地址 ADD
电话 TEL
传真 FAX

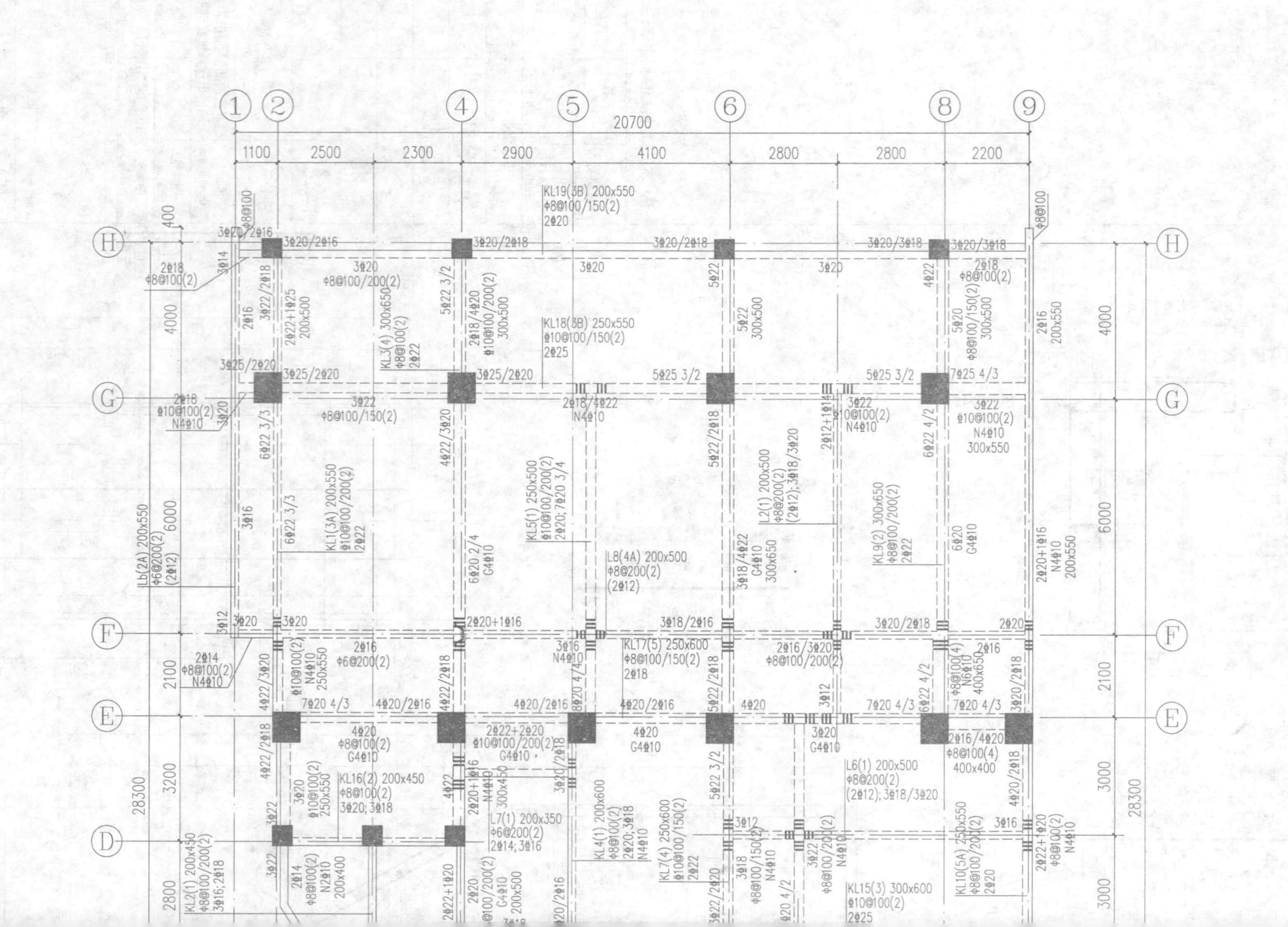
1
2
4
5
6
8
9
20700
1100
2500
2300
2900
4100
2800
2800
2200
H
G
F
E
D
28300
KL19(3B) 200x550
KL18(3B) 250x550
KL3(4) 300x650
KL1(3A) 200x550
KL5(1) 250x500
L8(4A) 200x500
L2(1) 200x500
KL9(2) 300x650
KL17(5) 250x600
KL16(2) 200x450
L7(1) 200x350
KL4(1) 200x600
KL7(4) 250x600
L6(1) 200x500
KL15(3) 300x600
KL10(5A) 250x550
KL2(1) 200x450
Lb(2A) 200x550

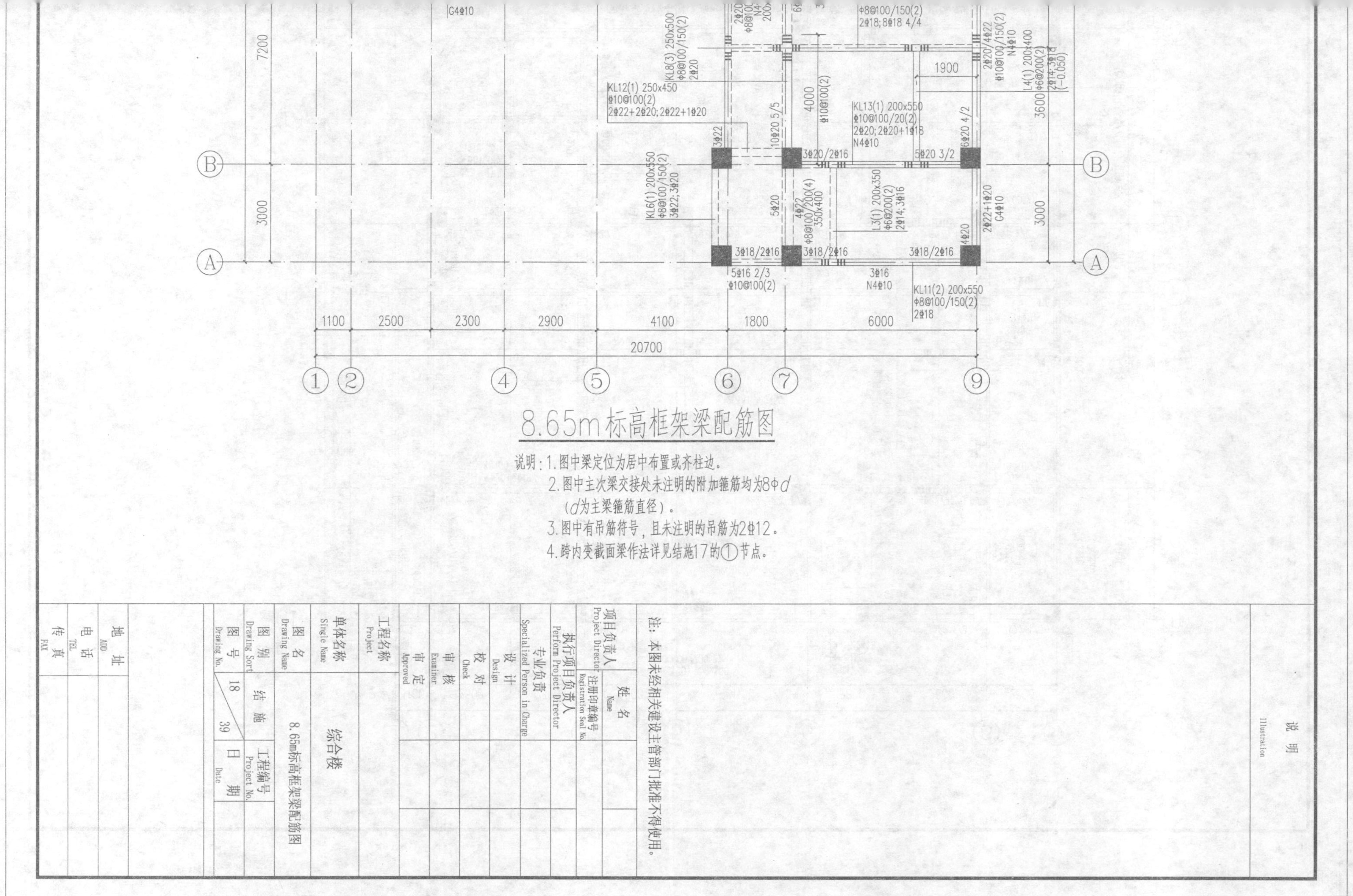
8.65m标高框架梁配筋图
说明：1.图中梁定位为居中布置或齐柱边。
2.图中主次梁交接处未注明的附加箍筋均为8Φd
（d为主梁箍筋直径）。
3.图中有吊筋符号，且未注明的吊筋为2Φ12。
4.跨内变截面梁作法详见结施17的①节点。
1100
2500
2300
2900
4100
1800
6000
20700
3000
7200
3600
1900
4000
说 明
Illustration
注：本图未经相关建设主管部门批准不得使用。
项目负责人
Project Director
姓 名
Name
注册印章编号
Registration Seal No.
执行项目负责人
Perform Project Director
专业负责
Specialized Person in Charge
设 计
Design
校 对
Check
审 核
Examiner
审 定
Approved
工程名称
Project
单体名称
Single Name
综合楼
图 名
Drawing Name
8.65m标高框架梁配筋图
图 别
Drawing Sort
结 施
工程编号
Project No.
图 号
Drawing No.
18
39
日 期
Date
地 址
ADD
电 话
TEL
传 真
FAX

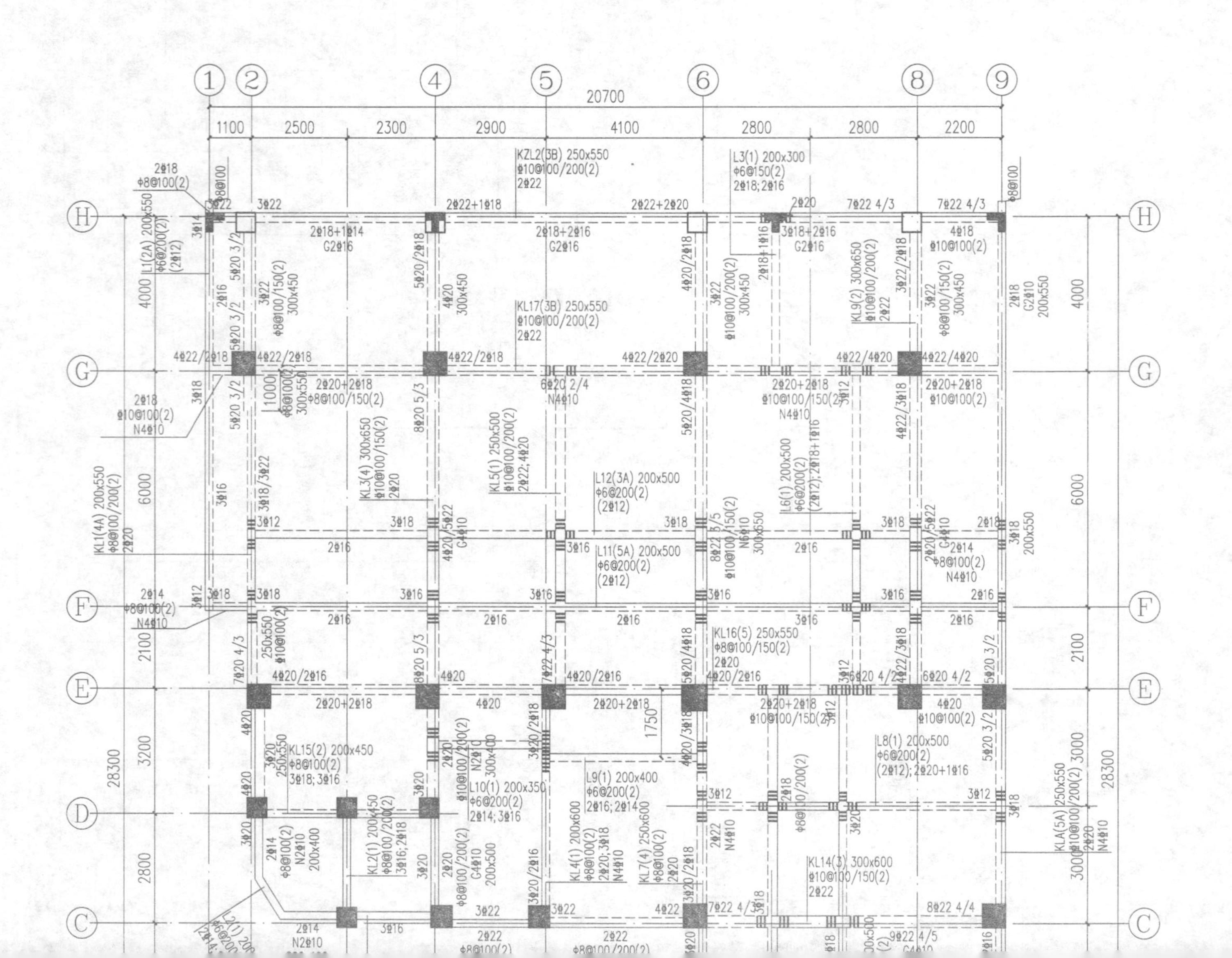
20700
1100
2500
2300
2900
4100
2800
2800
2200
28300
4000
6000
2100
3200
2800
3000
KZL2(3B) 250x550
KL17(3B) 250x550
L3(1) 200x300
KL9(2) 300x650
KL1(4A) 200x550
L1(2A) 200x550
KL3(4) 300x650
KL5(1) 250x500
L12(3A) 200x500
L11(5A) 200x500
L6(1) 200x500
KL16(5) 250x550
KL15(2) 200x450
L10(1) 200x350
L9(1) 200x400
L8(1) 200x500
KL2(1) 200x450
KL4(1) 200x600
KL7(4) 250x600
KL14(3) 300x600
KLA(5A) 250x550

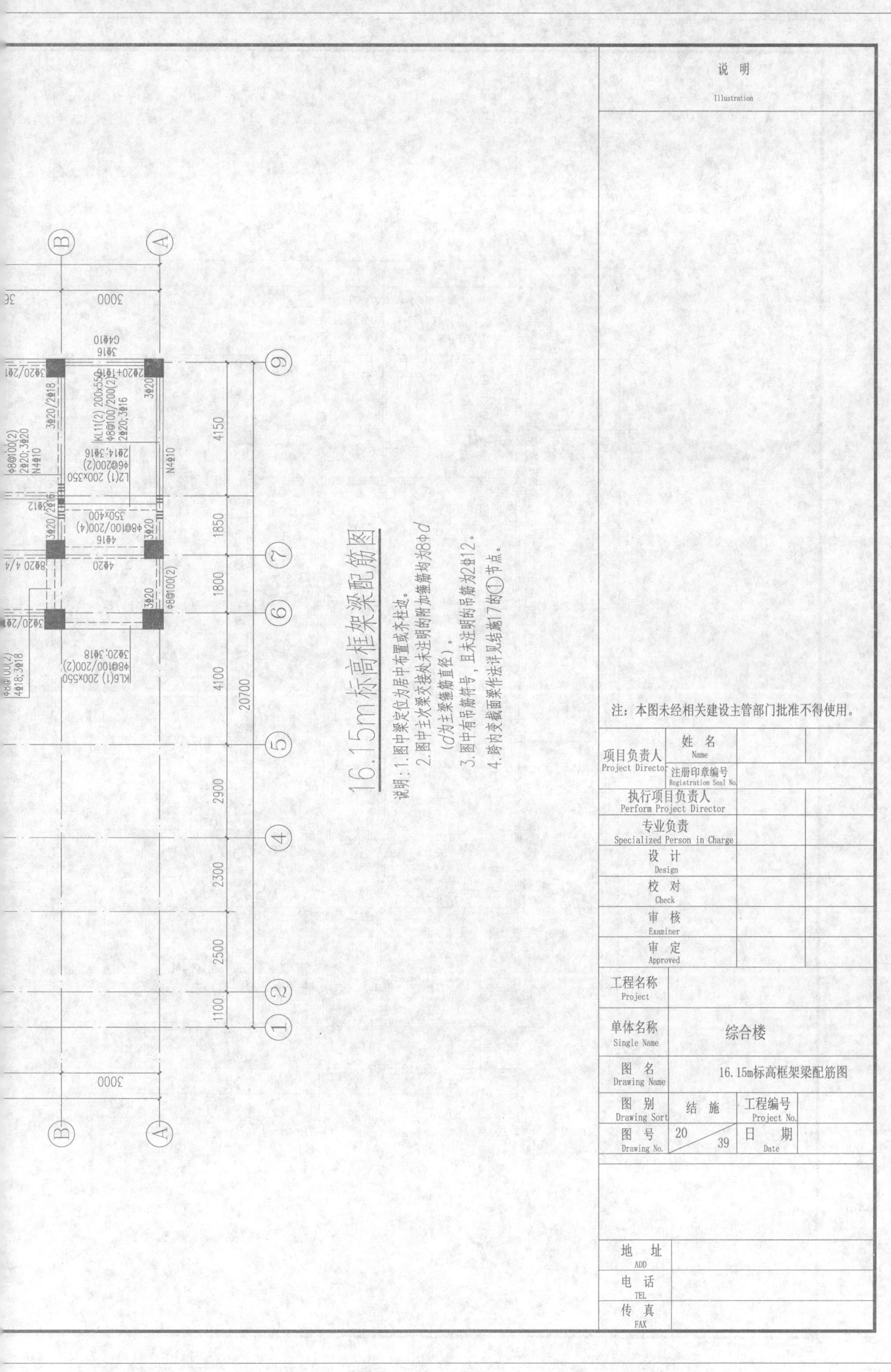

16.15m标高框架梁配筋图
说明：1.图中梁定位为居中布置或齐柱边。
2.图中主次梁交接处未注明的附加箍筋均为8Φd
（d为主梁箍筋直径）。
3.图中有吊筋符号，且未注明的吊筋为2Φ12。
4.跨内变截面梁作法详见结施17的①节点。
说 明
Illustration
注：本图未经相关建设主管部门批准不得使用。
项目负责人
Project Director
姓 名
Name
注册印章编号
Registration Seal No.
执行项目负责人
Perform Project Director
专业负责
Specialized Person in Charge
设 计
Design
校 对
Check
审 核
Examiner
审 定
Approved
工程名称
Project
单体名称
Single Name
综合楼
图 名
Drawing Name
16.15m标高框架梁配筋图
图 别
Drawing Sort
结 施
工程编号
Project No.
图 号
Drawing No.
20
39
日 期
Date
地 址
ADD
电 话
TEL
传 真
FAX

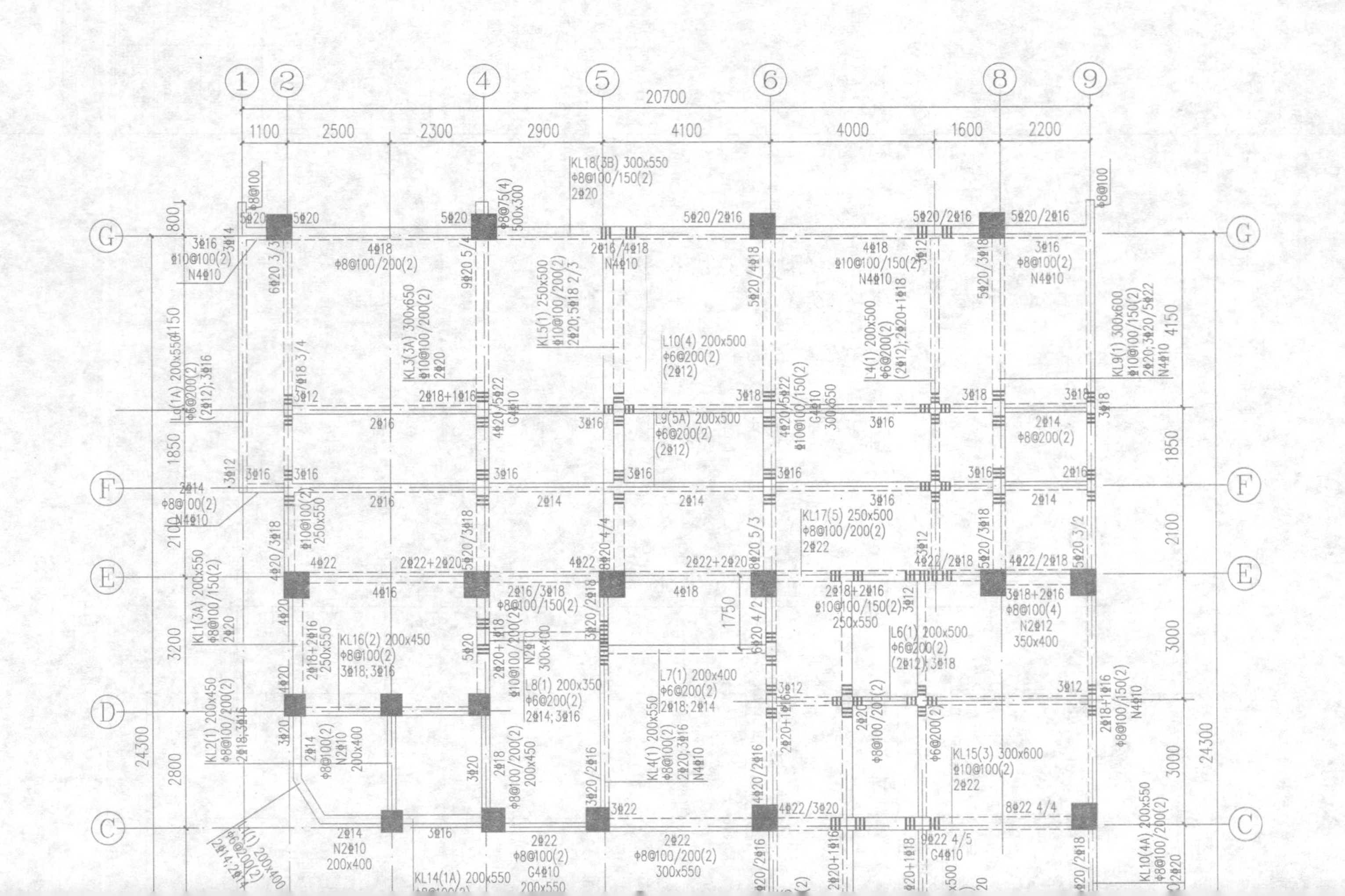
1
2
4
5
6
8
9
20700
1100
2500
2300
2900
4100
4000
1600
2200
G
F
E
D
C
800
4150
1850
2100
3200
2800
24300
3000
KL18(3B) 300x550
KL3(3A) 300x650
KL5(1) 250x500
L10(4) 200x500
L4(1) 200x500
KL9(1) 300x600
L9(5A) 200x500
KL17(5) 250x500
KL1(3A) 200x550
KL16(2) 200x450
L8(1) 200x350
L7(1) 200x400
L6(1) 200x500
KL2(1) 200x450
KL4(1) 200x550
KL15(3) 300x600
KL14(1A) 200x550
KL10(4A) 200x550
1750

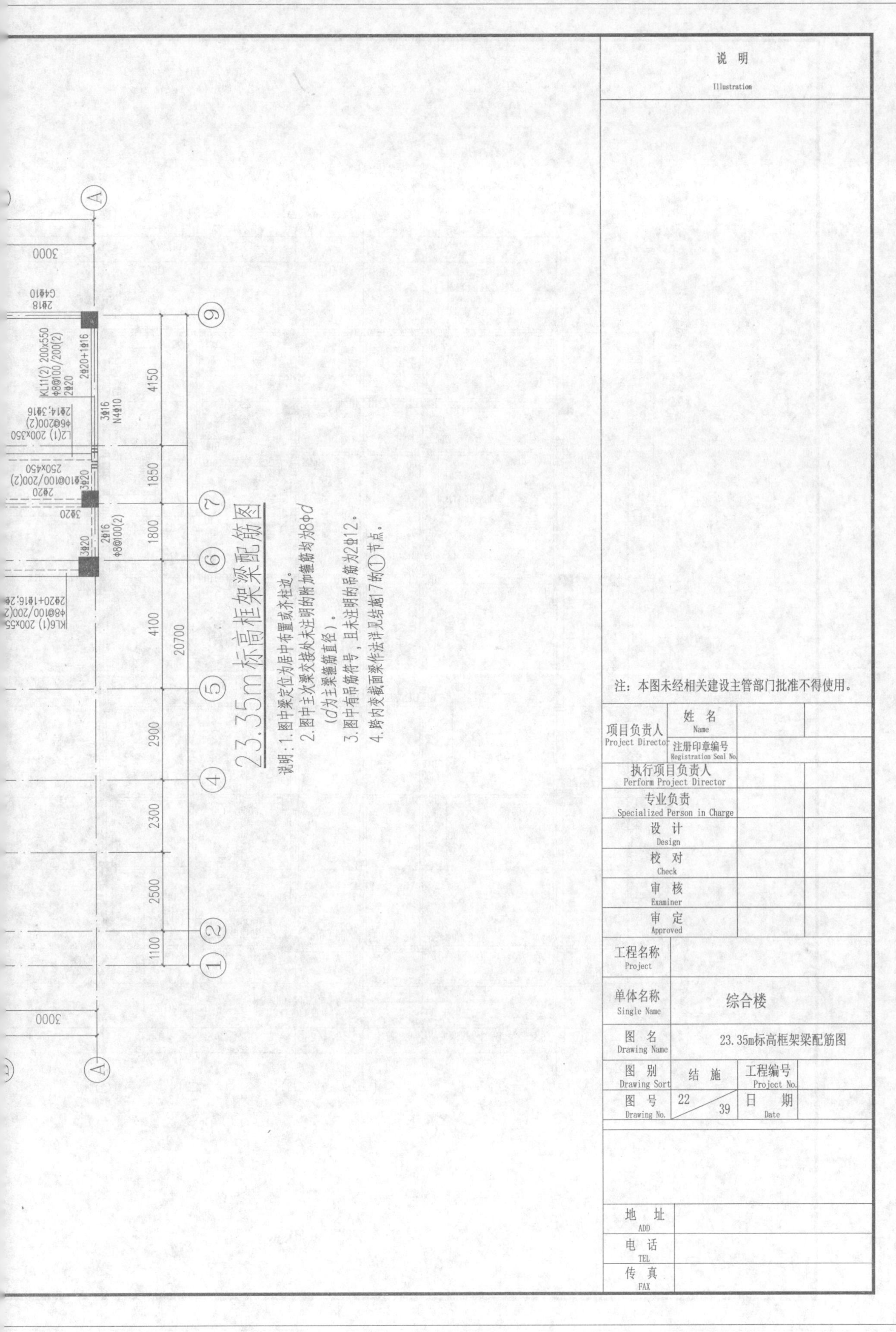
23.35m标高框架梁配筋图
说明：1.图中梁定位为居中布置或齐柱边。
2.图中主次梁交接处未注明的附加箍筋均为8Φd
（d为主梁箍筋直径）。
3.图中有吊筋符号，且未注明的吊筋为2Φ12。
4.跨内变截面梁作法详见结施17的①节点。
说明
Illustration
注：本图未经相关建设主管部门批准不得使用。
项目负责人 Project Director
姓名 Name
注册印章编号 Registration Seal No.
执行项目负责人 Perform Project Director
专业负责 Specialized Person in Charge
设计 Design
校对 Check
审核 Examiner
审定 Approved
工程名称 Project
单体名称 Single Name
综合楼
图名 Drawing Name
23.35m标高框架梁配筋图
图别 Drawing Sort
结施
工程编号 Project No.
图号 Drawing No.
22
39
日期 Date
地址 ADD
电话 TEL
传真 FAX

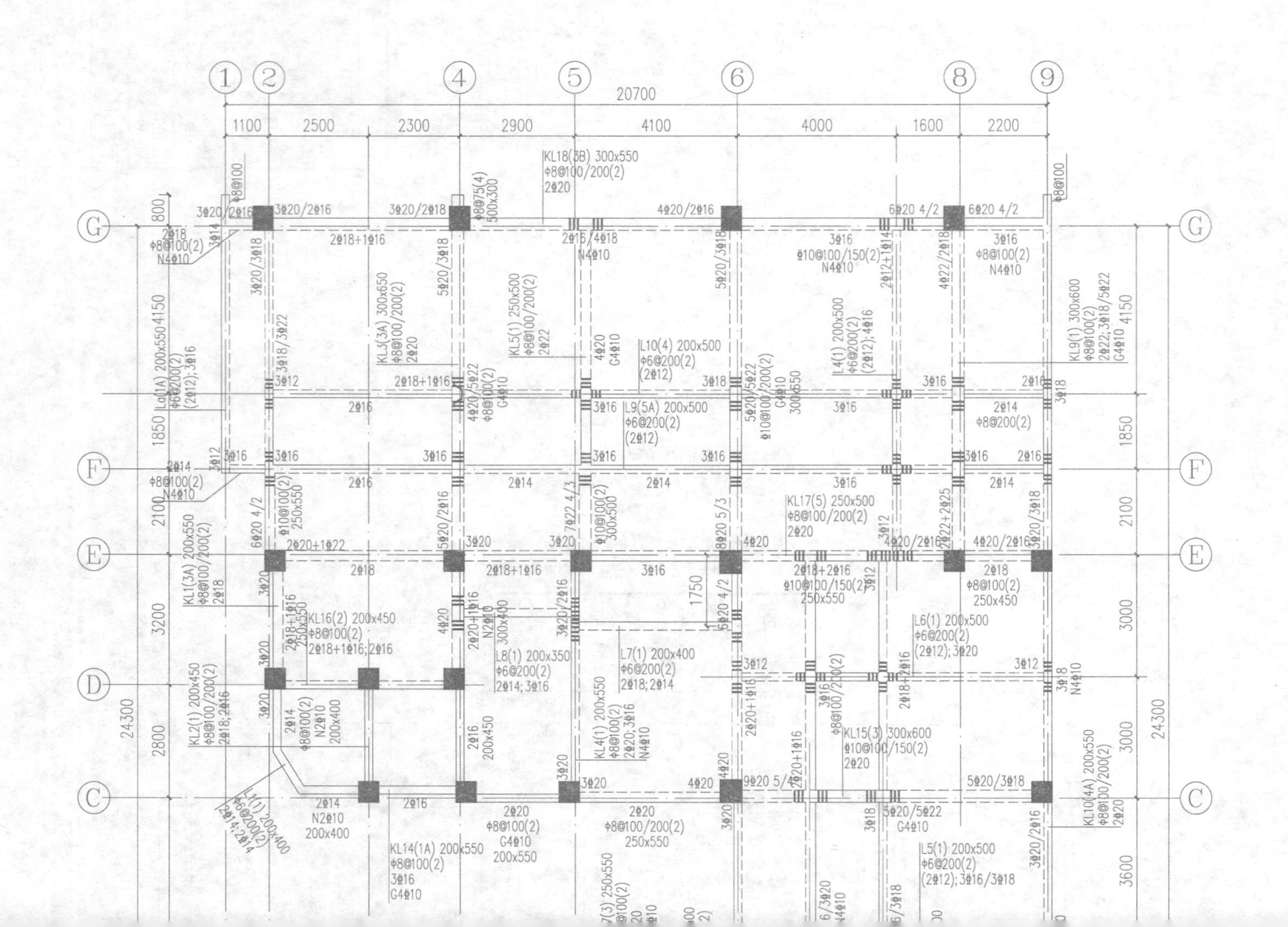
1
2
4
5
6
8
9
G
F
E
D
C
20700
1100
2500
2300
2900
4100
4000
1600
2200
24300
800
4150
1850
2100
3200
2800
3000
3600
1750
KL18(3B) 300x550
KL3(3A) 300x650
KL5(1) 250x500
L10(4) 200x500
L9(5A) 200x500
L4(1) 200x500
KL9(1) 300x600
KL17(5) 250x500
L6(1) 200x500
KL16(2) 200x450
L8(1) 200x350
L7(1) 200x400
KL4(1) 200x550
KL15(3) 300x600
KL1(3A) 200x550
KL2(1) 200x450
KL14(1A) 200x550
KL10(4A) 200x550
L5(1) 200x500
L0(1A) 200x550

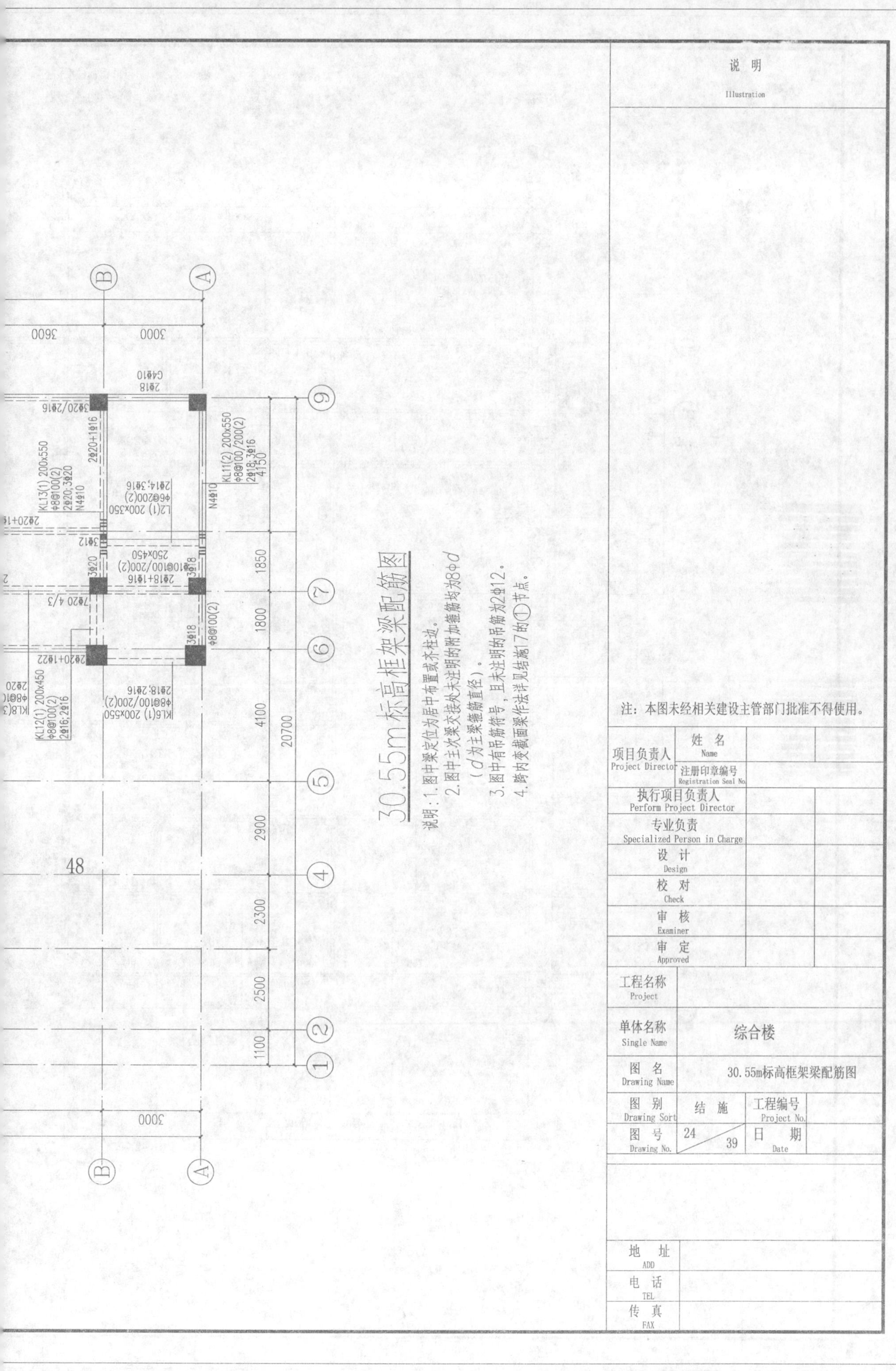
30.55m标高框架梁配筋图
说明：1.图中梁定位为居中布置或齐柱边。
2.图中主次梁交接处未注明的附加箍筋均为8Φd
（d为主梁箍筋直径）。
3.图中有吊筋符号，且未注明的吊筋为2Φ12。
4.跨内变截面梁作法详见结施17的①节点。
说 明
Illustration
注：本图未经相关建设主管部门批准不得使用。
项目负责人
Project Director
姓 名
Name
注册印章编号
Registration Seal No.
执行项目负责人
Perform Project Director
专业负责
Specialized Person in Charge
设 计
Design
校 对
Check
审 核
Examiner
审 定
Approved
工程名称
Project
单体名称
Single Name
综合楼
图 名
Drawing Name
30.55m标高框架梁配筋图
图 别
Drawing Sort
结 施
工程编号
Project No.
图 号
Drawing No.
24
39
日 期
Date
地 址
ADD
电 话
TEL
传 真
FAX
1100
2500
2300
2900
4100
1800
1850
4150
20700
3000
3600
48

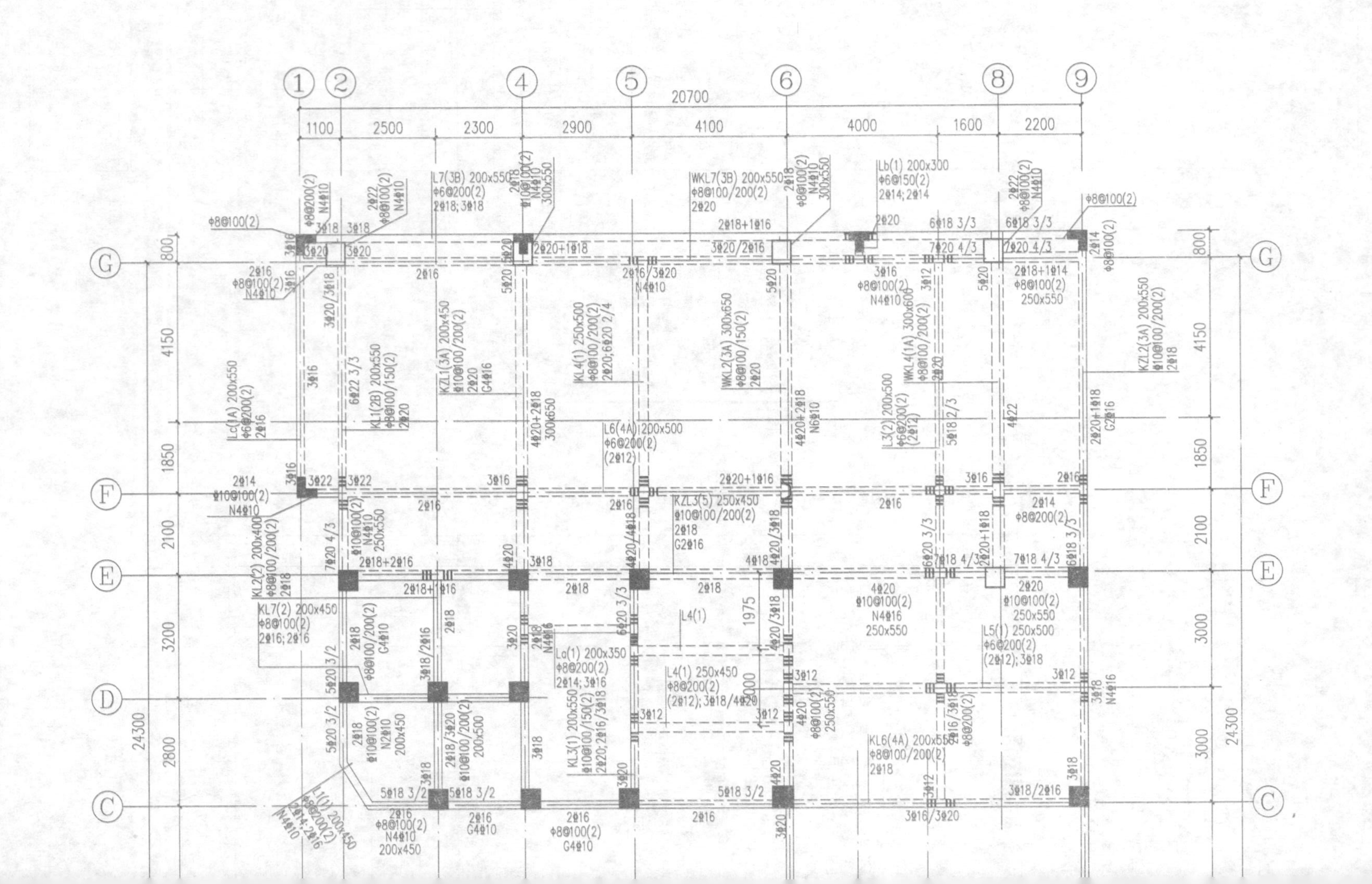

1
2
4
5
6
8
9
20700
1100
2500
2300
2900
4100
4000
1600
2200
G
F
E
D
C
800
4150
1850
2100
3200
2800
3000
24300
L7(3B) 200x550
WKL7(3B) 200x550
Lb(1) 200x300
KZL2(3A) 200x550
Lc(1A) 200x550
KL1(2B) 200x550
KZL1(3A) 200x450
KL4(1) 250x500
L6(4A) 200x500
WKL2(3A) 300x650
WKL4(1A) 300x600
L3(2) 200x500
KZL3(5) 250x450
KL2(2) 200x400
KL7(2) 200x450
La(1) 200x350
L4(1) 250x450
L4(1)
KL3(1) 200x550
L5(1) 250x500
KL6(4A) 200x550
L1(1) 200x450

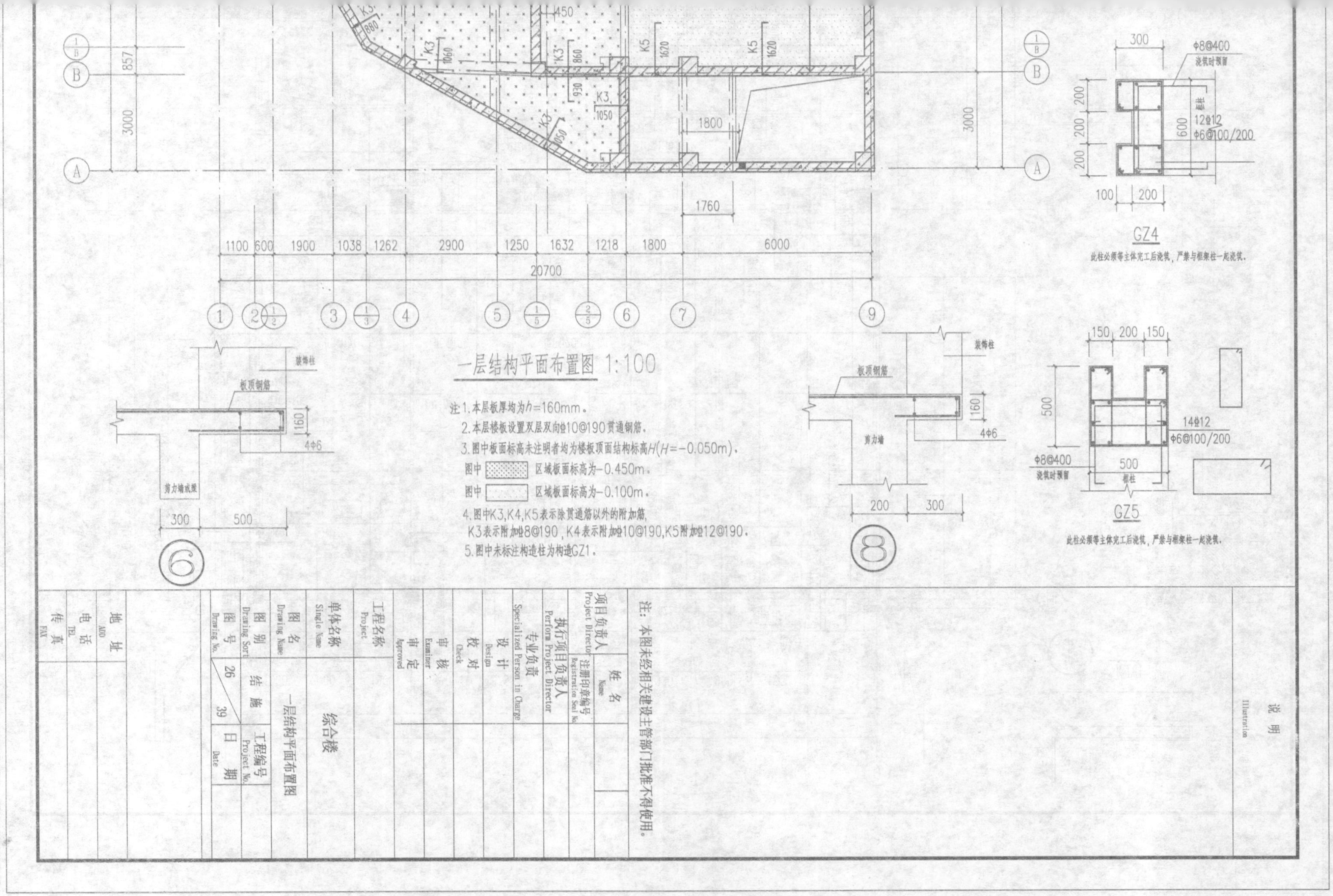
一层结构平面布置图 1:100
注1.本层板厚均为h=160mm。
2.本层楼板设置双层双向Φ10@190贯通钢筋。
3.图中板面标高未注明者均为楼板顶面结构标高H(H=-0.050m)。
图中 区域板面标高为-0.450m。
图中 区域板面标高为-0.100m。
4.图中K3,K4,K5表示除贯通筋以外的附加筋，
K3表示附加Φ8@190，K4表示附加Φ10@190，K5附加Φ12@190。
5.图中未标注构造柱为构造GZ1。
GZ4
此柱必须等主体完工后浇筑，严禁与框架柱一起浇筑。
GZ5
此柱必须等主体完工后浇筑，严禁与框架柱一起浇筑。
6
8
说 明
Illustration
注：本图未经相关建设主管部门批准不得使用。
项目负责人
Project Director
姓 名
Name
注册印章编号
Registration Seal No
执行项目负责人
Perform Project Director
专业负责
Specialized Person in Charge
设 计
Design
校 对
Check
审 核
Examiner
审 定
Approved
工程名称
Project
单体名称
Single Name
综合楼
图 名
Drawing Name
一层结构平面布置图
图 别
Drawing Sort
结 施
工程编号
Project No.
图 号
Drawing No.
26
39
日 期
Date
地 址
ADD
电 话
TEL
传 真
FAX

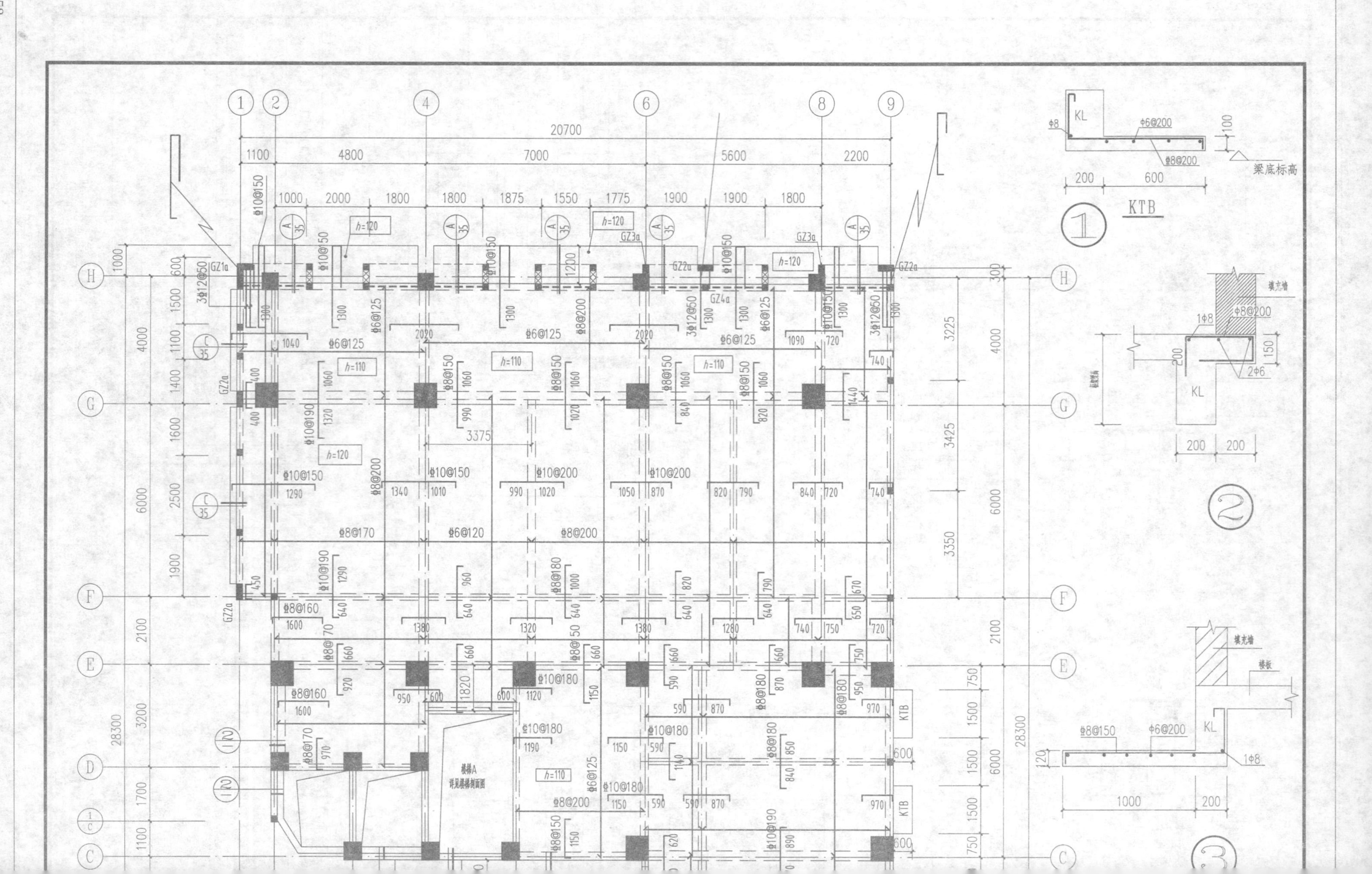
KTB
梁底标高
KL
填充墙
楼板
楼梯A
详见楼梯剖面图
20700
28300

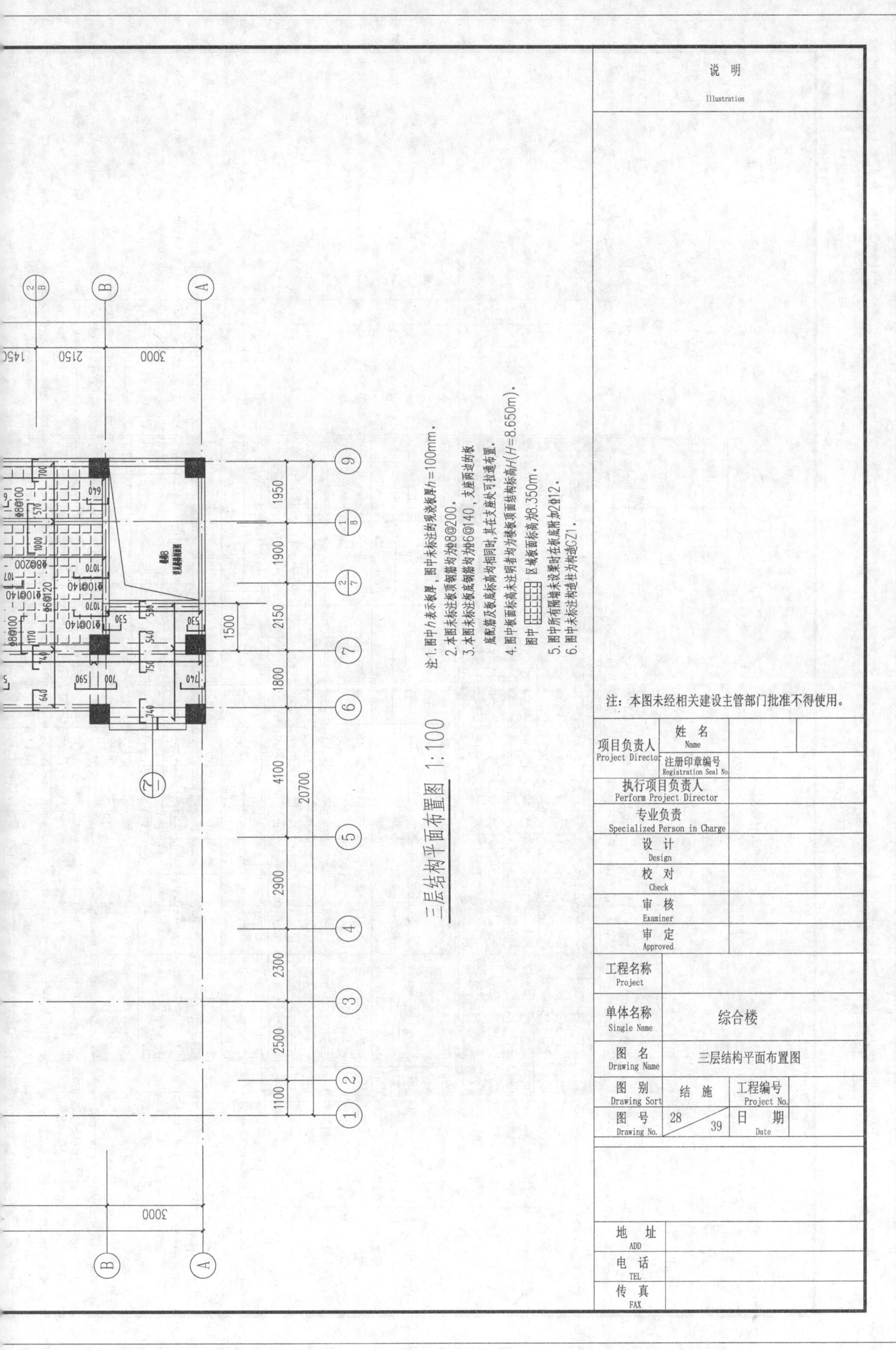
三层结构平面布置图 1:100
注:1.图中h表示板厚，图中未标注的现浇板厚h=100mm。
2.本图未标注板顶钢筋均为Φ8@200。
3.本图未标注板底钢筋均为Φ6@140，支座两边的板底配筋及板底标高均相同时，其在支座处可拉通布置。
4.图中板面标高未注明者均为楼板顶面结构标高H(H=8.650m)。
图中 区域板面标高为8.350m。
5.图中所有隔墙未设梁时在板底附加2Φ12。
6.图中未标注构造柱为构造GZ1。
说 明
Illustration
注：本图未经相关建设主管部门批准不得使用。
项目负责人
Project Director
姓 名
Name
注册印章编号
Registration Seal No.
执行项目负责人
Perform Project Director
专业负责
Specialized Person in Charge
设 计
Design
校 对
Check
审 核
Examiner
审 定
Approved
工程名称
Project
单体名称
Single Name
综合楼
图 名
Drawing Name
三层结构平面布置图
图 别
Drawing Sort
结 施
工程编号
Project No.
图 号
Drawing No.
28
39
日 期
Date
地 址
ADD
电 话
TEL
传 真
FAX

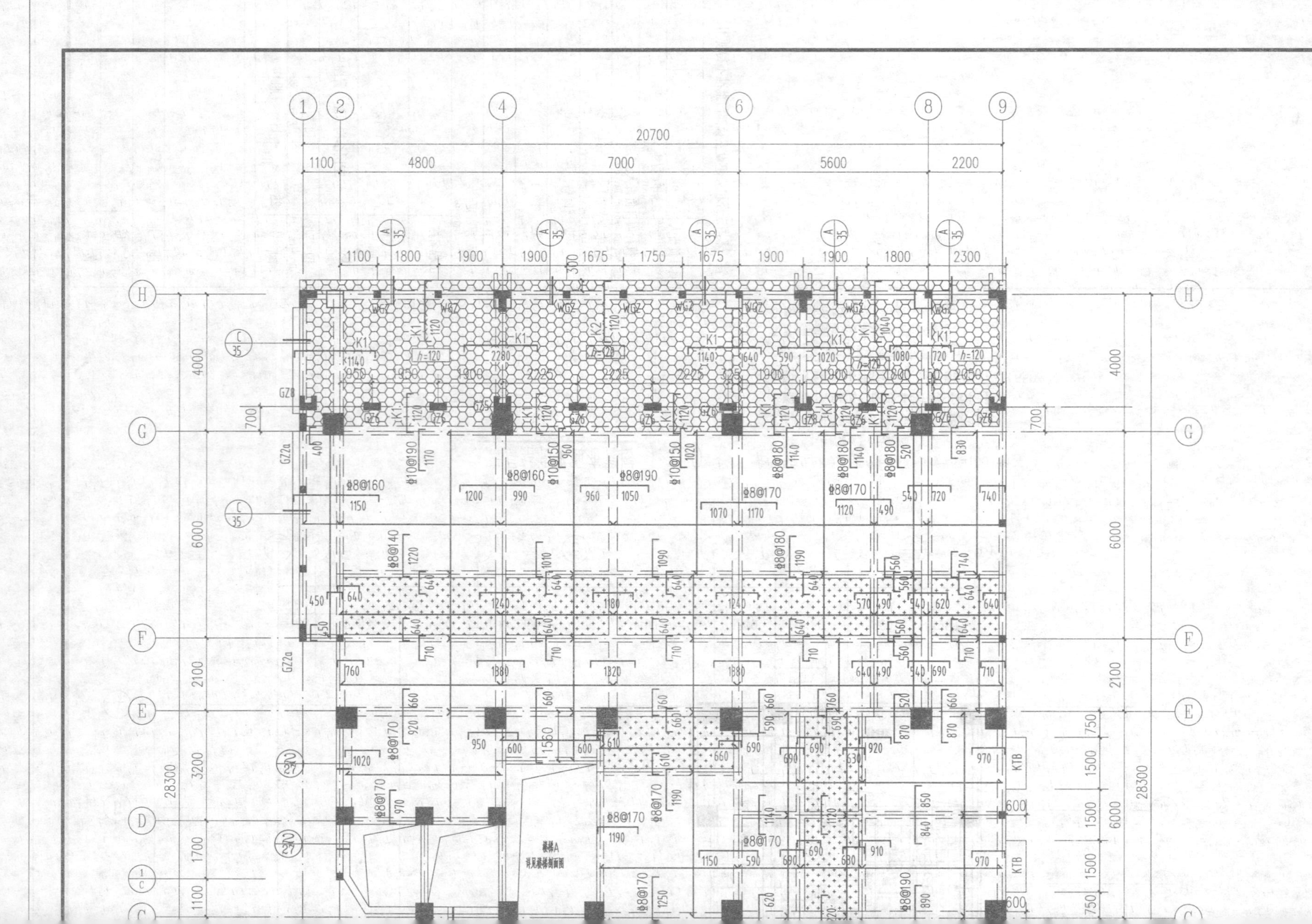
20700
1100
4800
7000
5600
2200
28300
4000
6000
2100
3200
1700
楼梯A
详见楼梯剖面图
KTB

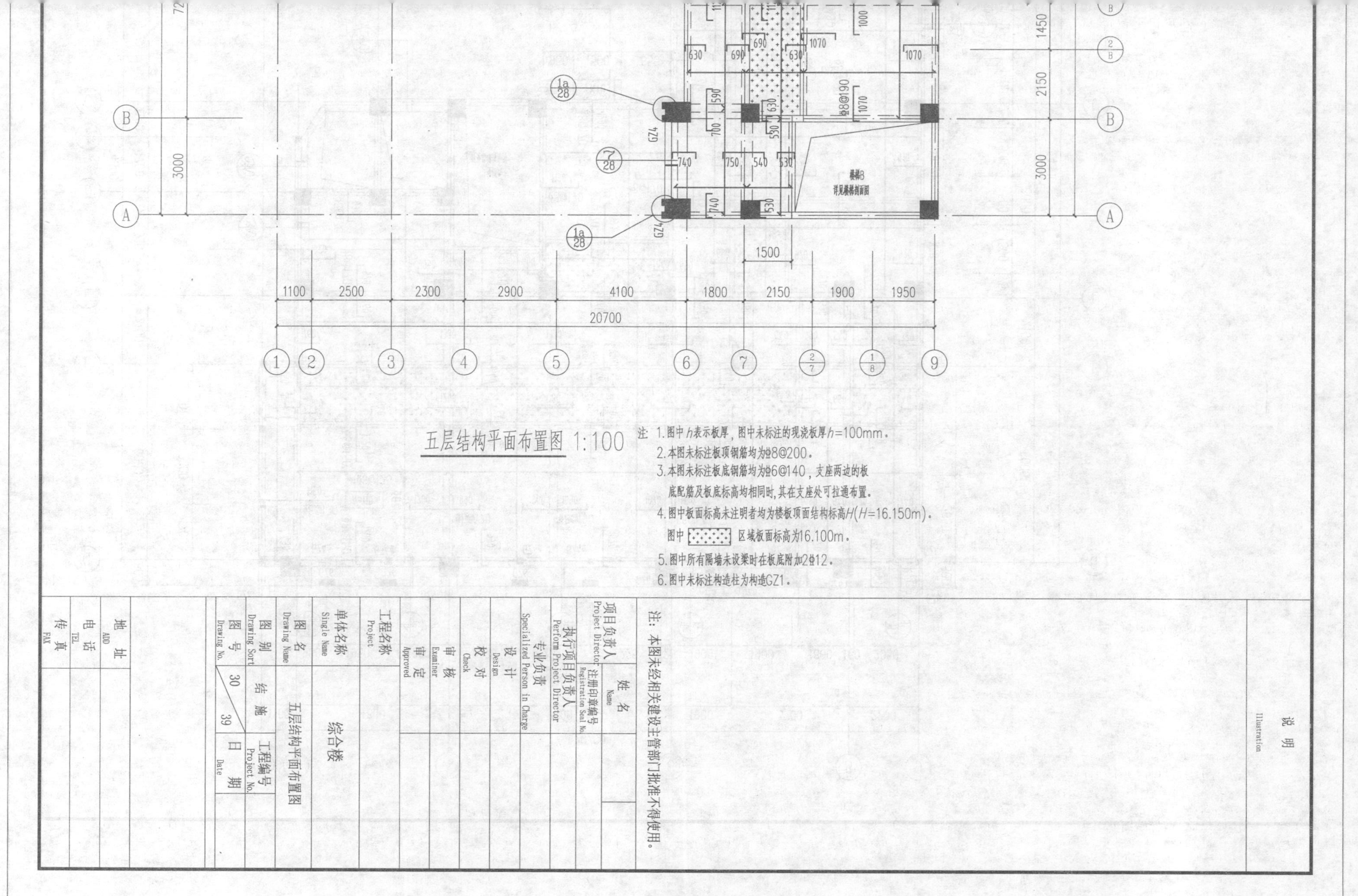

1100
2500
2300
2900
4100
1800
2150
1900
1950
20700
1500
3000
2150
1450
Φ8@190
GZ4
楼梯B
详见楼梯剖面图
五层结构平面布置图 1:100
注 1.图中h表示板厚，图中未标注的现浇板厚h=100mm。
2.本图未标注板顶钢筋均为Φ8@200。
3.本图未标注板底钢筋均为Φ6@140，支座两边的板底配筋及板底标高均相同时，其在支座处可拉通布置。
4.图中板面标高未注明者均为楼板顶面结构标高H(H=16.150m)。
图中 区域板面标高为16.100m。
5.图中所有隔墙未设梁时在板底附加2Φ12。
6.图中未标注构造柱为构造GZ1。
注：本图未经相关建设主管部门批准不得使用。
说 明
Illustration
项目负责人
Project Director
姓 名
Name
注册印章编号
Registration Seal No.
执行项目负责人
Perform Project Director
专业负责
Specialized Person in Charge
设 计
Design
校 对
Check
审 核
Examiner
审 定
Approved
工程名称
Project
单体名称
Single Name
综合楼
图 名
Drawing Name
五层结构平面布置图
图 别
Drawing Sort
结 施
工程编号
Project No.
图 号
Drawing No.
30
39
日 期
Date
地 址
ADD
电 话
TEL
传 真
FAX

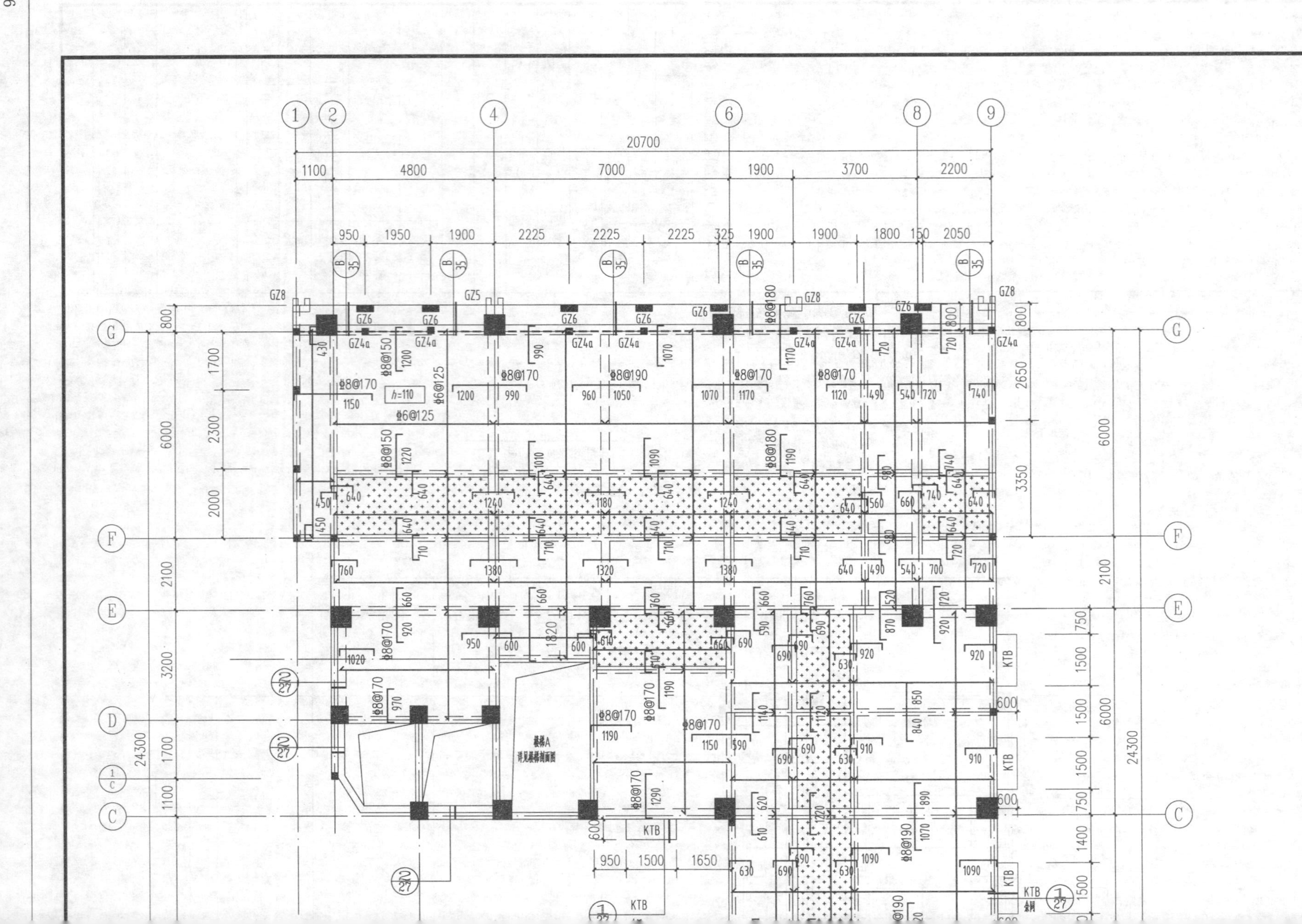

G
F
E
D
C
1
2
4
6
8
9
24300
20700
6000
2100
3200
1700
1100
800
7000
4800
3700
2200
GZ8
GZ4a
GZ6
GZ5
KTB
ф8@170
ф8@180
ф8@190
ф8@150
ф8@125
ф6@125
h=110

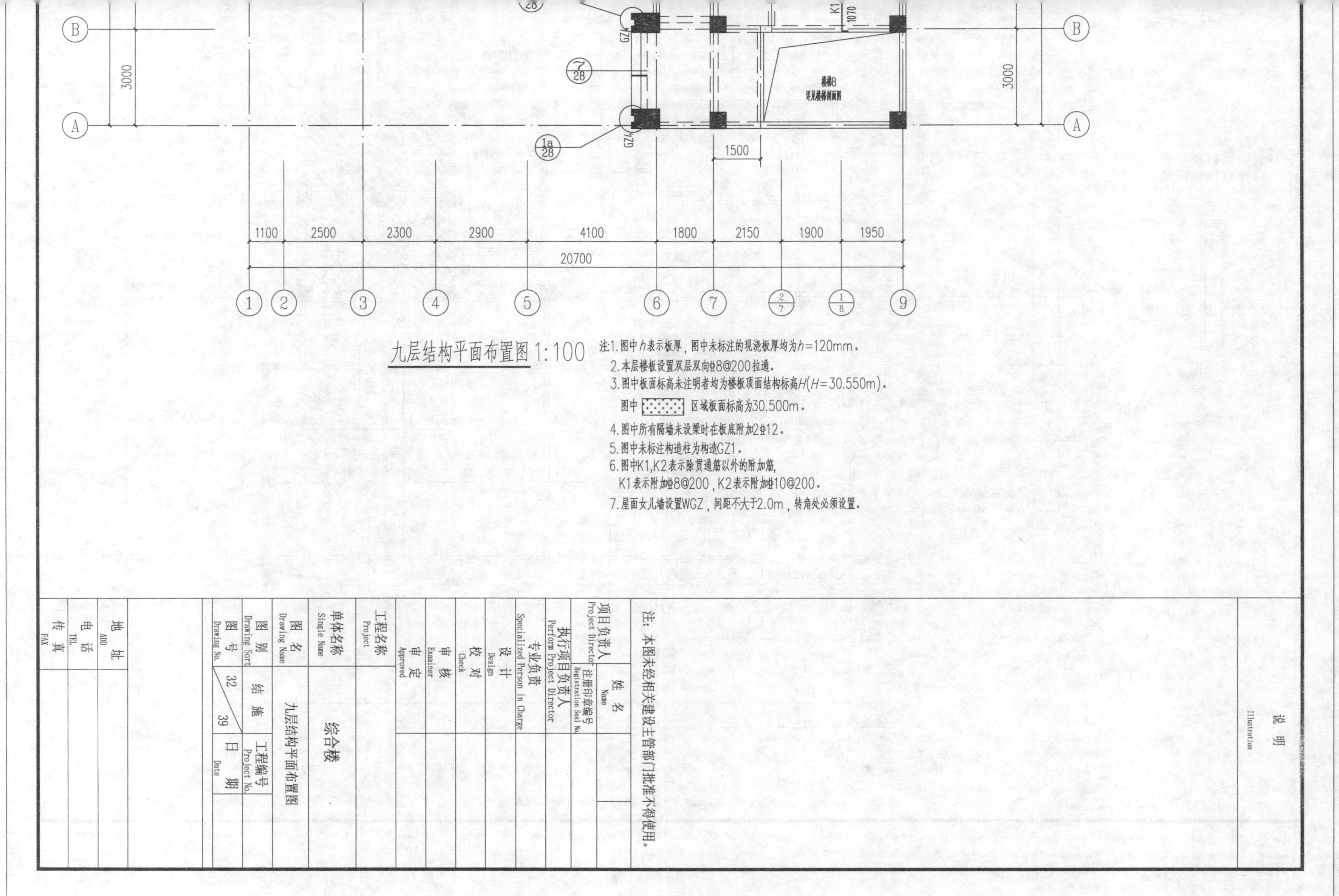

1100
2500
2300
2900
4100
1800
2150
1900
1950
20700
1500
3000
1070
K1
GZ4
楼梯B
详见楼梯剖面图
九层结构平面布置图 1:100
注:1.图中h表示板厚，图中未标注的现浇板厚均为h=120mm。
2.本层楼板设置双层双向ф8@200拉通。
3.图中板面标高未注明者均为楼板顶面结构标高H(H=30.550m)。
图中 区域板面标高为30.500m。
4.图中所有隔墙未设梁时在板底附加2ф12。
5.图中未标注构造柱为构造GZ1。
6.图中K1,K2表示除贯通筋以外的附加筋，
K1表示附加ф8@200，K2表示附加ф10@200。
7.屋面女儿墙设置WGZ，间距不大于2.0m，转角处必须设置。
说 明
Illustration
注：本图未经相关建设主管部门批准不得使用。
项目负责人 Project Director
姓 名 Name
注册印章编号 Registration Seal No.
执行项目负责人 Perform Project Director
专业负责 Specialized Person in Charge
设 计 Design
校 对 Check
审 核 Examiner
审 定 Approved
工程名称 Project
单体名称 Single Name
综合楼
图 名 Drawing Name
九层结构平面布置图
图 别 Drawing Sort
结 施
工程编号 Project No.
图 号 Drawing No.
32
39
日 期 Date
地 址 ADD
电 话 TEL
传 真 FAX

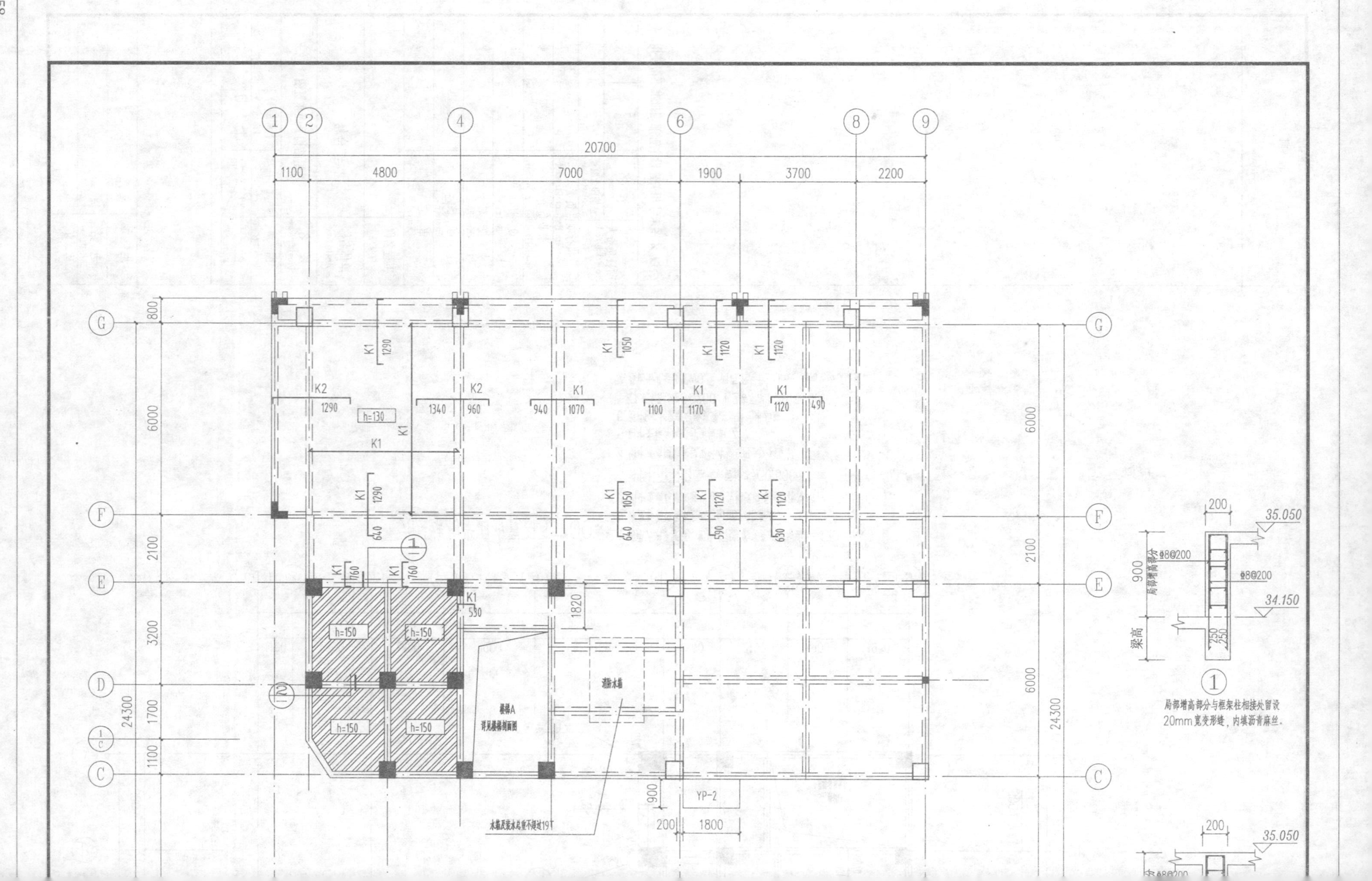
20700
1100
4800
7000
1900
3700
2200
24300
6000
2100
3200
1700
1100
800
K1
K2
h=130
h=150
1820
YP-2
900
200
1800
消防水箱
楼梯A
35.050
34.150
φ8@200
梁高
局部增高部分与框架柱相接处留设
20mm宽变形缝，内填沥青麻丝.

出屋面结构平面布置图 1:100

注:1.图中 h 表示板厚，图中未标注的现浇板厚 $h=100$mm。
2.本层楼板设置双层双向Φ8@200拉通。
3.图中板面标高未注明者均为楼板顶面结构标高 H($H=38.050$m)。
4.图中K1表示除贯通筋以外的附加筋，K1表示附加Φ8@200。
5.屋面女儿墙设置WGZ，间距不大于2.0m，转角处必须设置。

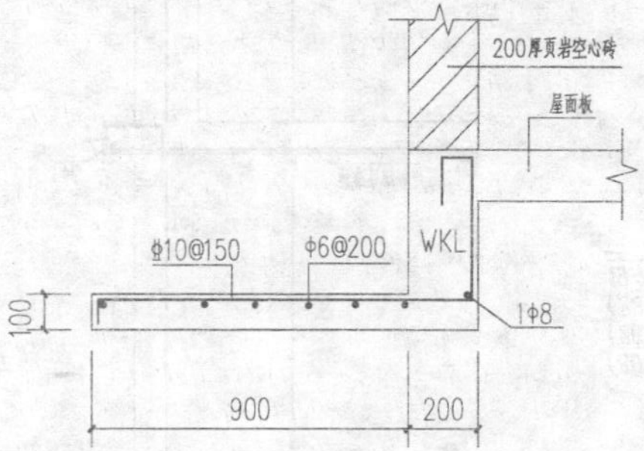

200厚页岩空心砖
屋面板
WKL
Φ10@150
Φ6@200
1Φ8
100
900
200

YP－4

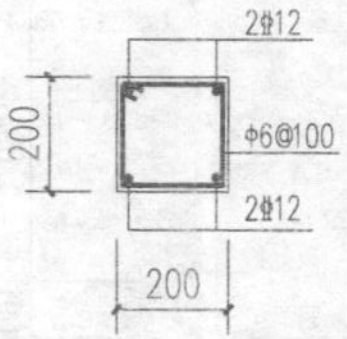

2Φ12
Φ6@100
2Φ12
200
200

WGZ

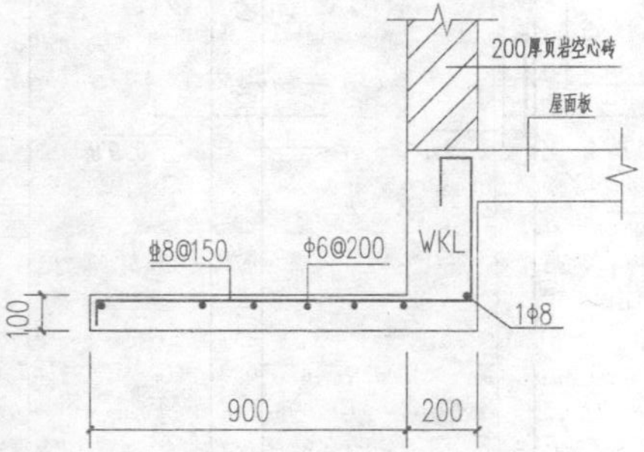

200厚页岩空心砖
屋面板
WKL
Φ8@150
Φ6@200
1Φ8
100
900
200

YP－4

说 明
Illustration

注：本图未经相关建设主管部门批准不得使用。

项目负责人 Project Director	姓 名 Name	
	注册印章编号 Registration Seal No.	
执行项目负责人 Perform Project Director		
专业负责 Specialized Person in Charge		
设 计 Design		
校 对 Check		
审 核 Examiner		
审 定 Approved		

工程名称 Project			
单体名称 Single Name	综合楼		
图 名 Drawing Name	出屋面结构平面布置图		
图 别 Drawing Sort	结 施	工程编号 Project No.	
图 号 Drawing No.	34 / 39	日 期 Date	

地 址 ADD

电 话 TEL

传 真 FAX

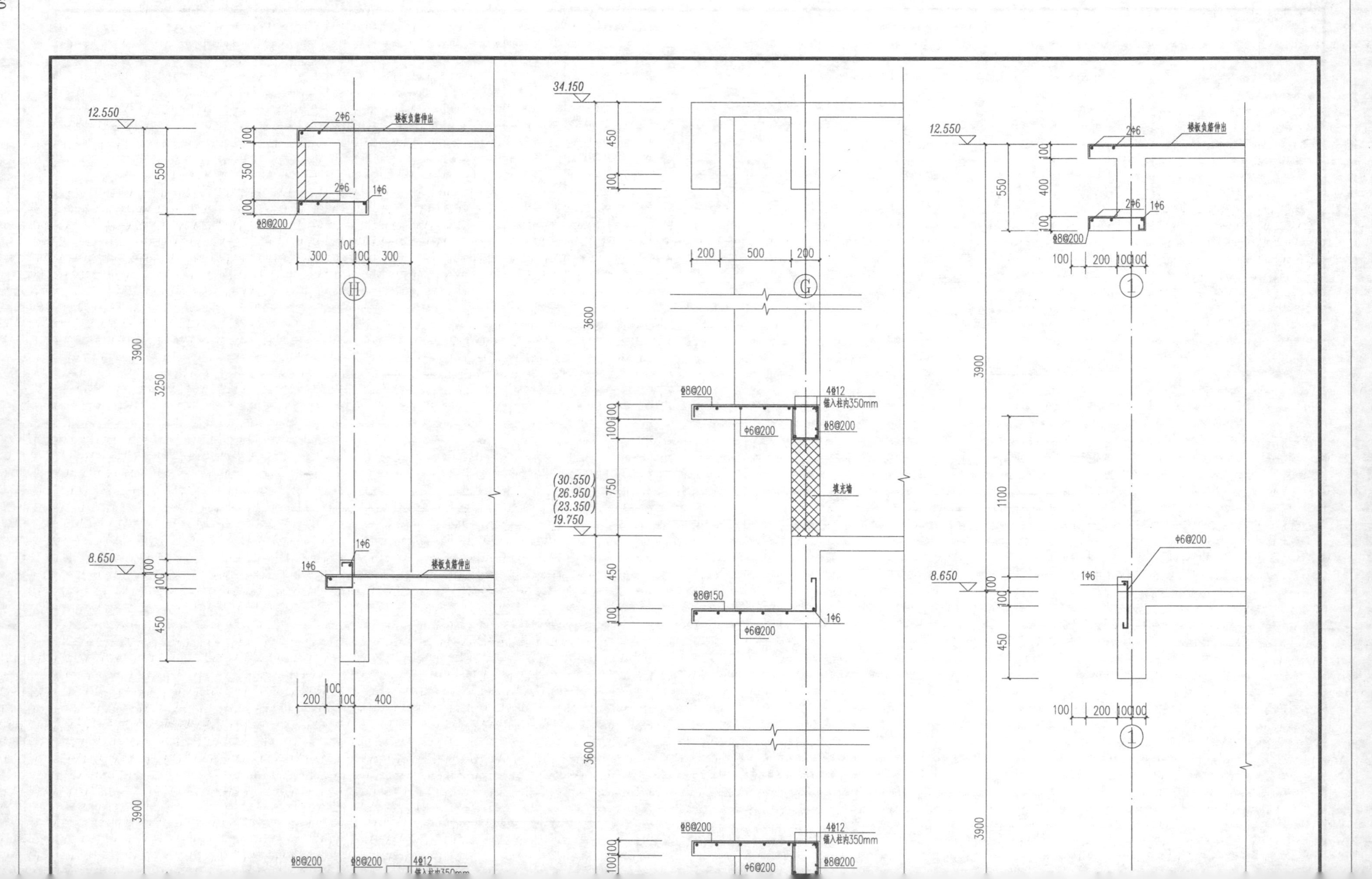

12.550
2Φ6
楼板负筋伸出
1Φ6
Φ8@200
8.650
34.150
(30.550)
(26.950)
(23.350)
19.750
4Φ12
锚入柱内350mm
Φ6@200
Φ8@150
填充墙
3900
3600
3250
1100
750
550
500
450
400
350
300
200
100

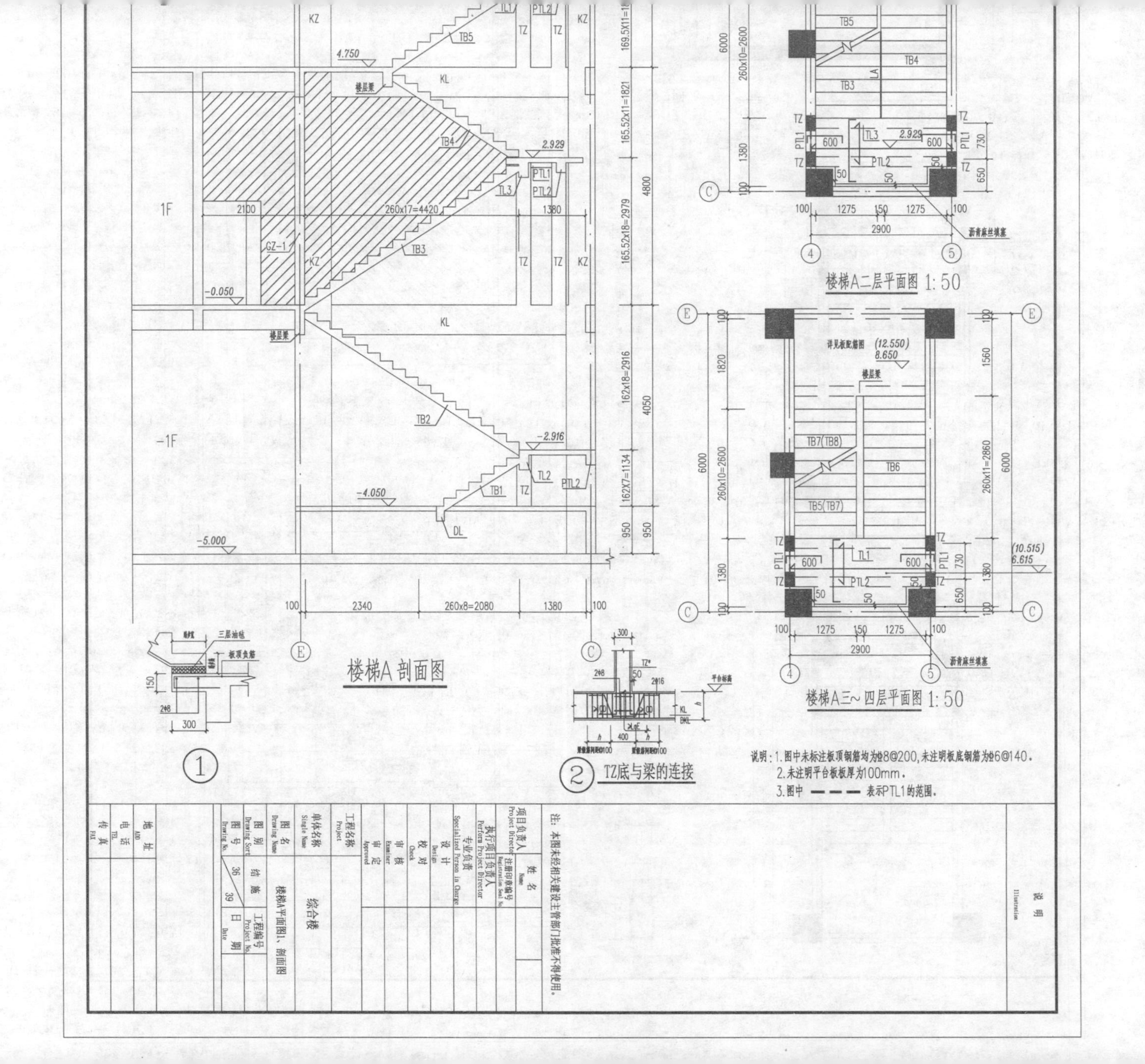
楼梯A剖面图
楼梯A二层平面图 1:50
楼梯A三~四层平面图 1:50
TZ底与梁的连接
说明：1.图中未标注板顶钢筋均为⌀8@200，未注明板底钢筋为⌀6@140。
2.未注明平台板板厚为100mm。
3.图中 — — — 表示PTL1的范围。
注：本图未经相关建设主管部门批准不得使用。
说明 Illustration
项目负责人 Project Director
姓名 Name
注册印章编号 Registration Seal No.
执行项目负责人 Perform Project Director
专业负责 Specialized Person in Charge
设计 Design
校对 Check
审核 Examiner
审定 Approved
工程名称 Project
单体名称 Single Name
综合楼
图名 Drawing Name
楼梯A平面图1、剖面图
图别 Drawing Sort
结施
工程编号 Project No.
图号 Drawing No.
36
39
日期 Date
地址 ADD
电话 TEL
传真 FAX
1F
-1F
4.750
2.929
-0.050
-2.916
-4.050
-5.000
(12.550)
8.650
(10.515)
6.615
260x17=4420
260x8=2080
2340
1380
2100
4800
4050
6000
2900
沥青麻丝填塞
楼层梁

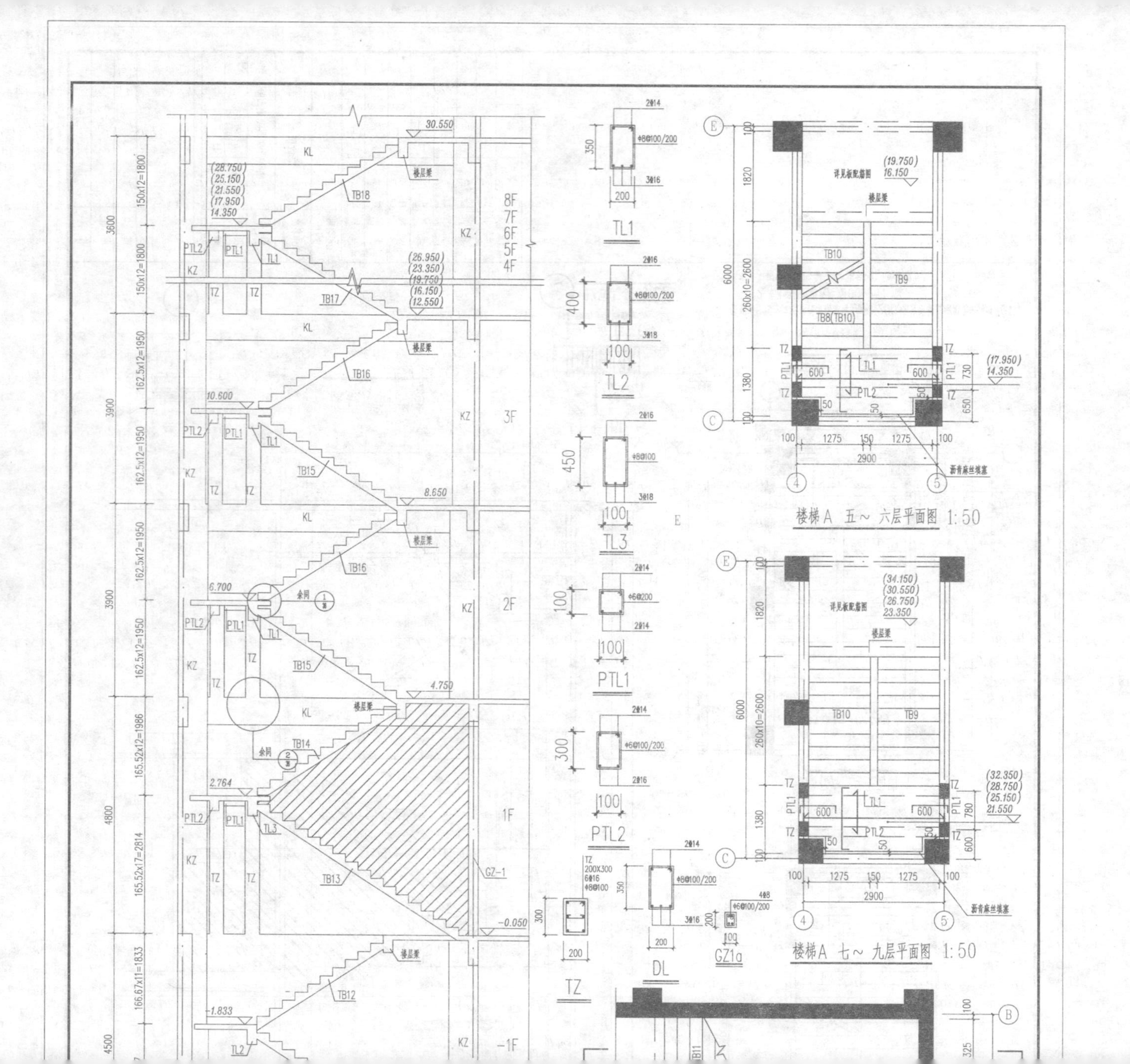
楼梯A 五～六层平面图 1:50
楼梯A 七～九层平面图 1:50
TL1
TL2
TL3
PTL1
PTL2
TZ
DL
GZ1a
8F
7F
6F
5F
4F
3F
2F
1F
-1F
30.550
10.600
8.650
6.700
4.750
2.764
-0.050
-1.833

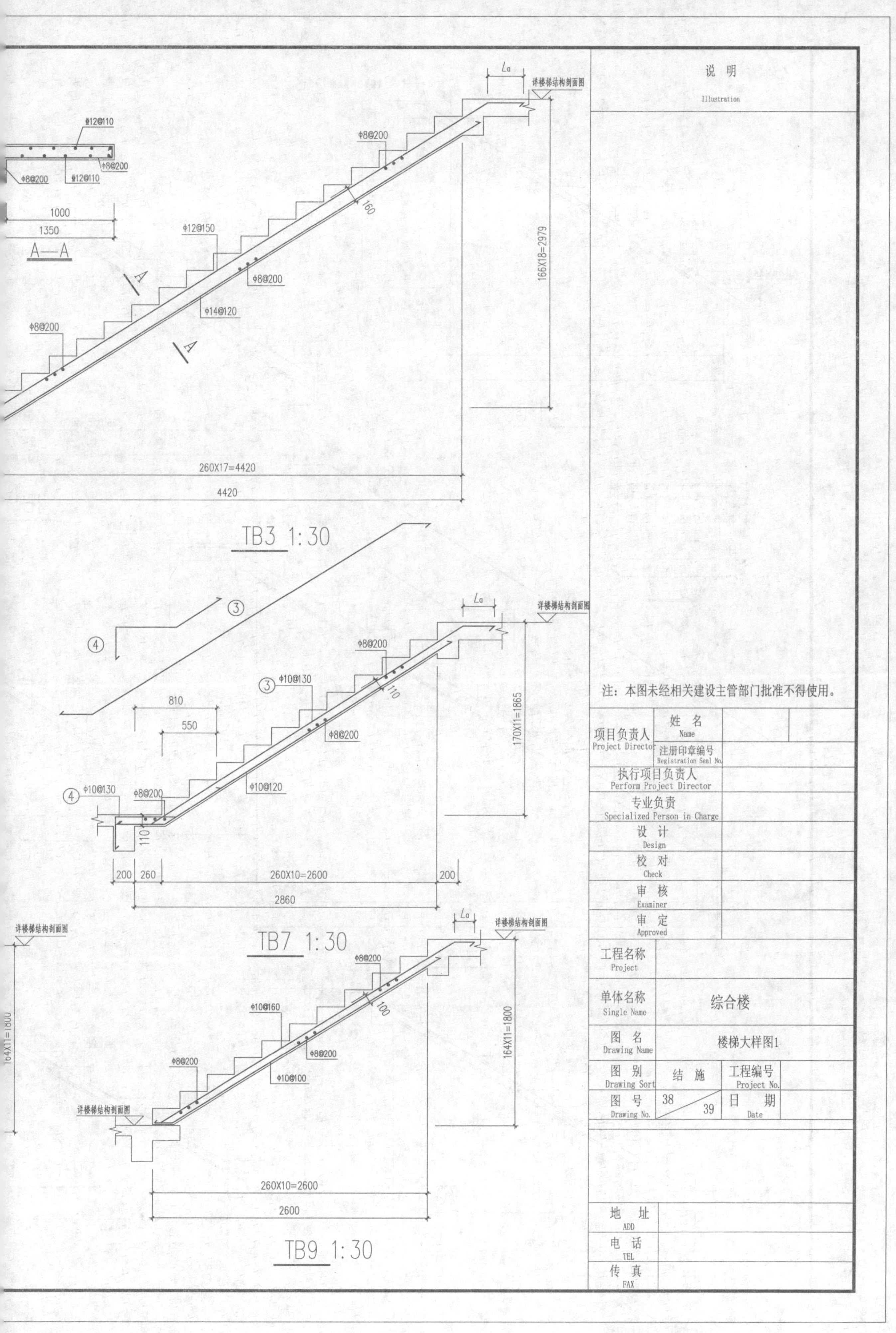
说 明
Illustration
φ12@110
φ8@200
φ8@200
φ12@110
1000
1350
A—A
φ8@200
φ12@150
φ8@200
φ14@120
φ8@200
160
166X18=2979
详楼梯结构剖面图
260X17=4420
4420
TB3 1:30
③
④
φ8@200
③ φ10@130
110
810
550
φ8@200
④ φ10@130
φ8@200
φ10@120
110
170X11=1865
200 260 260X10=2600 200
2860
TB7 1:30
φ8@200
φ10@160
100
φ8@200
φ8@200
φ10@100
164X11=1800
260X10=2600
2600
TB9 1:30
注：本图未经相关建设主管部门批准不得使用。
项目负责人 Project Director
姓 名 Name
注册印章编号 Registration Seal No.
执行项目负责人 Perform Project Director
专业负责 Specialized Person in Charge
设 计 Design
校 对 Check
审 核 Examiner
审 定 Approved
工程名称 Project
单体名称 Single Name
综合楼
图 名 Drawing Name
楼梯大样图1
图 别 Drawing Sort
结 施
工程编号 Project No.
图 号 Drawing No.
38
39
日 期 Date
地 址 ADD
电 话 TEL
传 真 FAX

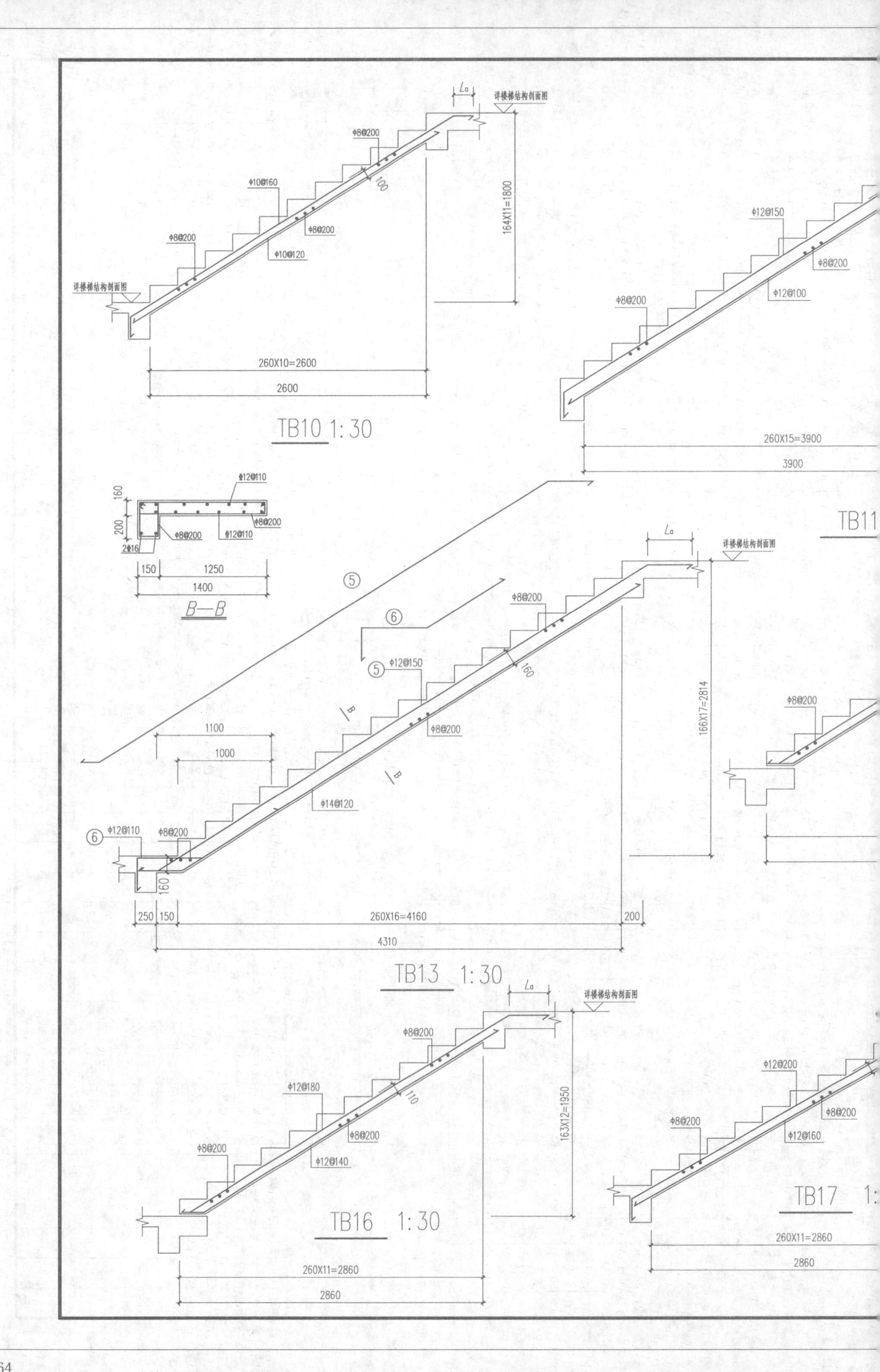

La
详楼梯结构剖面图
Φ8@200
Φ10@160
100
164X11=1800
Φ8@200
Φ8@200
Φ10@120
详楼梯结构剖面图
260X10=2600
2600
TB10 1:30
Φ12@150
Φ8@200
Φ12@100
Φ8@200
260X15=3900
3900
TB11
Φ12@110
160
200
Φ8@200
Φ8@200
Φ12@110
2Φ16
150
1250
1400
B—B
5
La
详楼梯结构剖面图
6
Φ8@200
5
Φ12@150
160
166X17=2814
B
Φ8@200
1100
1000
B
Φ14@120
6
Φ12@110
Φ8@200
160
250
150
260X16=4160
200
4310
TB13 1:30
La
详楼梯结构剖面图
Φ8@200
Φ12@180
110
163X12=1950
Φ8@200
Φ8@200
Φ12@140
TB16 1:30
260X11=2860
2860
Φ12@200
Φ8@200
Φ8@200
Φ12@160
TB17 1:
260X11=2860
2860

楼——施工图

建施图目录

图别	图号	图幅	图纸内容	备注
封面		A2+1/4		
建施	1/11	A2+1/4	建施图目录 工程特征表 设计总说明 节能设计说明	
建施	2/11	A2+1/4	节能设计说明 门窗统计表 室内装修表	
建施	3/11	A2+1/4	底层平面图	
建施	4/11	A2+1/4	二～五层平面图	
建施	5/11	A2+1/4	六层平面图	
建施	6/11	A2+1/4	屋面平面图	
建施	7/11	A2+1/4	①～㉝立面图	
建施	8/11	A2+1/4	㉝～①立面图	
建施	9/11	A2+1/4	Ⓐ～Ⓖ立面图 Ⓖ～Ⓐ立面图 1—1剖面图	
建施	10/11	A2+1/4	厨房卫生间大样图 楼梯大样图	
建施	11/11	A2+1/4	节点详图 门窗大样图	

工程特征表

建设单位:	小田村村委会	总建筑面积:	2629.45m²
工程名称:	四川省某县小田村农民(移民)集中居住区5#楼	抗震设防烈度:	6度
建设地点:	四川省某县小田村	建筑工程结构类别:	乙类
建筑结构形式:	砖混结构	建筑工程复杂等级:	4级
建筑高度:	19.3m	建筑耐火等级:	二级
建筑层数:	六层	屋面防水等级:	II级
建筑基底面积:	458.66m²		

设计总说明

一、设计依据

1. 城乡规划管理局批准的建筑方案。
2. 甲方提供设计委托。
3. 国家现行相关规范、标准:

《民用建筑设计通则》(GB 50352—2005)《建筑设计防火规范》(GB 50016—2006版)《住宅建筑规范》(GB 50368—2005)《住宅设计规范》(GB 50096—2011)《工程建设标准强制性条文》房屋建筑部分(2009年版)《建筑玻璃应用技术规范》(JGJ 113—2009)《屋面工程技术规范》(GB 50345—2012)《建筑内部装修设计防火规范》(GB 50222—95)《无障碍设计规范》(GB 50763—2012)《建筑玻璃应用技术规程》(JGJ 113—2009)《建筑外窗、遮阳及天窗节能设计规程》(DB51/T 5065—2009)《夏热冬冷地区居住建筑节能设计标准》(JGJ 134—2010)。

二、工程概况

1. 农民(移民)集中居住区5#楼工程。
2. 本工程为砖混结构建筑，设计为六层：一～五层层高均为3.000m；六层层高为2.700m；建筑面积为2629.45m²。
3. 本工程室内地坪与人行道高差为1.0m，建筑高度为19.4m。
4. 本工程室内标高 ±0.000所对应的绝对高程为440.500。
5. 本工程建筑结构类别为乙类，复杂等级为4级，主体结构设计合理使用年限为50年，耐火等级为二级，屋面防水等级为II级。
6. 本工程抗震设防烈度为6度。基本地震加速度为0.10*g*，II类场地，设计特征周期为0.40s。

三、设计范围

1. 本设计仅包括建筑、结构、给排水、电气专业设计。室外工程部分及内装需进行二次设计的，由甲方另行委托。

四、设计要求

1. 施工中除应按照设计文件进行外，还必须严格遵照国家颁发的各项现行施工和验收规范，确保施工质量。
2. 施工中若有更改设计处，必须通过设计单位同意后方可进行修改，不得任意更改设计。
3. 图中屋面标高均指结构板面标高。
4. 施工中若发现图纸中有矛盾处或其他未尽事宜，应及时召集设计、建设、施工、监理单位现场协商解决。

五、墙体工程

1. 本工程中墙体除标注外均为 240厚页岩实心砖砌体，砌体及砂浆强度等级详结施。
2. 墙身防潮层：无地梁处增设墙身水平防潮层做法详西南11J112第50页相应作法。
3. 在土建施工中各专业工种应及时配合敷设管道，减少事后打洞。

六、楼地面工程

1. 地面施工须符合《建筑地面工程施工质量验收规范》(GB 50209—2010)要求
2. 本工程地面回填土应分层夯实，夯实系数≥0.94。
3. 本工程楼地面敷管层采用1:6水泥炉渣找平或找坡。
4. 地面有积水的厨房、卫生间沿周边墙体作(120×120)C20 细石混凝土止水线，泛水做至迎水面上300高。
5. 本工程厨卫洁具除蹲便外，其余均由用户自理，设计文件只作示意。

七、屋面工程

1. 屋面施工须符合《屋面工程质量验收规范》(GB 50207—2002)要求。
2. 本工程屋面防水等级：屋面防水材料为高聚物改性沥青防水卷材一道(≥4)，防水等级为II级。

八、门窗工程

1. 外窗采用塑钢窗，玻璃的外观质量和性能及玻璃安装材料均应符合《建筑玻璃应用技术规程JGJ 113—2009》中各项要求及规定。
2. 门窗尺寸为洞口尺寸，预留抹灰厚度，加工门窗时应扣除。

九、抹灰工程

1. 抹灰应先清理基层表面，用钢丝刷清除表面浮土和松散部分，填补缝隙孔洞并浇水润湿。
2. 所有窗台、外墙洞口上沿及突出外墙面部分，其顶面做1%斜坡，坡向向外并在抹面砂浆中加入5%防水剂，下面做滴水线，宽窄应整齐一致，滴水线做法详西11J516-J/12。

十、油漆工程

1. 凡金属构件（不锈钢除外）先刷防锈漆，再刷调合漆两遍见西南11J312第80页5113节点。
2. 凡木饰面油漆选用酚醛清漆，做法详西南11J312第79页5107节点。

十一、其他

1. 所有材料施工及备案均按国家有关标准办理，外墙装饰材料及色彩需经规划部门、设计单位、甲方三方看样确定后再施工。
2. 所有楼面、吊顶等装饰面材料和构造不得降低本工程的耐火等级，并不得任意填加设计规定以外的超载物。
3. 两种墙体的交接处，应根据饰面材质在做饰面前加钉金属网或在施工中加玻璃丝网格布，防止裂缝。

隔墙及走道隔墙的保温隔热设计：
10厚页岩空心砖砌体双面抹灰

导热系数λ /(W·m⁻¹·K⁻¹)	蓄热系数(s) /(W·m⁻²·K⁻¹)	修正系数 a	材料厚度 d/m	材料层热阻R	热惰性指标 D=R·S
0.93	11.37	1.0	0.02	0.022	0.25
0.76	9.96	1.0	0.24	0.316	3.15
0.93	11.37	1.0	0.02	0.022	0.25
热阻 R=0.36；热惰性指标 D=3.66					

1/8.7+1/23=0.51 $m^2 \cdot K \cdot W^{-1}$
W·$m^{-2} \cdot K^{-1}$< 2.0W·$m^{-2} \cdot K^{-1}$
住建筑节能设计标准》(JGJ 134—2010)第4.0.4条要求。
设计：(住户二装自理)

保温系统 构造措施与热工参数如表所示：

导热系数λ /(W·m⁻¹·K⁻¹)	蓄热系数(s) /(W·m⁻²·K⁻¹)	修正系数 a	材料厚度 d/m	材料层热阻R	热惰性指标 D=R·S
1.74	17.2	1.0	0.12	0.069	1.18
0.07	1.5	1.2	0.025	0.298	0.447
0.93	11.37	1.0	0.005	0.008	0.09
热阻 R=0.375；热惰性指标 D=1.717					

+1/8.7+1/23=[illegible]533 $m^2 \cdot K \cdot W^{-1}$
W·$m^{-2} \cdot K^{-1}$<2.0W·$m^{-2} \cdot K^{-1}$
住建筑节能设[illegible]标准》(JGJ 134—2010)第4.0.4条要求。
保温、隔热[illegible]K=3.0(通往封闭空间)，K=2.0(通往非封
《夏热冬冷地[illegible]住建筑节能设计标准》(JGJ 134—2010)

在±0 000标高1.5m以下，若仅按标高-1 500以上的夯
算R=1.5m/1.16m^2 K/w=1.29就已限值1.2，满足《夏
能设计标准》(JGJ 134—2010)第4.0.4条要求
需提供法定检测机构的实际检测值，且需满足本保温设
定要求，若所提供的保温材料的导热系数、蓄热系数等
中的参数有出入时，应及时与设计协商。
设计规定性指标均满足《夏热冬冷地区居住建筑节能设
0)的规定，不需进行建筑物的节能综合指标动态计算。

门窗统计表

类型	设计编号	名称	洞口尺寸/(mm×mm)	数量	立面样式	备注
普通门	M0821	半玻塑钢平开门	750×2100	72	厂家提供	采用6厚磨砂玻璃
	M0921	夹板平开门	900×2100	66	厂家提供	
	M1021	金属防盗门	1000×2100	42	厂家提供	K≤3.0
	M1521	金属防盗门	1500×2100	3	厂家提供	
	M1525	塑钢推拉门	1500×2500	36	厂家提供	
	M2725	塑钢推拉门	2700×2500	36	厂家提供	
普通窗	C1216	塑钢推拉窗	1200×1600	36	详建施11	窗台高1200mm，PVC-6C K≤4.5
	C1516	塑钢推拉窗	1500×1600	15	详建施11	窗台高900mm，PVC-6C K≤4.5
	GC0909	塑钢平开窗	900×900	36	详建施11	窗台高1800mm，PVC-6C K≤4.5
凸窗	TC1419	塑钢推拉窗	1460×1900	36	详建施11	窗台高600mm，PVC-6C+9A+6C
	TC1519	塑钢推拉窗（正面）	1500×1900	30	详建施11	窗台高600mm，PVC-6C+9A+6C K≤3.2 SC_w≤0.45
		塑钢固定窗（侧面）	600×1900	30	详建施11	
洞口	DK1825		1800×2500	6		

注：所有活动门玻璃、固定门玻璃和落地窗玻璃的公称厚度应符合《建筑玻璃应用技术规程》(JGJ 113—2009)中表 7.1.1-1的规定，并满足节能设计要求

室内装修表

部位	作法			客厅餐厅卧室	阳台	厨房卫生间	楼梯间
地面	地面（一）	原浆抹面（赶光）	详西南11J312-3101Da/7				
	地面（二）	300×300地砖地面	详西南11J517-2/37				
楼面	楼面（一）	水泥砂浆楼面（赶光）	详西南11J312-3102La/7	○			○
	楼面（二）	300×300地砖楼面	详西南11J312-3122L2/12			○	
	楼面（三）	300×300地砖楼面	详西南11J517-3/37				
	楼面（四）	水泥砂浆楼面（赶光）	详西南11J512-3103L/7		○		
内墙面	内墙面（一）	仿瓷刮白	详西南11J515-N08/7 第6条调整为刷仿瓷两道	○			○
	内墙面（二）	瓷砖墙面	详西南11J515-N10/[illegible]			○	
顶棚	顶棚（一）	仿瓷刮白	详西南11J515-P08/32 第6条调整为刷仿瓷两道	○	○	○	○
踢脚	踢脚（一）	水泥砂浆踢脚150高	详西南11J312-4101Ta/68				○

注：①本室内装修表中楼地面、墙面、顶棚做法应与节能措施表中的作法相结合。
②本室内装修表中楼地面防水层均为SBC聚乙烯丙纶复合卷材(≥1.2mm)防水层；生活阳台泛水做至迎水面上1800mm高。
③本室内装修表中阳台墙面作法按外墙面施工，并在找平层中加4%防水剂，具体详立面图。

资质等级：QUALIFICATION AND QUALITY CLASS: FIRST CLASS		
证书编号：CHIROGRAPH NO		
审定 APPD		
审核 CHECK		
校对 REVISION		
项目负责人 PROJECT. CHIEF		
设计负责人 DESIGED. CHIEF		
辅助设计 ASSIST DESIGN		
工程名称 PROJECT	农民(移民)集中居住区5#楼	
图名 TITLE	门窗统计表 室内装修表 节能设计说明	
工程号 PROJ. NO.		
日期 DATE		
图号 DWG No.	JS-2	

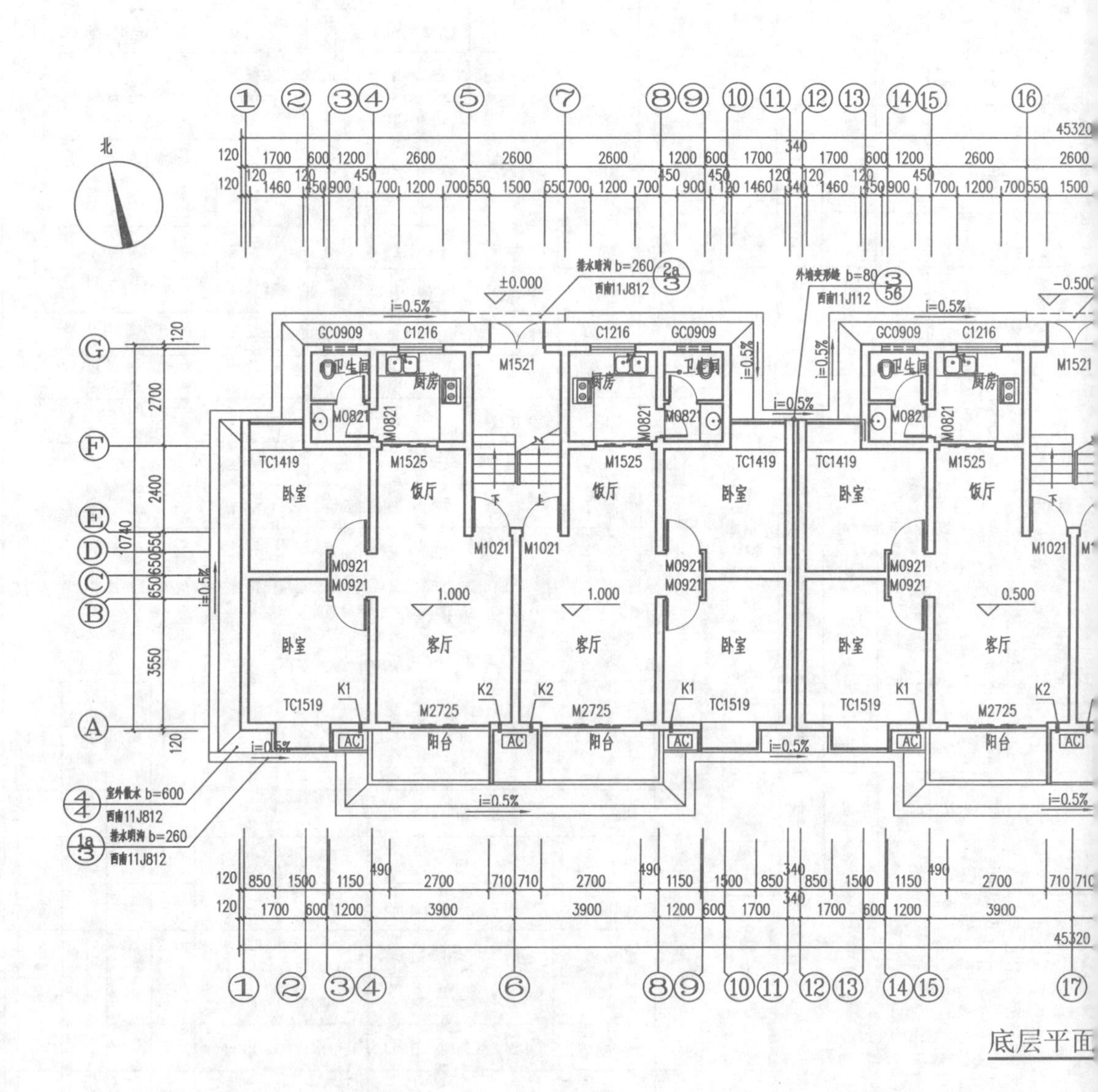

底层平面

注：

1.本图中所有墙体除标注外均为 240mm厚页岩实心砖砌体。

2.本图中 K1为ø75PVC空调洞（排水坡向墙外，坡度1%），洞中距地 2200mm，距侧墙 200mm。

3.本图中 K2为ø75PVC空调洞（排水坡向墙外，坡度1%），洞中距地 150mm，距侧墙 200mm。

4.本图中卫生间排水坡向地漏，坡度均为1%，地漏位置详水施。

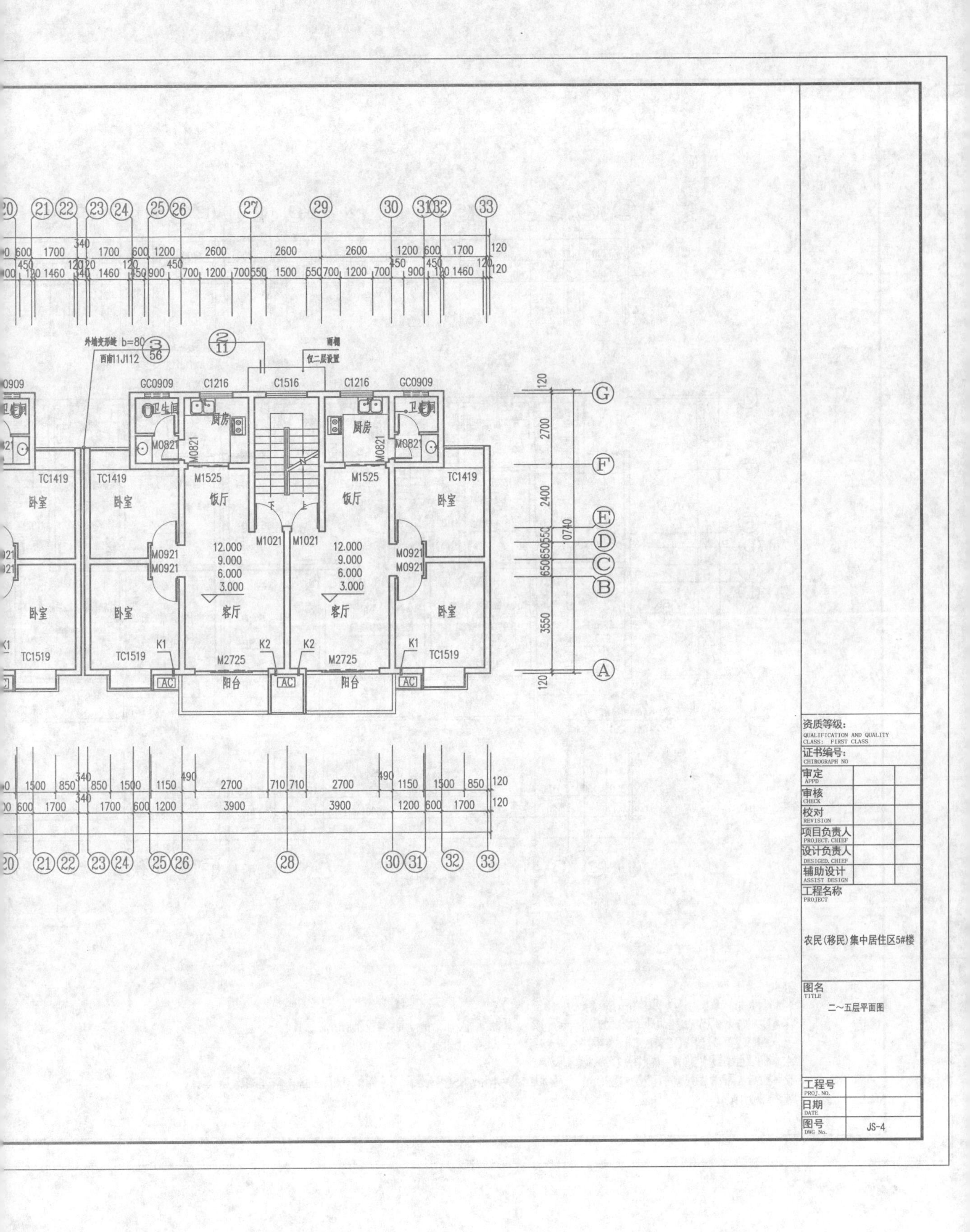
外墙变形缝 b=80
西南11J112
卫生间
厨房
饭厅
卧室
客厅
阳台
12.000
9.000
6.000
3.000
资质等级:
QUALIFICATION AND QUALITY CLASS: FIRST CLASS
证书编号:
CHIROGRAPH NO
审定
APPD
审核
CHECK
校对
REVISION
项目负责人
PROJECT. CHIEF
设计负责人
DESIGED. CHIEF
辅助设计
ASSIST DESIGN
工程名称
PROJECT
农民(移民)集中居住区5#楼
图名
TITLE
二~五层平面图
工程号
PROJ. NO.
日期
DATE
图号
DWG No.
JS-4

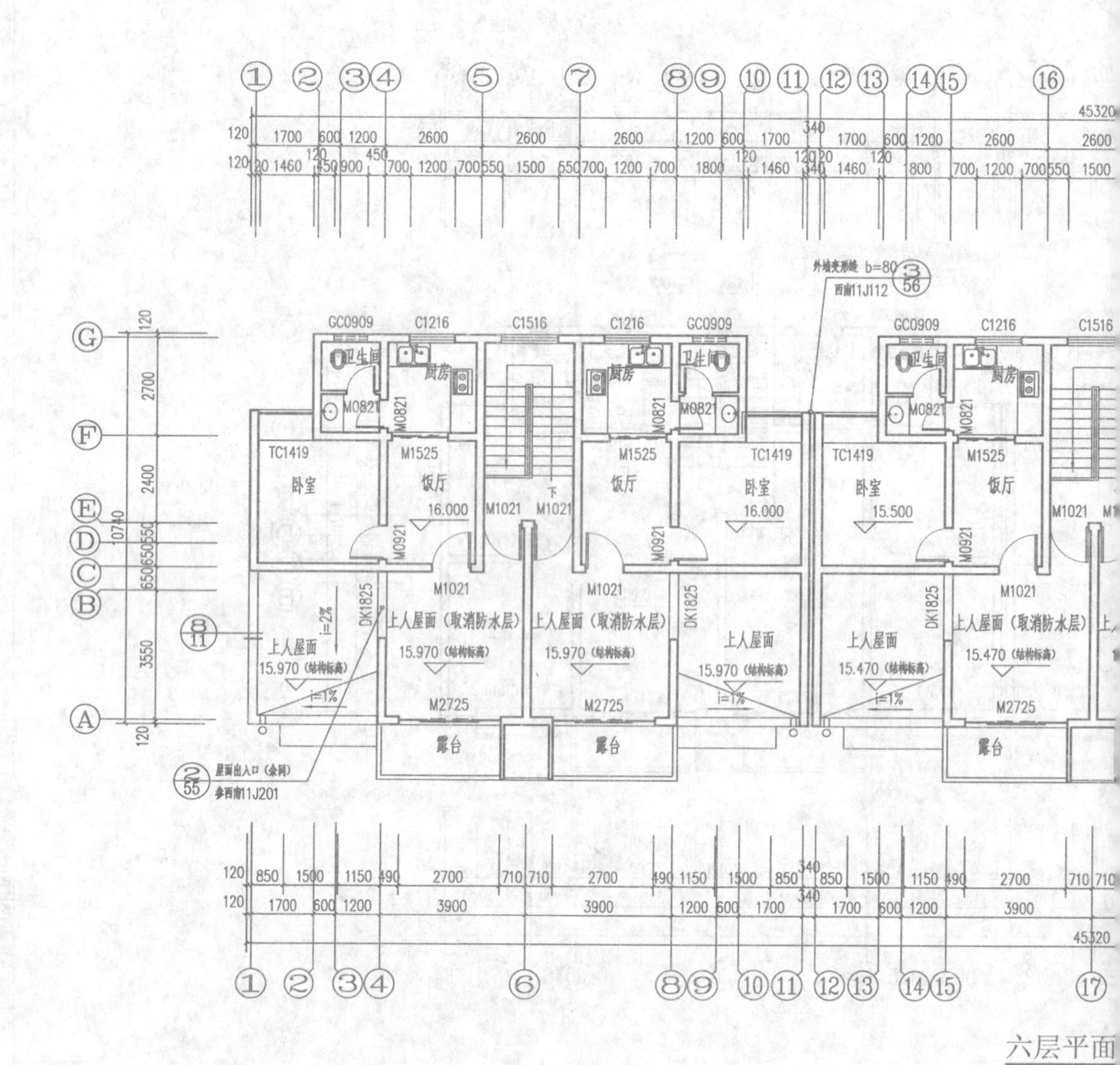

注：

1.本图中所有墙体除标注外均为240mm厚页岩实心砖砌体。

2.本图中 K1为 ø75PVC空调洞（排水坡向墙外，坡度1%），洞中距地 2200mm，距侧墙 200mm。

3.本图中 K2为 ø75PVC空调洞（排水坡向墙外，坡度1%），洞中距地 150mm，距侧墙 200mm。

4.本图中卫生间排水坡向地漏，坡度均为1%，地漏位置详水施。

5.本图中上人屋面做法详西南 11J201-2206a/23防水层采用≥4mm厚SBS改性沥青防水卷材，保温层采用泡沫混凝土兼找坡层，厚度详节能设计说明。

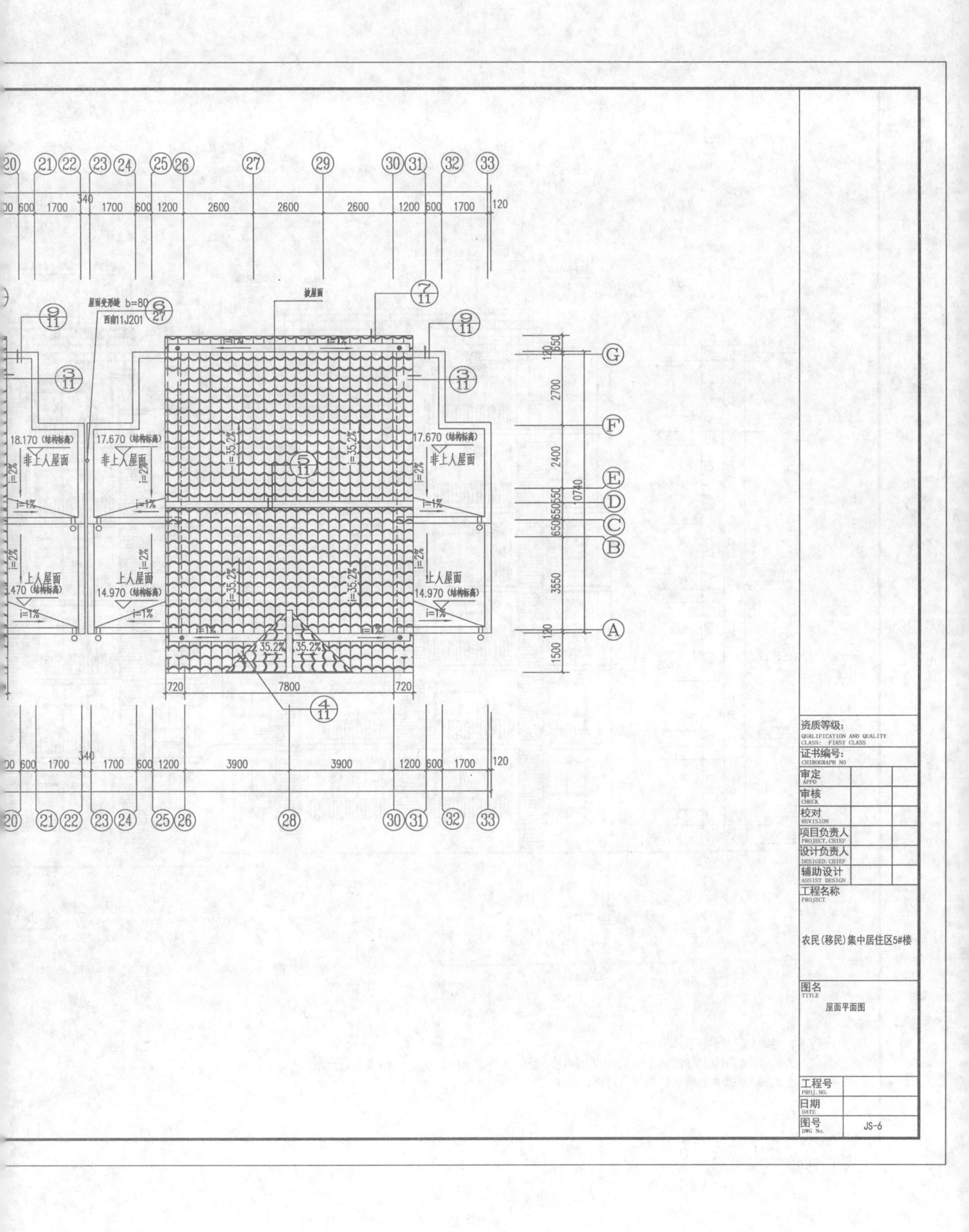
屋面变形缝 b=80
西南11J201
坡屋面
18.170 (结构标高)
17.670 (结构标高)
非上人屋面
上人屋面
14.970 (结构标高)
i=2%
i=1%
i=35.2%
资质等级:
QUALIFICATION AND QUALITY CLASS: FIRST CLASS
证书编号:
CHIROGRAPH NO
审定
APPD
审核
CHECK
校对
REVISION
项目负责人
PROJECT CHIEF
设计负责人
DESIGED CHIEF
辅助设计
ASSIST DESIGN
工程名称
PROJECT
农民(移民)集中居住区5#楼
图名
TITLE
屋面平面图
工程号
PROJ. NO.
日期
DATE
图号
DWG No.
JS-6

注：

1.本图中立面色彩详效果图。

2.本图中外墙面砖做法详西南 11J516-5407、5408/95，面砖尺寸为 45mmX45mm，缝宽≤5mm。

3.本图中外墙涂料做法详西南 11J516-5313、5314/91。

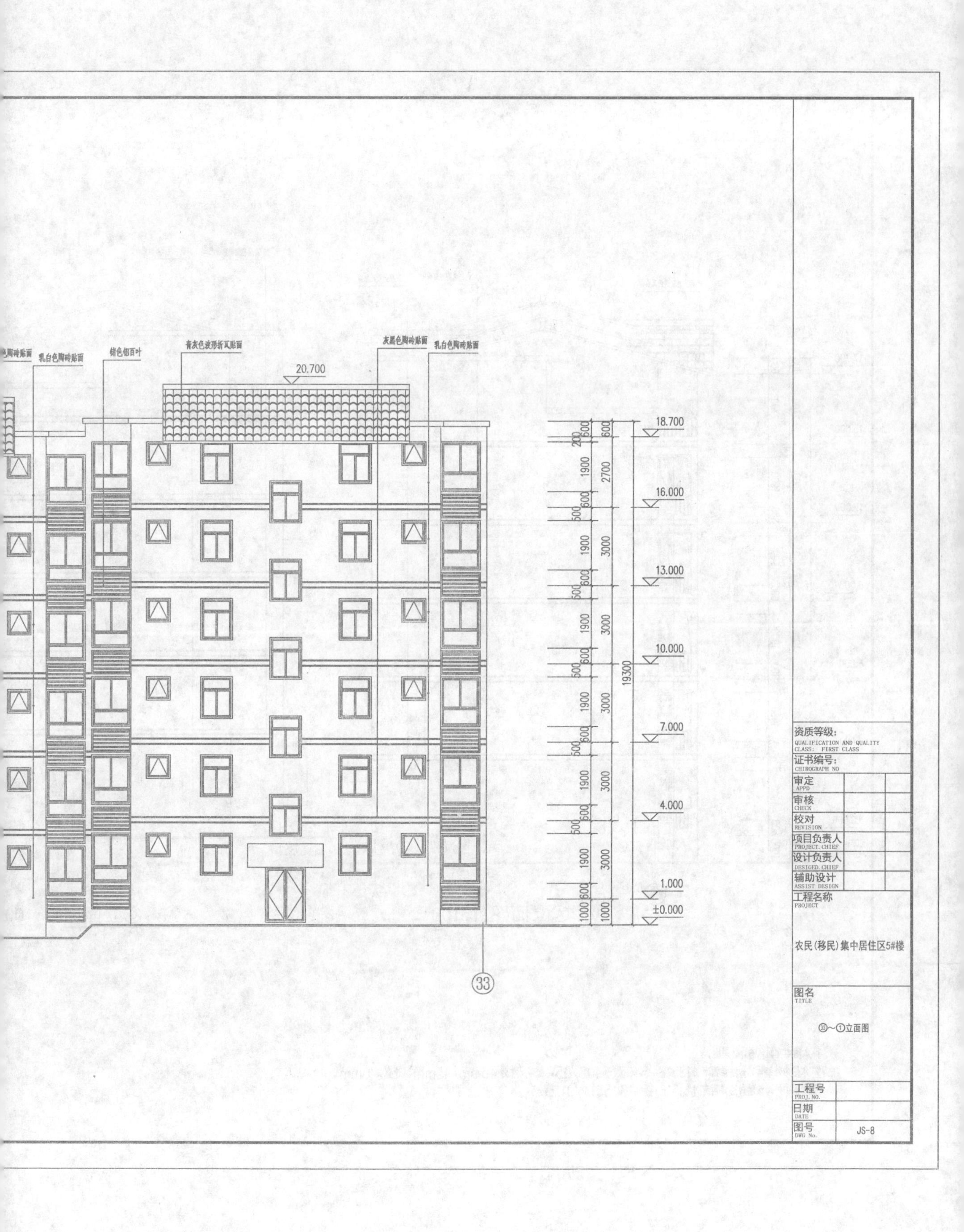
乳白色陶砖贴面
银色铝百叶
青灰色波形折瓦贴面
灰黑色陶砖贴面
乳白色陶砖贴面
20.700
18.700
16.000
13.000
10.000
7.000
4.000
1.000
±0.000
19300
33
资质等级:
QUALIFICATION AND QUALITY CLASS: FIRST CLASS
证书编号:
CHIROGRAPH NO
审定
APPD
审核
CHECK
校对
REVISION
项目负责人
PROJECT.CHIEF
设计负责人
DESIGED.CHIEF
辅助设计
ASSIST DESIGN
工程名称
PROJECT
农民(移民)集中居住区5#楼
图名
TITLE
㉝～①立面图
工程号
PROJ.NO.
日期
DATE
图号
DWG No.
JS-8

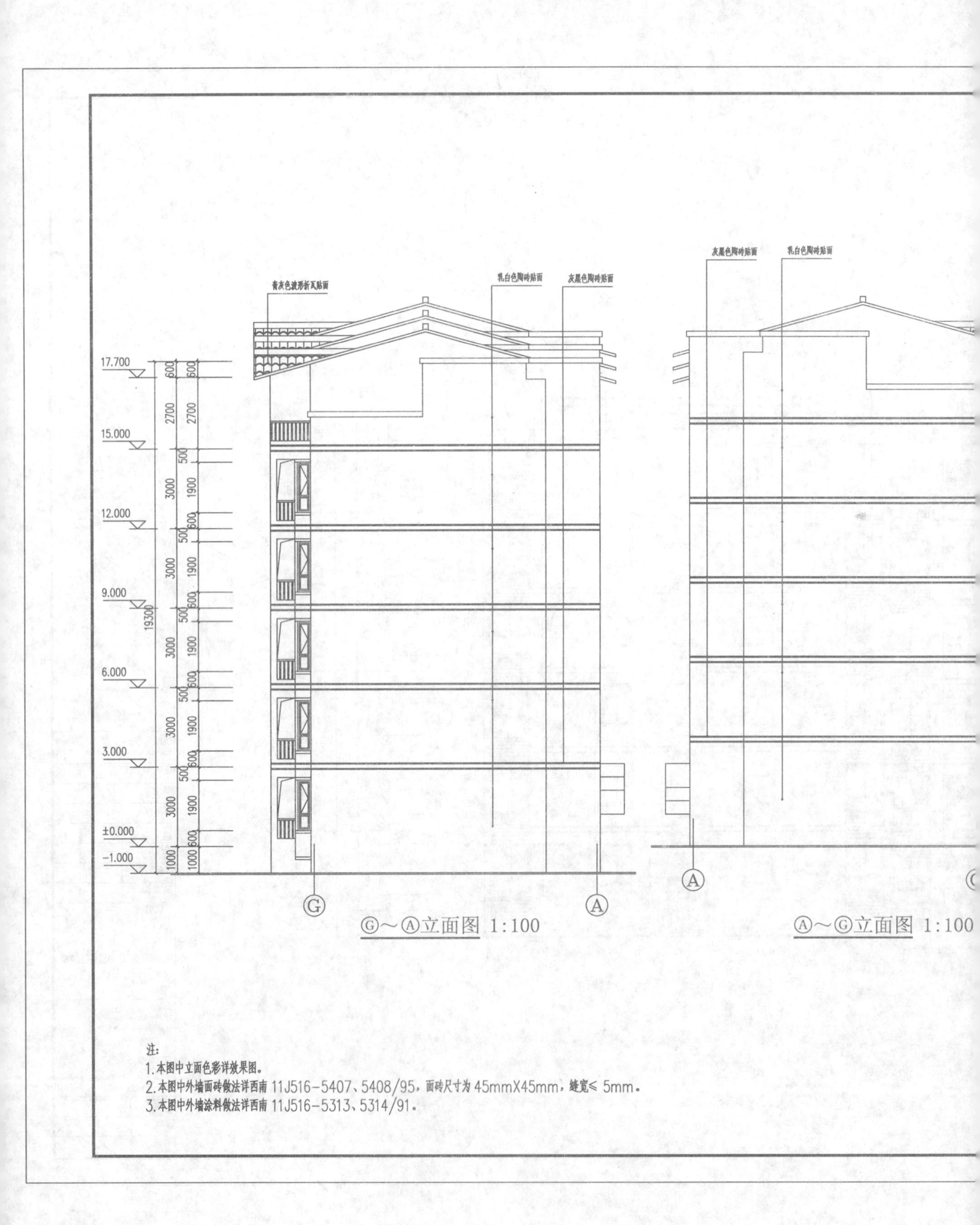

Ⓖ～Ⓐ立面图 1:100

Ⓐ～Ⓖ立面图 1:100

注:
1.本图中立面色彩详效果图。
2.本图中外墙面砖做法详西南 11J516-5407、5408/95，面砖尺寸为 45mmX45mm，缝宽≤ 5mm。
3.本图中外墙涂料做法详西南 11J516-5313、5314/91。

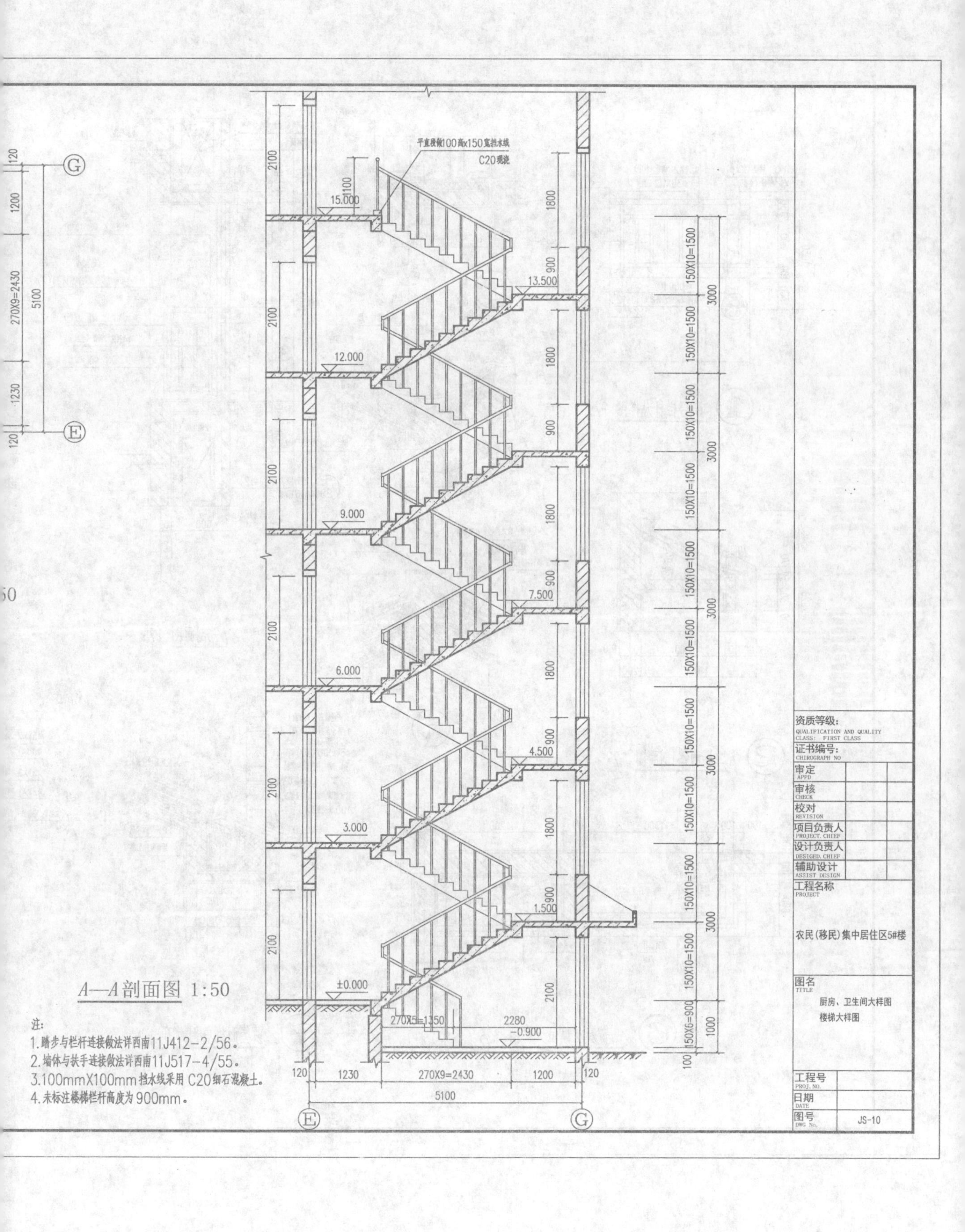

平直段做100高x150宽挡水线
C20现浇
15.000
13.500
12.000
9.000
7.500
6.000
4.500
3.000
1.500
±0.000
-0.900
270X5=1350
2280
120
1230
270X9=2430
1200
5100
A—A剖面图 1:50
注:
1.踏步与栏杆连接做法详西南11J412-2/56。
2.墙体与扶手连接做法详西南11J517-4/55。
3.100mmX100mm挡水线采用C20细石混凝土。
4.未标注楼梯栏杆高度为900mm。
资质等级:
QUALIFICATION AND QUALITY CLASS: FIRST CLASS
证书编号:
CHIROGRAPH NO
审定
APPD
审核
CHECK
校对
REVISION
项目负责人
PROJECT CHIEF
设计负责人
DESIGED CHIEF
辅助设计
ASSIST DESIGN
工程名称
PROJECT
农民(移民)集中居住区5#楼
图名
TITLE
厨房、卫生间大样图
楼梯大样图
工程号
PROJ. NO.
日期
DATE
图号
DWG No.
JS-10

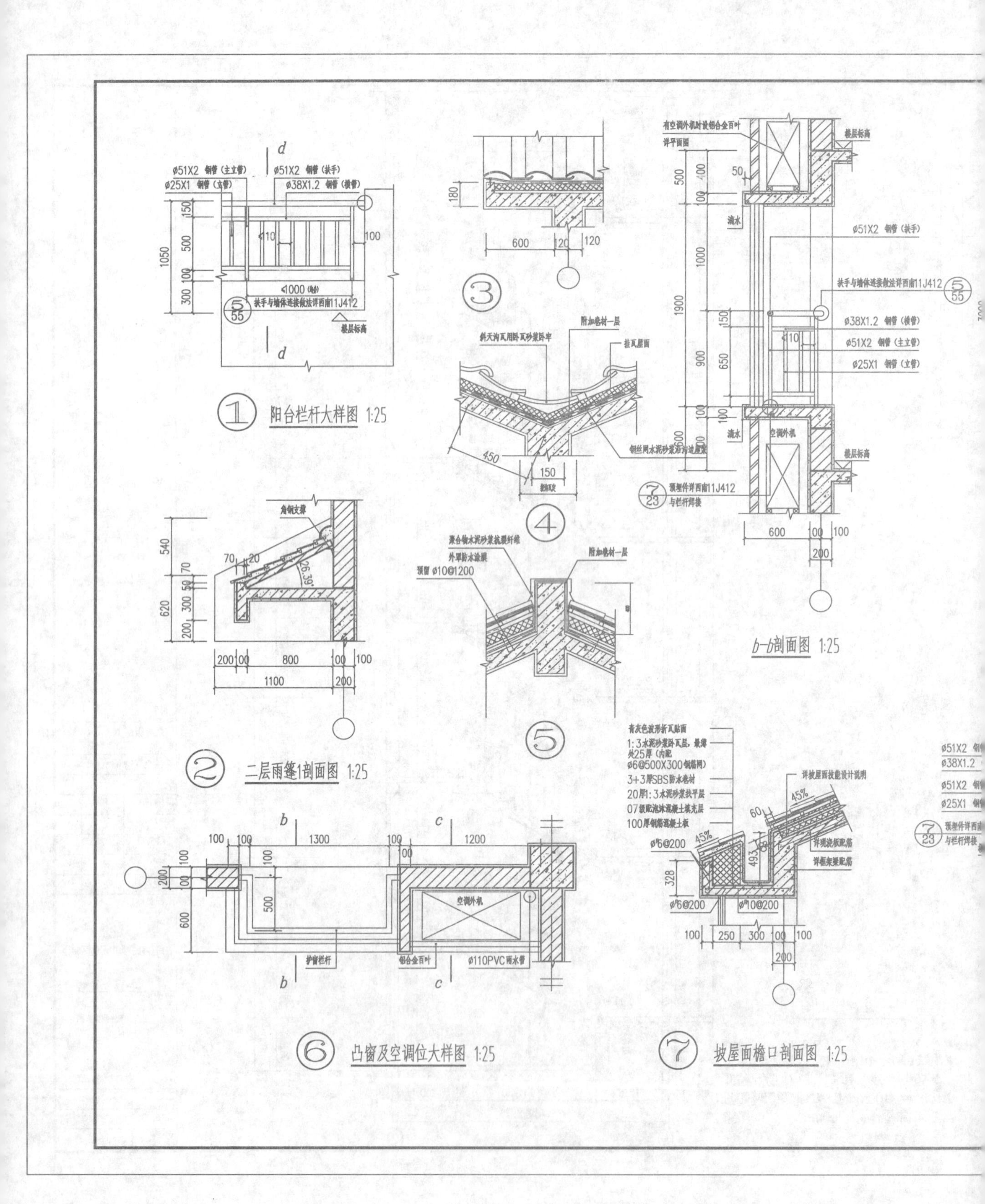
ø51X2 钢管（主立管）
ø25X1 钢管（立管）
ø51X2 钢管（扶手）
ø38X1.2 钢管（横管）
扶手与墙体连接做法详西南11J412
楼层标高
①阳台栏杆大样图 1:25
③
④
附加卷材一层
挂瓦屋面
②二层雨篷1剖面图 1:25
角钢支撑
附加卷材一层
外罩防水涂膜
预留 ø10@1200
⑤
有空调外机时设铝合金百叶
详平面图
流水
空调外机
预埋件详西南11J412
与栏杆焊接
b–b剖面图 1:25
青灰色波形折瓦贴面
3+3厚SBS防水卷材
20厚1:3水泥砂浆找平层
100厚钢筋混凝土板
详坡屋面技能设计说明
空调外机
护窗栏杆
铝合金百叶
ø110PVC雨水管
⑥凸窗及空调位大样图 1:25
⑦坡屋面檐口剖面图 1:25

性能要求.

,

.

详施工.

高.

构件相碰时采用同时现浇.

布钢筋为φ6@200.

, 预留洞口、

续施工.

~120的水电管线竖直

筋.

所示.

入基础垫层与预埋扁钢焊接

面内电焊组成的拉结网片.

10.

分布短筋平面内点焊组成

说明施工.

说　　明

九、图中未尽事宜遵守国家现行规范和规程。

十、未经技术鉴定或设计变更，不得改变结构用途和使用环境。

十一、结构说明书的解释权在设计公司，对本设计有疑问和不同建议者请与该工程专业负责人联系。

十二、本工程施工图必须通过施工图审查合格盖章后方可施工。

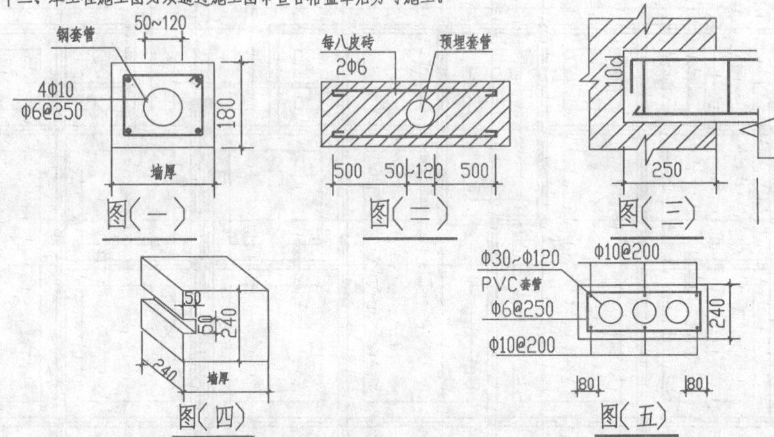

标准图集目录　　　　表(一)

序号	标准图名称	图集号	序号	标准图名称	图集号
1	钢筋混凝土过梁	西南 03G 3301(一)	2	多层砖房抗震构造图集	西南03G 601
3	混凝土结构施工图平面整体表示方法、制图规则和构造详图	11G 101-1 11G 101-3			

抗震构造选用表　　　　表(二)

构造部位	详图结点	施工图选用节点	构造部位	详图结点	施工图选用节点
基础埋深不同时的处理	见17页	●	构造柱屋盖节点	—/38,39　—/40	●
基础圈梁	1,3,5/17　2,4,6/17	●	构造柱与上下圈梁连接	—/41	●
构造柱立面构造	—/22	●	大洞口两侧构造柱	7/42	
构造柱与地圈梁连接	—/23,24　—/44	●	外墙角及内墙交接处配筋	—/18	●
构造柱与墙体连接	—/26,27　—/46,47	●	现浇板与墙体的连接	—/77	●
构造柱与现浇梁连接	—/28,29　—/48,49	●	外墙角及内墙交接处配筋	—/18	●
构造柱与楼盖圈梁连接	—/33,34　—/35,36　15,16/37	●	现浇板与墙体的连接	—/77	●
构造柱与楼盖圈梁连接	—/53-58　18,19/59	●	女儿墙构造柱详图	—/91-93	●
构造柱与屋盖圈梁连接	18/37　20/59	●	后砌砖墙连接	—/99,100	●
构造柱在垫层上	5,6/42	●			

附注：施工过程中还存在二次选标准图结点的过程，其选用原则是依据建筑和结构图所采用的材料,抗震烈度,部位和构件详图进行选用

图纸目录

序号	序　号	图　纸　内　容	图幅
结施1	1/5	结构设计说明　图纸目录　标准图集目录　抗震构造选用表	A2+1/4
结施2	2/5	基础平面图　抗浮配筋图	
结施3	3/5	二~五层结构平面图GZ-1~4	
结施4	4/5	屋面结构平面图	
结施5	5/5	局部屋面结构平面图　楼梯详图	

资质等级: QUALIFICATION AND QUALITY CLASS: FIRST CLASS	
证书编号: CHIROGRAPH NO	
审定 APPD	
审核 CHECK	
校对 REVISION	
项目负责人 PROJECT CHIEF	
设计负责人 DESIGEN CHIEF	
辅助设计 ASSIST DESIGN	
工程名称 PROJECT	农民(移民)集中居住区5#楼
图名 TITLE	结构设计说明 标准图集目录 抗震构造选用表 图纸目录
工程号 PROJ. NO.	
日期 DATE	
图号 DWG. No.	GS-1

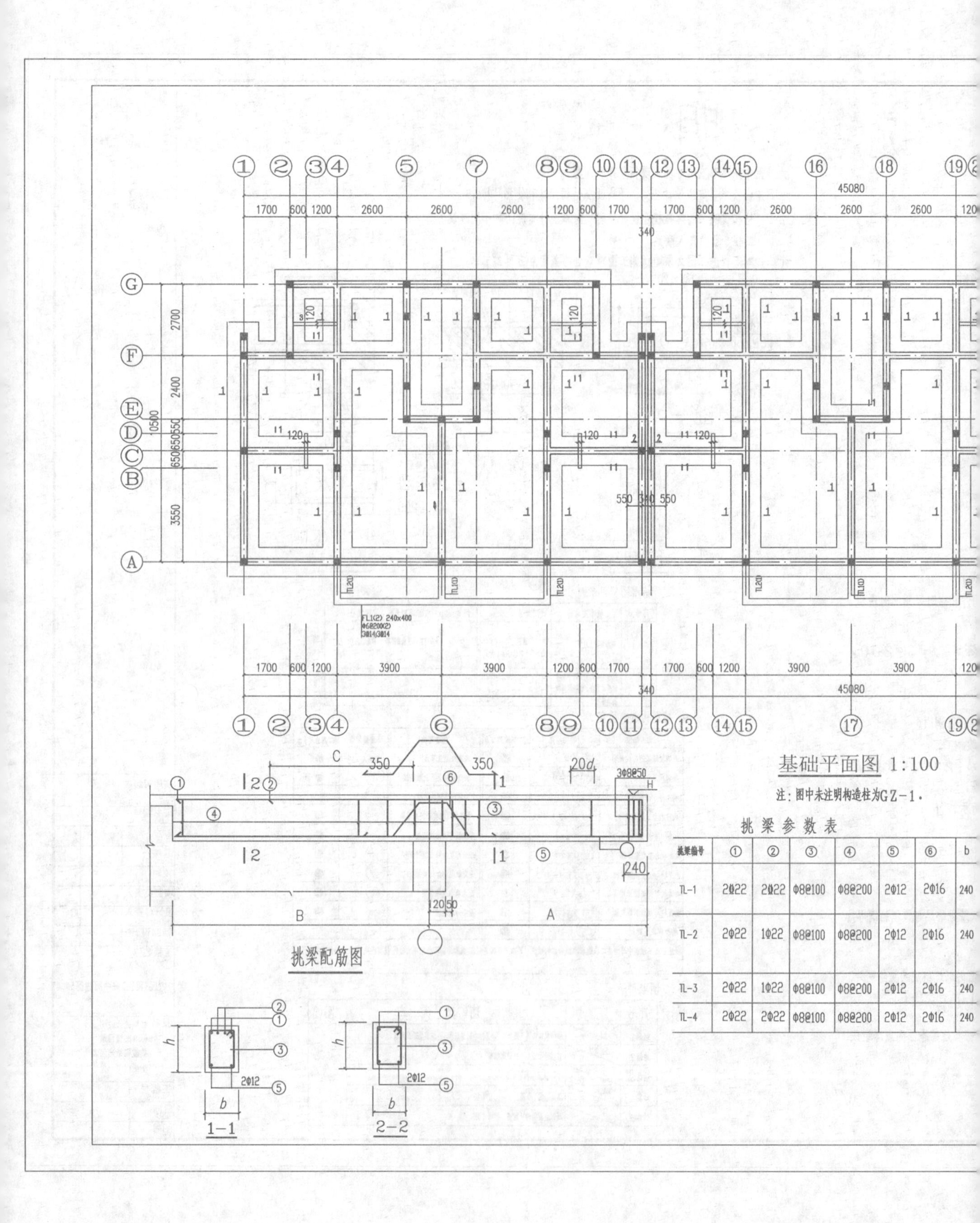

基础平面图 1:100

挑梁参数表

挑梁编号	①	②	③	④	⑤	⑥	b
TL-1	2Φ22	2Φ22	Φ8@100	Φ8@200	2Φ12	2Φ16	240
TL-2	2Φ22	1Φ22	Φ8@100	Φ8@200	2Φ12	2Φ16	240
TL-3	2Φ22	1Φ22	Φ8@100	Φ8@200	2Φ12	2Φ16	240
TL-4	2Φ22	2Φ22	Φ8@100	Φ8@200	2Φ12	2Φ16	240

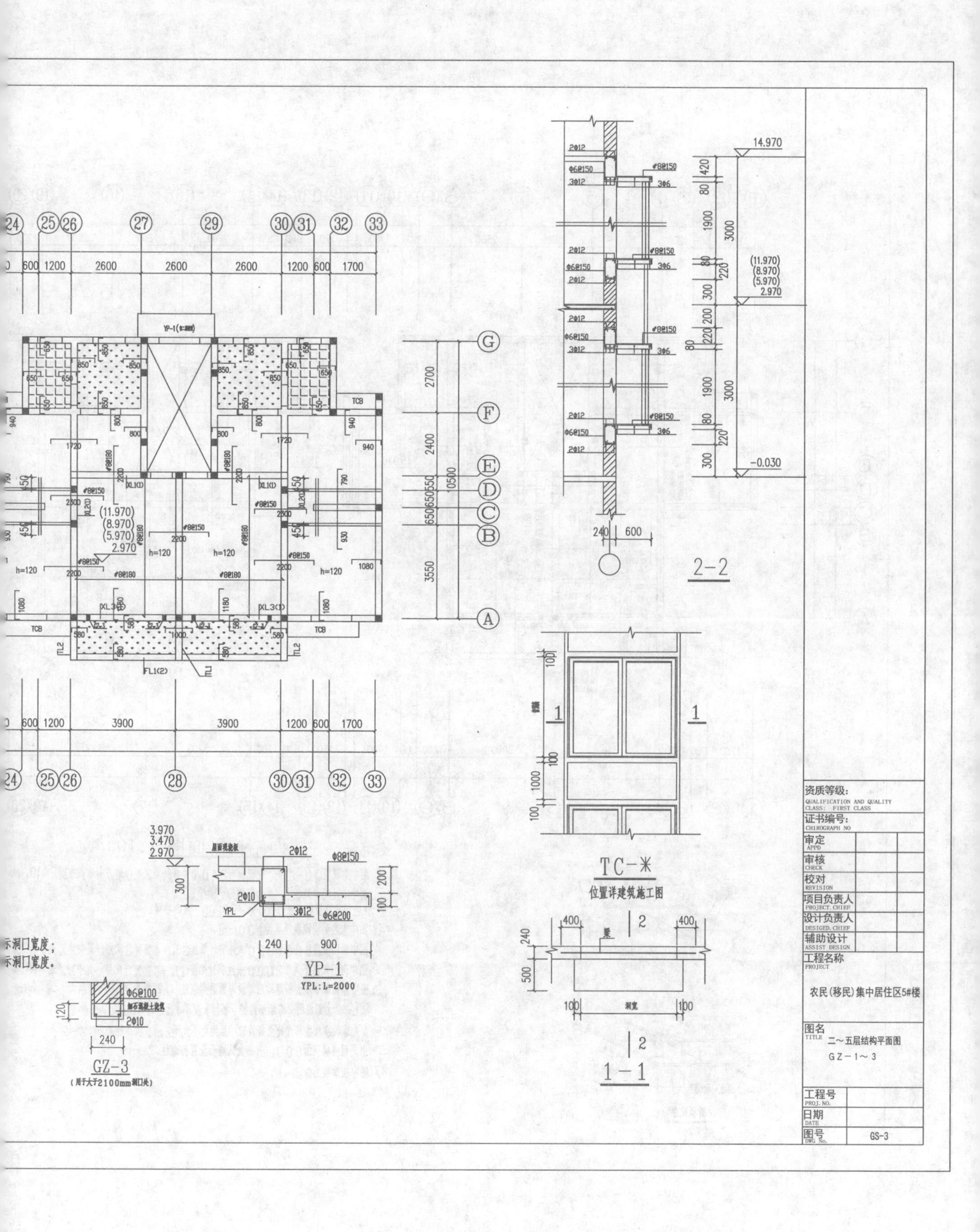
2-2
TC-*
位置详建筑施工图
1-1
YP-1
YPL:L=2000
GZ-3
(用于大于2100mm洞口处)
资质等级:
QUALIFICATION AND QUALITY CLASS: FIRST CLASS
证书编号:
审定
审核
校对
项目负责人
设计负责人
辅助设计
工程名称
农民(移民)集中居住区5#楼
图名
二～五层结构平面图
GZ-1～3
工程号
日期
图号
GS-3

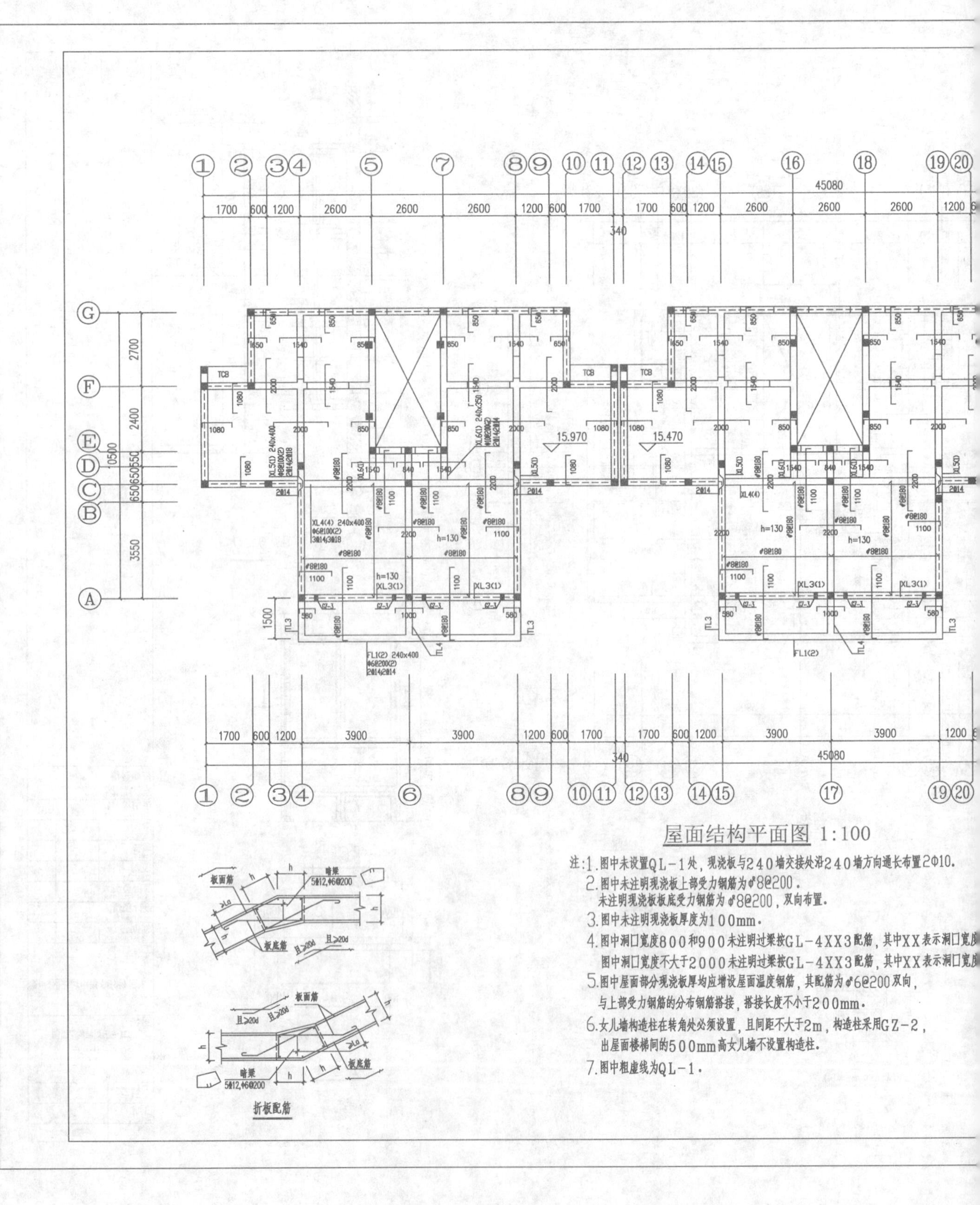
屋面结构平面图 1:100
注:1.图中未设置QL-1处，现浇板与240墙交接处沿240墙方向通长布置2Φ10.
2.图中未注明现浇板上部受力钢筋为φ8@200.
未注明现浇板板底受力钢筋为φ8@200，双向布置.
3.图中未注明现浇板厚度为100mm.
4.图中洞口宽度800和900未注明过梁按GL-4XX3配筋，其中XX表示洞口宽度
图中洞口宽度不大于2000未注明过梁按GL-4XX3配筋，其中XX表示洞口宽度
5.图中屋面部分现浇板厚均应增设屋面温度钢筋，其配筋为φ6@200双向，
与上部受力钢筋的分布钢筋搭接，搭接长度不小于200mm.
6.女儿墙构造柱在转角处必须设置，且间距不大于2m，构造柱采用GZ-2，
出屋面楼梯间的500mm高女儿墙不设置构造柱.
7.图中粗虚线为QL-1.
折板配筋
板面筋
板底筋
暗梁
5Φ12,Φ6@200
15.970
15.470
45080

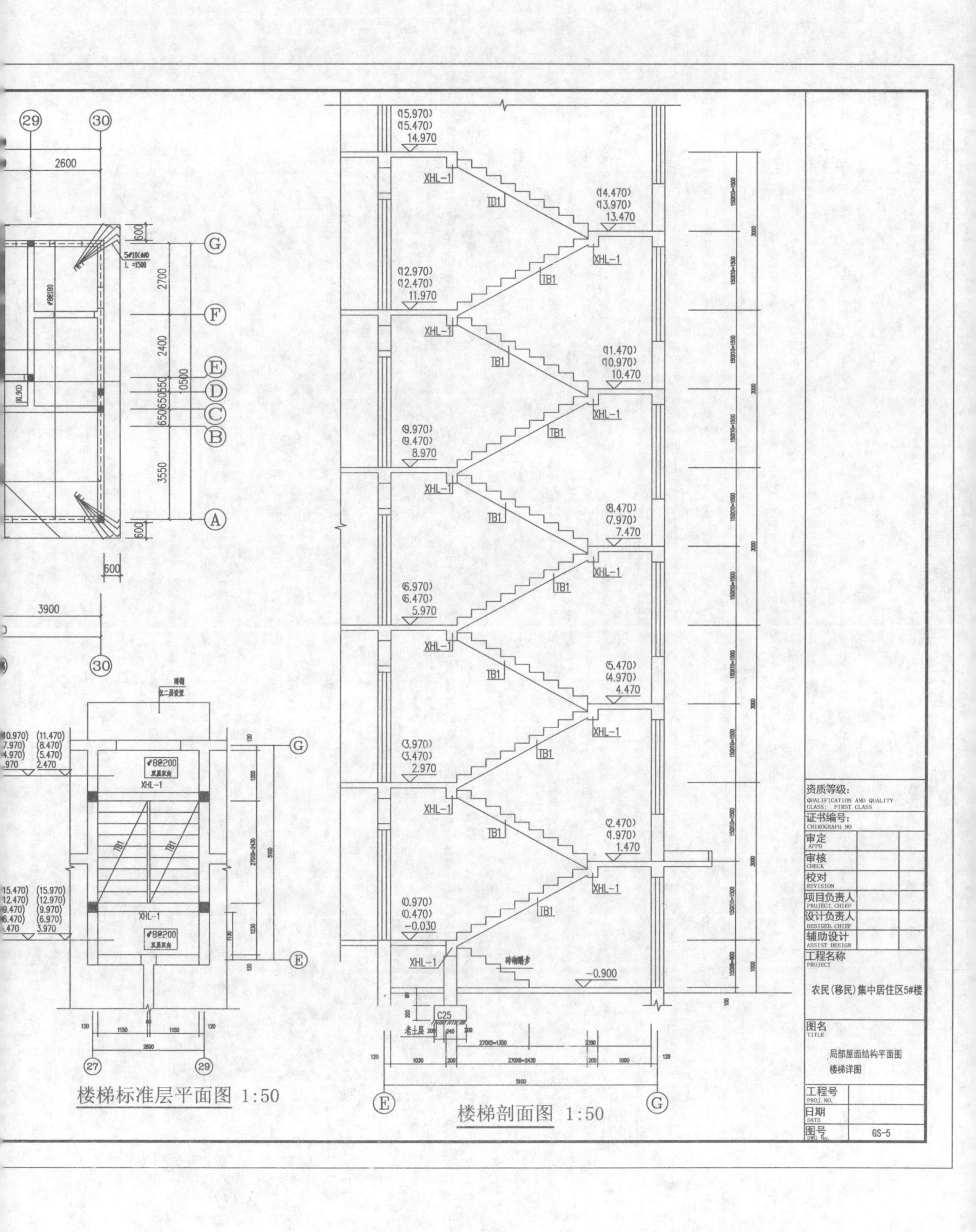
楼梯标准层平面图 1:50
楼梯剖面图 1:50
XHL-1
TB1
资质等级:
QUALIFICATION AND QUALITY CLASS: FIRST CLASS
证书编号:
CHIROGRAPH NO
审定
审核
校对
项目负责人
设计负责人
辅助设计
工程名称
农民(移民)集中居住区5#楼
图名
局部屋面结构平面图
楼梯详图
工程号
日期
图号
GS-5

智囊图书·建筑书系

全国土木工程类实用创新型规划教材

综合楼

12.2两种材料的墙体交接处，应根据饰面材质在做饰面前加钉金属网或在施工中加贴玻璃丝网格布，防止裂缝。

12.3预埋木砖及相邻墙体的木质面均做防腐处理，露明铁件均做防锈处理。

12.4楼板留洞待设备管线安装完毕后，用C20细石混凝土封堵密实。

12.5二次装修材料不得降低原建筑材料的耐火等级；二次装修不得影响消防设施的正常使用。

12.6施工图中的房间功能不得任意变更，若确有需要，必须先通知设计单位并确认同意。

12.7管道穿墙、板孔洞应结合设备专业预留、预埋，不得事后开孔打洞。

12.8所有防水工程必须由合格的专业防水施工单位施工；屋面应作24小时蓄水试验，卫生间内楼板必须捣制密实预防渗漏。

12.9落地窗及挑窗护窗栏杆高度均为距地面或距窗台板面900净高；

12.10凡本说明未尽事宜，均应严格遵照国家有关规范和规定执行；施工过程中应严格执行国家各项施工质量验收规范。

13.节能设计

13.1详建施节能设计。

图纸目录

序号	图号	图纸名称	图幅	备注
1	1/25	建筑施工图设计总说明　图纸目录	A2	
2	2/25	建筑技术措施表	A2	
3	3/25	建筑节能设计计算书	A2	
4	4/25	总平面图	A2	
5	5/25	门窗表　门窗大样图	A2+1/2	
6	6/25	负一层平面图	A2	
7	7/25	一层平面图	A2	
8	8/25	二层平面图	A2	
9	9/25	三层平面图	A2	
10	10/25	四层平面图	A2	
11	11/25	五层平面图	A2	
12	12/25	六～八层平面图	A2	
13	13/25	九层平面图	A2	
14	14/25	屋面平面图	A2	
15	15/25	屋面及构架平面图　节点详图	A2	
16	16/25	①～⑨立面图	A2	
17	17/25	⑨～①立面图	A2	
18	18/25	Ⓐ～Ⓗ立面图	A2	
19	19/25	Ⓗ～Ⓐ立面图	A2	
20	20/25	1—1剖面图	A2	
21	21/25	楼梯A大样图	A2+1/2	
22	22/25	楼梯B大样图　卫生间大样图	A2+1/2	
23	23/25	节点详图	A2+1/2	
24	24/25	节点详图	A2+1/2	
25	25/25	消防水池大样图　节点详图	A2+1/2	

说　明
Illustration

注：本图未经相关建设主管部门批准不得使用。

项目负责人 Project Director	姓名 Name		
	注册证书编号 Registration Seal No.		
执行项目负责人 Perform Project Director			
专业负责 Specialized Person in Charge			
设计 Design			
校对 Check			
审核 Examiner			
审定 Approved			
工程名称 Project			
单体名称 Single Name	综合楼		
图名 Drawing Name	建筑施工图设计总说明 图纸目录		
图别 Drawing Sort	建施	工程编号 Project No.	
图号 Drawing No.	1/25	日期 Date	
地址 ADD			
电话 TEL			
传真 FAX			

建筑技术措施表

类别	编号	名称	做法	使用部位	备注
屋面	1	上人屋面	400x400地砖	详图	防水卷材具体做法详厂家说明
			25厚1:2.5水泥砂浆结合层		
			4厚SBS防水层		
			SBS改性沥青防水卷材冷底油		
			25厚1:2.5水泥砂浆找平层		
			最薄处150厚XH04级配泡沫混凝土保温兼找坡		
			现浇钢筋混凝土屋面板		
			20厚混合砂浆抹灰		
	2	非上人屋面	25厚1:2.5水泥砂浆保护层，分隔缝<1.0沥青油膏嵌缝	详图	防水卷材具体做法详厂家说明分仓缝用沥青油膏嵌实
			4厚SBS防水层		
			SBS改性沥青防水卷材冷底油		
			25厚1:2.5水泥砂浆找平层		
			最薄处150厚XH04级配泡沫混凝土保温兼找坡		
			现浇钢筋混凝土屋面板		
			20厚混合砂浆抹灰		
地面	1	花岗石地面	20厚芝麻白花岗石块面层水泥浆擦缝	地下室合用前室楼梯间地面	规格：800x800 800x200 黑色花岗石镶边 楼梯梯步面层做法详大样图
			20厚1:2干硬性水泥砂浆粘合层，上洒1~2厚干水泥并洒清水适量		
			水泥浆结合层一道		
			150厚C25混凝土		
			素土夯实		
	2	混凝土压光地面	150厚C25混凝土底板压光收面（向排水沟找坡0.5%）	地下室除合用前室、楼梯间外所有房间	
			素土夯实		
楼面	1	花岗石楼面	20厚芝麻白花岗石块面层水泥浆擦缝	合用前室、前室 门厅、入口阶梯 入口平台 楼梯间楼面	规格：800x800 800x200 黑色花岗石镶边
			20厚1:2干硬性水泥砂浆粘合层，上洒1~2厚干水泥并洒清水适量		
			20厚1:3水泥砂浆找平层		
			水泥浆结合层一道		
			结构板		
	2	防滑石英砖楼面	防滑地砖面层水泥浆擦缝	卫生间	规格：350x350
			20厚1:2干硬性水泥砂浆结合层，上洒1~2厚干水泥并洒清水适量		
			20厚1:2.5水泥砂浆找平层		
			1:6水泥炉渣找坡层		
			聚合物（丙烯酸）乳液防水涂料不小于1.5厚		
			20厚1:2.5水泥砂浆找平层		
			钢筋混凝土结构层，四周侧墙与地面交接处做混凝土翻边高150		
	3	水泥砂浆楼面	20厚1:2水泥砂浆面层	商店、消防控制室、地上车位、写字间、机房	
			水泥浆水灰比0.4~0.5结合层一道		
			结构板		

系数 $/(m^{-2}\cdot K^{-1})$	热阻值 $/(m^2\cdot K\cdot W^{-1})$	热惰性指标 $D=R\cdot S$
—	—	—
.370	0.022	0.25
	0.024	
—	—	—
.370	0.027	0.31
59	1.25	4.49
.06	0.069	1.177
.750	0.023	0.247
—	1.415	6.474

$m^2\cdot K\cdot W^{-1}$

热系数 $/(m^{-2}\cdot K^{-1})$	热阻值 $/(m^2\cdot K\cdot W^{-1})$	热惰性指标 $D=R\cdot S$
.370	0.027	0.25
	0.024	
—	—	—
.370	0.027	0.31
59	1.25	4.49
7.06	0.069	1.177
0.750	0.023	0.247
—	1.420	6.474

$m^2\cdot K\cdot W^{-1}$

窗墙面积比
0.151
0.251
0.307
0.403

遮阳系数	遮阳系数限值
0.5	—
0.83	0.55
0.5	0.5
0.5	0.55

七、地面保温隔热设计

本工程基础持力层标高在 −1.500 以下，若仅按标高 −1.500 以上的夯实黏土进行保温隔热计算 $R=1.5m/1.16w\cdot m^{-1}\cdot K^{-1}=1.29m^2\cdot K\cdot W^{-1}$ 就已大于限值 $1.2\ m^2\cdot K\cdot W^{-1}$

满足《公共建筑节能设计标准》4.2.2−6条要求。

八、地下室外墙

序号	材料名称	导热系数 λ	厚度 /m	材料层热阻 R /$W\cdot m^{-2}\cdot K^{-1}$
1	水泥砂浆	0.93	0.02	0.021
2	钢筋混凝土墙	1.74	0.25	0.14
3	SBC防水卷材	0.17	0.0007	0.004
3	水泥砂浆	0.93	0.02	0.06
4	挤塑板	0.028	0.05	1.78

总传热阻=2.00

$$k=\frac{1}{0.04+2.00+0.11}=0.46\ W\cdot m^{-2}\cdot K^{-1}$$

$k<1.5\ W\cdot m^{-2}\cdot K^{-1}$满足规范要求。

九、结论

1. 体形系数满足标准要求
2. 屋顶的传热系数满足标准要求
3. 外墙的传热系数满足标准要求
4. 外窗的传热系数及遮阳系数满足标准要求
5. 地面的传热系数满足标准要求

十、节能选用标准设计做法

1. 保温墙体中阴阳角及内外墙交接处作法参见国标 03J122中H9页。
2. 门窗洞口边框部位保温节能作法参见 03J122中H10及H11页。
3. 附加固定件作法参见03J122中K5页。

说 明

Illustration

注：本图未经相关建设主管部门批准不得使用。

项目负责人 Project Director	姓 名 Name
	注册证书编号 Registration Seal No.
执行项目负责人 Perform Project Director	
专业负责 Specialized Person in Charge	
设 计 Design	
校 对 Check	
审 核 Examiner	
审 定 Approved	
工程名称 Project	
单体名称 Single Name	综合楼
图 名 Drawing Name	建筑节能设计计算书
图 别 Drawing Sort	建 施
工程编号 Project No.	
图 号 Drawing No.	3 / 25
日 期 Date	
地 址 ADD	
电 话 TEL	
传 真 FAX	

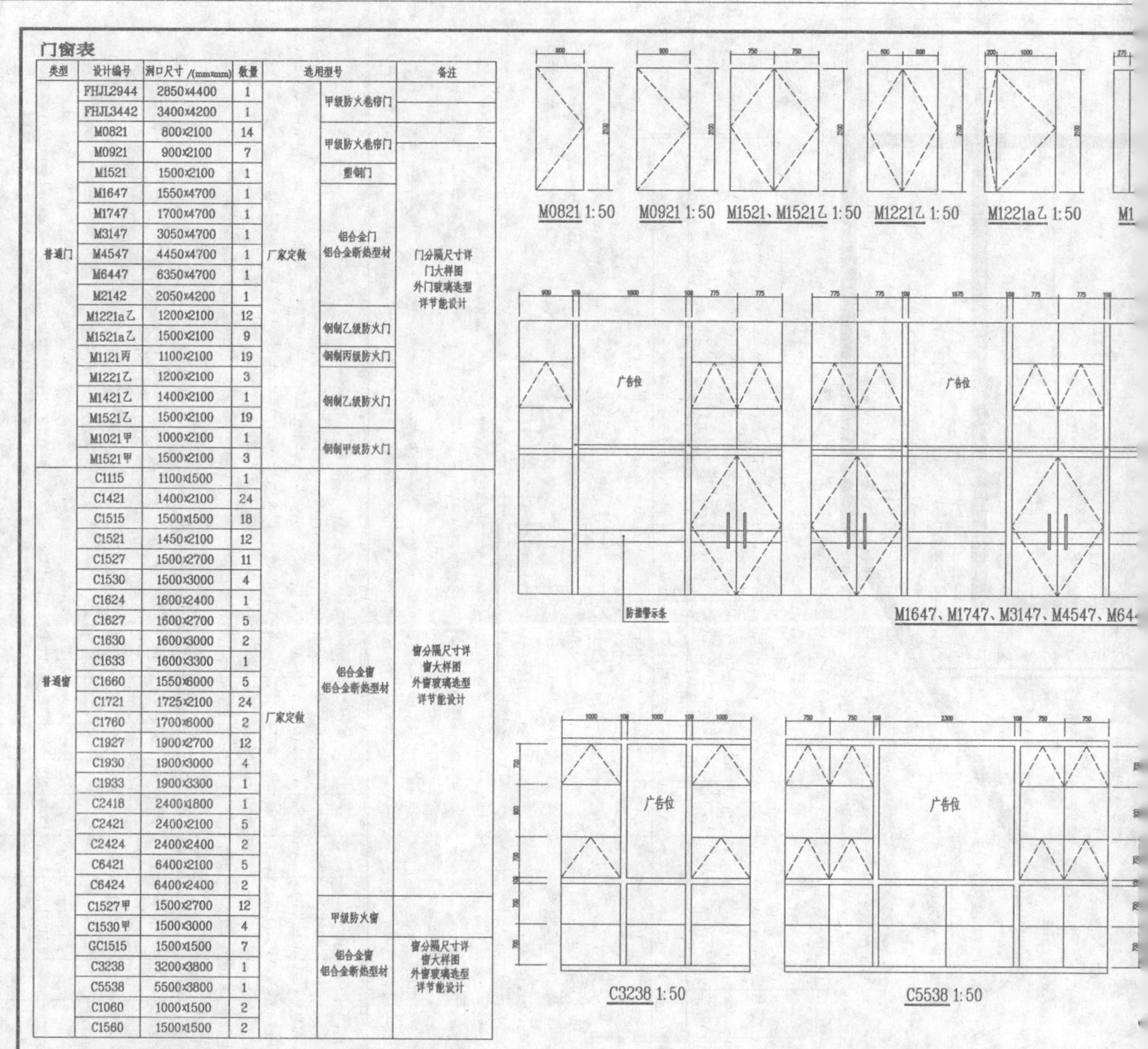

门窗表

类型	设计编号	洞口尺寸/(mm×mm)	数量	选用型号		备注
普通门	FHJL2944	2850×4400	1	厂家定做	甲级防火卷帘门	
	FHJL3442	3400×4200	1			
	M0821	800×2100	14		甲级防火卷帘门	
	M0921	900×2100	7			门分隔尺寸详门大样图外门玻璃选型详节能设计
	M1521	1500×2100	1		塑钢门	
	M1647	1550×4700	1		铝合金门铝合金断热型材	
	M1747	1700×4700	1			
	M3147	3050×4700	1			
	M4547	4450×4700	1			
	M6447	6350×4700	1			
	M2142	2050×4200	1			
	M1221a乙	1200×2100	12		钢制乙级防火门	
	M1521a乙	1500×2100	9			
	M1121丙	1100×2100	19		钢制丙级防火门	
	M1221乙	1200×2100	3		钢制乙级防火门	
	M1421乙	1400×2100	1			
	M1521乙	1500×2100	19			
	M1021甲	1000×2100	1		钢制甲级防火门	
	M1521甲	1500×2100	3			
普通窗	C1115	1100×1500	1	厂家定做	铝合金窗铝合金断热型材	窗分隔尺寸详窗大样图外窗玻璃选型详节能设计
	C1421	1400×2100	24			
	C1515	1500×1500	18			
	C1521	1450×2100	12			
	C1527	1500×2700	11			
	C1530	1500×3000	4			
	C1624	1600×2400	1			
	C1627	1600×2700	5			
	C1630	1600×3000	2			
	C1633	1600×3300	1			
	C1660	1550×6000	5			
	C1721	1725×2100	24			
	C1760	1700×6000	2			
	C1927	1900×2700	12			
	C1930	1900×3000	4			
	C1933	1900×3300	1			
	C2418	2400×1800	1			
	C2421	2400×2100	5			
	C2424	2400×2400	2			
	C6421	6400×2100	5			
	C6424	6400×2400	2			
	C1527甲	1500×2700	12		甲级防火窗	
	C1530甲	1500×3000	4			
	GC1515	1500×1500	7		铝合金窗铝合金断热型材	窗分隔尺寸详窗大样图外窗玻璃选型详节能设计
	C3238	3200×3800	1			
	C5538	5500×3800	1			
	C1060	1000×1500	2			
	C1560	1500×1500	2			

注：1. 门窗表中尺寸均表示洞口尺寸，门窗加工尺寸应按门窗洞口设计尺寸扣除墙面装修材料厚度后的净尺寸加工，并以现场实际测量数据为准。

2. 塑钢上悬窗设自动摇窗机。

3. 门窗大样图仅示意门窗分格，制作时应计算材料尺寸。

4. 门窗大样图中☒为平开扇⊟为推拉扇◸为上悬窗，未明确指出窗扇开启方式的均为固定窗。

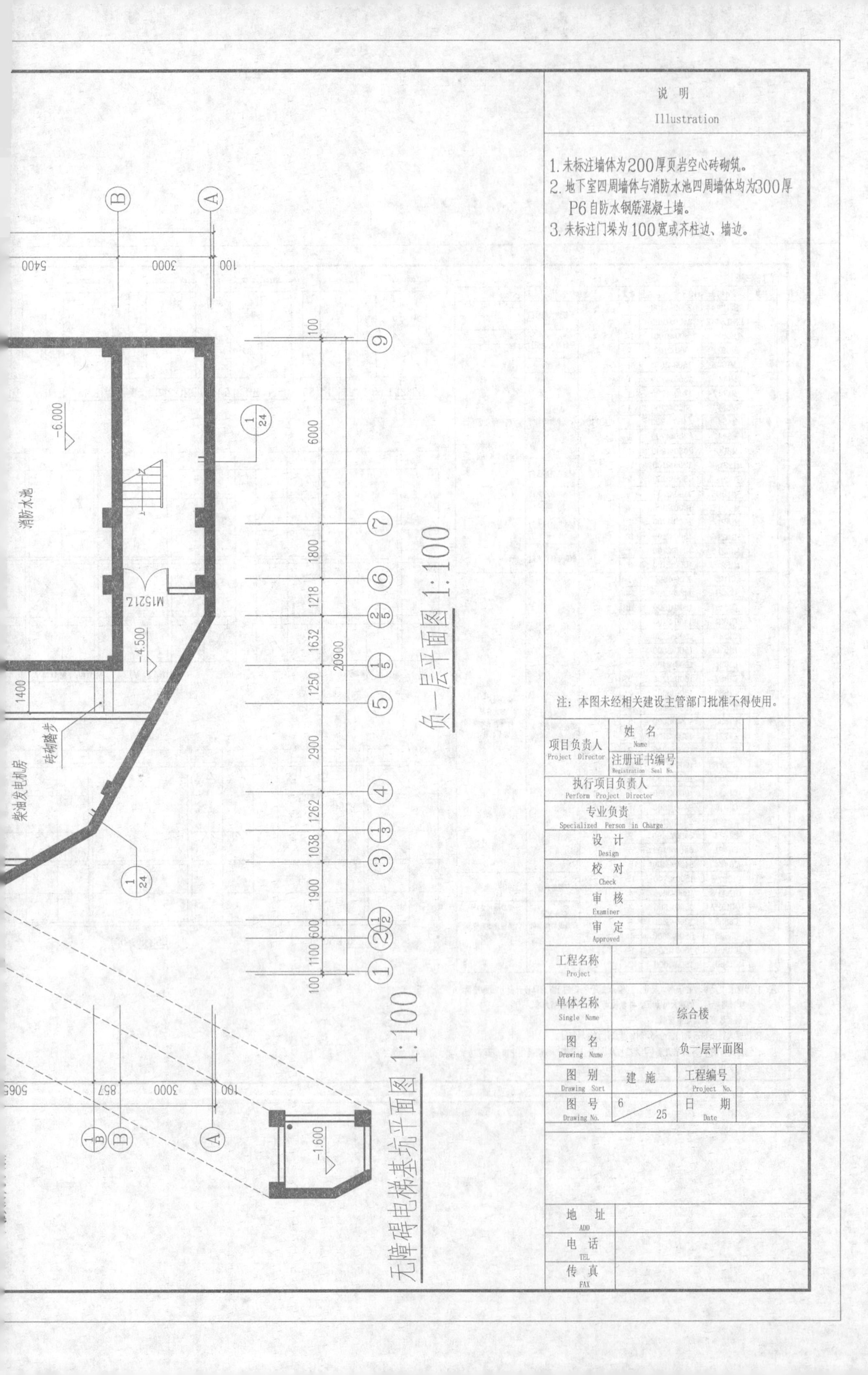

说 明
Illustration
1. 未标注墙体为200厚页岩空心砖砌筑。
2. 地下室四周墙体与消防水池四周墙体均为300厚P6自防水钢筋混凝土墙。
3. 未标注门垛为100宽或齐柱边、墙边。
注：本图未经相关建设主管部门批准不得使用。
项目负责人 Project Director
姓 名 Name
注册证书编号 Registration Seal No.
执行项目负责人 Perform Project Director
专业负责 Specialized Person in Charge
设 计 Design
校 对 Check
审 核 Examiner
审 定 Approved
工程名称 Project
单体名称 Single Name
综合楼
图 名 Drawing Name
负一层平面图
图 别 Drawing Sort
建 施
工程编号 Project No.
图 号 Drawing No.
6
25
日 期 Date
地 址 ADD
电 话 TEL
传 真 FAX
负一层平面图 1:100
无障碍电梯基坑平面图 1:100
消防水池
柴油发电机房
砖砌踏步
M1521
-6.000
-4.500
-1.600
20900

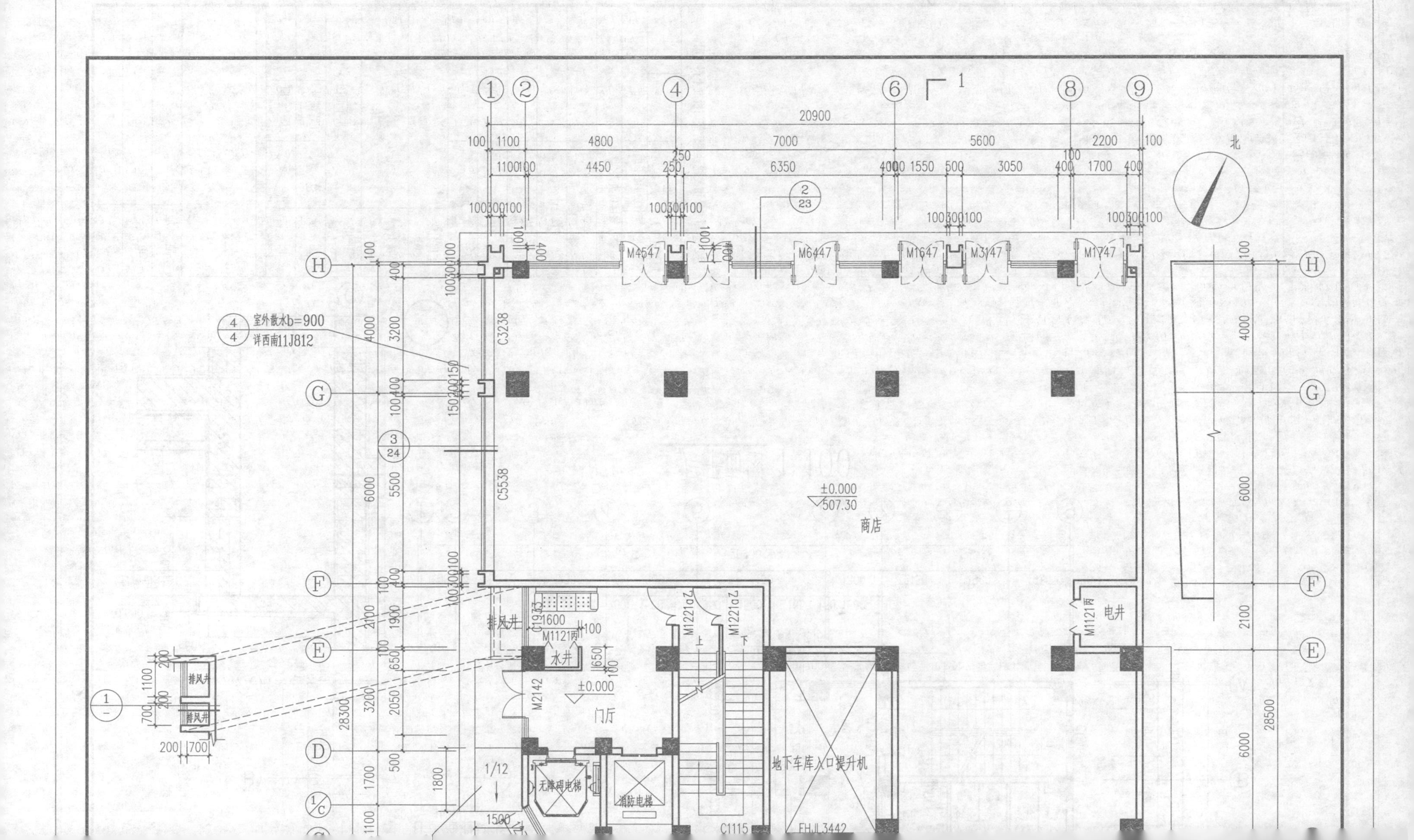

北
商店
±0.000
507.30
门厅
地下车库入口提升机
无障碍电梯
消防电梯
水井
电井
排风井
室外散水b=900
详西南11J812
M4547
M6447
M1647
M3147
M1747
M1221α乙
M1121丙
M2142
C3238
C5538
C1115
FHJL3442
20900
28500
28300

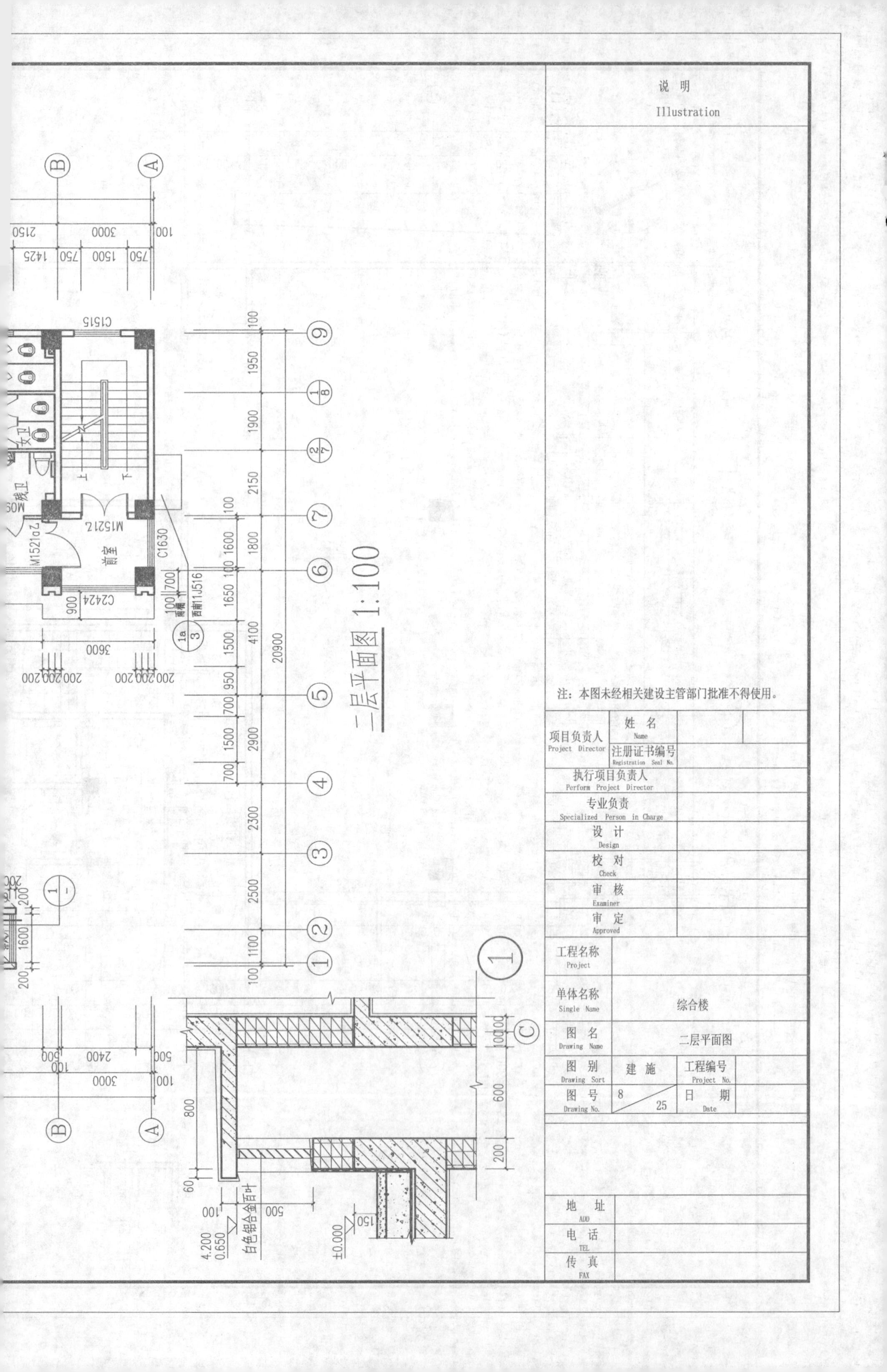

二层平面图 1:100
说明
Illustration
注：本图未经相关建设主管部门批准不得使用。
项目负责人
Project Director
姓名
Name
注册证书编号
Registration Seal No.
执行项目负责人
Perform Project Director
专业负责
Specialized Person in Charge
设计
Design
校对
Check
审核
Examiner
审定
Approved
工程名称
Project
单体名称
Single Name
综合楼
图名
Drawing Name
二层平面图
图别
Drawing Sort
建施
工程编号
Project No.
图号
Drawing No.
8
25
日期
Date
地址
ADD
电话
TEL
传真
FAX

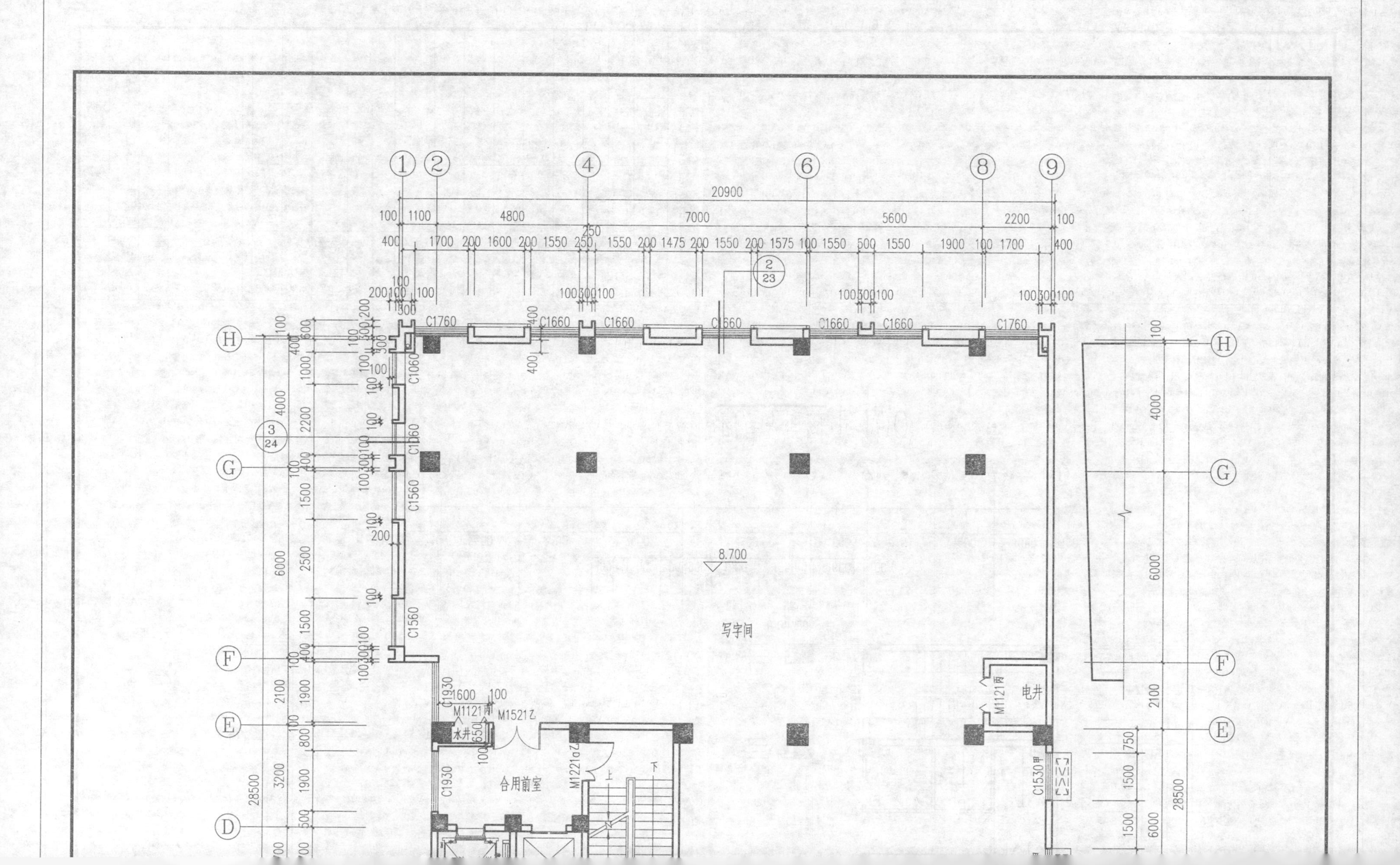

写字间
合用前室
电井
水井
8.700
20900
C1760
C1660
C1560
C1930
M1521乙
M1221a乙
M1121丙
C1530甲

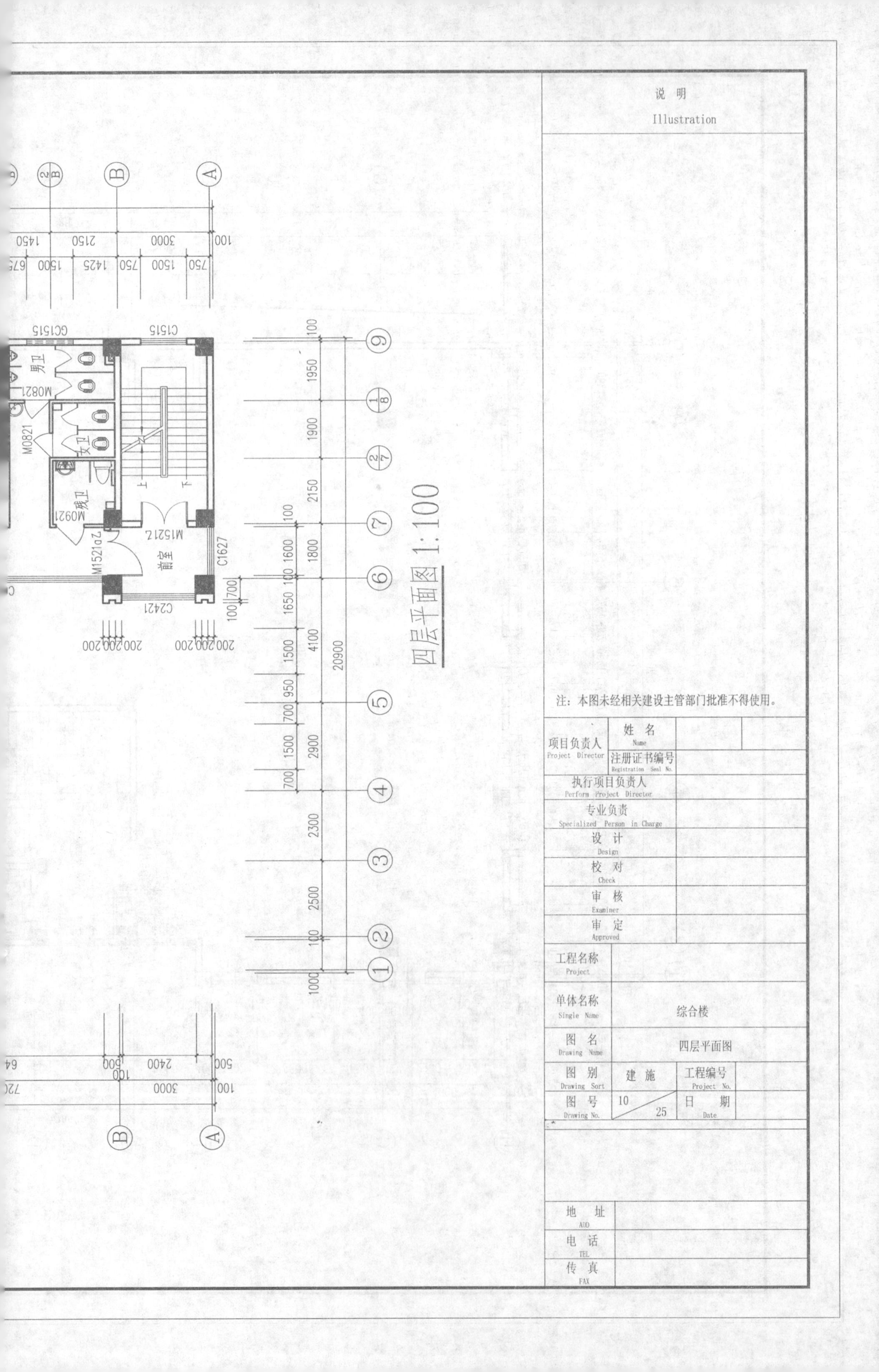

说 明
Illustration
四层平面图 1:100
注：本图未经相关建设主管部门批准不得使用。
项目负责人
Project Director
姓 名
Name
注册证书编号
Registration Seal No.
执行项目负责人
Perform Project Director
专业负责
Specialized Person in Charge
设 计
Design
校 对
Check
审 核
Examiner
审 定
Approved
工程名称
Project
单体名称
Single Name
综合楼
图 名
Drawing Name
四层平面图
图 别
Drawing Sort
建 施
工程编号
Project No.
图 号
Drawing No.
10
25
日 期
Date
地 址
ADD
电 话
TEL
传 真
FAX

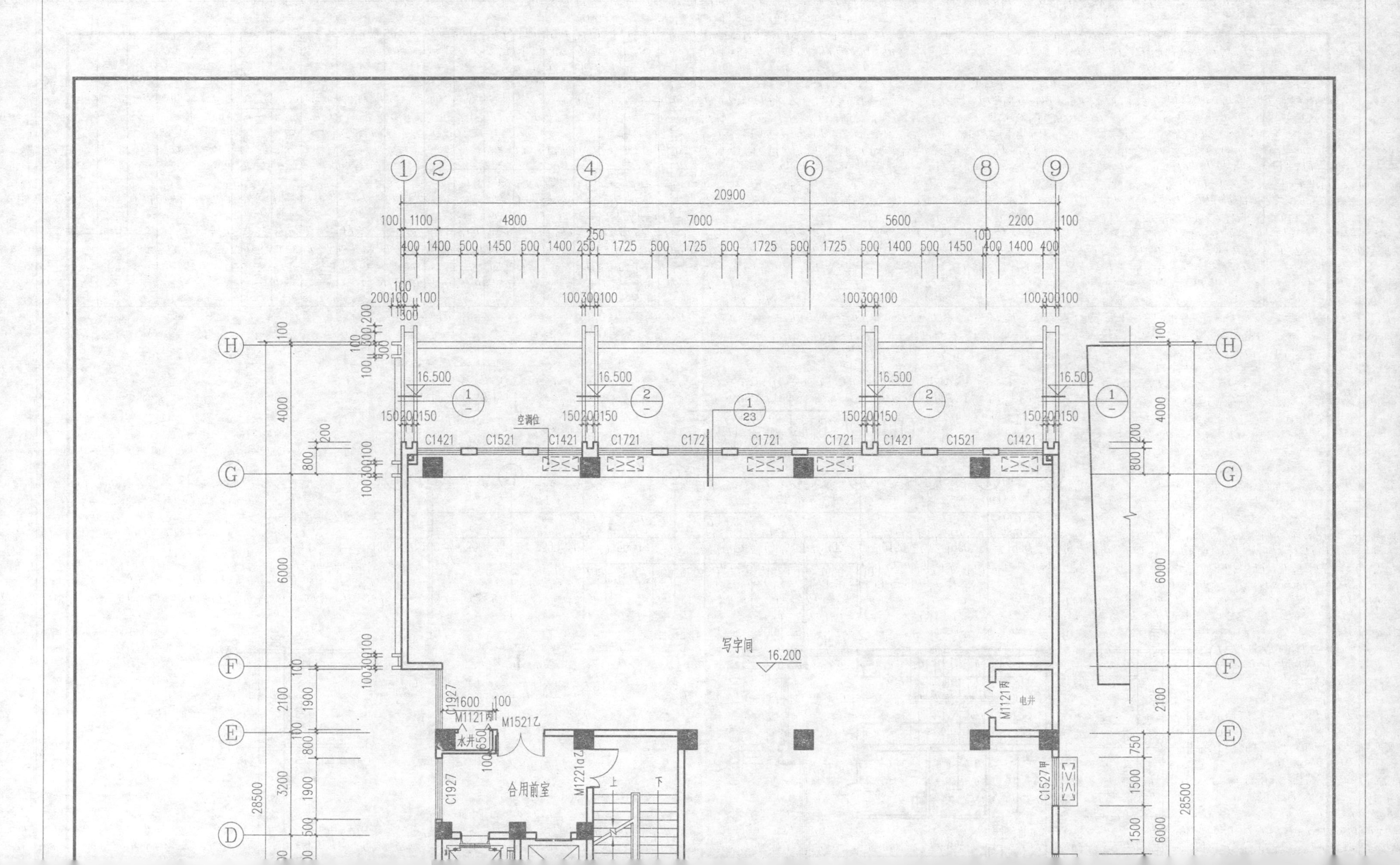

写字间
16.200
合用前室
空调位
电井
水井
16.500

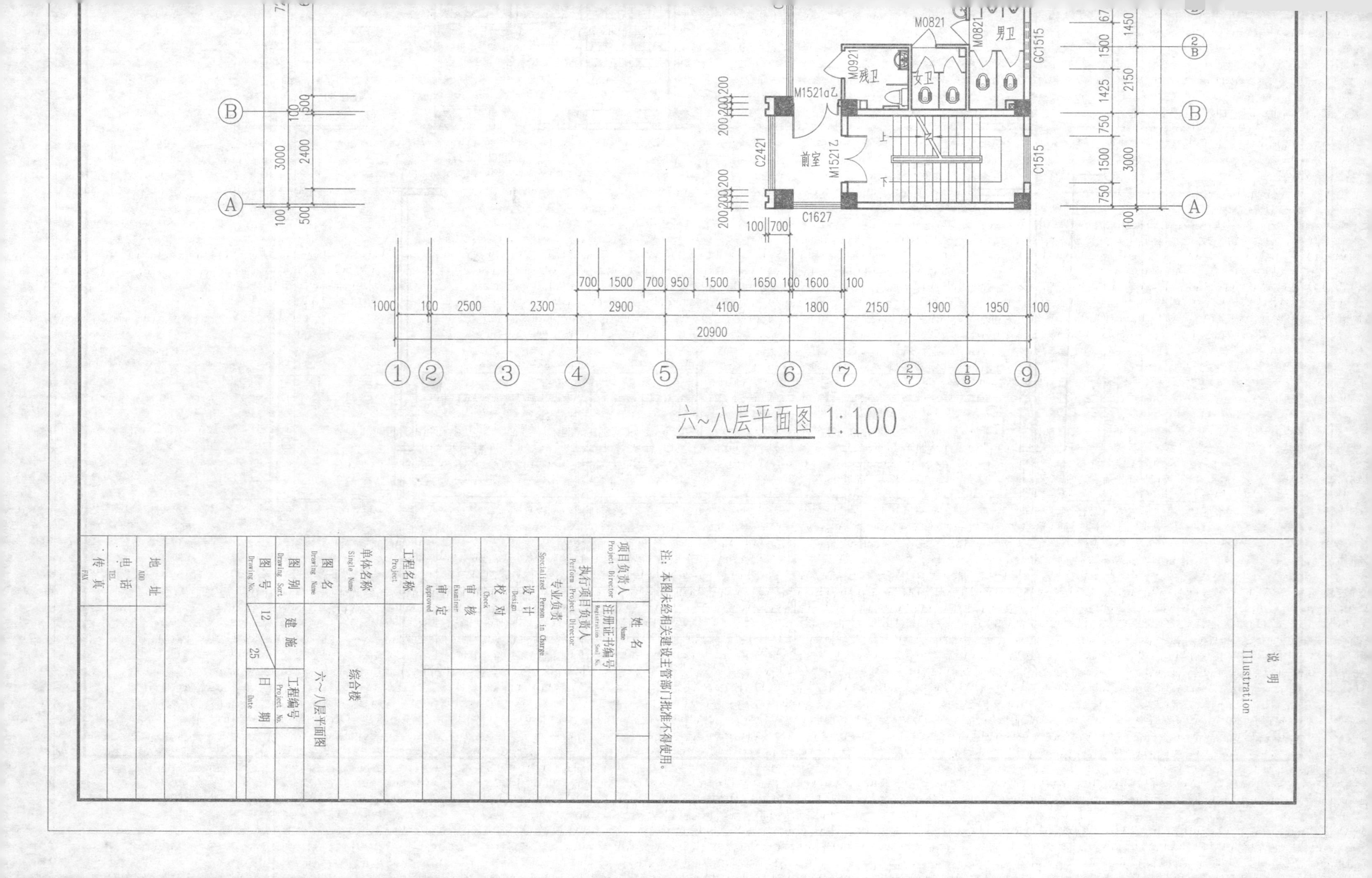

六~八层平面图 1:100
男卫
女卫
残卫
前室
M0821
M0921
M1521aZ
M1521Z
GC1515
C1515
C1627
C2421
20900
说 明
Illustration
注：本图未经相关建设主管部门批准不得使用。
项目负责人 Project Director
姓 名 Name
注册证书编号 Registration Seal No.
执行项目负责人 Perform Project Director
专业负责 Specialized Person in Charge
设 计 Design
校 对 Check
审 核 Examiner
审 定 Approved
工程名称 Project
单体名称 Single Name
综合楼
图 名 Drawing Name
六～八层平面图
图 别 Drawing Sort
建 施
工程编号 Project No.
图 号 Drawing No.
12
25
日 期 Date
地 址 ADD
电 话 TEL
传 真 FAX

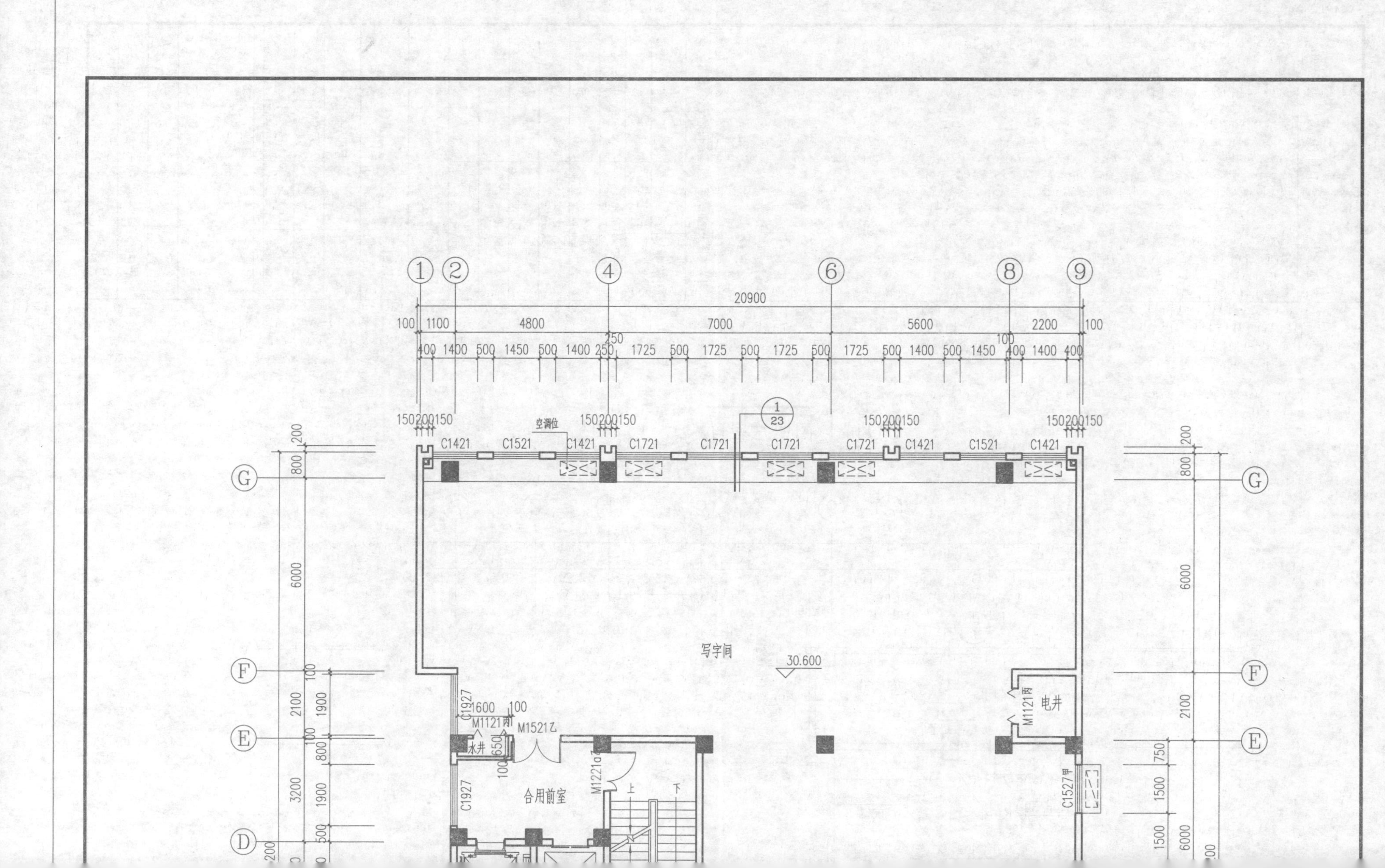
写字间
30.600
合用前室
电井
水井
空调位
上
下
C1421
C1521
C1721
C1927
C1527甲
M1121丙
M1521乙
M1221a丁
20900

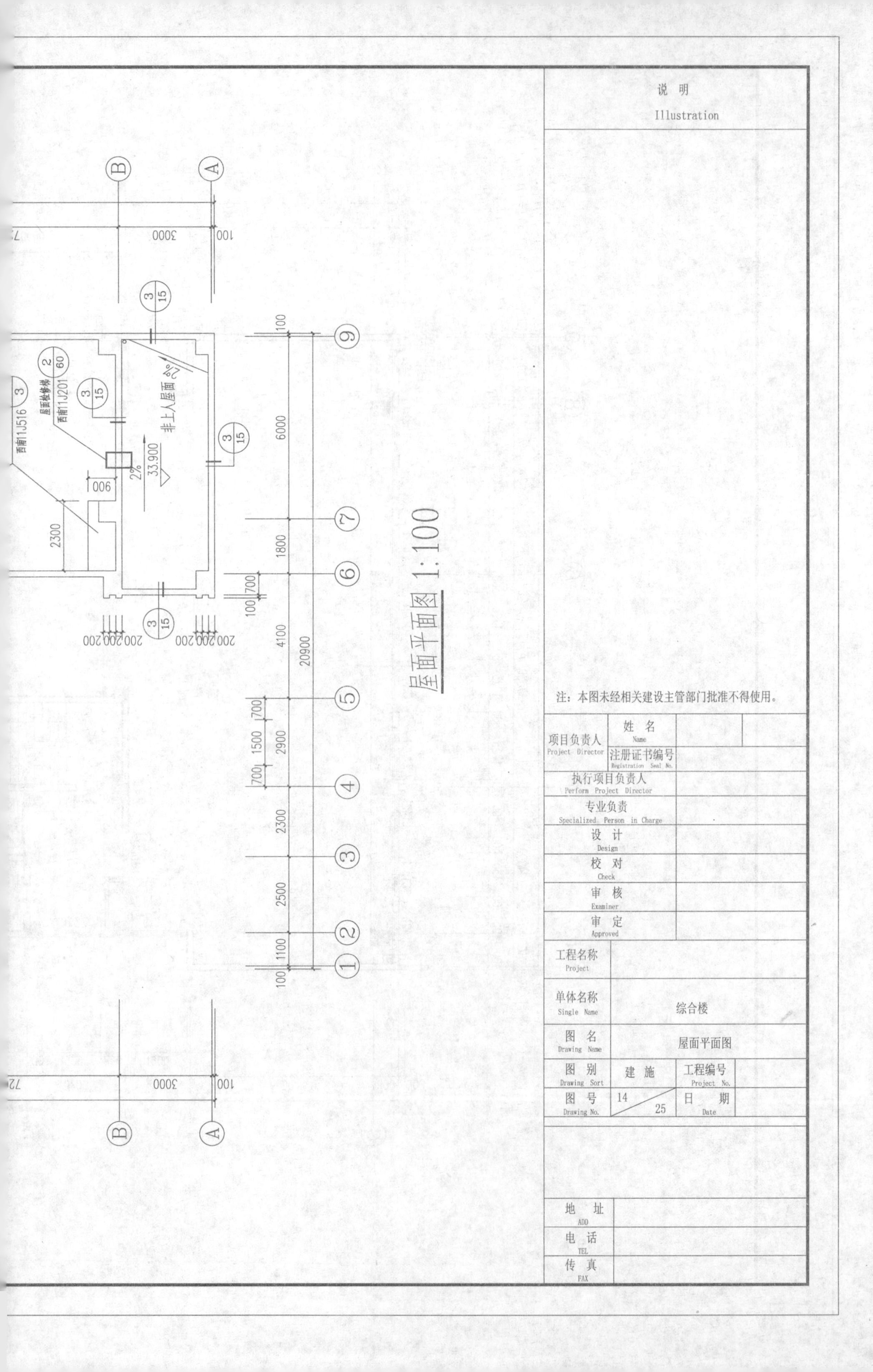

说 明
Illustration
屋面平面图 1:100
注：本图未经相关建设主管部门批准不得使用。
项目负责人
Project Director
姓 名
Name
注册证书编号
Registration Seal No.
执行项目负责人
Perform Project Director
专业负责
Specialized Person in Charge
设 计
Design
校 对
Check
审 核
Examiner
审 定
Approved
工程名称
Project
单体名称
Single Name
综合楼
图 名
Drawing Name
屋面平面图
图 别
Drawing Sort
建 施
工程编号
Project No.
图 号
Drawing No.
14
25
日 期
Date
地 址
ADD
电 话
TEL
传 真
FAX

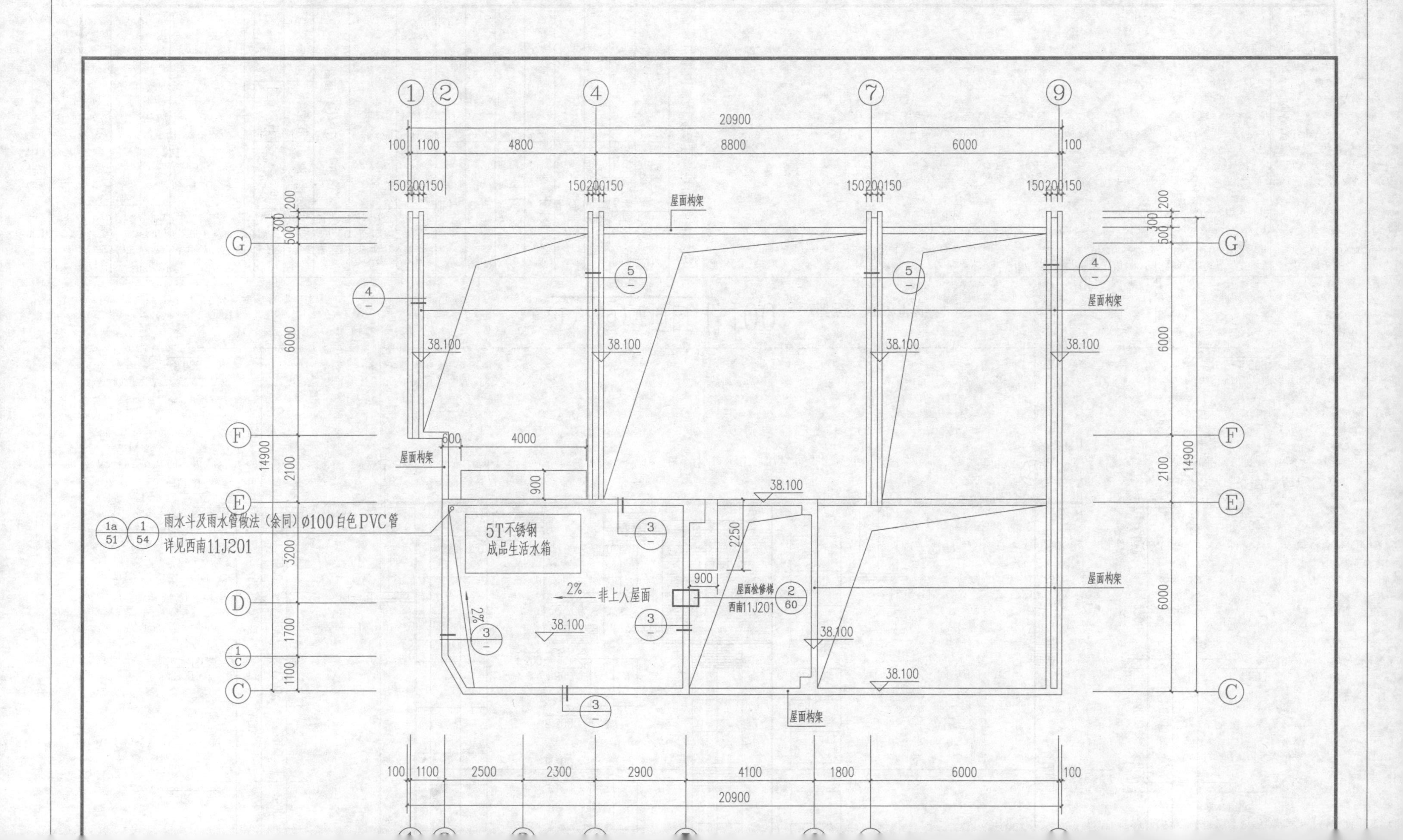

20900
100
1100
4800
8800
6000
150200150
屋面构架
38.100
14900
2100
3200
1700
1100
600
4000
900
2250
雨水斗及雨水管做法（余同）ø100白色PVC管
详见西南11J201
5T不锈钢
成品生活水箱
2%
非上人屋面
屋面检修梯
西南11J201
2500
2300
2900
4100
1800

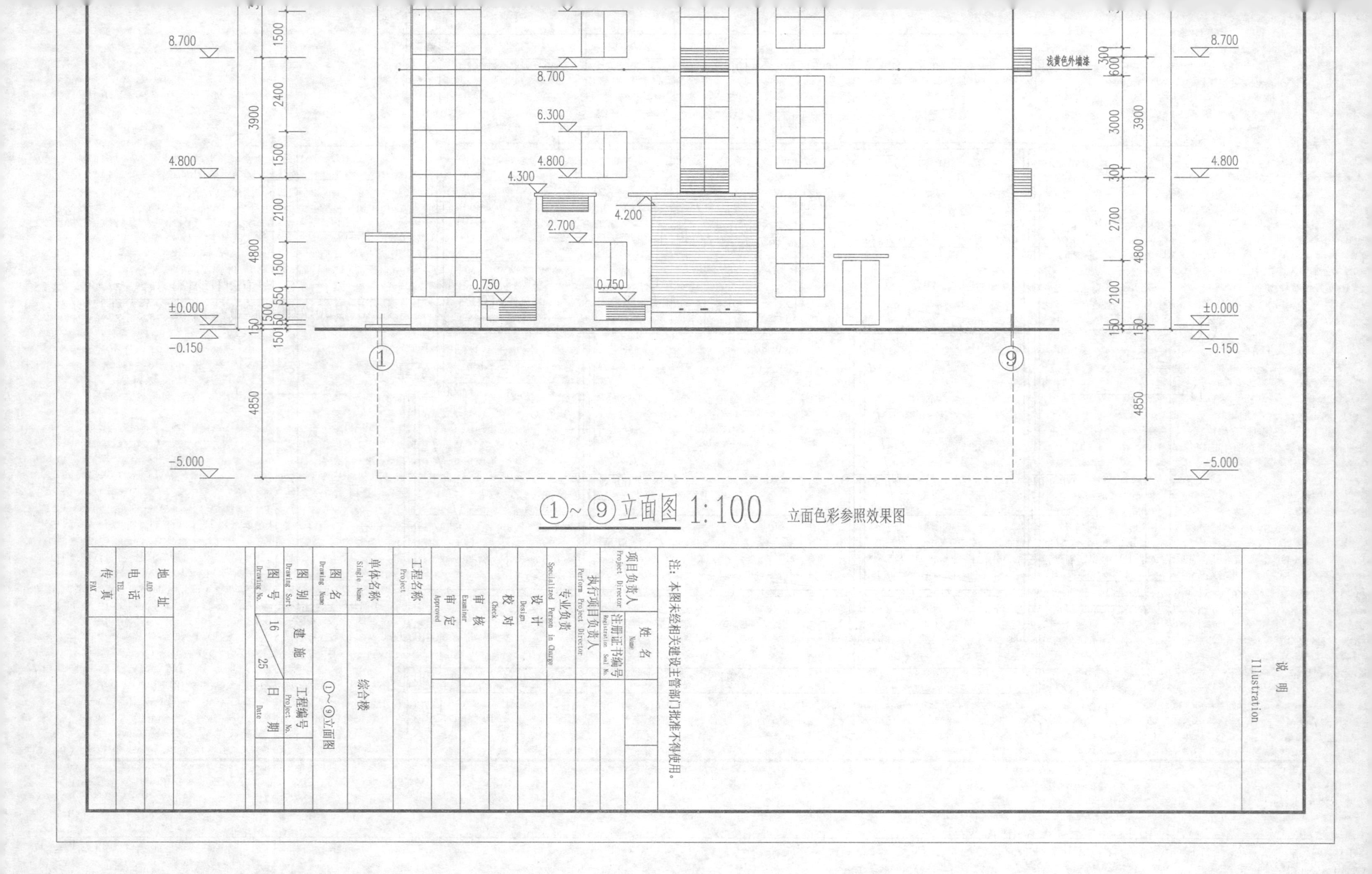

8.700
4.800
±0.000
-0.150
-5.000
6.300
4.300
4.200
2.700
0.750
1500
2400
3900
2100
4800
550
500
150
4850
300
600
3000
2700
浅黄色外墙涂
①~⑨立面图 1:100
立面色彩参照效果图
说 明
Illustration
注：本图未经相关建设主管部门批准不得使用。
项目负责人 Project Director
姓 名 Name
注册证书编号 Registration Seal No.
执行项目负责人 Perform Project Director
专业负责 Specialized Person in Charge
设 计 Design
校 对 Check
审 核 Examiner
审 定 Approved
工程名称 Project
单体名称 Single Name
综合楼
图 名 Drawing Name
①~⑨立面图
图 别 Drawing Sort
建 施
工程编号 Project No.
图 号 Drawing No.
16
25
日 期 Date
地 址 ADD
电 话 TEL
传 真 FAX

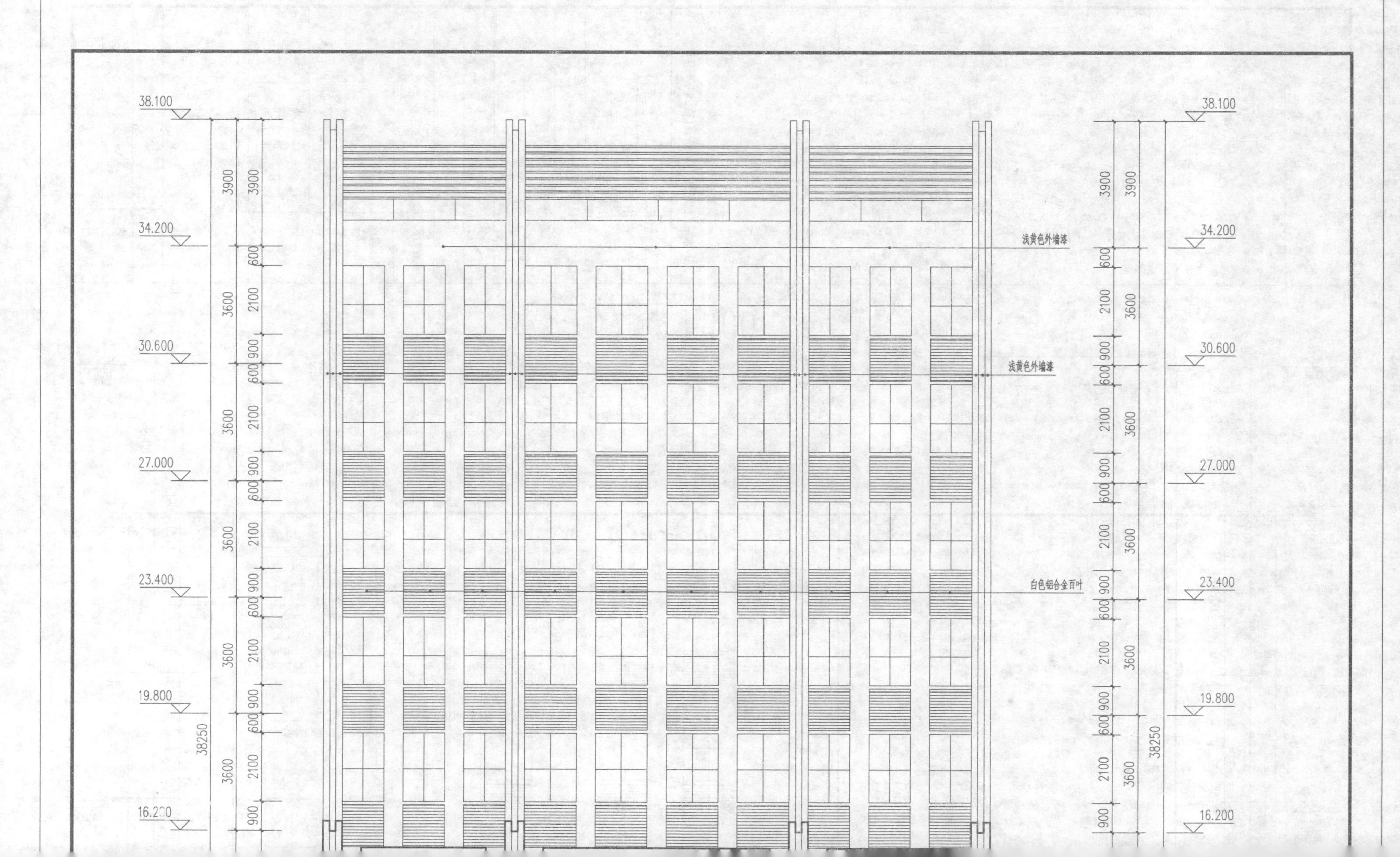

38.100
34.200
30.600
27.000
23.400
19.800
16.200
38250
3900
3600
2100
900
600
浅黄色外墙漆
浅黄色外墙漆
白色铝合金百叶

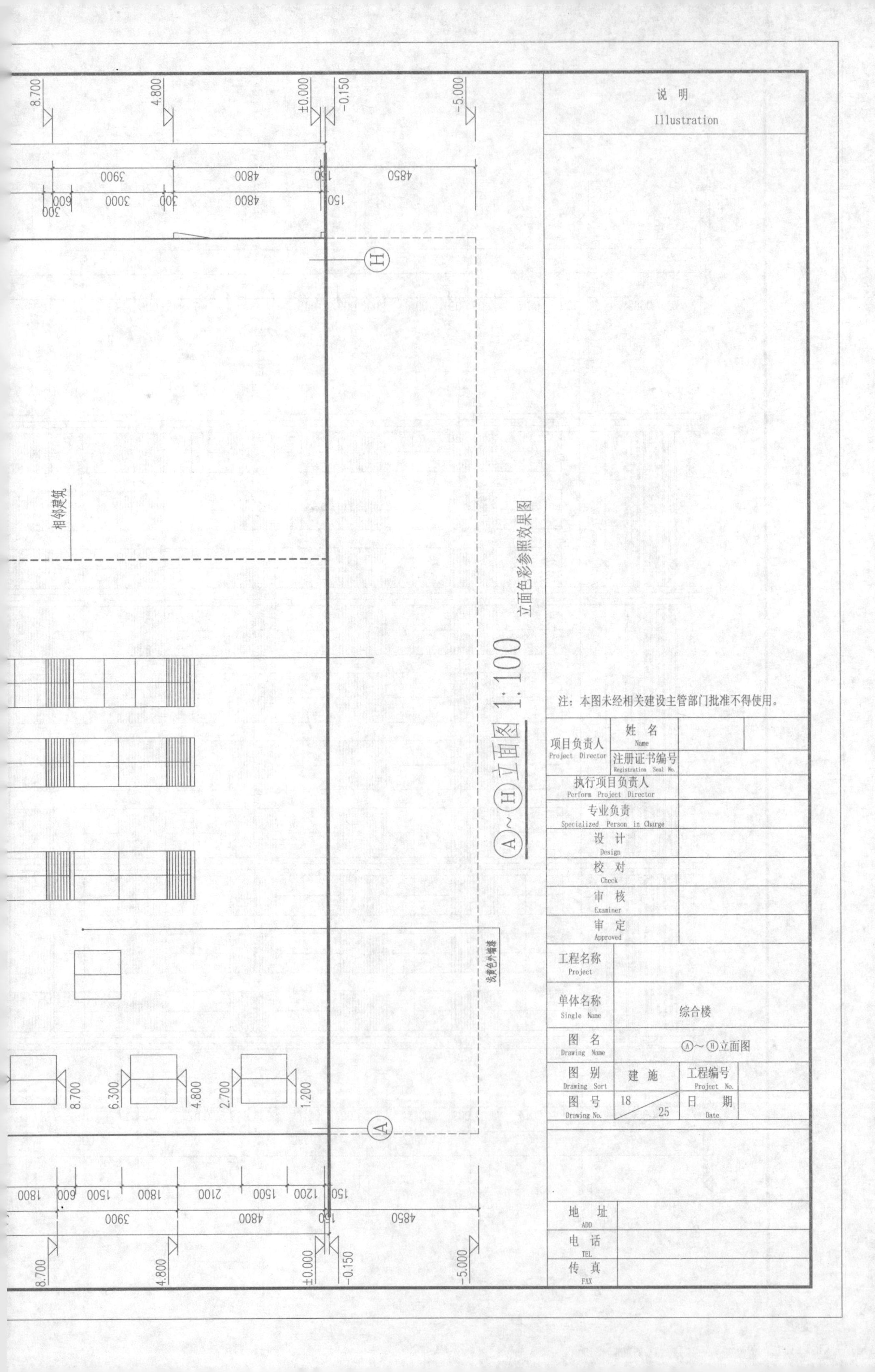

说 明
Illustration
Ⓐ~Ⓗ立面图 1:100
立面色彩参照效果图
相邻建筑
注：本图未经相关建设主管部门批准不得使用。
项目负责人
Project Director
姓 名
Name
注册证书编号
Registration Seal No.
执行项目负责人
Perform Project Director
专业负责
Specialized Person in Charge
设 计
Design
校 对
Check
审 核
Examiner
审 定
Approved
工程名称
Project
单体名称
Single Name
综合楼
图 名
Drawing Name
Ⓐ~Ⓗ立面图
图 别
Drawing Sort
建 施
工程编号
Project No.
图 号
Drawing No.
18
25
日 期
Date
地 址
ADD
电 话
TEL
传 真
FAX

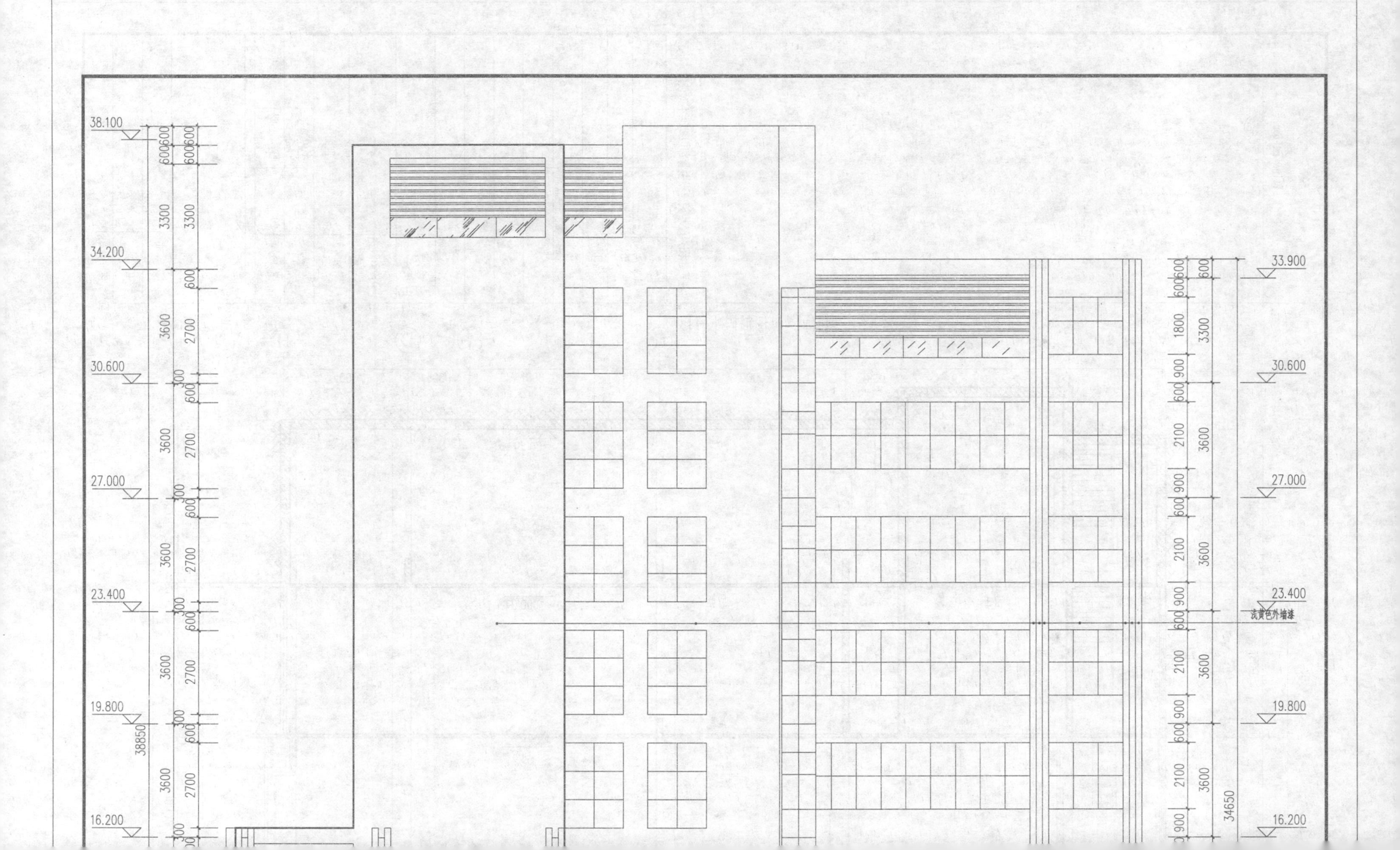

38.100
34.200
30.600
27.000
23.400
19.800
16.200
38850
33.900
30.600
27.000
23.400
19.800
16.200
34650
浅黄色外墙漆

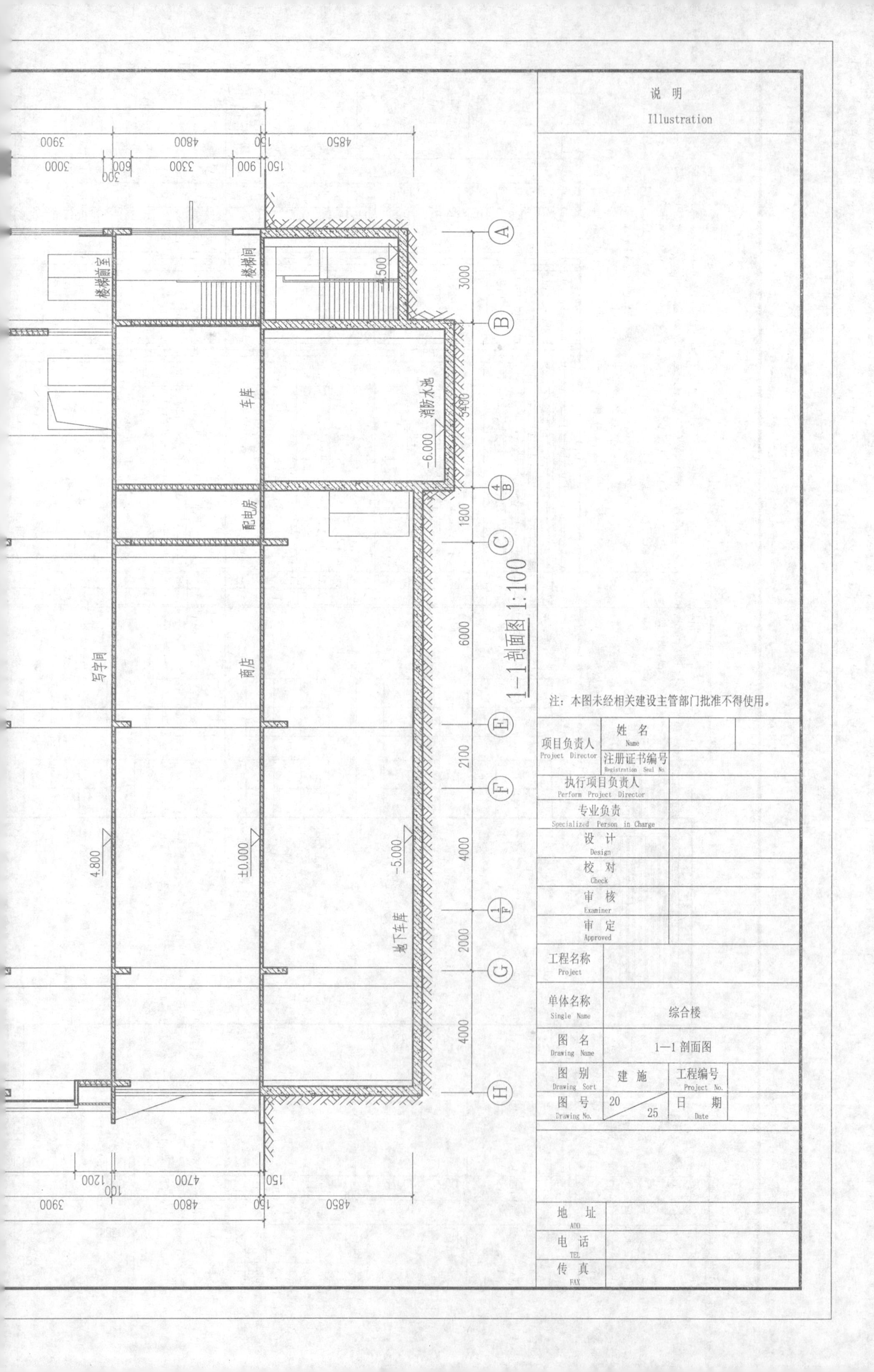

说 明
Illustration
1—1剖面图 1:100
楼梯前室
楼梯间
车库
消防水池
配电房
写字间
商店
地下车库
4.800
±0.000
-5.000
-6.000
-4.500
3900
4800
4850
3000
300
600
3300
900
150
1200
100
4700
3000
5400
1800
6000
2100
4000
2000
注：本图未经相关建设主管部门批准不得使用。
项目负责人 Project Director
姓 名 Name
注册证书编号 Registration Seal No.
执行项目负责人 Perform Project Director
专业负责 Specialized Person in Charge
设 计 Design
校 对 Check
审 核 Examiner
审 定 Approved
工程名称 Project
单体名称 Single Name
综合楼
图 名 Drawing Name
1—1 剖面图
图 别 Drawing Sort
建 施
工程编号 Project No.
图 号 Drawing No.
20
25
日 期 Date
地 址 ADD
电 话 TEL
传 真 FAX

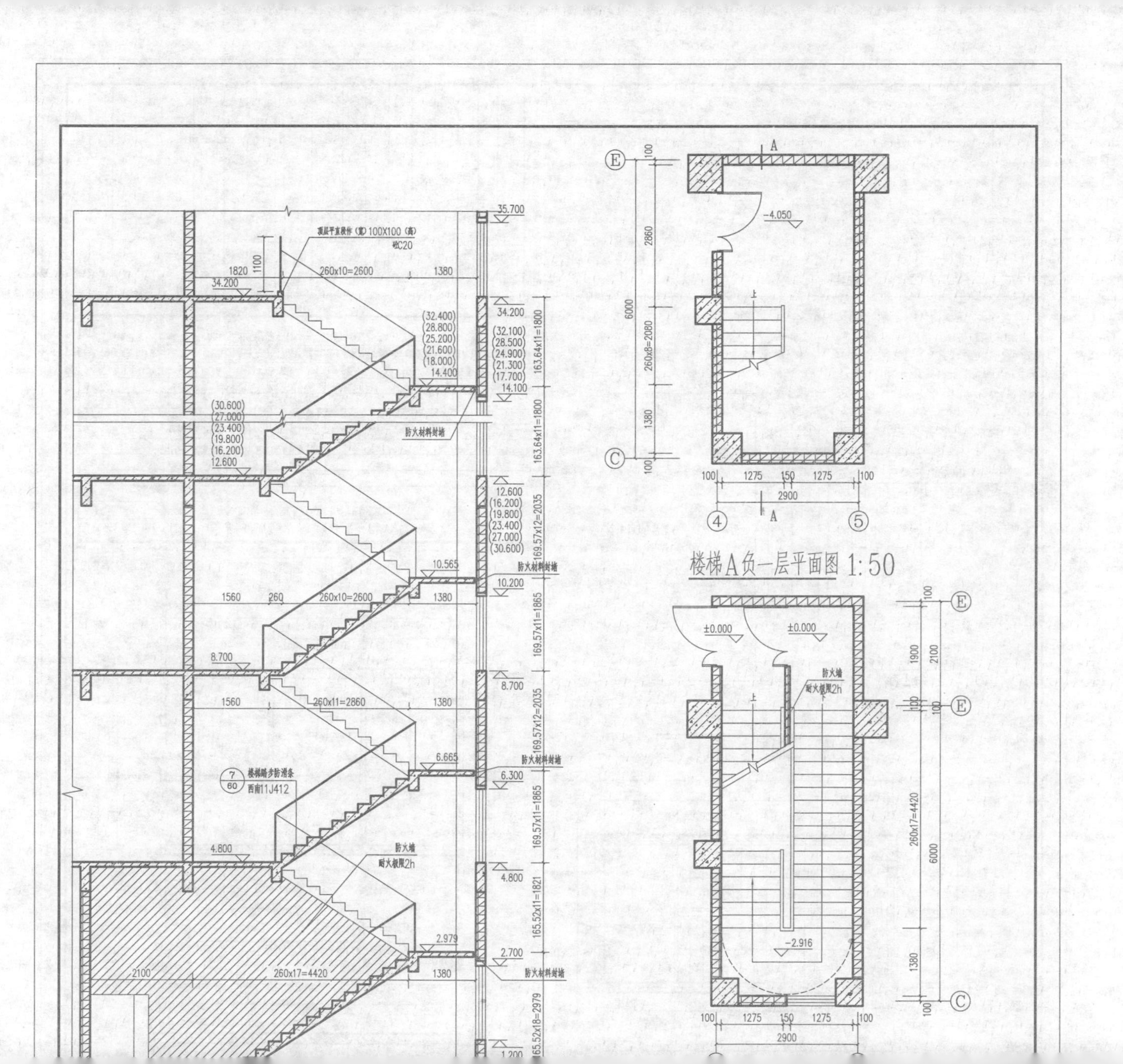

楼梯A负一层平面图 1:50

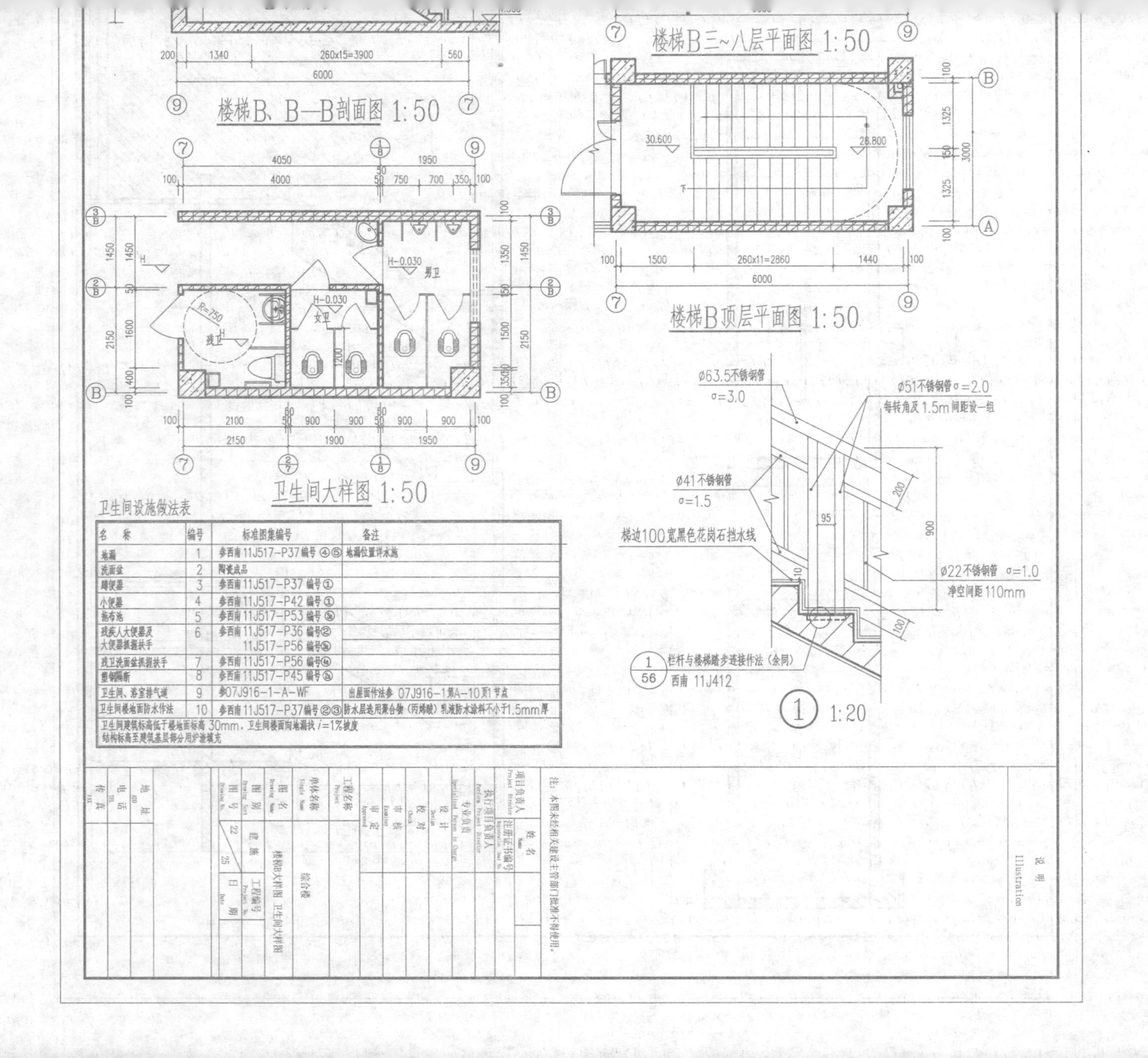

卫生间设施做法表

名称	编号	标准图集编号	备注
地漏	1	参西南11J517-P37编号④⑤	地漏位置详水施
洗面盆	2	陶瓷成品	
蹲便器	3	参西南11J517-P37 编号①	
小便器	4	参西南11J517-P42 编号①	
拖布池	5	参西南11J517-P53 编号③a	
残疾人大便器及大便器抓握扶手	6	参西南11J517-P36 编号② 11J517-P56 编号③a	
残卫洗面盆抓握扶手	7	参西南11J517-P56 编号④a	
塑钢隔断	8	参西南11J517-P45 编号②a	
卫生间、浴室排气道	9	参07J916-1-A-WF	出屋面作法参 07J916-1第A-10页1节点
卫生间楼地面防水作法	10	参西南11J517-P37编号②③	防水层选用聚合物（丙烯酸）乳液防水涂料不小于1.5mm厚
卫生间建筑标高低于楼地面标高 30mm，卫生间楼面向地漏找 $i=1\%$ 坡度 结构标高至建筑基层部分用炉渣填充			

说明 Illustration

注：本图未经相关建设主管部门批准不得使用。

项目负责人 Project Director	姓名 Name	
	注册证书编号 Registration Seal No.	
执行项目负责人 Perform Project Director		
专业负责 Specialized Person in Charge		
设计 Design		
校对 Check		
审核 Examiner		
审定 Approved		
工程名称 Project		
单体名称 Single Name	综合楼	
图名 Drawing Name	楼梯B大样图 卫生间大样图	
图别 Drawing Sort	建施	工程编号 Project No.
图号 Drawing No.	22 / 25	日期 Date
地址 ADD		
电话 TEL		
传真 FAX		

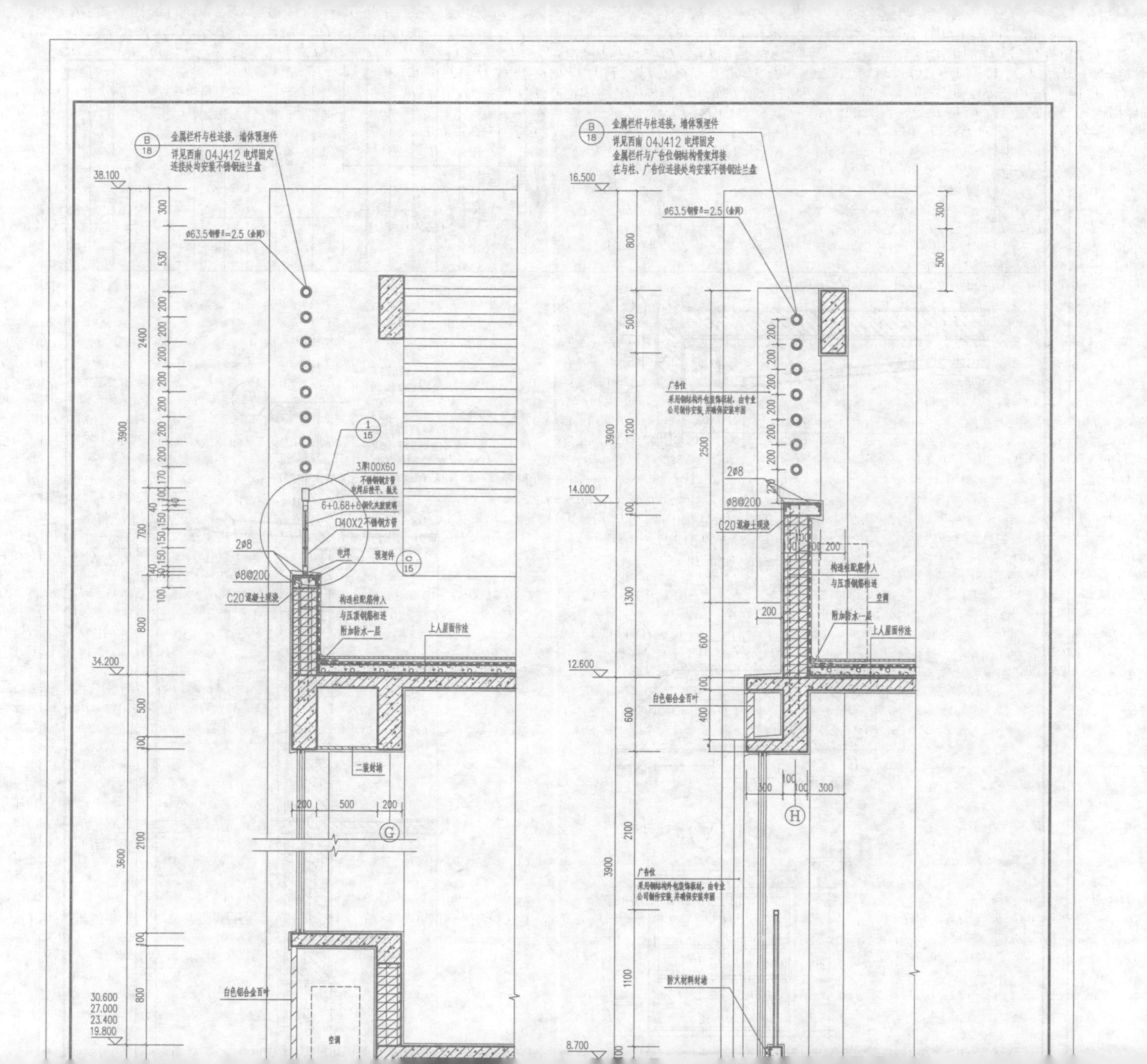

B 18
金属栏杆与柱连接，墙体预埋件
详见西南 04J412 电焊固定
连接处均安装不锈钢法兰盘
38.100
ø63.5钢管δ=2.5（金屑）
1 15
3厚100X60
不锈钢钢方管
6+0.68+6钢化夹胶玻璃
□40X2不锈钢方管
2ø8
ø8@200
C20混凝土现浇
电焊
预埋件
C 15
构造柱配筋伸入
与压顶钢筋相连
附加防水一层
上人屋面作法
34.200
二泵封堵
G
白色铝合金百叶
空调
30.600
27.000
23.400
19.800
金属栏杆与广告位钢结构骨架焊接
在与柱、广告位连接处均安装不锈钢法兰盘
16.500
广告位
采用钢结构外包装饰板材，由专业
公司制作安装，并确保安装牢固
14.000
12.600
H
防火材料封堵
8.700

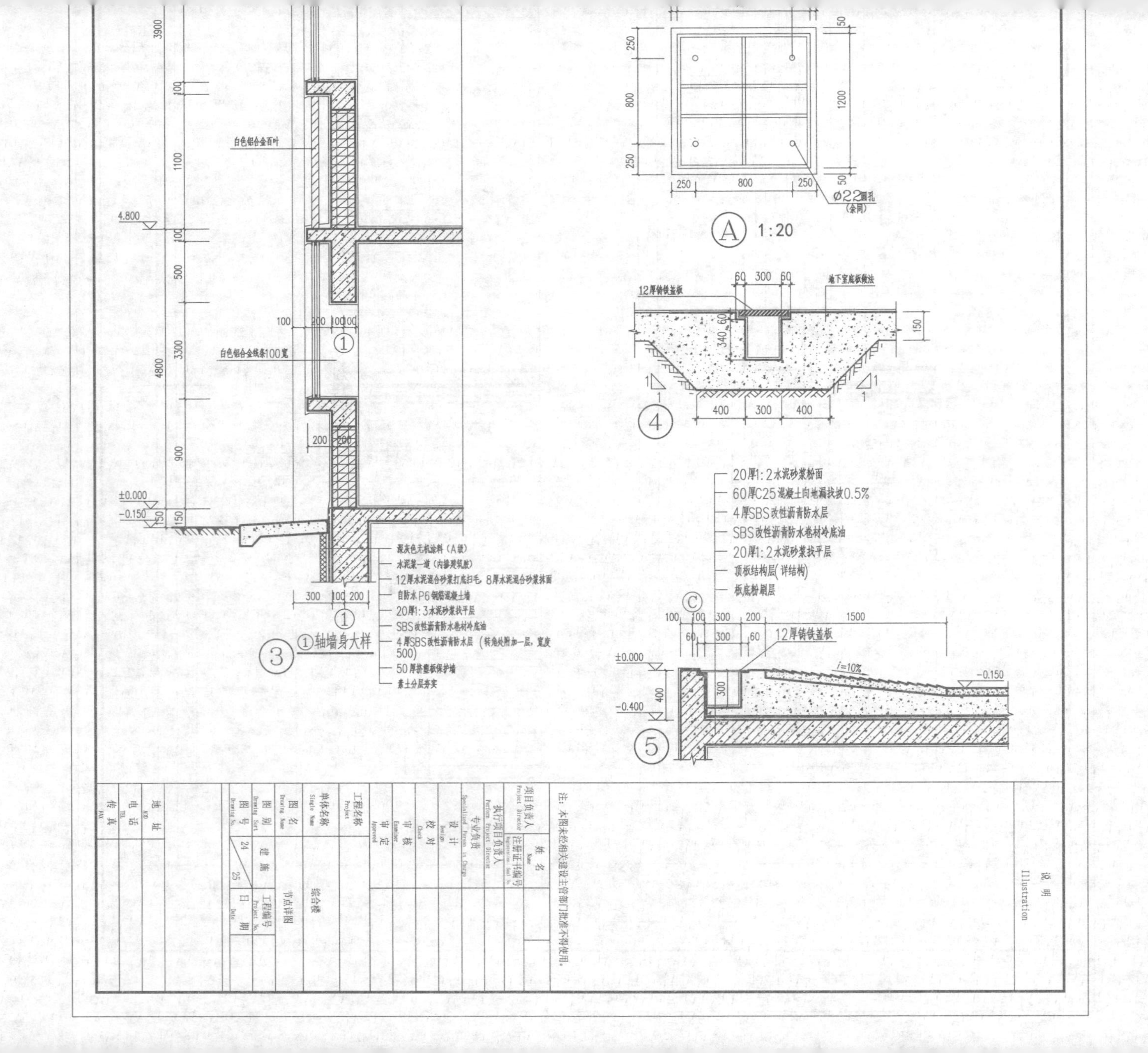
白色铝合金百叶
白色铝合金线条100宽
4.800
±0.000
-0.150
3900
4800
3300
1100
900
500
灰色色无机涂料（A级）
水泥浆一道（内掺建筑胶）
12厚水泥混合砂浆打底扫毛，8厚水泥混合砂浆抹面
自防水P6钢筋混凝土墙
20厚1:3水泥砂浆找平层
SBS改性沥青防水卷材冷底油
4厚SBS改性沥青防水层（转角处附加一层，宽度500）
50厚挤塑板保护墙
素土分层夯实
①轴墙身大样
A 1:20
Ø22圆孔（余同）
12厚钢铁盖板
地下室底板做法
20厚1:2水泥砂浆粉面
60厚C25混凝土向地漏找坡0.5%
4厚SBS改性沥青防水层
SBS改性沥青防水卷材冷底油
20厚1:2水泥砂浆找平层
顶板结构层（详结构）
板底粉刷层
12厚钢铁盖板
i=10%
-0.400
说 明
Illustration
注：本图未经相关建设主管部门批准不得使用。
项目负责人 Project Director
姓 名 Name
注册证书编号 Registration Seal No.
执行项目负责人 Perform Project Director
专业负责 Specialized Person in Charge
设 计 Design
校 对 Check
审 核 Examiner
审 定 Approved
工程名称 Project
单体名称 Single Name
综合楼
图 名 Drawing Name
节点详图
图 别 Drawing Sort
建 施
工程编号 Project No.
图 号 Drawing No.
24
25
日 期 Date
地 址 ADD
电 话 TEL
传 真 FAX

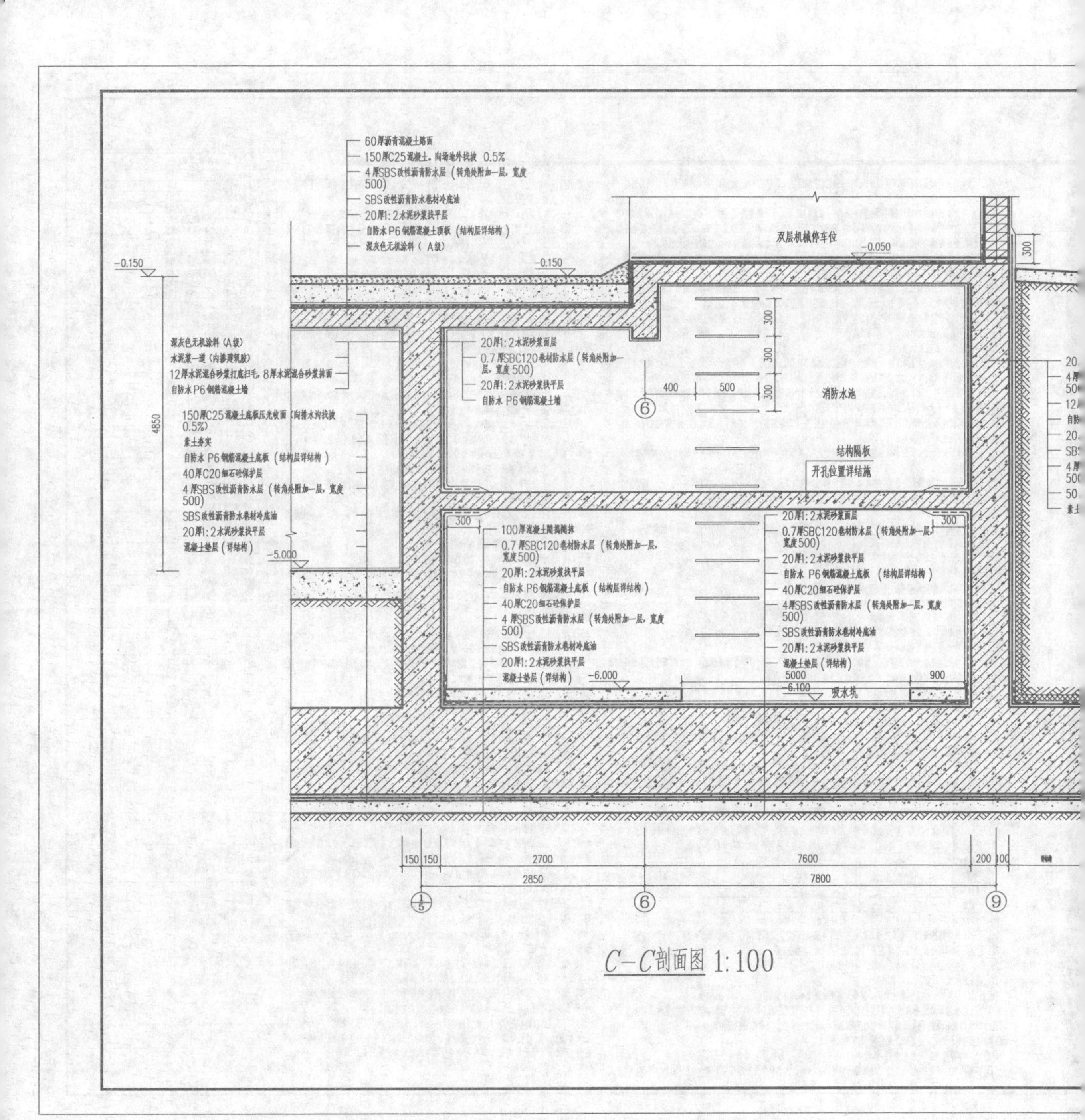
60厚沥青混凝土路面
150厚C25混凝土，向场地外找坡 0.5%
4厚SBS改性沥青防水层（转角处附加一层，宽度500）
SBS改性沥青防水卷材冷底油
20厚1:2水泥砂浆找平层
自防水 P6 钢筋混凝土顶板（结构层详结构）
深灰色无机涂料（A级）
双层机械停车位
-0.050
300
-0.150
-0.150
深灰色无机涂料（A级）
水泥浆一道（内掺建筑胶）
12厚水泥混合砂浆打底扫毛，8厚水泥混合砂浆抹面
自防水 P6 钢筋混凝土墙
20厚1:2水泥砂浆面层
0.7厚SBC120卷材防水层（转角处附加一层，宽度500）
20厚1:2水泥砂浆找平层
自防水 P6 钢筋混凝土墙
300
300
300
400
500
消防水池
4850
150厚C25混凝土底板压光收面（向排水沟找坡0.5%
素土夯实
自防水 P6 钢筋混凝土底板（结构层详结构）
40厚C20细石砼保护层
4厚SBS改性沥青防水层（转角处附加一层，宽度500）
SBS改性沥青防水卷材冷底油
20厚1:2水泥砂浆找平层
混凝土垫层（详结构）
结构隔板
开孔位置详结施
300
100厚混凝土随捣随抹
0.7厚SBC120卷材防水层（转角处附加一层，宽度500）
20厚1:2水泥砂浆找平层
自防水 P6 钢筋混凝土底板（结构层详结构）
40厚C20细石砼保护层
4厚SBS改性沥青防水层（转角处附加一层，宽度500）
SBS改性沥青防水卷材冷底油
20厚1:2水泥砂浆找平层
混凝土垫层（详结构）
300
20厚1:2水泥砂浆面层
0.7厚SBC120卷材防水层（转角处附加一层，宽度500）
20厚1:2水泥砂浆找平层
自防水 P6 钢筋混凝土底板（结构层详结构）
40厚C20细石砼保护层
4厚SBS改性沥青防水层（转角处附加一层，宽度500）
SBS改性沥青防水卷材冷底油
20厚1:2水泥砂浆找平层
混凝土垫层（详结构）
-5.000
-6.000
5000
-6.100
吸水坑
900
150 150
2700
7600
200 100
2850
7800
5
6
6
9

C–C剖面图 1:100

10.3.3地下室外墙竖筋应采用搭接接头，同一连接区段搭接接头百分率不大于25%．接头位置详[图集11G101-1]第77页．

10.3.4剪力墙竖向分布筋连接详[图集11G101-1]第70页．水平筋连接详[图集11G101-1]第68页．

10.3.5剪力墙的边缘构件内纵向钢筋连接详[图集11G101-1]第73页，当纵筋直径$d \geqslant 20$时应采用机械连接．

10.3.6框架柱纵筋接头位置详[图集11G101-1]第57、58页，柱纵筋直径$d \geqslant 20$时应采用机械连接．

10.3.7框架梁纵向钢筋接头除详图中注明者外，采用机械连接或焊接，当直径$d \geqslant 22$时采用机械连接．位于同一连接区段内的受拉钢筋接头面积百分率不超过50%．

10.3.8次梁纵向受力钢筋应尽量利用自然长度．当需连接时，同一连接区段内钢筋搭接接头面积百分率不大于25%，焊接或机械连接接头面积百分率不大于50%．直径$d \geqslant 22$者应采用机械连接．

10.3.9梁上部钢筋接头位置在跨中1/3范围内，下部钢筋自然长度小于跨度时，接头位置在支座两侧1/4跨度范围内，不应在跨中范围内连接．

10.3.10连梁、悬臂梁纵筋不允许有接头．

10.3.11纵向钢筋连接位置应避开梁端、柱端箍筋加密区，无法避开时，应通知设计单位，由设计单位确定连接做法．

10.3.12梁、柱纵向钢筋的搭接范围内的箍筋构造要求详见[图集11G101-1]第54页．

10.3.13现浇楼板，地下室防水底板中(除图中注明者外)受力钢筋采用绑扎搭接，同一连接区段内的受拉钢筋搭接接头面积百分率不大于25%．冷轧带肋钢筋严禁采用焊接接头．

10.3.14现浇楼板上部钢筋接头位置在跨中1/3范围内，下部钢筋自然长度小于跨度时，接头位置在支座两侧1/4跨度范围内，不应在跨中范围内连接．

10.3.15地下室防水底板底部钢筋接头位置在跨中1/3范围内，顶部钢筋接头位置在支座两侧1/4跨度范围内，不应在跨中范围内连接．

10.3.16焊接、搭接接头及质量应符合《混凝土结构工程施工及验收规范》(GB50204—2002)(2011年版)的有关规定，机械接头应符合《钢筋机械连接通用技术规程》(JGJ107—2010)的有关规定．

10.4箍筋的构造专项要求：

10.4.1封闭箍筋及拉筋的弯钩构造详[图集11G101-1]56页，拉筋应选用同时钩住纵向钢筋和箍筋的做法．

10.4.2螺旋箍筋做法详[图集11G101-1]56页．

10.4.3柱矩形箍筋复合方式详[图集11G101-1]67页．

10.4.4当梁箍筋为四肢箍时形式详大样六．

10.4.5梁、柱箍筋弯钩沿梁、柱长度方向应交错布置．

10.5结构构件钢筋的其他构造要求：

10.5.1剪力墙、连梁、暗梁、边框梁

10.5.1.1剪力墙、连梁纵筋的锚固、接头及箍筋构造要求详本说明10.2、10.3、10.4条．

10.5.1.2剪力墙身水平钢筋构造详[图集11G101-1]第68、69页．

10.5.1.3剪力墙身竖向钢筋构造详[图集11G101-1]第70页．其中当剪力墙变截面处竖向钢筋采用不截断钢筋的构造时，锚入墙内的LL纵筋应设置在墙纵筋外侧及墙顶暗梁箍筋内侧．

10.5.1.4剪力墙的边缘构件构造详[图集11G101-1]第71、73页，且应满足框架柱的构造要求．

10.5.1.5连梁、暗梁、边框梁构造详[图集11G101-1]第74、75、76页．

10.5.1.6连梁、暗梁、边框梁的抗震等级应与剪力墙的抗震等级相同．

10.5.1.7剪力墙、连梁开洞除结构图中已标注的洞口外，尚应配合各专业图纸预留，预留前须经结构设计许可，并严格按结构设计要求设置，补强构造详[图集11G101-1]第78页．

10.5.1.8在一层板面以上，对平面外梁跨度大于2.5m且梁高大于2倍的墙厚的框架梁垂直于墙体搭设，且在该梁端墙体未设暗柱时，均在该部位设梁宽+200宽的暗柱，暗柱高度同本层层高．剪力墙与平面外方向楼面梁连接做法详大样一．

10.5.1.9由于安装电梯招呼器需要在剪力墙暗柱上留洞时，剪力墙暗柱上的开洞构造详大样九．

10.5.1.10当结构为框架–剪力墙结构时，在楼层与现浇板交接处(主楼范围外地下室外围挡土墙与楼层交接处不设暗梁)无现浇梁时设暗梁．截面、配筋如下表，要求纵筋锚入两侧剪力墙暗柱或柱各L_{aE}．

墙厚	200~250	300~350	400~550	>550
暗梁高				
上下纵筋(各)				
箍筋				

10.5.2柱

10.5.2.1柱纵筋的锚固、接头及箍筋构造要求详本说明10.2、10.3、10.4条．

10.5.2.2框架柱的配筋构造详[图集11G101-1]第57至62页．

10.5.2.3框支柱构造详[图集11G101-1]第90页．

10.5.3框架梁、次梁

10.5.3.1框架梁、次梁纵筋的锚固、接头及箍筋构造要求详本说明10.2、10.3、10.4条．

10.5.3.2框架梁的配筋构造详[图集11G101-1]第79、80、83、84、85页，均应选用抗震构造．对于大于两排的钢筋的截断位置，同两排筋．顶层框架梁(WKL)上部钢筋应伸至柱外侧纵筋内侧，做法详[图集11G101-1]第59页，当图中KL的某边支座柱上无柱时，该梁端应按WKL施工．

10.5.3.3非框架梁的配筋构造详[图集11G101-1]第86、88页，其中边支座在平法图中用符号[ɑ]表示时按充分利用钢筋的抗拉强度构造，边支座无特别符号时按铰接构造．当非框架梁梁端箍筋要求加密时，其加密区范围按抗震等级为四级的框架梁构造，详[图集11G101-1]第85页．弧形非框架梁的下部纵筋锚入支座的长度为L_a。

10.5.3.4当梁腹板高度$h_w \geqslant 450$时，在梁的两侧沿高度设构造纵筋，做法详[图集11G101-1]第87页，平法图中设有抗扭纵筋时可不再设构造纵筋，未指明梁侧构造纵筋者为⌀12．

10.5.3.5次梁高度小于主梁高度时，次梁支座处主梁附加筋构造详大样二．

10.5.3.6次梁高度大于主梁高度时，次梁支座处主梁附加筋构造详大样三．

10.5.3.7等高交叉梁相交处在各梁两侧设附加箍筋4φd(同梁箍筋)@50，附加钢筋做法同10.5.3.5条．

10.5.3.8水平、竖向折梁的构造详[图集11G101-1]第88页．

10.5.3.9悬挑梁钢筋构造详[图集11G101-1]第89页，均采用考虑地震作用的做法，梁端附加箍筋4φd(同梁箍筋)@50．

10.5.3.10框支梁构造详[图集11G101-1]第90页．

10.5.3.11井字梁的配筋构造详大样四．

10.5.3.12梁纵筋应均匀对称地布置在梁截面中心线两侧，当梁内上下排的纵筋根数不同时，以较多者为准，较少者与较多者上下对齐布置．

10.5.3.13梁内有多排钢筋时，在上下排钢筋之间加放粗短筋相隔(⌀25@1000)．

10.5.3.14梁上严禁竖向穿水电管道．水平垂直梁侧面穿管或预埋件须经设计许可，并严格按设计图纸要求设置，且加设钢套管，做法详大样五．

10.5.3.15当主次梁底面标高相同时，应将次梁底筋放在主梁底筋之上．

10.5.3.16相同高度的井字梁在纵横交错同一层面钢筋的上下排列为：底部钢筋短跨在下，顶部钢筋短跨在上．

10.5.3.17当梁与柱、墙外皮齐平时，梁外侧的纵向钢筋应稍做弯折，置于柱墙主筋内侧，并在弯折处增加两个梁箍筋，间距50，详大样七．

10.5.3.18跨内变高度梁钢筋构造详大样八．

10.5.3.19当框架梁的跨高比小于5时，箍筋应全长加密．

10.5.3.20梁内电梯、设备检修安装吊环应在混凝土浇筑前安装定位，吊环严禁冷加工，做法详大样十．

10.5.3.21不同编号的梁，在支座处，如钢筋规格相同且支座长度小于两倍钢筋锚固长度时，应尽量拉通．

10.5.4地下室外墙(DWQ)、地下水池外墙．

10.5.4.1地下室外墙纵筋的锚固、接头构造要求见10.2、10.3条．

10.5.4.2地下室外墙构造详[图集11G101-1]第77页．但墙水平钢筋应设置在外层，外墙与顶板的连接采用该页节点2施工．

10.5.4.3地下室防水钢筋混凝土外墙水平施工缝做法详大样十一．

10.5.4.4地下水池外墙做法同地下室外墙(DWQ)．

10.5.5板

10.5.5.1现浇板钢筋的锚固、接头要求详本说明10.2、10.3条．

10.5.5.2现浇板的负弯矩钢筋标注及支座构造详大样十二．

10.5.5.3图中现浇板板底钢筋的布置为短向筋在下，长向筋在上，并尽可能沿短跨方向连跨通长布置；板面钢筋布置为短向在上，长向在下．

10.5.5.4当板底与梁底平时，板下部钢筋伸入梁内，并置于梁下部钢筋之上．

10.5.5.5各板角上钢筋纵横两向必须重叠设置成网格状．

10.5.5.6现浇板中的分布筋除注明者外，均为φ6.5@250．

10.5.5.7施工中必须采取有效措施确保板面钢筋的位置准确无误．配有双层钢筋或负筋的一般楼盖，均应加设支撑钢筋，支撑钢筋的形式为↗，可用φ8钢筋制成．

10.5.5.8为防止板角部出现裂缝，在楼、屋面的端跨外角部位加密板面钢筋，平面图中位置用符号[⊠]表示，做法详大样十三．

10.5.5.9现浇板上预留洞口边长或直径不大于300mm时，板中钢筋做法详[图集11G101-1]第101页．

10.5.5.10现浇板上预留洞口边长或直径大于300mm但不大于1000mm时，板中钢筋做法详[图集11G101-1]第102页．

10.5.5.11楼板上后砌隔墙的位置应严格遵守建筑施工图，不可随意砌筑，同时应在板内设置附加钢筋，详大样十四，此筋锚入支座的方式同板筋．

10.5.5.12各层楼板上管道井要求：(1)板内钢筋照常设置；(2)暂不浇混凝土；(3)待电缆安装完毕验收后，配吊模补浇混凝土，分层并道．

10.5.5.13板内预埋管线时，其预埋管道外径应≤h/3(h为板厚)，管道之间的净距离应大于80mm，铺设管线应放在板底钢筋之上和板上部钢筋之下．且管线的混凝土保护层应≥40．当管线排无负筋时，须在与预埋管道垂直的方向设置防裂筋网，做法详大样十五．

说明

Illustration

结构图纸目录(一)

1	结构设计总说明一
2	结构设计总说明二
3	基础平面图 基础说明
4	基础~-0.05m标高墙体和柱布置图
5	基础~-0.05m标高墙柱配筋图
6	-0.05~4.75m标高框架柱配筋图
7	4.75~8.65m标高框架柱配筋图
8	8.65~12.55m标高框架柱配筋图
9	12.55~16.15m标高框架柱配筋图
10	16.15~19.75m标高框架柱配筋图
11	19.75~23.35m标高框架柱配筋图
12	23.35~26.95m标高框架柱配筋图
13	26.95~30.55m标高框架柱配筋图
14	30.55~34.15m标高框架柱配筋图
15	34.15~38.05m标高框架柱配筋图 38.05m标高框架梁配筋图
16	地下室顶梁配筋图 消防水池顶板配筋图 无障碍电梯基坑及储水箱配筋、卷轨配筋图
17	4.75m标高框架梁配筋图
18	8.65m标高框架梁配筋图
19	12.55m标高框架梁配筋图
20	16.15m标高框架梁配筋图
21	19.75m标高框架梁配筋图
22	23.35m标高框架梁配筋图
23	26.95m标高框架梁配筋图
24	30.55m标高框架梁配筋图
25	34.15m标高框架梁配筋图
26	一层结构平面布置图
27	二层结构平面布置图
28	三层结构平面布置图
29	四层结构平面布置图
30	五层结构平面布置图
31	六~八层结构平面布置图
32	九层结构平面布置图
33	屋面结构平面布置图
34	机房层结构平面布置图
35	默背结构大样图
36	楼梯1平面图、剖面图
37	楼梯2平面图、剖面图
38	楼梯大样图1
39	楼梯大样图2

注：本图未经相关建设主管部门批准不得使用。

项目负责人 Project Director	姓名 Name	
	注册印章编号 Registration Seal No	
执行项目负责人 Perform Project Director		
专业负责 Specialized Person in Charge		
设计 Design		
校对 Check		
审核 Examiner		
审定 Approved		
工程名称 Project		
单体名称 Single Name	综合楼	
图名 Drawing Name	结构设计总说明(一)	
图别 Drawing Sort	结施	工程编号 Project No
图号 Drawing No.	1 / 39	日期 Date
地址 ADD		
电话 TEL		
传真 FAX		

结构设计总说

10.5.5.14单(双)向板配筋示意、纵向钢筋非接触搭接构造[详图集11G101-1]第94页。
10.5.5.15悬挑板钢筋构造、折板配筋构造[详图集11G101-1]第95页。
10.5.5.16楼、屋面悬臂板阳角处，板面应配置承受负弯矩的放射形钢筋，其直径及1/2悬臂处间距同悬臂板受力钢筋，构造做法详[图集11G101-1]第103页。
10.5.5.17楼、屋面悬臂板阴角构造做法详[图集11G101-1]第104页。
10.5.5.18楼、屋面异形板阳角构造详大样十六。
10.5.5.19楼、屋面板顶筋在框架柱角部位置的配筋构造详大样十七。

10.6混凝土及模板施工要求

10.6.1各层楼板标高均为扣除建筑面层厚度50mm之后的楼板顶面标高。
10.6.2对于外露的现浇钢筋混凝土挑檐、天沟、女儿墙、挂板、拦板等构件应每隔10~15m设一宽10mm的缝，钢筋不断，缝用沥青麻丝塞填。
10.6.3厨卫间在周边浇200高素混凝土反口，反口宽同墙厚。
10.6.4梁板起拱要求：(注：任何情况下起拱高度不小于20mm)

序号	构件	跨度(L)	要求起拱	序号	构件	悬挑长度(L)	要求悬挑起拱
1	现浇板	L>4m	L/400	3	现浇悬挑板	L>1.2m	L/200
2	现浇梁	4m<L<10m	L/400	4	现浇悬挑梁	2m<L<4m	L/200
		L>10m	L/300			L>4m	L/150

10.6.5悬挑构件(阳台、挑梁等)施工时应加设临时支撑，临时支撑须待悬挑构件及其平衡部分的构件强度达到100%方可拆卸。
10.6.6柱与梁相交处(节点核心区)混凝土必须振捣密实，当顶部钢筋较密时，可采用等强度细石混凝土浇筑。
10.6.7水平施工缝：竖向构件的水平施工缝处，在浇注上部混凝土前，一定要将施工缝处杂物及浮石清除，并用水冲洗干净。浇灌前，水平施工缝应刷一道水泥净浆，也可在已硬化的混凝土表面涂刷混凝土界面剂后再进行浇筑。
10.6.8后浇带做法：
10.6.8.1楼屋面梁板、地下室外墙、地下室底板后浇带做法详大样十八、十九、二十、二十一，后浇带位置详见平面图，若在基础施工图中，地下室外墙、地下室底板后浇带做法不同时，按基础施工图施工。
10.6.8.2温度后浇带应在本层楼板混凝土浇完两个月方可浇灌伸缩后浇带，沉降后浇带必须待主楼的主体结构施工全部完成后，且主楼的沉降接近稳定标准，方可浇灌后浇带，被后浇带隔断的梁板在本跨内的模板及支撑必须待后浇带混凝土浇筑完成并达到设计强度后方可拆除，以确保后浇带两侧梁板不变形。后浇带留置期间，施工方应采取可靠措施加强主楼及裙楼的侧向约束，保证施工期间结构的整体稳定性。
10.6.8.3后浇带宜采用快易收口网模板、强度等级较原设计提高一级的微膨胀混凝土，且浇注时温度宜低于主体混凝土浇注时的温度，后浇带的限制膨胀率不小于0.025%。
10.6.9梁与柱(墙)混凝土强度等级相差大于一个等级以上时(如C40和C30的关系)，其梁柱(墙)核心区的做法详大样二十二。
10.6.10浇捣混凝土时，应支设临时马道。人、车尽量行走在马道上，以保证板面钢筋的准确位置，严禁踩踏上部负钢筋。
10.6.11凡有重型设备运输经过的梁板下的模板支撑，必须待设备安装就位后方可拆除。
10.6.12作为防雷接地引线所用的柱纵筋采用焊接接头，避雷导体与结构钢筋的连接必须保证焊接质量。具体做法及位置见电气施工图。
10.6.13楼梯栏杆与混凝土梁板的连接及其预埋件，详见有关建施图。
10.6.14吊顶的预埋吊筋见有关建施图，设备管道的预埋吊筋见有关设备工种的施工图。
10.6.15凡在现浇构件上的建筑线条应同结构构件一次浇筑完成。
10.6.16雨季、冬季施工时，须采取有效措施，确保工程质量。
10.6.17本结构施工图应与建筑、电气、给排水、通风、空调和动力等专业的施工图密切配合，及时铺设各类管线及套管，并核对留洞及预埋件位置是否准确。设备基础待设备到货经校对无误后方可施工。严禁在已完工的结构构件上开槽开洞。

11. 填充墙与混凝土墙(柱)的连接及其圈(过)梁、构造柱的要求

11.1填充墙的布置应按建施平面图施工，填充墙的材料详本说明9.7条，未经结构设计同意，不得更改墙体材料和厚度以及平面位置。
11.2填充墙应按照本页<表一>所选图集的构造措施执行，具体做法详本页<表二>。
11.3填充墙上过梁、构造柱以及配筋带混凝土强度均为C25。
11.4楼梯间和人流通道的填充墙应双面采用钢丝网砂浆面层进行加强，详细做法：填充墙两面均沿墙全长贯通设置20mm厚M5钢丝网砂浆面层，钢丝直径为2.5mm，间距@30mmX30mm，用钢钉(直径不小于4mm，埋深不小于40mm，间距不大于100mm)固定在混凝土墙柱上，其填充墙部分需预埋ø6mm@500mm的钢筋与钢丝网双面拉结固定。对其通道填充墙定位根据建施图定位。
11.5填充墙拉结钢筋6~7度时宜沿墙全长贯通设置，8~9度时应沿墙全长贯通设置。
11.6当填充墙顶部悬空而设计无结构详图时，应通知设计采取措施。
11.7本工程除按所选图集要求设置填充墙构造柱外，当墙长大于8m且侧向没有与之拉结的墙体时或墙高大于4m时，还应沿此墙设置间距不大于3m的构造柱。
11.8构造柱柱顶应与结构梁板拉结，做法详大样二十三。
11.9在墙体-0.060m标高处增设防潮层采用1：2水泥砂浆掺5%水泥质量的防水剂，厚20mm。
11.10对处于室外的围墙、独立砖柱、踏步等，可按大样二十四设置基础，要求基础下为老土。
11.11底层填充墙应从地梁上做起，当墙下无地梁时，若内墙墙高小于4m时，可直接从混凝土地坪上做起，做法详大样二十五，否则应设墙下条基，做法同11.11条。
11.12施工期间应采取有效措施防止围护墙被风刮倒。
11.13当屋面标高不大于60m时，除设计特别注明外，屋面女儿墙按所选图集要求施工，否则应做成现浇钢筋混凝土女儿墙，作法详施工图。
11.14填充墙内门窗洞口顶无梁处，均设钢筋混凝土过梁，详见下表。若洞口紧靠砼柱、墙边时或混凝土柱、墙边填充墙长度小于过梁的支撑长度时，应先在柱内预留过梁纵筋，再现浇过梁。当门窗洞顶至楼层梁底的距离≤h(过梁高度)+150mm而无法另设过梁时，洞顶过梁与楼面梁同时浇筑，做法详大样二十六。

过梁截面形式	过梁净跨	h	每侧支撑长度	主筋	架立筋
φ6@200 主筋	Ln≤1000	90	250	3φ8	
	1000<Ln≤1500	120	250	3φ10	
架立筋 φ6@150 主筋 墙厚	1500<Ln≤2000	180	250	2φ14	2φ10
	2000<Ln≤2500	200	250	3φ12	2φ10
	2500<Ln≤3000	240	250	3φ14	2φ10
	3000<Ln≤4000	300	370	3φ16	2φ10

过梁与现浇构件相连时过梁必须现浇；当过梁为连续梁时，其顶部钢筋改为通底部钢筋。(过梁宽度同填充墙墙厚)

12. 标准图及构造节点使用说明

12.1本工程设计所引用的标准图见本页<表一>。
12.2本工程构造节点选用图见本页右图，选用的节点与标准图的节点矛盾时以本图节点为准。
12.3本工程梁配筋采用平法表达，其表达规则与[图集11G101-1]一致。
12.4本工程梁、板构造只采用[图集11G101-1]中部分做法，详本页<表三>。<表三>中未注明的内容不应按[图集11G101-1]的做法施工。
12.5本工程说明与图集矛盾时，按本工程说明执行。

13. 其他注意事项

13.1必须严格按图纸及有关规范、规程施工。
13.2本工程结构构件编号对应关系见本页<表四>。
13.3本结构施工图中的φ6钢筋均为φ6.5。
13.4总说明中的内容与详图不符或矛盾时，以各详图为准。
13.5计量单位(除注明外)：长度—mm(毫米)；角度—°(度)；标高—m(米)；强度—N/mm²(牛顿/毫米²)。
13.6未经技术鉴定或设计许可，不得改变结构的用途和使用环境。
13.7本结构施工图的解释权在设计公司，合作单位若有建议、疑问者请与该工程专业负责人联系。
13.8本工程施工图必须通过施工图审查合格后方可施工。
13.9未尽事项按照国家现行的规范和规程执行。

采用的通用图集目录 表一

序号	图集编号	图集名称	选用	序号	图集编号	图集名称	选用
1	11G101-1	混凝土结构施工图平面整体表示方法制图规则和构造详图	●	4	10G409	预应力混凝土管桩	
2	西南05G701(四)	框架轻质填充墙构造图集	●	5	04SG330	混凝土结构剪力墙边缘构件和框架柱构造钢筋选用	
3	西南05G701(一)	加气混凝土砌块墙	●	6	12G614-1	砌体填充墙结构构造	●

[illegible] 凡有标记 ● 者，均表示本工程有选用

框架轻质填充墙构造图集[选自西南05G701(一)(四)] 表二

注：图集中与砌体填充墙构造图集《12G614-1》做法不同者按图集《12G614-1》

构造部位	详图结点 西南05G701(一)	详图结点 西南05G701(四)	选用	构造部位	详图结点 西南05G701(一)	详图结点 西南05G701(四)	选用
总说明	见3~10页	见3~10页	●	非抗墙与框架柱的连接节点图	按图集《12G614-1》做法		●
砌块规格	见11~12页	见11页	●	拉结筋锚固方法	按图集《12G614-1》做法		●
砌块排列	[illegible]	[illegible]	●	7度及以下填充墙与框架梁连接节点图	按图集《12G614-1》做法		●
墙体构造	[illegible]	[illegible]	●				
无洞口填充墙构造图	按图集《12G614-1》做法		●	[illegible]	按图集《12G614-1》做法		●
6~9度抗震有洞口填充墙构造图	按图集《12G614-1》做法		●	阳台栏板构造节点	[illegible]	[illegible]	●
填充墙转角连接节点图	[illegible]	[illegible]	●	女儿墙构造节点	[illegible]	[illegible]	●
填充墙与框架柱的连接节点图	按图集《12G614-1》做法		●	窗台构造节点	[illegible]	[illegible]	●
外包墙与框架柱连接节点图	按图集《12G614-1》做法		●	墙脚构造节点	[illegible]	[illegible]	●
芯柱墙及构造与框架柱	按图集《12G614-1》做法		●	电缆管及接线盒安装详图	[illegible]	[illegible]	●

附注：施工过程中[illegible] 凡有标记 ● 者，均表示本工程选用。[illegible] 图集中HPB235钢筋均改为HPB300钢筋 图集中26页~33页中所涉及的墙体拉接筋长度修改为6~7度时宜沿墙全长贯通设置，8~9度时应沿墙全长贯通设置

平法制图规则

可选用构造	页次
平面整体表示方法制图规则	1~35
受拉钢筋基本锚固长度、受拉钢筋锚固长度、抗震锚固长度、受拉钢筋绑扎搭接长度修正系数	53
纵向受力钢筋搭接区箍筋构造	54
纵向钢筋弯钩与机械锚固形式 纵向受力钢筋绑扎搭接长度	55
封闭箍筋及拉筋弯钩构造 [illegible]	56
抗震框架柱纵向钢筋连接构造	57
地下室抗震框架柱纵向钢筋连接构造 地下室抗震框架柱箍筋加密区范围	58
抗震边柱和角柱柱顶纵向钢筋构造	59
抗震框架柱变截面位置纵向钢筋构造 抗震框架柱柱顶箍筋加密区范围	60
抗震KZ、QZ、LZ箍筋加密区范围 抗震QZ、LZ纵向钢筋构造	61
抗震框架柱和小墙肢箍筋加密区高度选用表	62
矩形箍筋复合方式	67
剪力墙身水平钢筋构造	68 69
剪力墙身竖向钢筋构造	70
剪力墙约束边缘构件YBZ构造	71
[illegible]	73
剪力墙LL、AL、BKL配筋构造	74
剪力墙BKL或AL与LL重叠时配筋构造	75

构

代号	对应构件	代号	对应构件	代号
J	独立基础	CT	桩承台	DKL
TJ	条形基础	JLL	基础连梁	TB

框架部分编号同11G101-1图集

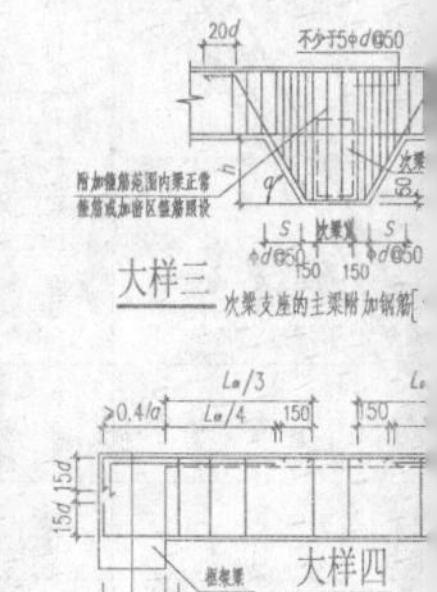

大样一 剪力墙平面外与梁连接 详

大样三 次梁支座的主梁附加箍筋

大样四

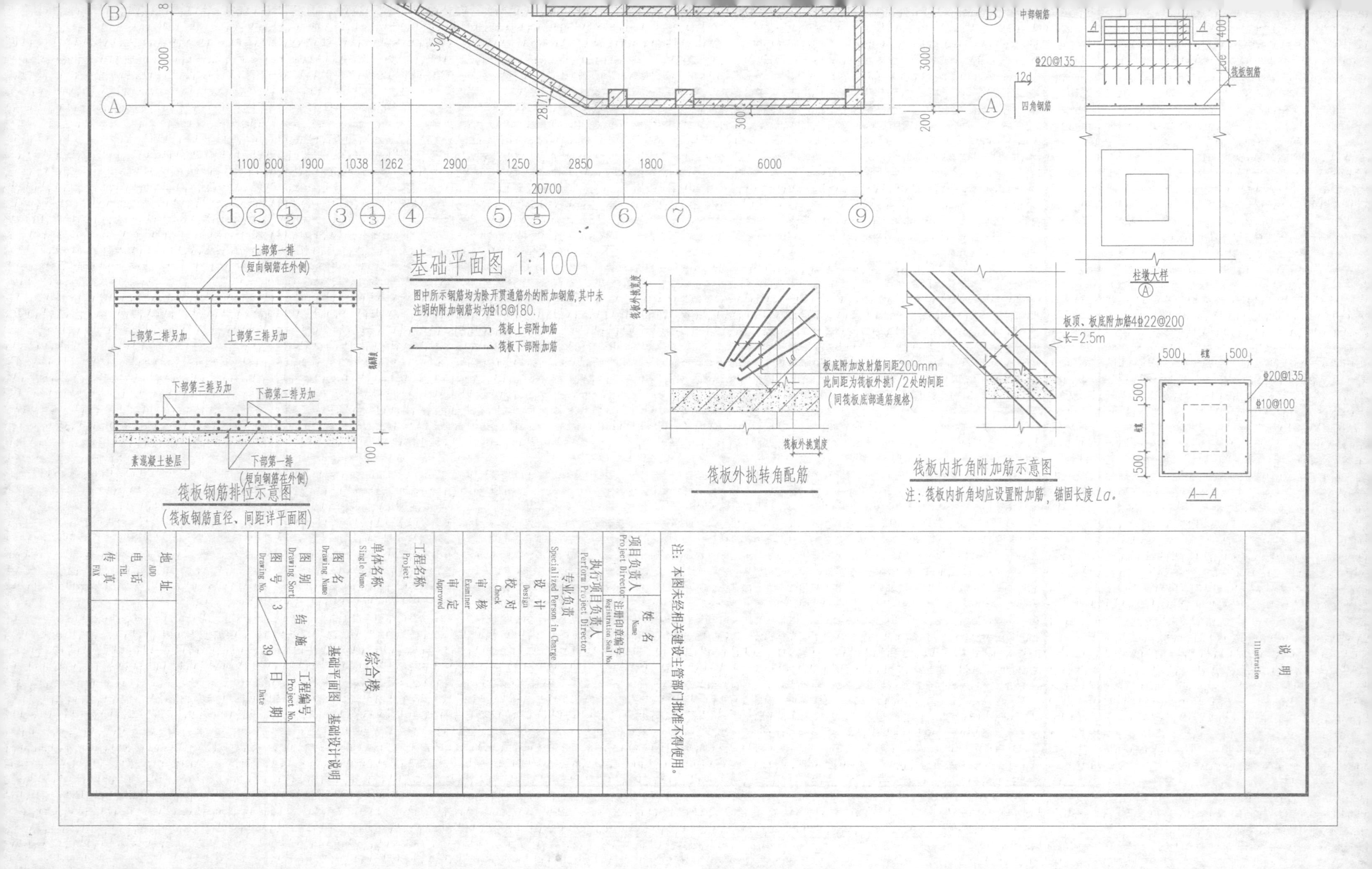

基础平面图 1:100
图中所示钢筋均为除开贯通筋外的附加钢筋，其中未注明的附加钢筋均为Φ18@180.
筏板上部附加筋
筏板下部附加筋
1100 600 1900 1038 1262 2900 1250 2850 1800 6000
20700
上部第一排
(短向钢筋在外侧)
上部第二排另加
上部第三排另加
下部第三排另加
下部第二排另加
素混凝土垫层
下部第一排
(短向钢筋在外侧)
筏板钢筋排位示意图
(筏板钢筋直径、间距详平面图)
板底附加放射筋间距200mm
此间距为筏板外挑1/2处的间距
(同筏板底部通筋规格)
筏板外挑宽度
筏板外挑转角配筋
板顶、板底附加筋4Φ22@200
长=2.5m
筏板内折角附加筋示意图
注：筏板内折角均应设置附加筋，锚固长度La。
中部钢筋
Φ20@135
12d
四角钢筋
筏板钢筋
柱墩大样
Φ20@135
Φ10@100
A—A
说 明
Illustration
注：本图未经相关建设主管部门批准不得使用。
项目负责人
Project Director
姓 名
Name
注册印章编号
Registration Seal No.
执行项目负责人
Perform Project Director
专业负责
Specialized Person in Charge
设 计
Design
校 对
Check
审 核
Examiner
审 定
Approved
工程名称
Project
单体名称
Single Name
综合楼
图 名
Drawing Name
基础平面图 基础设计说明
图 别
Drawing Sort
结 施
工程编号
Project No.
图 号
Drawing No.
3
39
日 期
Date
地 址
ADD
电 话
TEL
传 真
FAX

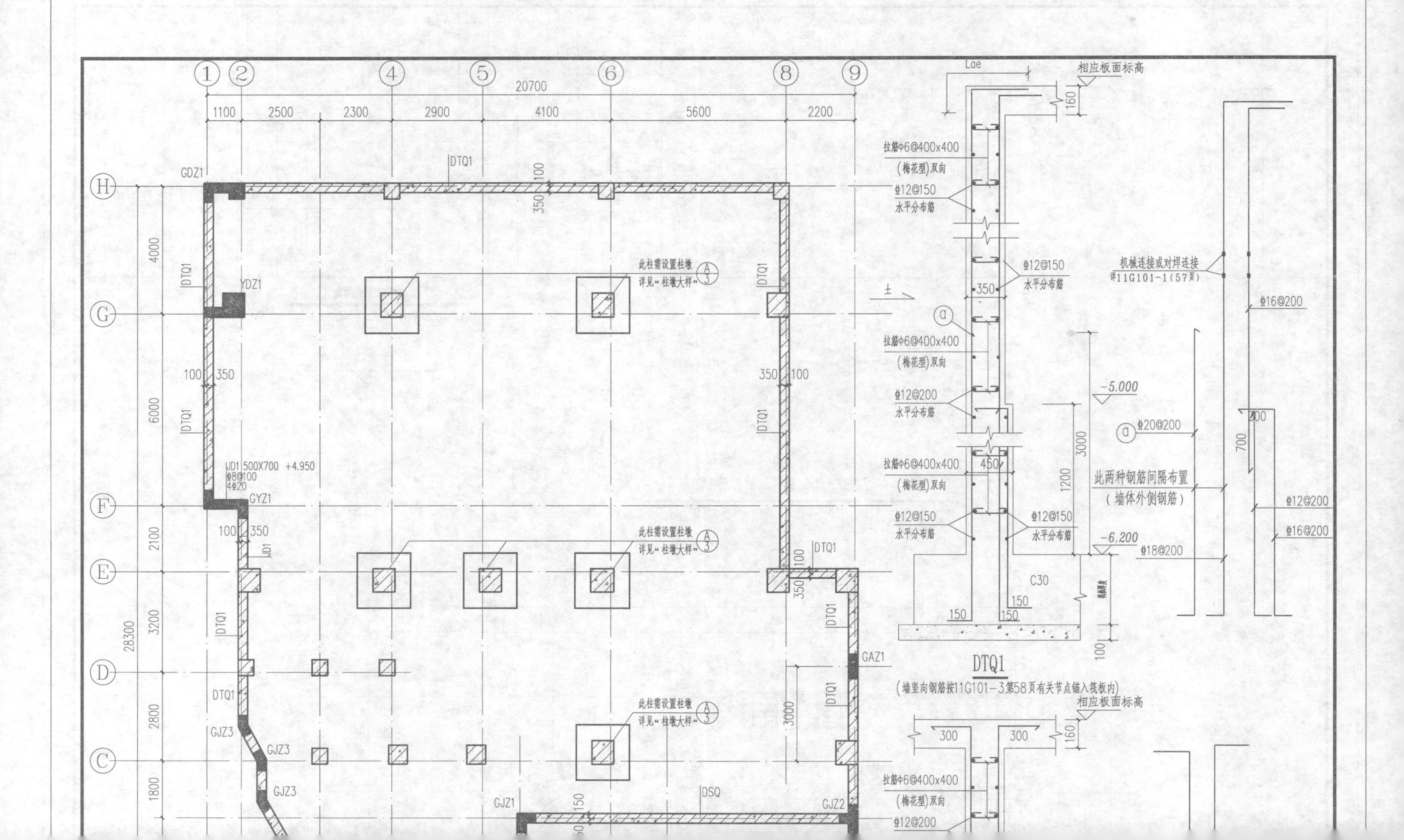

DTQ1
（墙竖向钢筋按11G101-3第58页有关节点锚入筏板内）
相应板面标高
拉筋Φ6@400x400
（梅花型）双向
Φ12@150
水平分布筋
Φ12@200
机械连接或对焊连接
详11G101-1（57页）
Φ16@200
Φ20@200
此两种钢筋间隔布置
（墙体外侧钢筋）
Φ12@200
Φ18@200
-5.000
-6.200
C30
Lae
此柱需设置柱墩
详见"柱墩大样"
JD1 500X700 +4.950
Φ8@100
4Φ20
GDZ1
YDZ1
GYZ1
GAZ1
GJZ1
GJZ2
GJZ3
DSQ
20700
28300

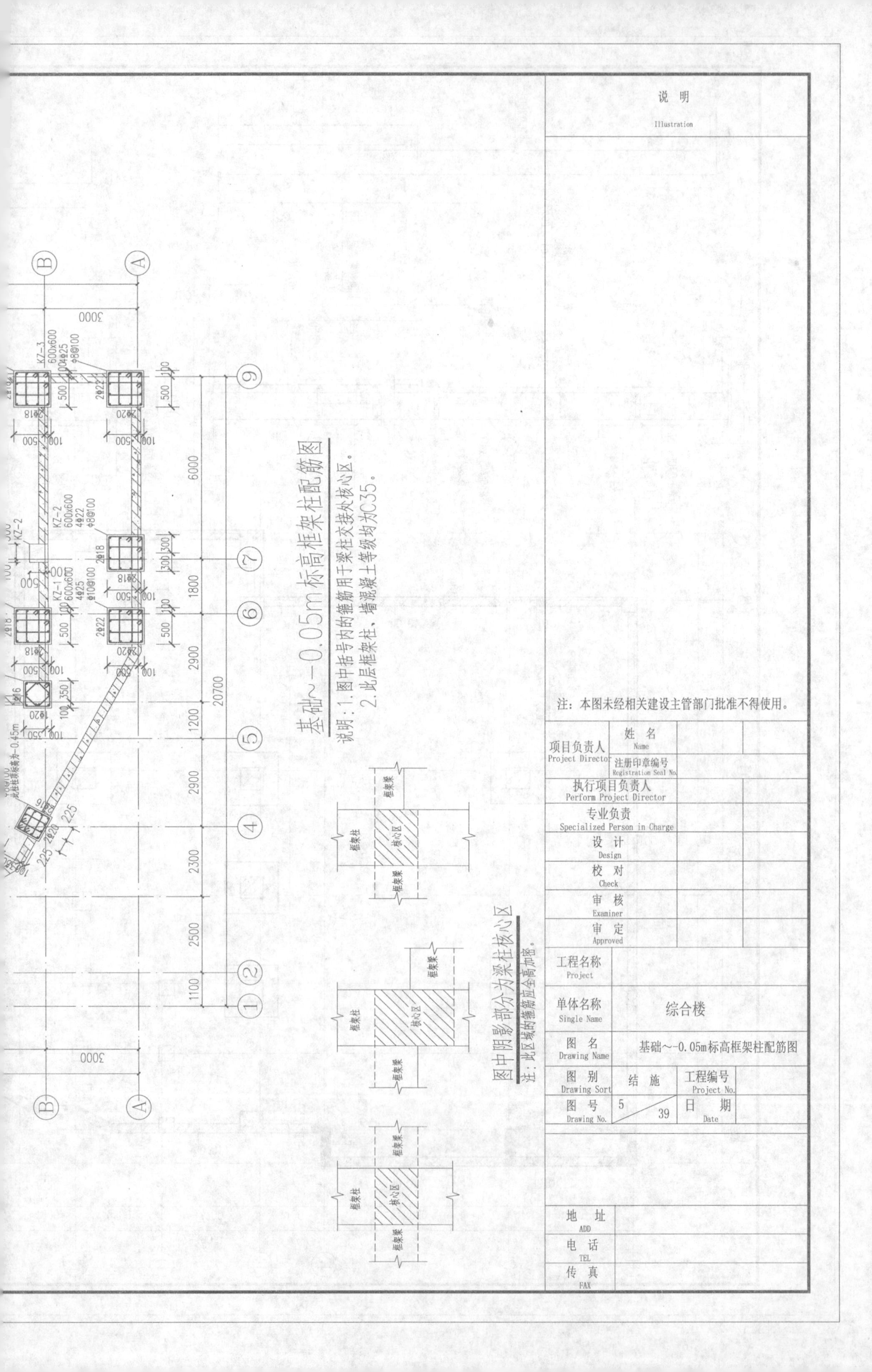

基础～-0.05m标高框架柱配筋图
说明：1.图中括号内的箍筋用于梁柱交接处核心区。
2.此层框架柱，墙混凝土等级均为C35。
图中阴影部分为梁柱核心区
注：此区域的箍筋应全高加密。
框架柱
框架梁
核心区
KZ-1
600x600
4Φ25
Φ10@100
KZ-2
600x600
4Φ22
Φ8@100
KZ-3
600x600
4Φ25
Φ8@100
20700
3000
6000
1800
2900
1200
2300
2500
1100
说 明
Illustration
注：本图未经相关建设主管部门批准不得使用。
项目负责人
Project Director
姓 名
Name
注册印章编号
Registration Seal No.
执行项目负责人
Perform Project Director
专业负责
Specialized Person in Charge
设 计
Design
校 对
Check
审 核
Examiner
审 定
Approved
工程名称
Project
单体名称
Single Name
综合楼
图 名
Drawing Name
基础～-0.05m标高框架柱配筋图
图 别
Drawing Sort
结 施
工程编号
Project No.
图 号
Drawing No.
5
39
日 期
Date
地 址
ADD
电 话
TEL
传 真
FAX

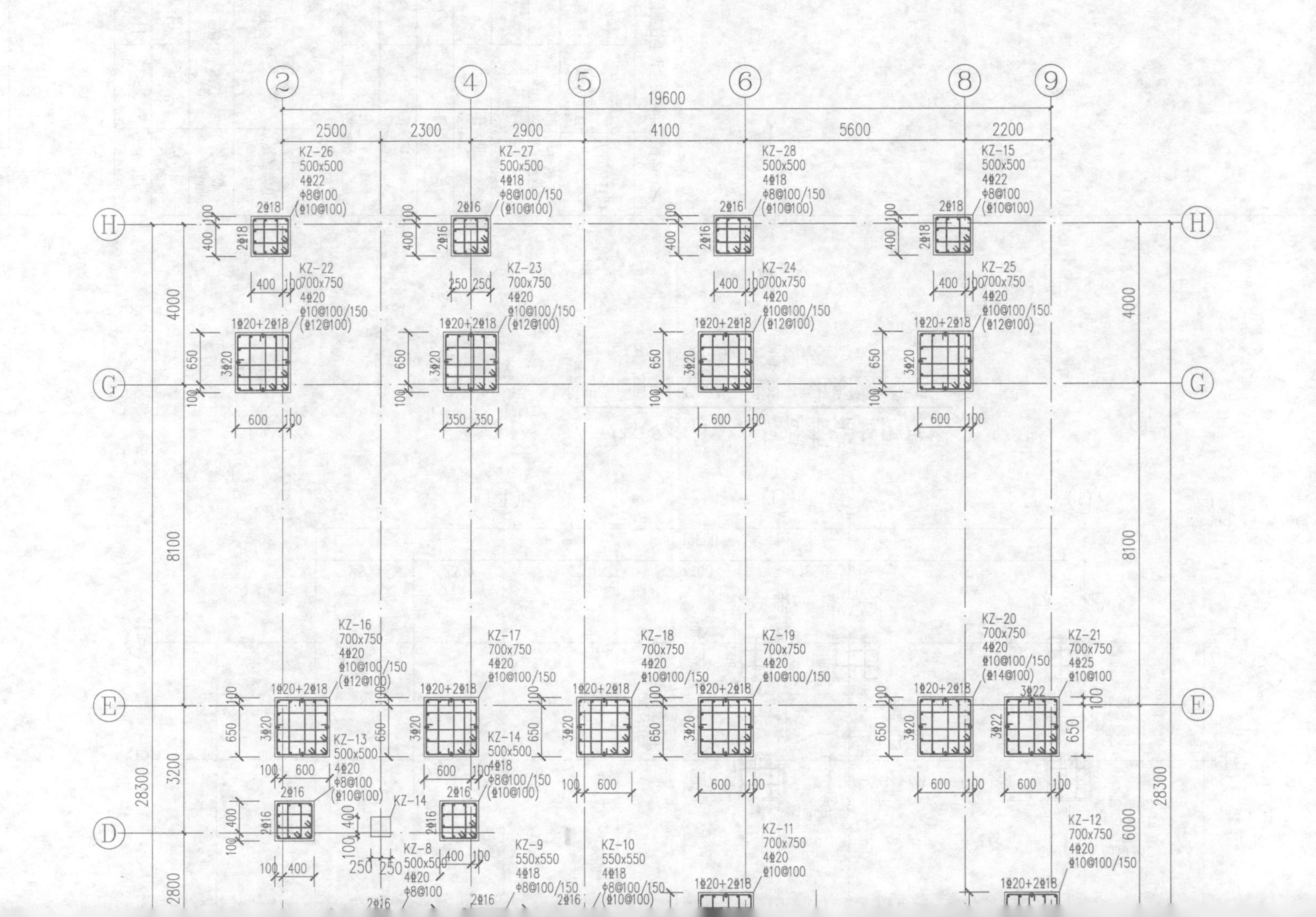

19600
2500
2300
2900
4100
5600
2200
KZ-26 500x500 4⌀22 ⌀8@100 (⌀10@100)
KZ-27 500x500 4⌀18 ⌀8@100/150 (⌀10@100)
KZ-28 500x500 4⌀18 ⌀8@100/150 (⌀10@100)
KZ-15 500x500 4⌀22 ⌀8@100 (⌀10@100)
KZ-22 700x750 4⌀20 ⌀10@100/150 (⌀12@100)
KZ-23 700x750 4⌀20 ⌀10@100/150 (⌀12@100)
KZ-24 700x750 4⌀20 ⌀10@100/150 (⌀12@100)
KZ-25 700x750 4⌀20 ⌀10@100/150 (⌀12@100)
KZ-16 700x750 4⌀20 ⌀10@100/150 (⌀12@100)
KZ-17 700x750 4⌀20 ⌀10@100/150
KZ-18 700x750 4⌀20 ⌀10@100/150
KZ-19 700x750 4⌀20 ⌀10@100/150
KZ-20 700x750 4⌀20 ⌀10@100/150 (⌀14@100)
KZ-21 700x750 4⌀25 ⌀10@100
KZ-13 500x500 4⌀20 ⌀8@100 (⌀10@100)
KZ-14 500x500 4⌀18 ⌀8@100/150 (⌀10@100)
KZ-14
KZ-8 500x500 4⌀20 ⌀8@100
KZ-9 550x550 4⌀18 ⌀8@100/150
KZ-10 550x550 4⌀18 ⌀8@100/150 (⌀10@100)
KZ-11 700x750 4⌀20 ⌀10@100
KZ-12 700x750 4⌀20 ⌀10@100/150
1⌀20+2⌀18
3⌀20
3⌀22
2⌀18
2⌀16
4000
8100
3200
2800
6000
28300

说 明

Illustration

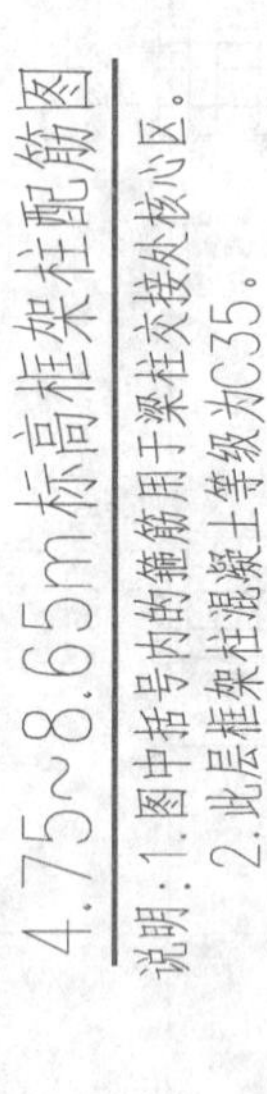

4.75~8.65m标高框架柱配筋图

说明：1.图中括号内的箍筋用于梁柱交接处核心区。

2.此层框架柱混凝土等级为C35。

注：本图未经相关建设主管部门批准不得使用。

项目负责人 Project Director	姓 名 Name		
	注册印章编号 Registration Seal No.		
执行项目负责人 Perform Project Director			
专业负责 Specialized Person in Charge			
设 计 Design			
校 对 Check			
审 核 Examiner			
审 定 Approved			

工程名称 Project			
单体名称 Single Name	综合楼		
图 名 Drawing Name	4.75～8.65m 标高框架柱配筋图		
图 别 Drawing Sort	结 施	工程编号 Project No.	
图 号 Drawing No.	7 / 39	日 期 Date	

地 址 ADD	
电 话 TEL	
传 真 FAX	

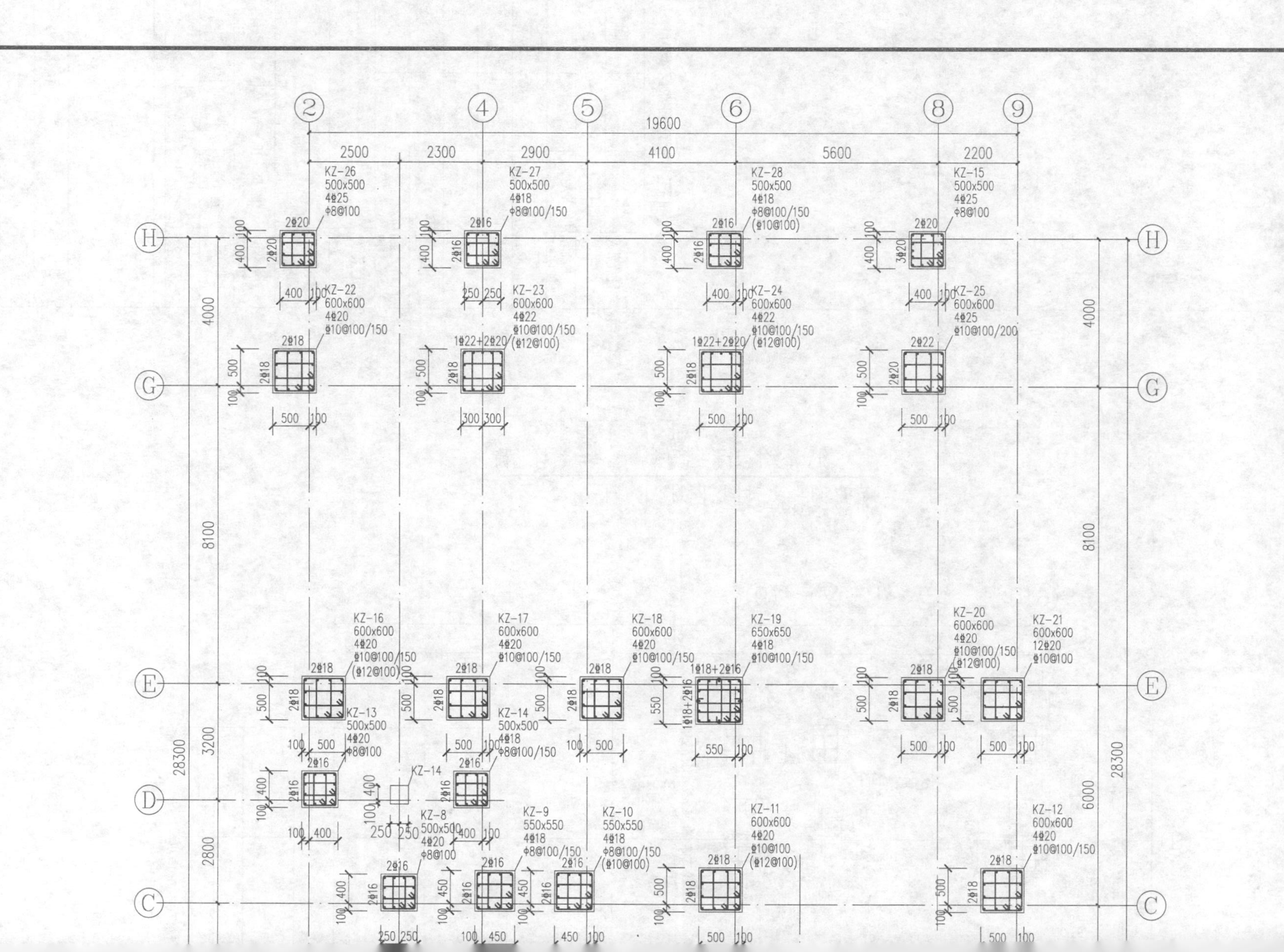

2
4
5
6
8
9
19600
2500
2300
2900
4100
5600
2200
H
G
E
D
C
4000
8100
3200
2800
28300
6000
KZ-26
500x500
4φ25
φ8@100
KZ-27
500x500
4φ18
φ8@100/150
KZ-28
500x500
4φ18
φ8@100/150
(φ10@100)
KZ-15
500x500
4φ25
φ8@100
KZ-22
600x600
4φ20
φ10@100/150
KZ-23
600x600
4φ22
φ10@100/150
(φ12@100)
KZ-24
600x600
4φ22
φ10@100/150
(φ12@100)
KZ-25
600x600
4φ25
φ10@100/200
KZ-16
600x600
4φ20
φ10@100/150
(φ12@100)
KZ-17
600x600
4φ20
φ10@100/150
KZ-18
600x600
4φ20
φ10@100/150
KZ-19
650x650
4φ18
φ10@100/150
KZ-20
600x600
4φ20
φ10@100/150
(φ12@100)
KZ-21
600x600
12φ20
φ10@100
KZ-13
500x500
4φ20
φ8@100
KZ-14
500x500
4φ18
φ8@100/150
KZ-14
KZ-8
500x500
4φ20
φ8@100
KZ-9
550x550
4φ18
φ8@100/150
KZ-10
550x550
4φ18
φ8@100/150
(φ10@100)
KZ-11
600x600
4φ20
φ10@100
(φ12@100)
KZ-12
600x600
4φ20
φ10@100/150

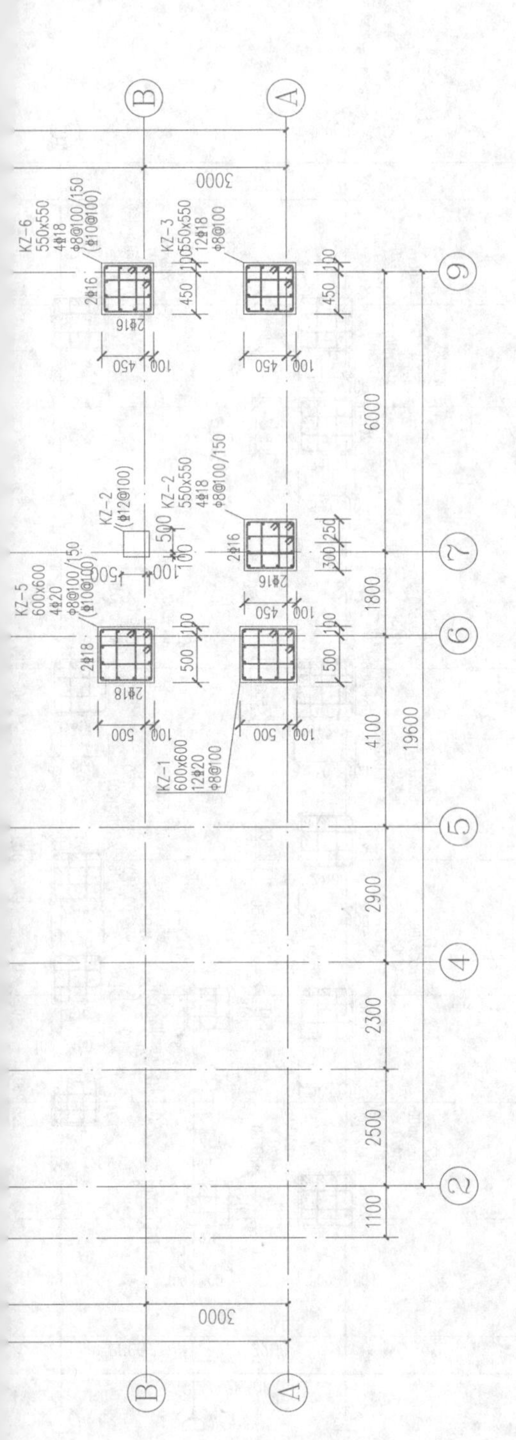

12.55~16.15m标高框架柱配筋图

说明：1.图中括号内的箍筋用于梁柱交接处核心区。
2.此层框架柱混凝土等级为C35。

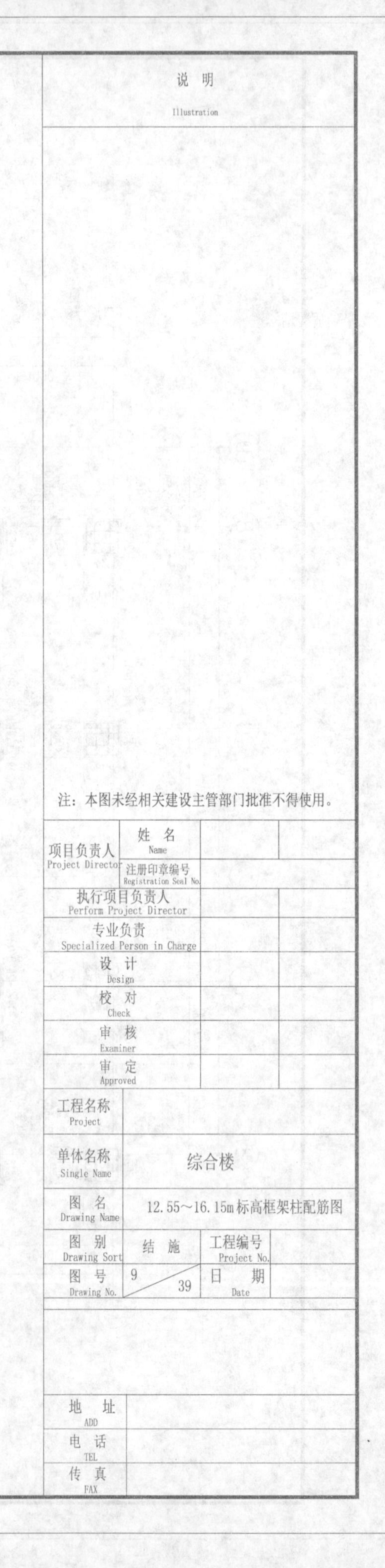

说 明
Illustration

注：本图未经相关建设主管部门批准不得使用。

项目负责人 Project Director	姓 名 Name		
	注册印章编号 Registration Seal No.		
执行项目负责人 Perform Project Director			
专业负责 Specialized Person in Charge			
设 计 Design			
校 对 Check			
审 核 Examiner			
审 定 Approved			
工程名称 Project			
单体名称 Single Name	综合楼		
图 名 Drawing Name	12.55～16.15m标高框架柱配筋图		
图 别 Drawing Sort	结 施	工程编号 Project No.	
图 号 Drawing No.	9 / 39	日 期 Date	
地 址 ADD			
电 话 TEL			
传 真 FAX			

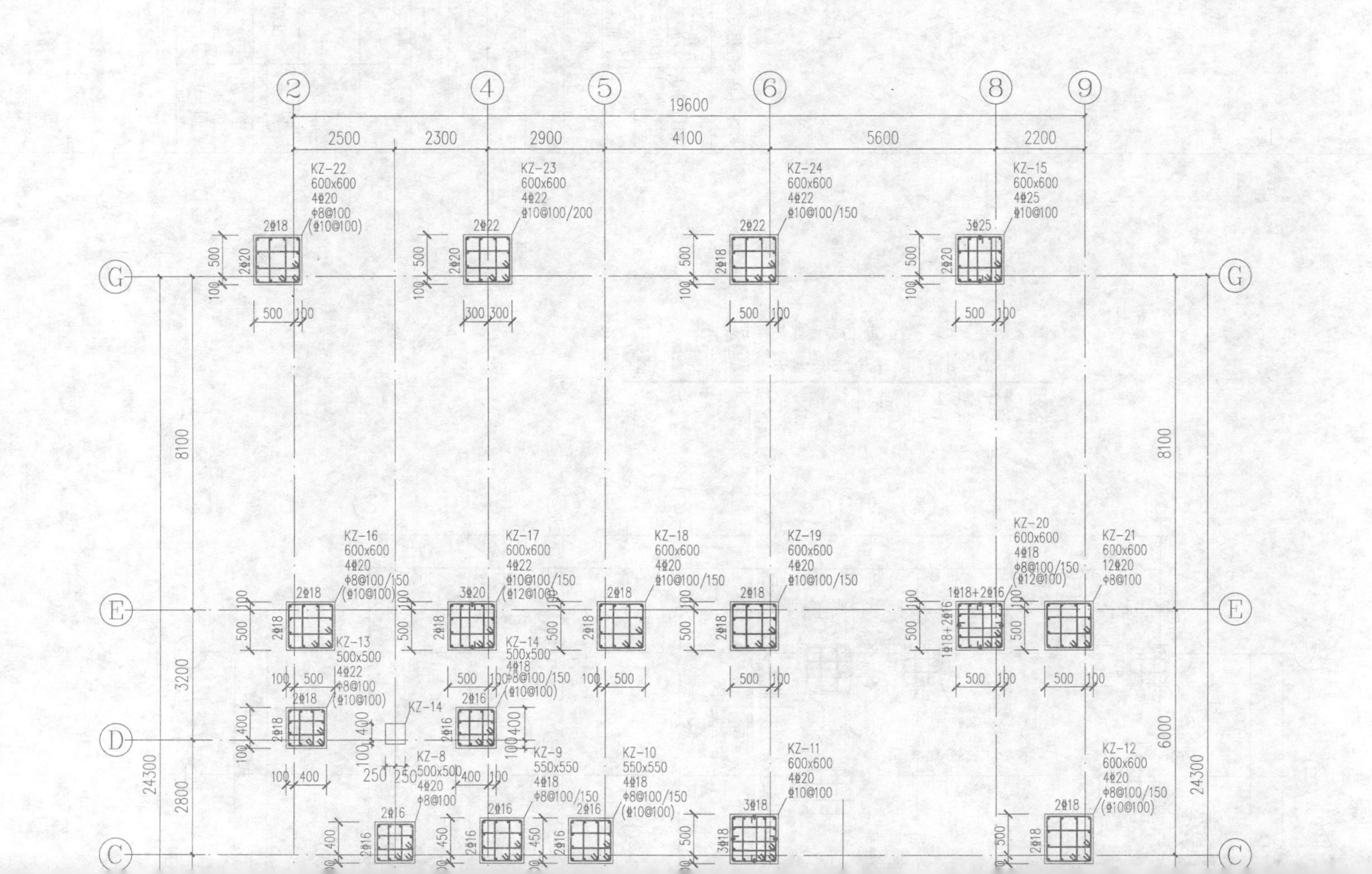

2
4
5
6
8
9
19600
2500
2300
2900
4100
5600
2200
G
E
D
C
8100
3200
2800
24300
6000
KZ-22
600x600
4Φ20
Φ8@100
(Φ10@100)
KZ-23
600x600
4Φ22
Φ10@100/200
KZ-24
600x600
4Φ22
Φ10@100/150
KZ-15
600x600
4Φ25
Φ10@100
KZ-16
600x600
4Φ20
Φ8@100/150
(Φ10@100)
KZ-17
600x600
4Φ22
Φ10@100/150
(Φ12@100)
KZ-18
600x600
4Φ20
Φ10@100/150
KZ-19
600x600
4Φ20
Φ10@100/150
KZ-20
600x600
4Φ18
Φ8@100/150
(Φ12@100)
KZ-21
600x600
12Φ20
Φ8@100
KZ-13
500x500
4Φ22
Φ8@100
(Φ10@100)
KZ-14
500x500
4Φ18
Φ8@100/150
(Φ10@100)
KZ-8
500x500
4Φ20
Φ8@100
KZ-9
550x550
4Φ18
Φ8@100/150
KZ-10
550x550
4Φ18
Φ8@100/150
(Φ10@100)
KZ-11
600x600
4Φ20
Φ10@100
KZ-12
600x600
4Φ20
Φ8@100/150
(Φ10@100)

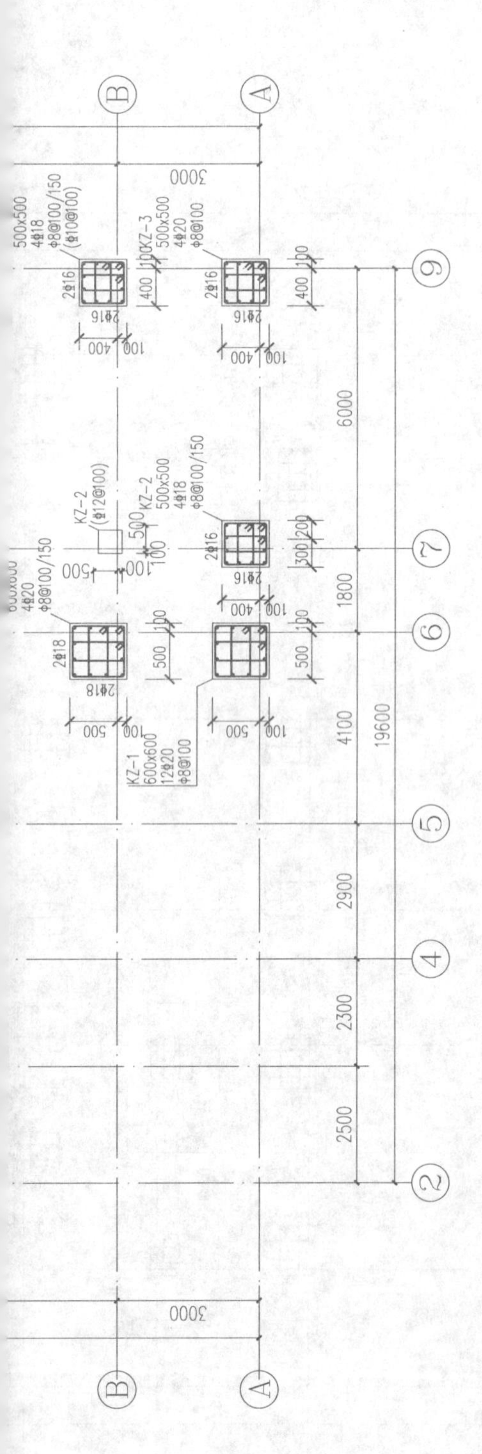

19.75~23.35m标高框架柱配筋图

说明：1.图中括号内的箍筋用于梁柱交接处核心区。
2.此层框架柱混凝土等级为C30。

说明 Illustration

注：本图未经相关建设主管部门批准不得使用。

项目负责人 Project Director	姓名 Name		
	注册印章编号 Registration Seal No.		
执行项目负责人 Perform Project Director			
专业负责 Specialized Person in Charge			
设计 Design			
校对 Check			
审核 Examiner			
审定 Approved			
工程名称 Project			
单体名称 Single Name	综合楼		
图名 Drawing Name	19.75~23.35m标高框架柱配筋图		
图别 Drawing Sort	结施	工程编号 Project No.	
图号 Drawing No.	11 / 39	日期 Date	

地址 ADD	
电话 TEL	
传真 FAX	

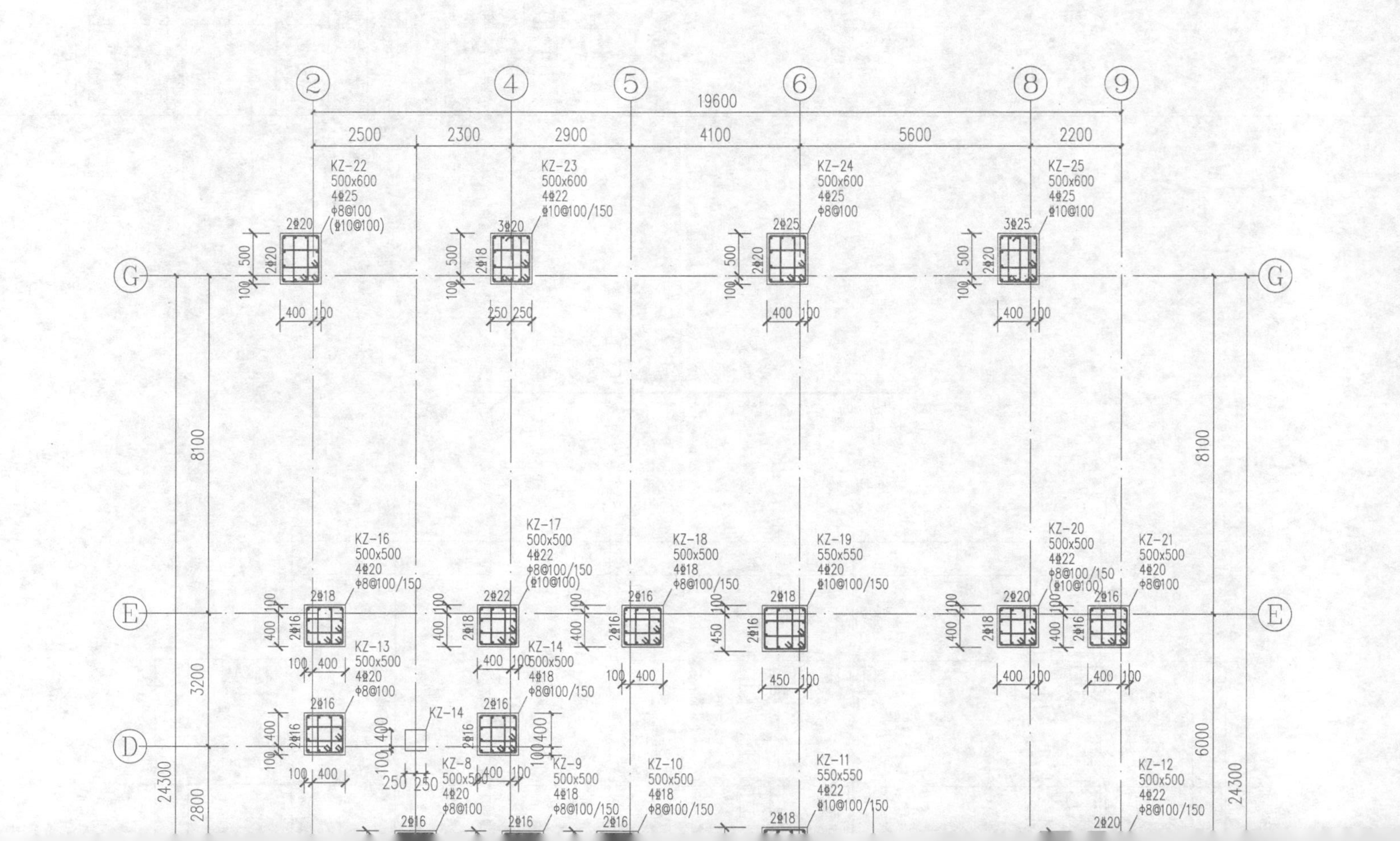

19600
2500
2300
2900
4100
5600
2200
KZ-22
500x600
4⌀25
φ8@100
(⌀10@100)
KZ-23
500x600
4⌀22
⌀10@100/150
KZ-24
500x600
4⌀25
φ8@100
KZ-25
500x600
4⌀25
⌀10@100
KZ-16
500x500
4⌀20
φ8@100/150
KZ-17
500x500
4⌀22
φ8@100/150
(⌀10@100)
KZ-18
500x500
4⌀18
φ8@100/150
KZ-19
550x550
4⌀20
⌀10@100/150
KZ-20
500x500
4⌀22
φ8@100/150
(⌀10@100)
KZ-21
500x500
4⌀20
φ8@100
KZ-13
500x500
4⌀20
φ8@100
KZ-14
500x500
4⌀18
φ8@100/150
KZ-8
500x500
4⌀20
φ8@100
KZ-9
500x500
4⌀18
φ8@100/150
KZ-10
500x500
4⌀18
φ8@100/150
KZ-11
550x550
4⌀22
⌀10@100/150
KZ-12
500x500
4⌀22
φ8@100/150
8100
3200
2800
24300
6000

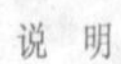

26.95~30.55m标高框架柱配筋图

说明：1.图中括号内的箍筋用于梁柱交接处核心区。
2.此层框架柱混凝土等级为C30。

KZ-1 600x600 12⌀20 ⌀8@100

KZ-2 500x500 4⌀18 ⌀8@100/150

KZ-3 500x500 4⌀22 ⌀8@100

说 明

Illustration

注：本图未经相关建设主管部门批准不得使用。

项目负责人 Project Director	姓 名 Name		
	注册印章编号 Registration Seal No.		
执行项目负责人 Perform Project Director			
专业负责 Specialized Person in Charge			
设 计 Design			
校 对 Check			
审 核 Examiner			
审 定 Approved			

工程名称 Project			
单体名称 Single Name	综合楼		
图 名 Drawing Name	26.95～30.55m标高框架柱配筋图		
图 别 Drawing Sort	结 施	工程编号 Project No.	
图 号 Drawing No.	13 / 39	日 期 Date	

地 址 ADD	
电 话 TEL	
传 真 FAX	

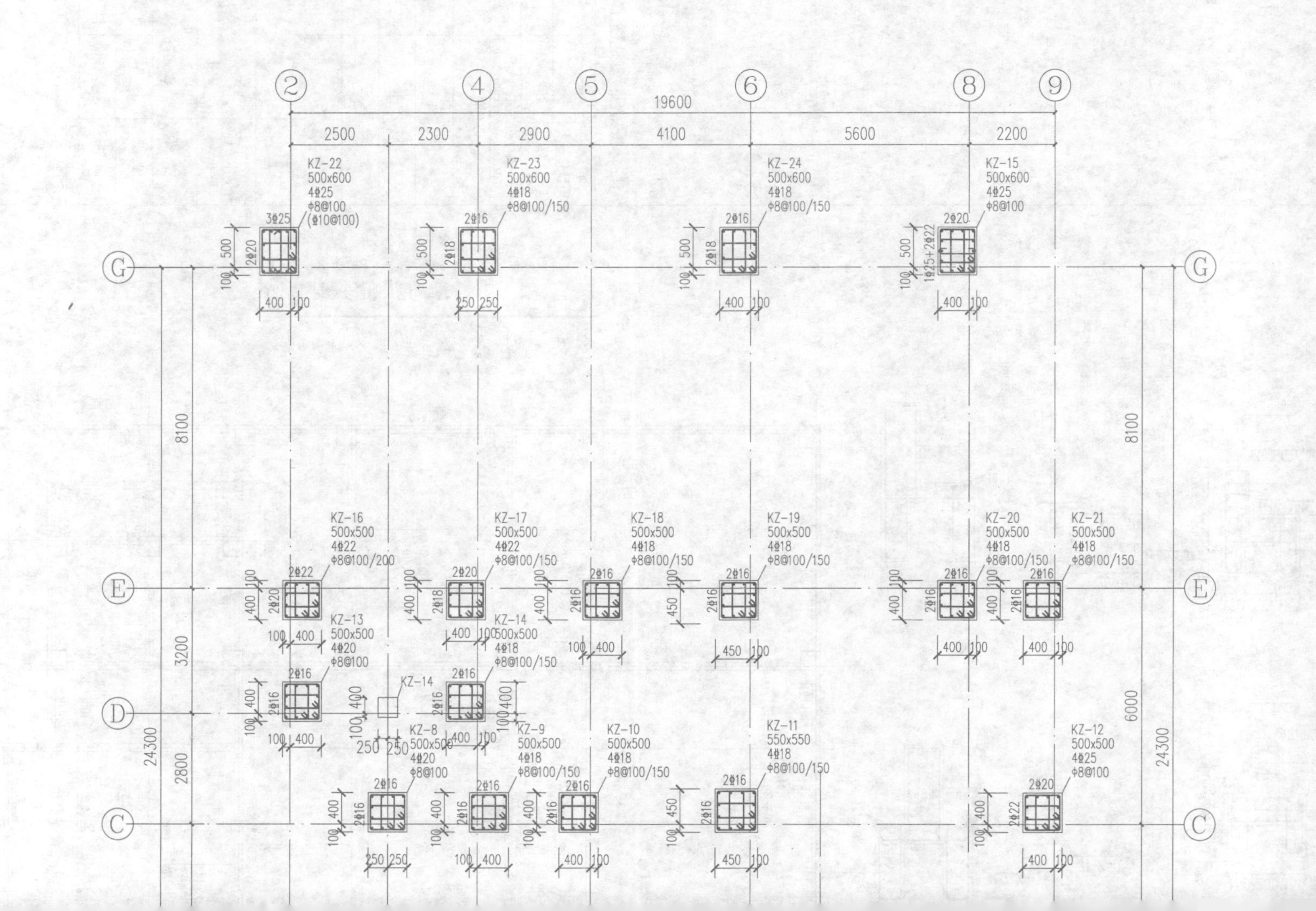

KZ-22
500x600
4⌀25
ϕ8@100
(⌀10@100)
KZ-23
500x600
4⌀18
ϕ8@100/150
KZ-24
500x600
4⌀18
ϕ8@100/150
KZ-15
500x600
4⌀25
ϕ8@100
KZ-16
500x500
4⌀22
ϕ8@100/200
KZ-17
500x500
4⌀22
ϕ8@100/150
KZ-18
500x500
4⌀18
ϕ8@100/150
KZ-19
500x500
4⌀18
ϕ8@100/150
KZ-20
500x500
4⌀18
ϕ8@100/150
KZ-21
500x500
4⌀18
ϕ8@100/150
KZ-13
500x500
4⌀20
ϕ8@100
KZ-14
500x500
4⌀18
ϕ8@100/150
KZ-8
500x500
4⌀20
ϕ8@100
KZ-9
500x500
4⌀18
ϕ8@100/150
KZ-10
500x500
4⌀18
ϕ8@100/150
KZ-11
550x550
4⌀18
ϕ8@100/150
KZ-12
500x500
4⌀25
ϕ8@100
19600
2500 2300 2900 4100 5600 2200
8100 3200 2800 24300 6000

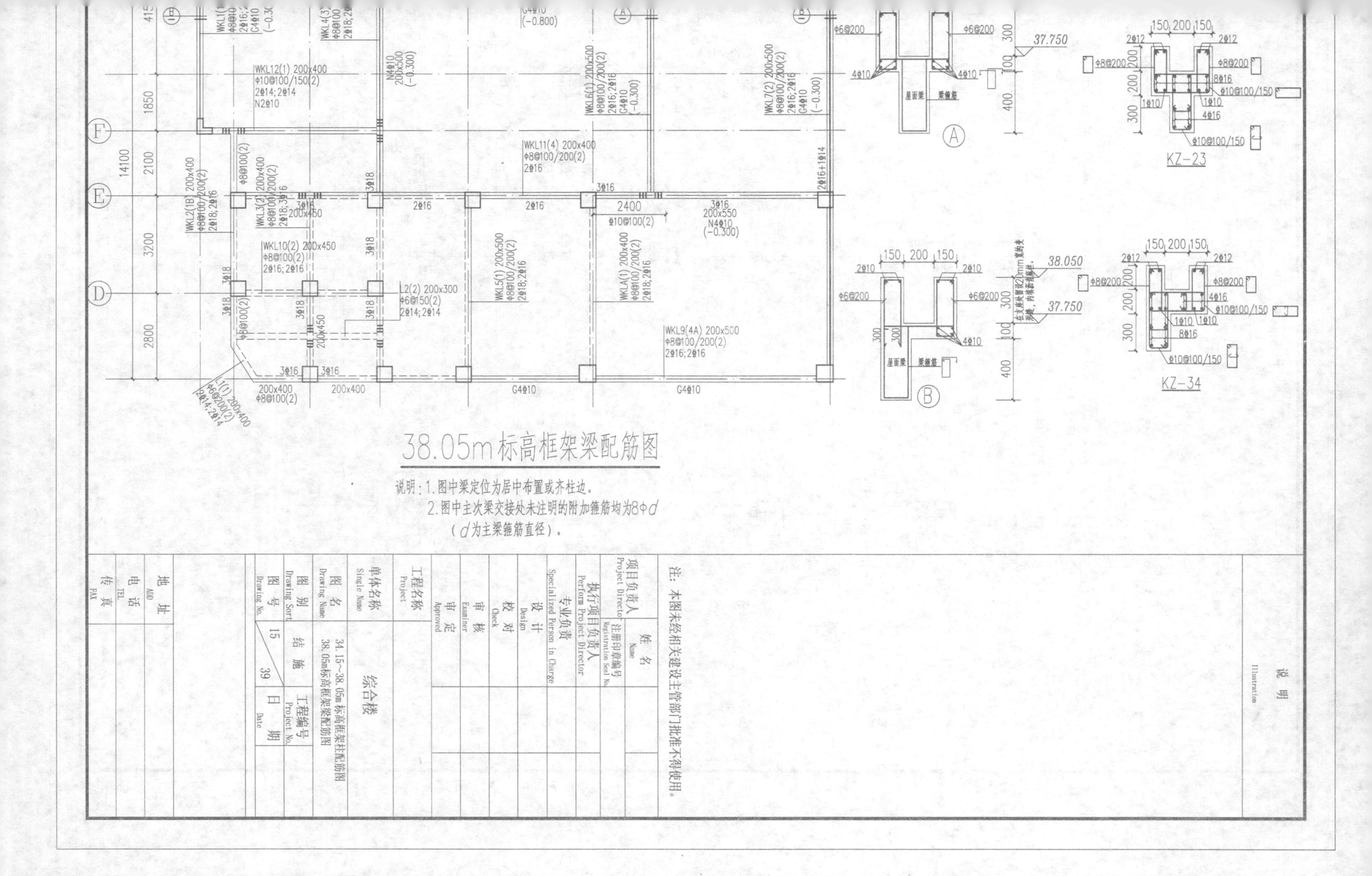

38.05m标高框架梁配筋图
说明：1.图中梁定位为居中布置或齐柱边。
2.图中主次梁交接处未注明的附加箍筋均为8Φd
（d为主梁箍筋直径）。
KZ-23
KZ-34
说 明
Illustration
注：本图未经相关建设主管部门批准不得使用。
项目负责人
Project Director
姓 名
Name
注册印章编号
Registration Seal No.
执行项目负责人
Perform Project Director
专业负责
Specialized Person in Charge
设 计
Design
校 对
Check
审 核
Examiner
审 定
Approved
工程名称
Project
单体名称
Single Name
综合楼
图 名
Drawing Name
34.15～38.05m标高框架柱配筋图
38.05m标高框架梁配筋图
图 别
Drawing Sort
结 施
工程编号
Project No.
图 号
Drawing No.
15
39
日 期
Date
地 址
ADD
电 话
TEL
传 真
FAX

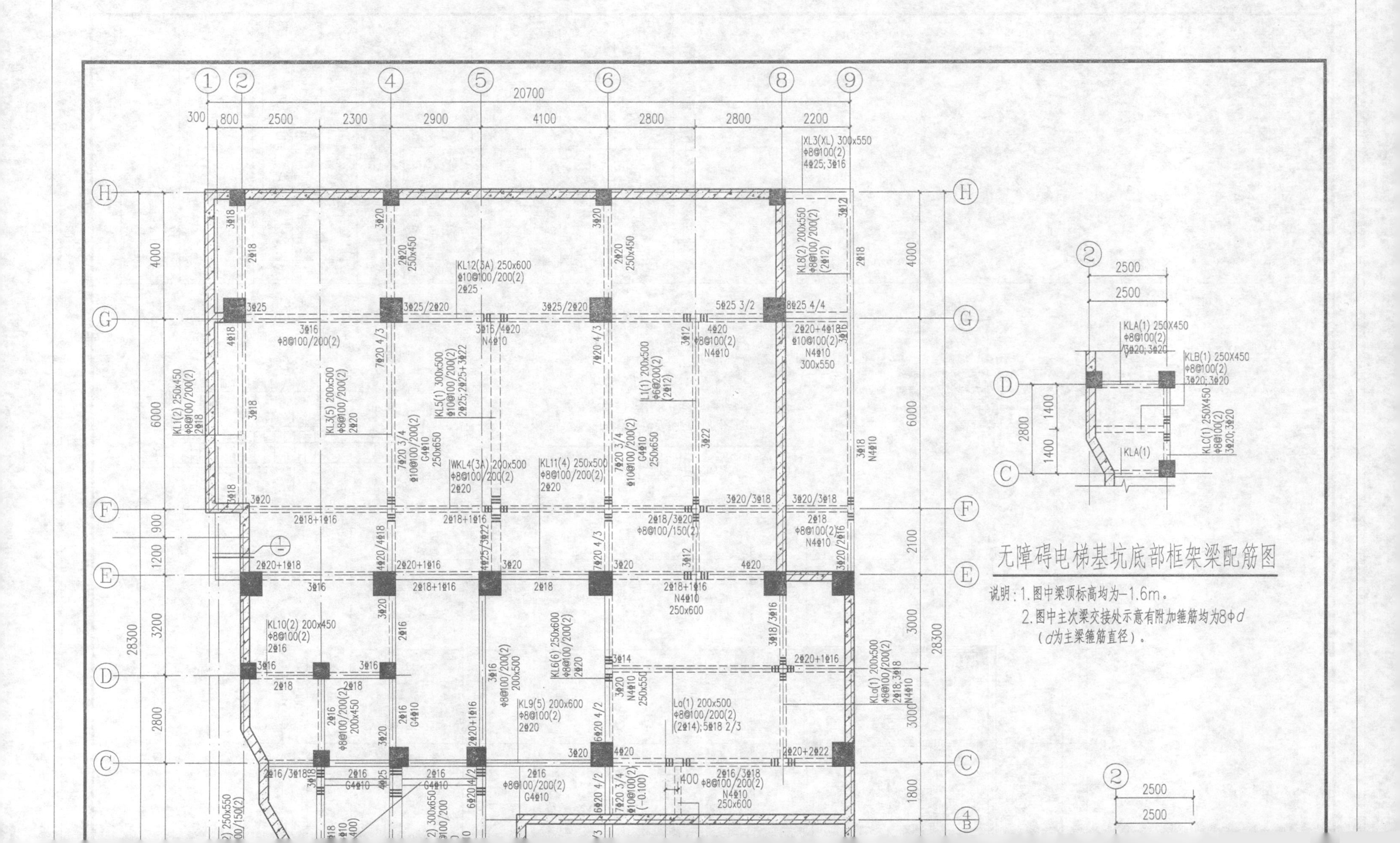
无障碍电梯基坑底部框架梁配筋图
说明：1.图中梁顶标高均为−1.6m。
2.图中主次梁交接处示意有附加箍筋均为8Φd
（d为主梁箍筋直径）。

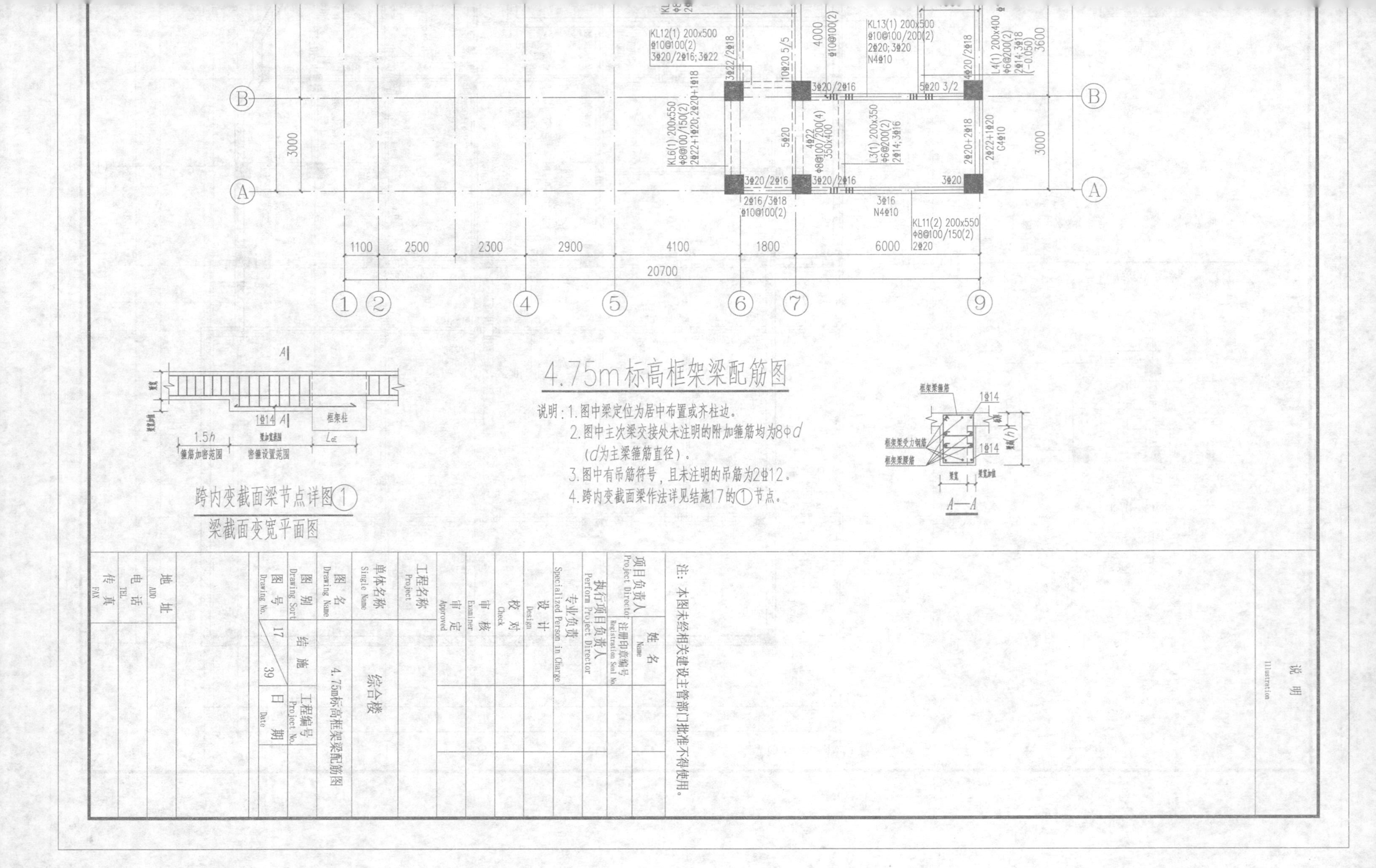

4.75m标高框架梁配筋图
说明：1.图中梁定位为居中布置或齐柱边。
2.图中主次梁交接处未注明的附加箍筋均为8Φd
(d为主梁箍筋直径)。
3.图中有吊筋符号，且未注明的吊筋为2Φ12。
4.跨内变截面梁作法详见结施17的①节点。
跨内变截面梁节点详图①
梁截面变宽平面图
A—A
KL12(1) 200x500
KL13(1) 200x500
KL6(1) 200x550
KL11(2) 200x550
L3(1) 200x350
L4(1) 200x400
1100
2500
2300
2900
4100
1800
6000
20700
3000
4000
3600
说 明
Illustration
注：本图未经相关建设主管部门批准不得使用。
项目负责人
Project Director
姓 名
Name
注册印章编号
Registration Seal No.
执行项目负责人
Perform Project Director
专业负责
Specialized Person in Charge
设 计
Design
校 对
Check
审 核
Examiner
审 定
Approved
工程名称
Project
单体名称
Single Name
综合楼
图 名
Drawing Name
4.75m标高框架梁配筋图
图 别
Drawing Sort
结 施
工程编号
Project No.
图 号
Drawing No.
17
39
日 期
Date
地 址
ADD
电 话
TEL
传 真
FAX

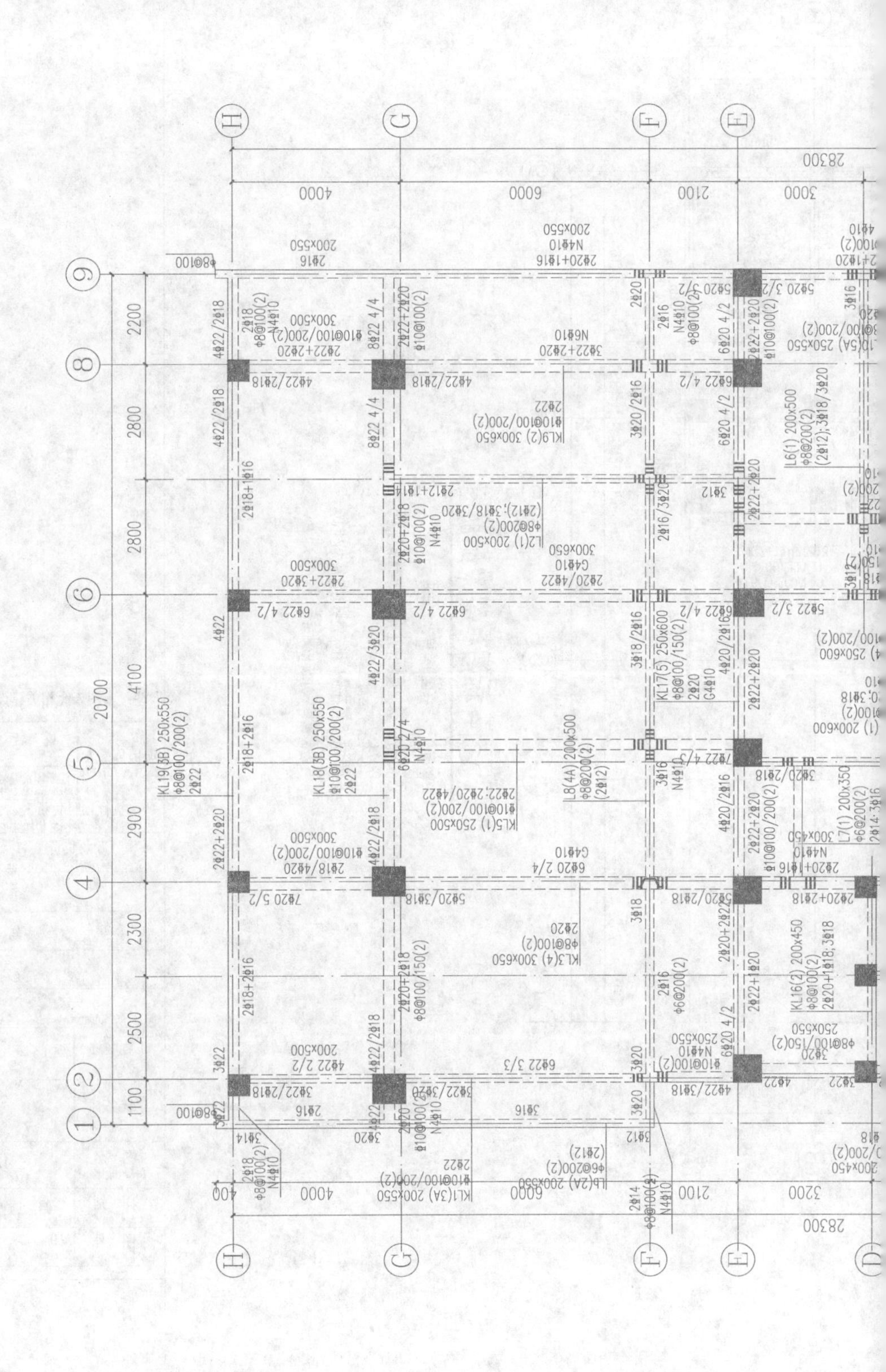

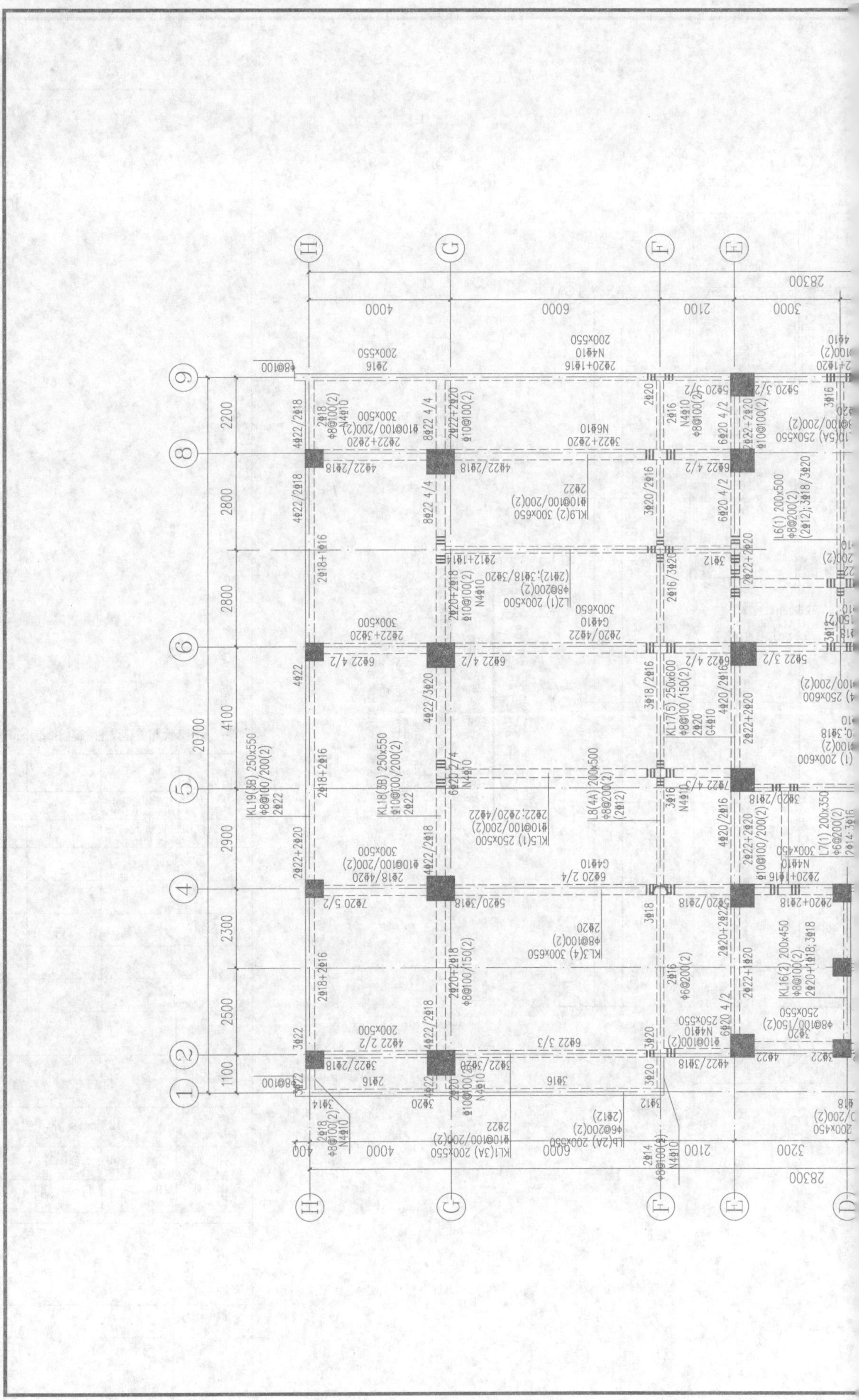

12.55m标高框架梁配筋图

说明：1.图中梁定位为居中布置或齐柱边。

2.图中主次梁交接处未注明的附加箍筋均为8Φd（d为主梁箍筋直径）。

3.图中有吊筋符号，且未注明的吊筋为2Φ12。

4.跨内变截面梁作法详见结施17的①节点。

说 明

Illustration

注：本图未经相关建设主管部门批准不得使用。

项目负责人 Project Director	姓 名 Name		
	注册印章编号 Registration Seal No.		
执行项目负责人 Perform Project Director			
专业负责 Specialized Person in Charge			
设 计 Design			
校 对 Check			
审 核 Examiner			
审 定 Approved			

工程名称 Project			
单体名称 Single Name	综合楼		
图 名 Drawing Name	12.55m标高框架梁配筋图		
图 别 Drawing Sort	结 施	工程编号 Project No.	
图 号 Drawing No.	19 / 39	日 期 Date	

地 址 ADD	
电 话 TEL	
传 真 FAX	

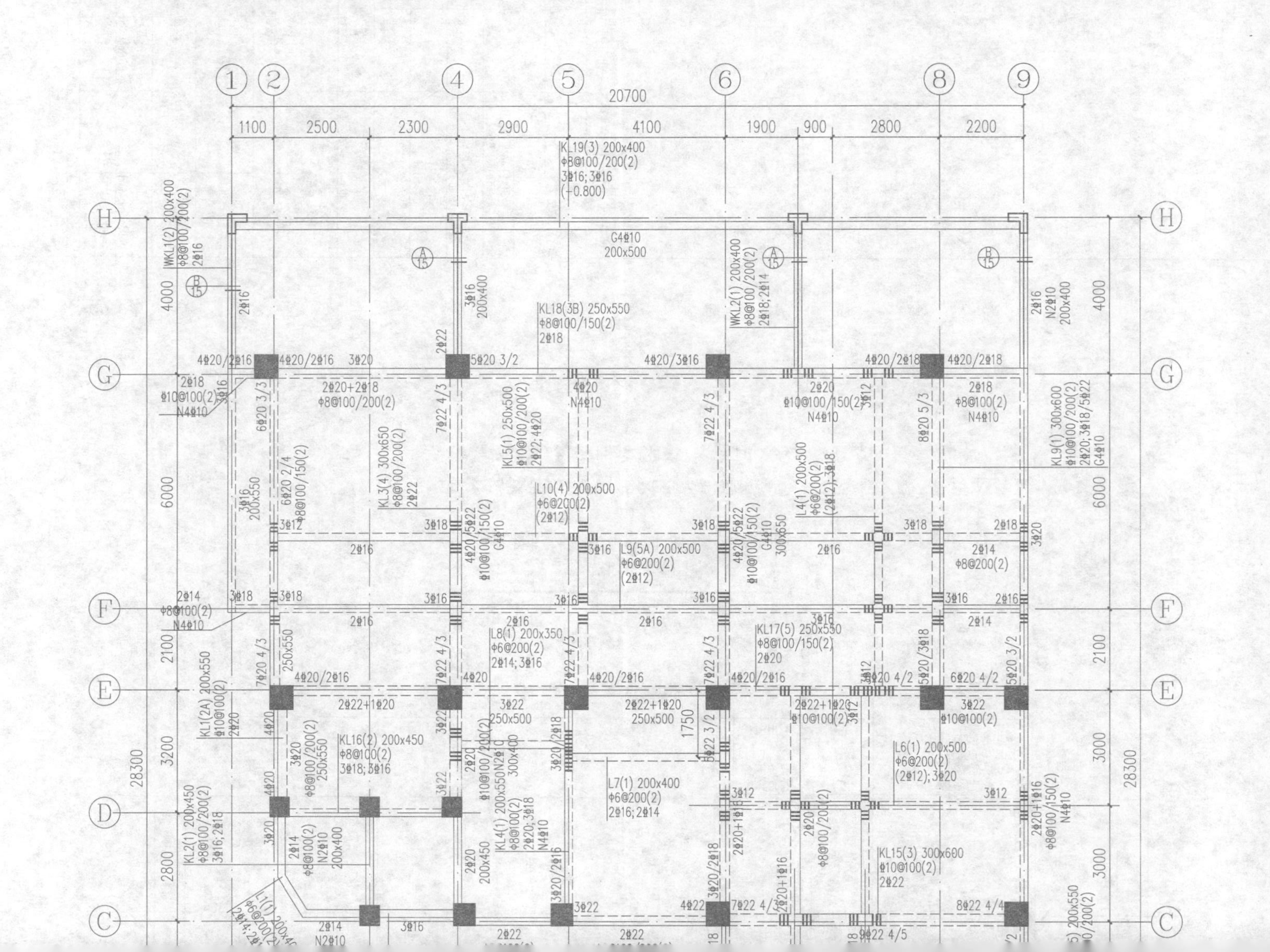

20700
1100
2500
2300
2900
4100
1900
900
2800
2200
KL19(3) 200x400
φ8@100/200(2)
3φ16;3φ16
(-0.800)
G4φ10
200x500
KL18(3B) 250x550
φ8@100/150(2)
2φ18
WKL1(2) 200x400
φ8@100/200(2)
2φ16
WKL2(1) 200x400
φ8@100/200(2)
2φ18;2φ14
KL3(4) 300x650
φ8@100/200(2)
2φ22
KL5(1) 250x500
φ10@100/200(2)
2φ22;4φ20
L10(4) 200x500
φ6@200(2)
(2φ12)
L9(5A) 200x500
φ6@200(2)
(2φ12)
L4(1) 200x500
φ6@200(2)
(2φ12);3φ18
KL9(1) 300x600
φ10@100/200(2)
2φ20;3φ18/5φ22
G4φ10
L8(1) 200x350
φ6@200(2)
2φ14;3φ16
KL17(5) 250x550
φ8@100/150(2)
2φ20
KL1(2A) 200x550
φ10@100(2)
2φ20
KL16(2) 200x450
φ8@100(2)
3φ18;3φ16
L7(1) 200x400
φ6@200(2)
2φ16;2φ14
L6(1) 200x500
φ6@200(2)
(2φ12);3φ20
KL4(1) 200x550
φ8@100(2)
2φ20;3φ18
N4φ10
KL2(1) 200x450
φ8@100/200(2)
3φ16;2φ18
KL15(3) 300x600
φ10@100(2)
2φ22
28300
4000
6000
2100
3200
2800
3000
1750

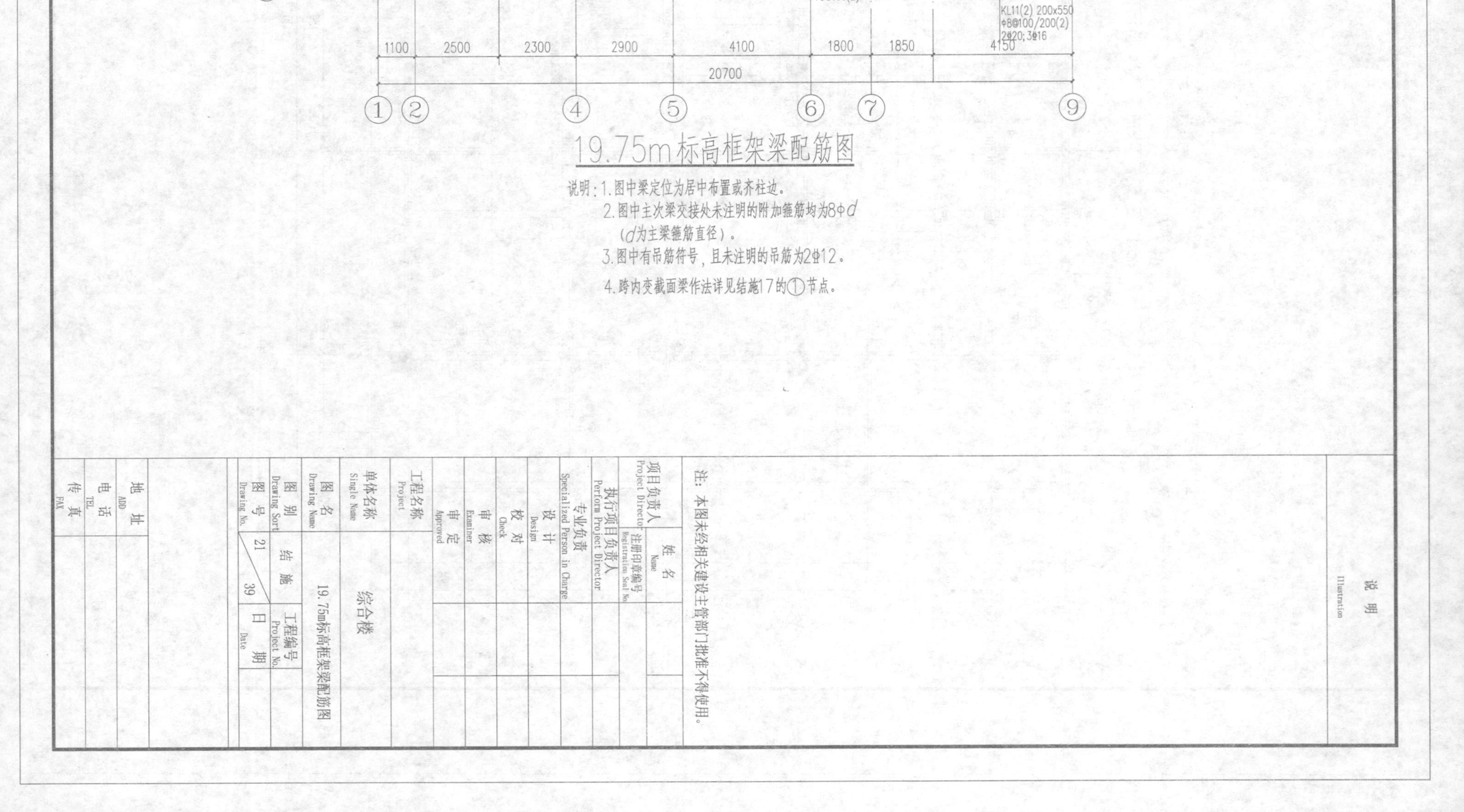

19.75m标高框架梁配筋图
说明：1.图中梁定位为居中布置或齐柱边。
2.图中主次梁交接处未注明的附加箍筋均为8Φd
（d为主梁箍筋直径）。
3.图中有吊筋符号，且未注明的吊筋为2Φ12。
4.跨内变截面梁作法详见结施17的①节点。
说明
Illustration
注：本图未经相关建设主管部门批准不得使用。
项目负责人 Project Director
姓名 Name
注册印章编号 Registration Seal No.
执行项目负责人 Perform Project Director
专业负责 Specialized Person in Charge
设计 Design
校对 Check
审核 Examiner
审定 Approved
工程名称 Project
单体名称 Single Name
综合楼
图名 Drawing Name
19.75m标高框架梁配筋图
图别 Drawing Sort
结施
工程编号 Project No.
图号 Drawing No.
21
39
日期 Date
地址 ADD
电话 TEL
传真 FAX

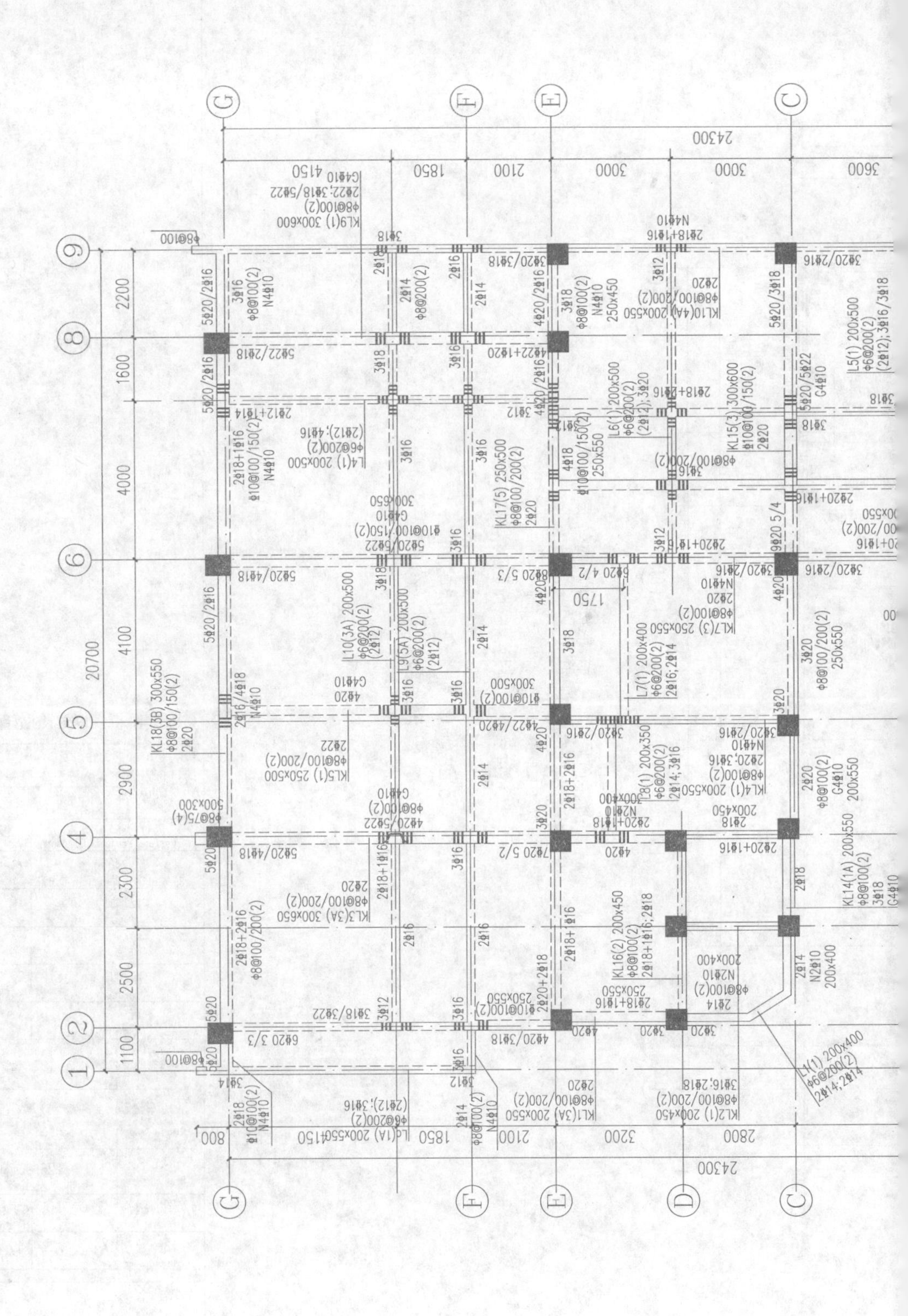

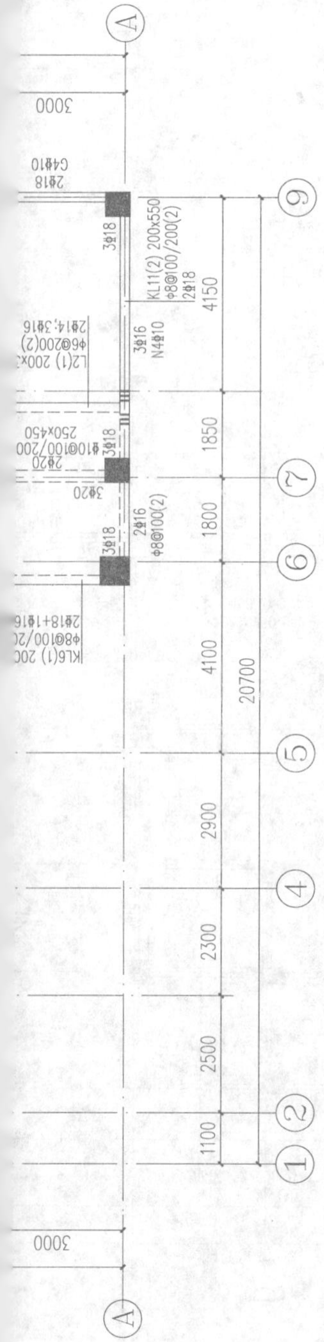

26.95m标高框架梁配筋图

说明：1.图中梁定位为居中布置或齐柱边。

2.图中主次梁交接处未注明的附加箍筋均为8Φd（d为主梁箍筋直径）。

3.图中有吊筋符号，且未注明的吊筋为2Φ12。

4.跨内变截面梁作法详见结施17的①节点。

说 明

Illustration

注：本图未经相关建设主管部门批准不得使用。

项目负责人 Project Director	姓 名 Name		
	注册印章编号 Registration Seal No.		
执行项目负责人 Perform Project Director			
专业负责 Specialized Person in Charge			
设 计 Design			
校 对 Check			
审 核 Examiner			
审 定 Approved			

工程名称 Project			
单体名称 Single Name	综合楼		
图 名 Drawing Name	26.95m标高框架梁配筋图		
图 别 Drawing Sort	结 施	工程编号 Project No.	
图 号 Drawing No.	23 / 39	日 期 Date	

地 址 ADD	
电 话 TEL	
传 真 FAX	

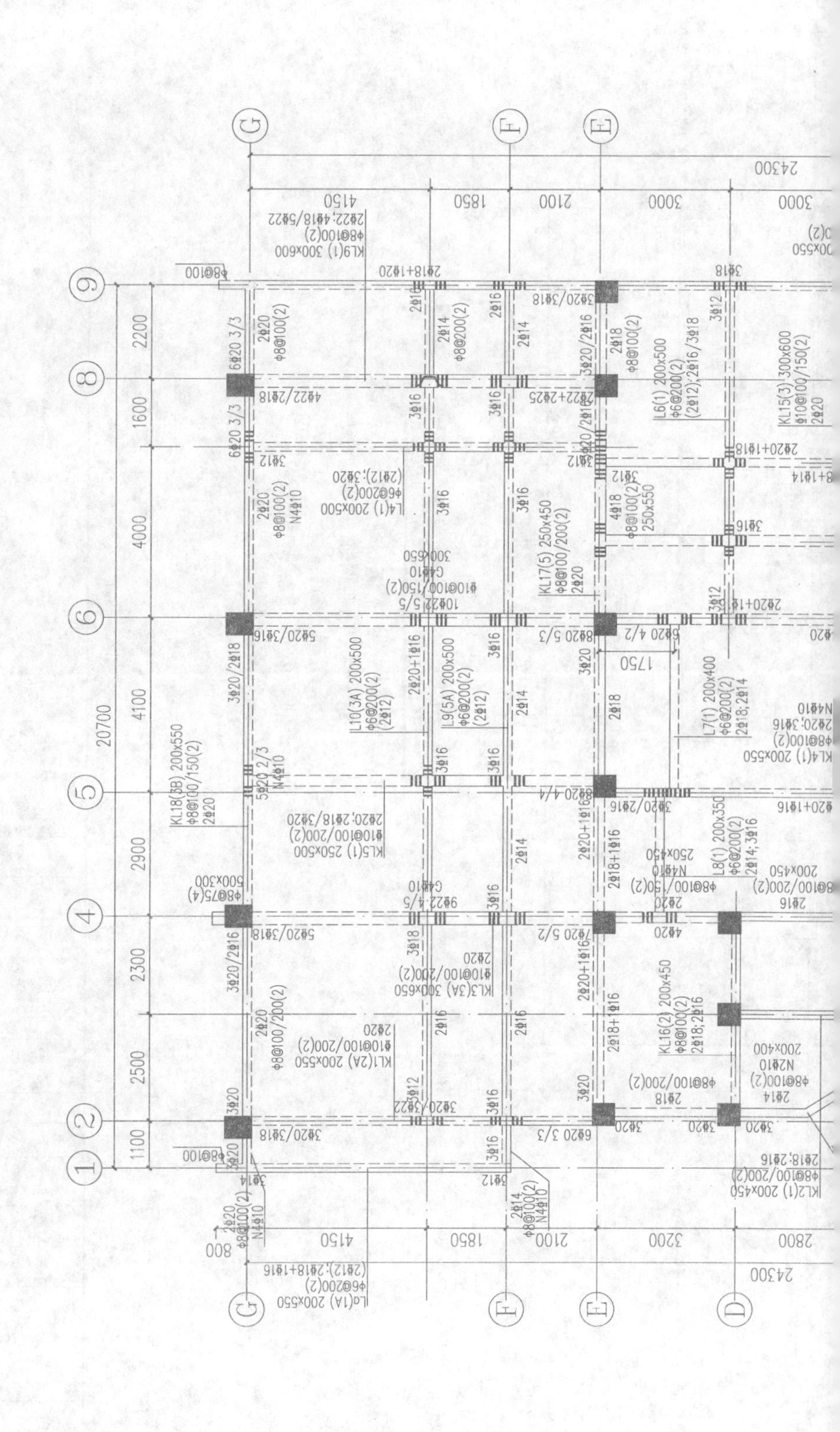

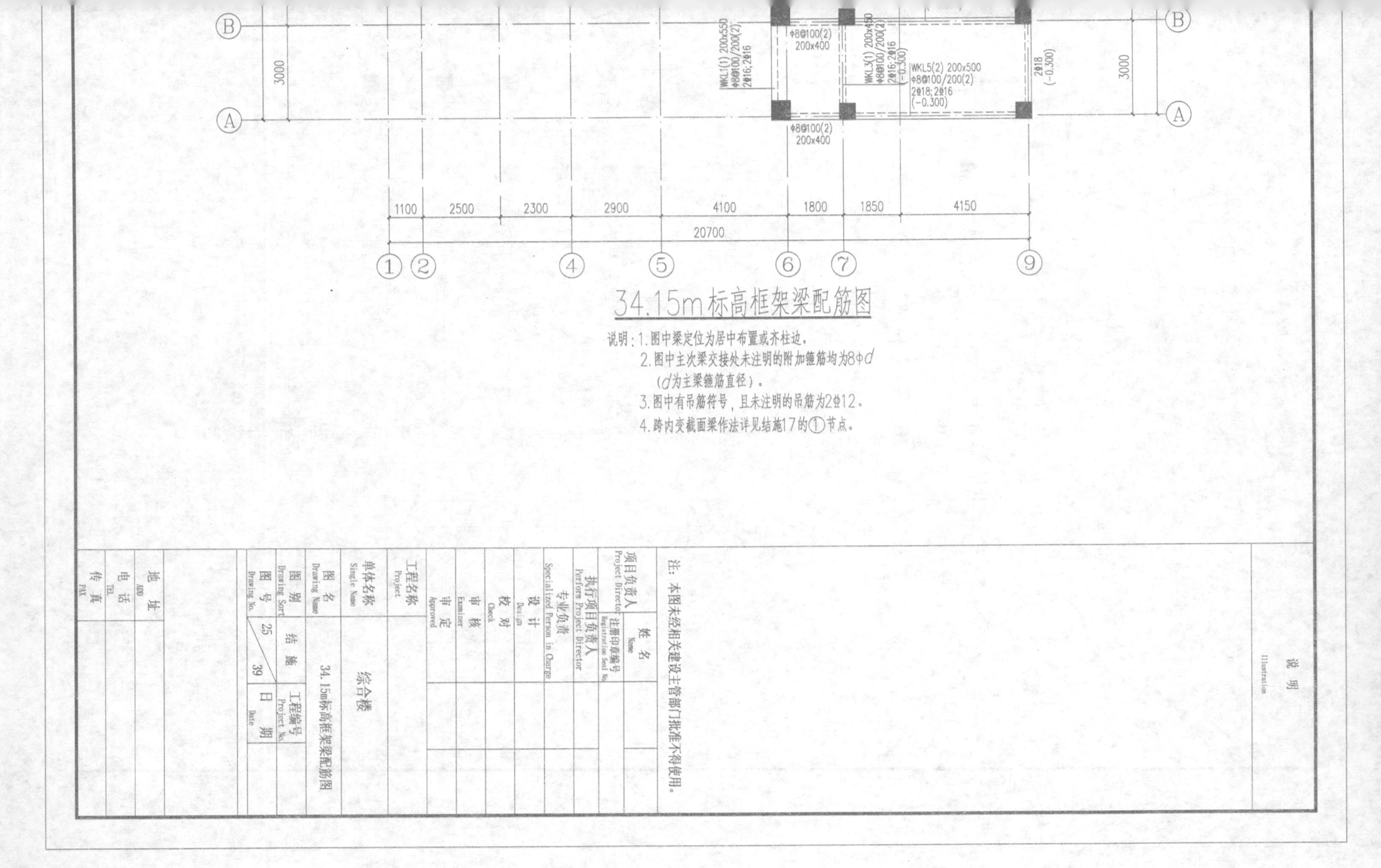

WKL1(1) 200x550
Φ8@100/200(2)
2Φ16;2Φ16
Φ8@100(2)
200x400
WKL3(1) 200x450
Φ8@100/200(2)
2Φ16;2Φ16
(-0.300)
WKL5(2) 200x500
Φ8@100/200(2)
2Φ18;2Φ16
(-0.300)
2Φ18
(-0.300)
3000
1100
2500
2300
2900
4100
1800
1850
4150
20700
34.15m标高框架梁配筋图
说明：1.图中梁定位为居中布置或齐柱边。
2.图中主次梁交接处未注明的附加箍筋均为8Φd
（d为主梁箍筋直径）。
3.图中有吊筋符号，且未注明的吊筋为2Φ12。
4.跨内变截面梁作法详见结施17的①节点。
说 明
Illustration
注：本图未经相关建设主管部门批准不得使用。
项目负责人
Project Director
姓 名
Name
注册印章编号
Registration Seal No.
执行项目负责人
Perform Project Director
专业负责
Specialized Person in Charge
设 计
Design
校 对
Check
审 核
Examiner
审 定
Approved
工程名称
Project
单体名称
Single Name
综合楼
图 名
Drawing Name
34.15m标高框架梁配筋图
图 别
Drawing Sort
结 施
工程编号
Project No.
图 号
Drawing No.
25
39
日 期
Date
地 址
ADD
电 话
TEL
传 真
FAX

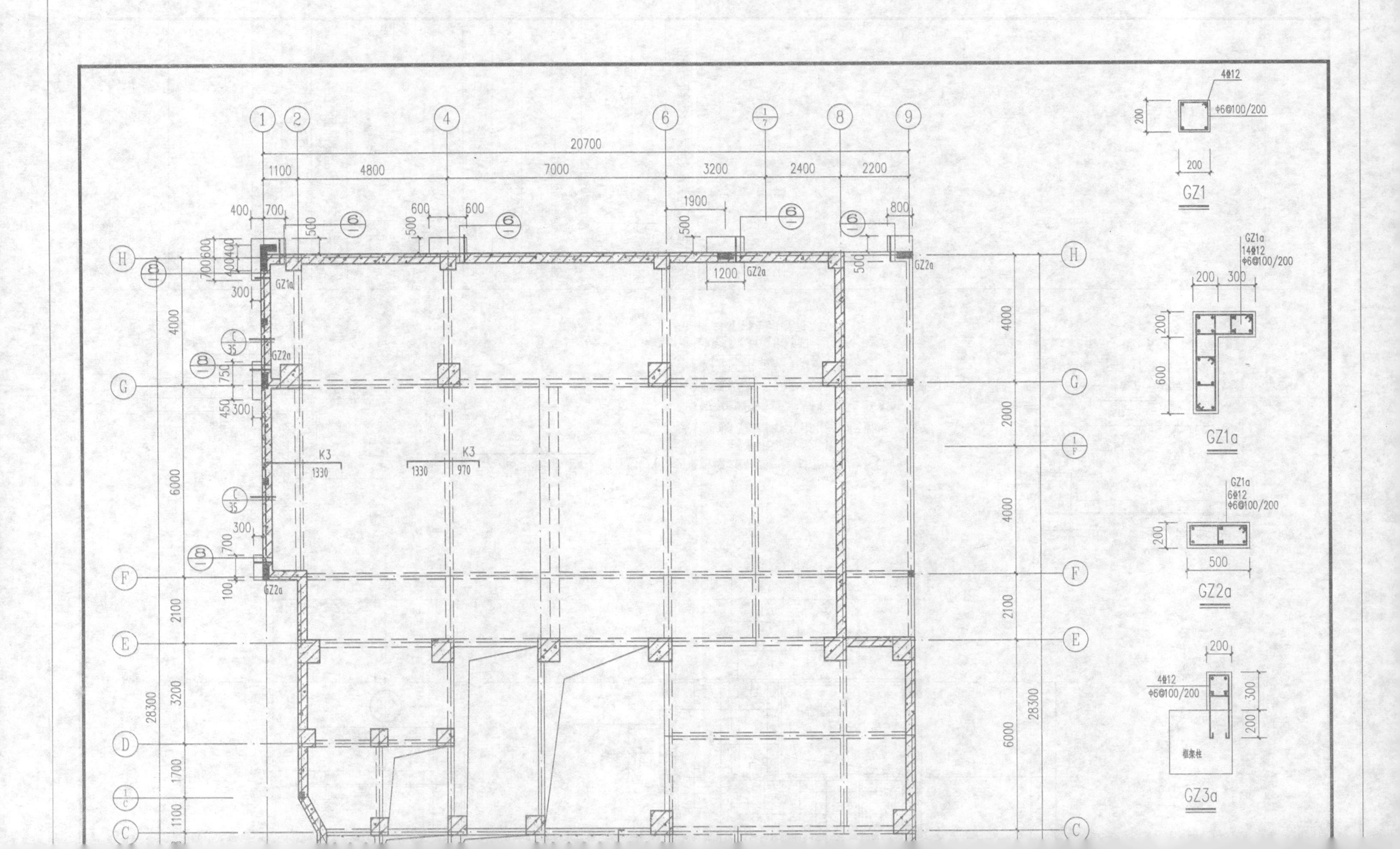
20700
1100
4800
7000
3200
2400
2200
28300
GZ1
4Φ12
Φ6@100/200
GZ1a
14Φ12
Φ6@100/200
GZ2a
6Φ12
Φ6@100/200
GZ3a
4Φ12
Φ6@100/200
框架柱
K3

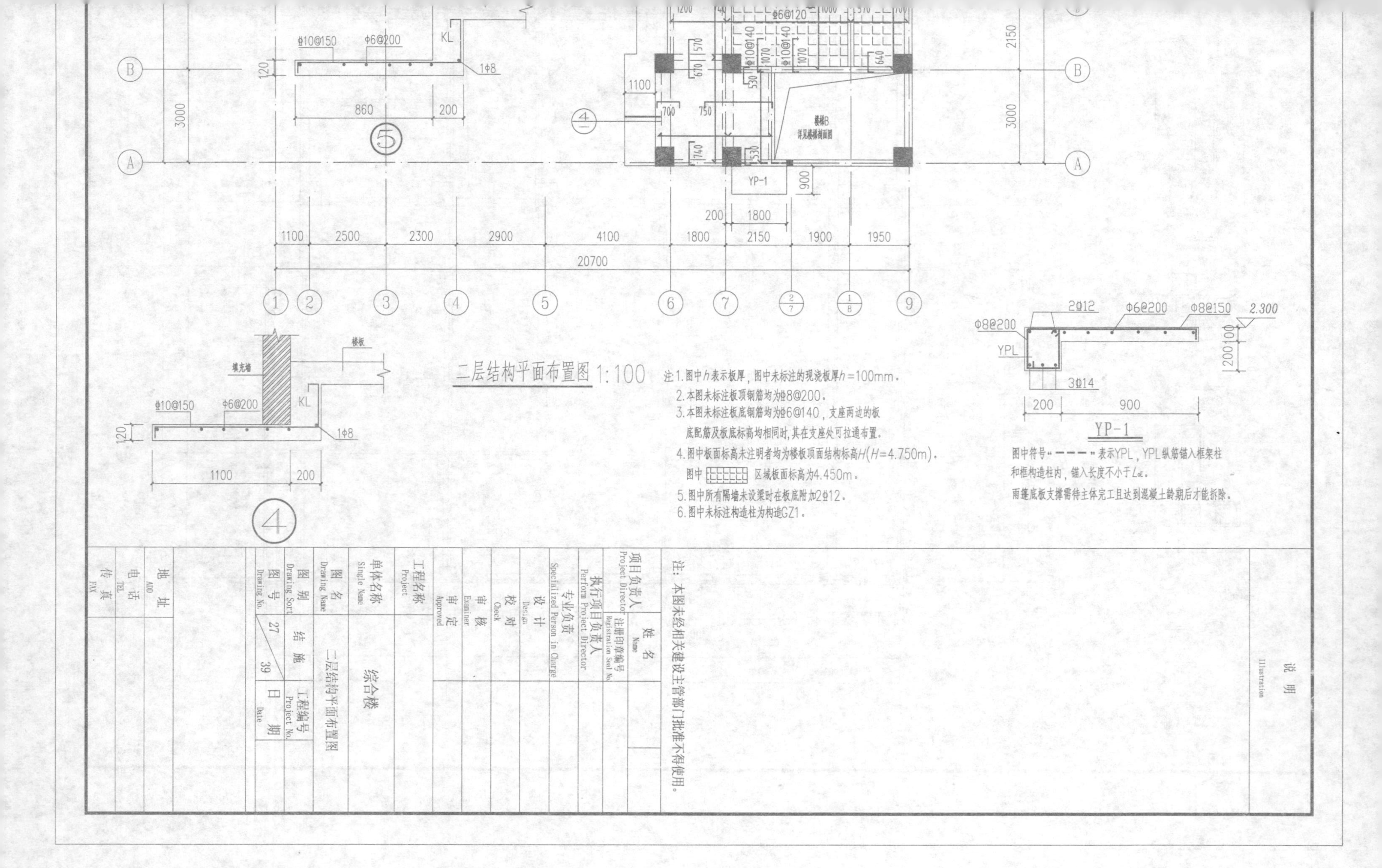

二层结构平面布置图 1:100
注:1.图中h表示板厚，图中未标注的现浇板厚h=100mm。
2.本图未标注板顶钢筋均为Φ8@200。
3.本图未标注板底钢筋均为Φ6@140，支座两边的板底配筋及板底标高均相同时，其在支座处可拉通布置。
4.图中板面标高未注明者均为楼板顶面结构标高H(H=4.750m)。
图中 区域板面标高为4.450m。
5.图中所有隔墙未设梁时在板底附加2Φ12。
6.图中未标注构造柱为构造GZ1。
YP-1
图中符号“-----”表示YPL，YPL纵筋锚入框架柱和框构造柱内，锚入长度不小于Lae。
雨篷底板支撑需待主体完工且达到混凝土龄期后才能拆除。
YPL
2.300
Φ8@150
Φ6@200
2Φ12
3Φ14
Φ8@200
200
900
KL
1Φ8
Φ6@200
Φ10@150
填充墙
楼板
860
1100
120
20700
1100
2500
2300
2900
4100
1800
2150
1900
1950
3000
2150
YP-1
说 明
Illustration
注：本图未经相关建设主管部门批准不得使用。
项目负责人 Project Director
姓 名 Name
注册印章编号 Registration Seal No.
执行项目负责人 Perform Project Director
专业负责 Specialized Person in Charge
设 计 Design
校 对 Check
审 核 Examiner
审 定 Approved
工程名称 Project
单体名称 Single Name
综合楼
图 名 Drawing Name
二层结构平面布置图
图 别 Drawing Sort
结 施
工程编号 Project No.
图 号 Drawing No.
27
39
日 期 Date
地 址 ADD
电 话 TEL
传 真 FAX

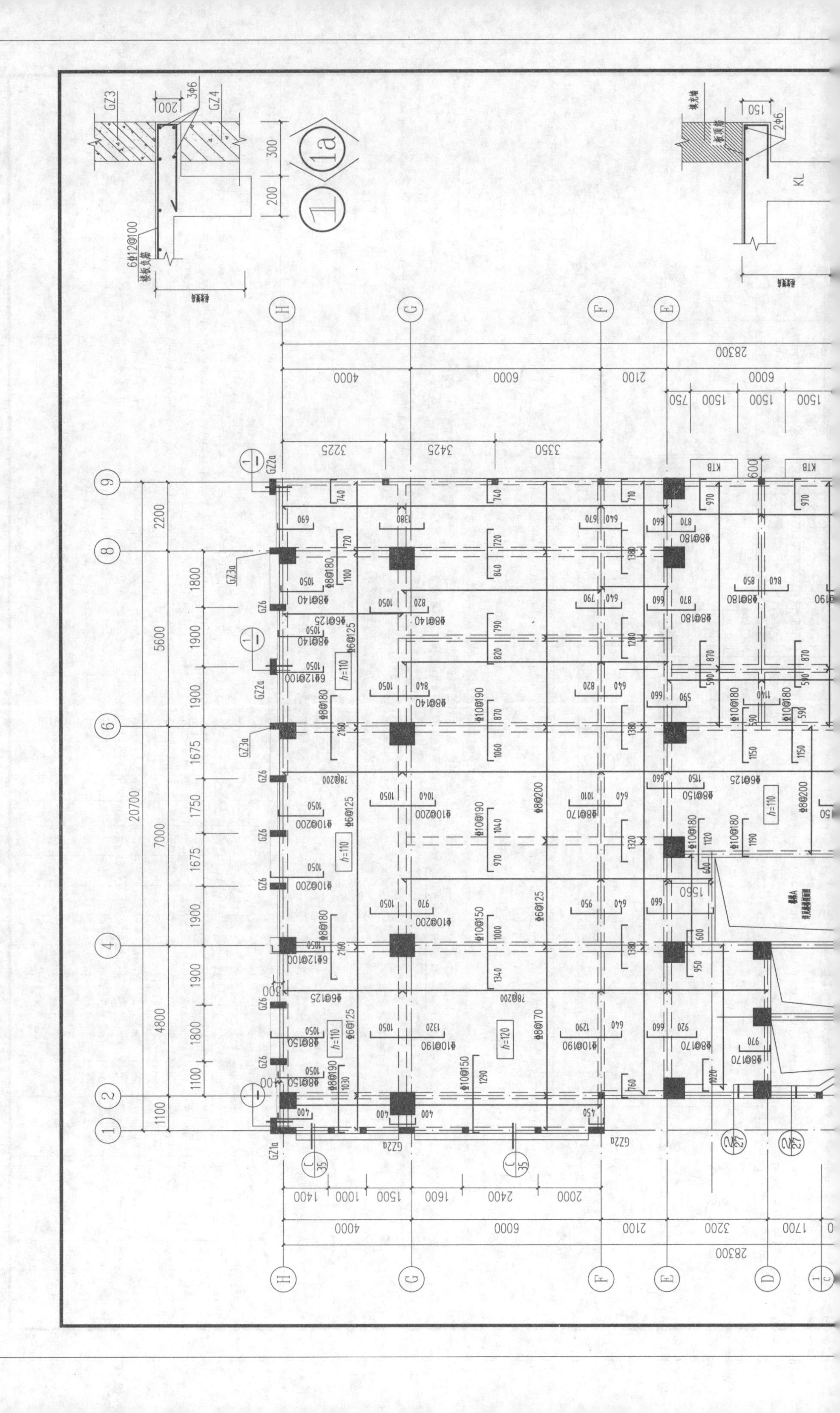

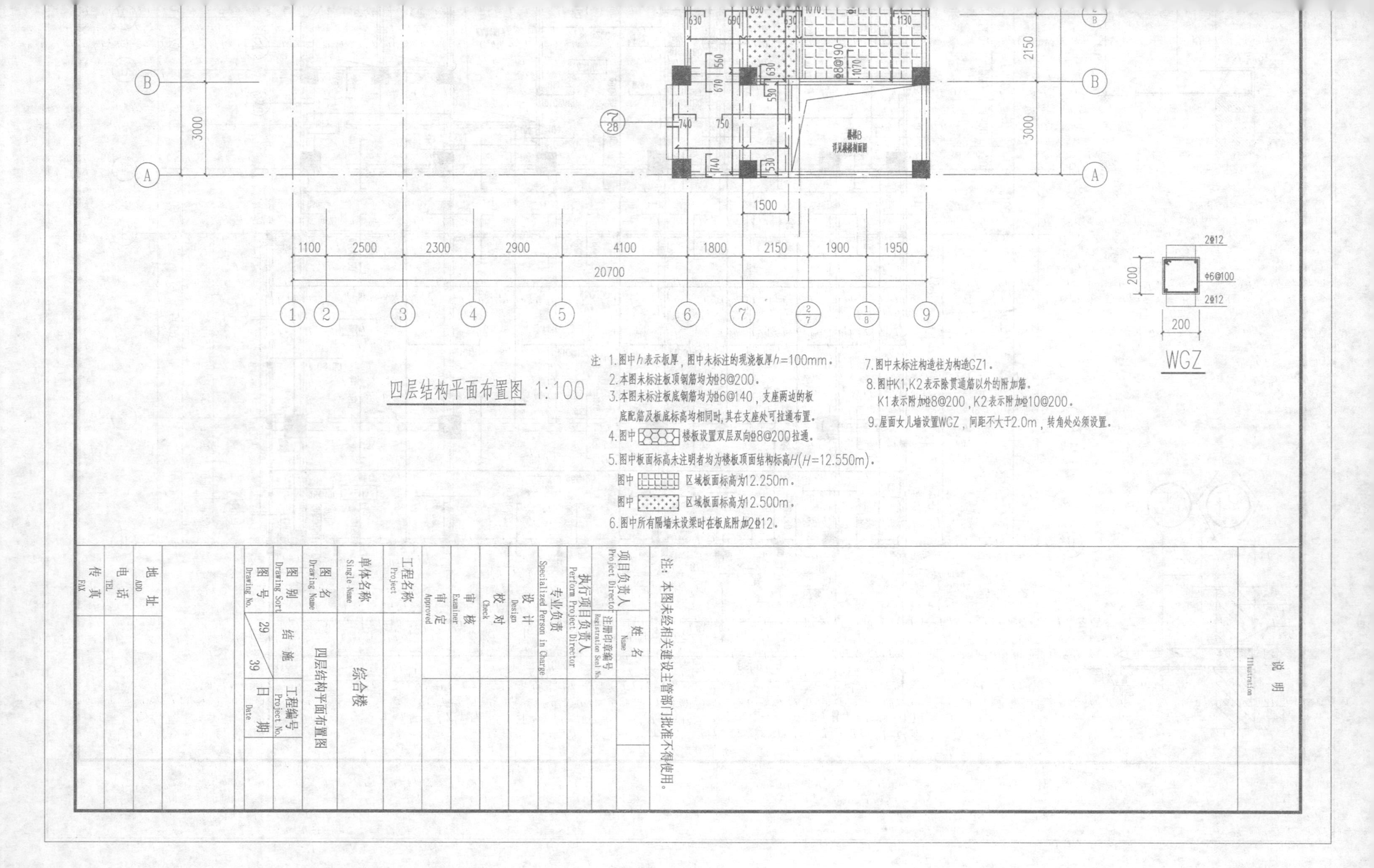

四层结构平面布置图 1:100
注：1.图中h表示板厚，图中未标注的现浇板厚h=100mm。
2.本图未标注板顶钢筋均为Φ8@200。
3.本图未标注板底钢筋均为Φ6@140，支座两边的板底配筋及板底标高均相同时，其在支座处可拉通布置。
4.图中 楼板设置双层双向Φ8@200拉通。
5.图中板面标高未注明者均为楼板顶面结构标高H(H=12.550m)。
图中 区域板面标高为12.250m。
图中 区域板面标高为12.500m。
6.图中所有隔墙未设梁时在板底附加2Φ12。
7.图中未标注构造柱为构造GZ1。
8.图中K1,K2表示除贯通筋以外的附加筋。
K1表示附加Φ8@200，K2表示附加Φ10@200。
9.屋面女儿墙设置WGZ，间距不大于2.0m，转角处必须设置。
WGZ
2Φ12
Φ6@100
200
20700
1100 2500 2300 2900 4100 1800 2150 1900 1950
1500
3000
2150
说 明
Illustration
注：本图未经相关建设主管部门批准不得使用。
项目负责人
Project Director
姓 名
Name
注册印章编号
Registration Seal No.
执行项目负责人
Perform Project Director
专业负责
Specialized Person in Charge
设 计
Design
校 对
Check
审 核
Examiner
审 定
Approved
工程名称
Project
单体名称
Single Name
综合楼
图 名
Drawing Name
四层结构平面布置图
图 别
Drawing Sort
结 施
工程编号
Project No.
图 号
Drawing No.
29
39
日 期
Date
地 址
ADD
电 话
TEL
传 真
FAX

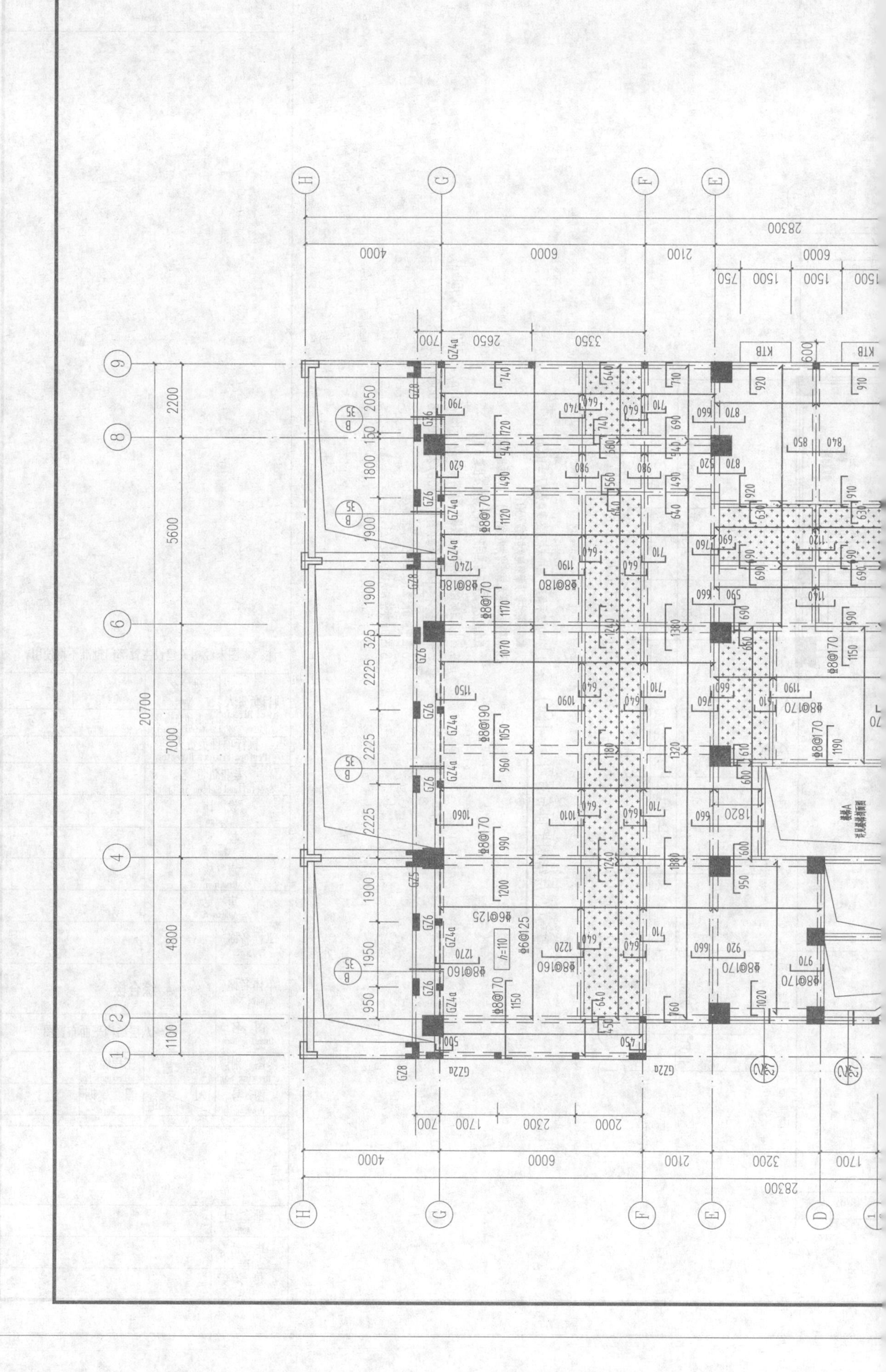

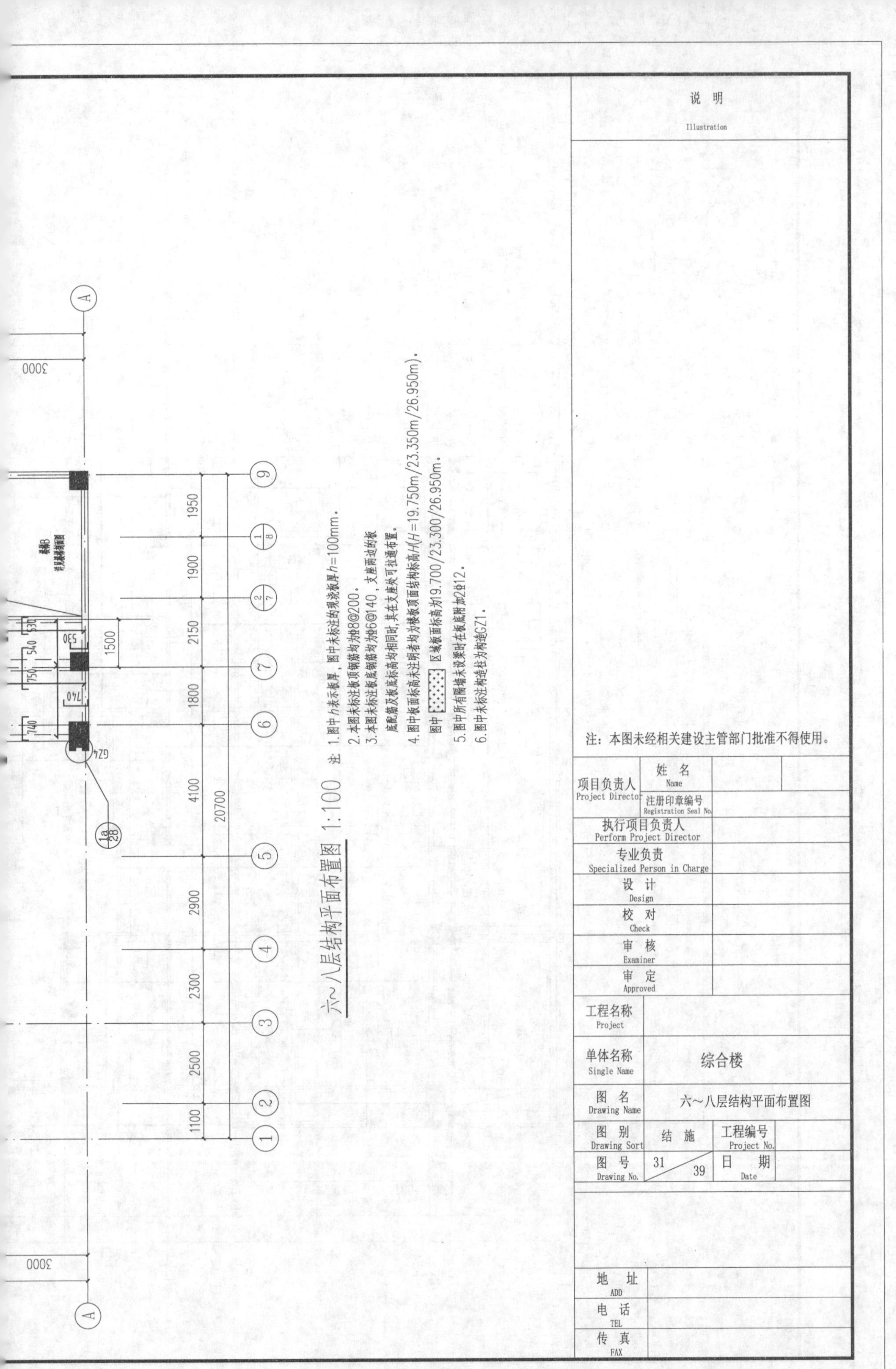
六~八层结构平面布置图 1:100
注 1.图中h表示板厚，图中未标注的现浇板厚h=100mm.
2.本图未标注板顶钢筋均为Φ8@200.
3.本图未标注板底钢筋均为Φ6@140，支座两边的板底配筋及板底标高均相同时，其在支座处可拉通布置。
4.图中板面标高未注明者均为楼板顶面结构标高H(H=19.750m/23.350m/26.950m).
图中 区域板面标高为19.700/23.300/26.950m.
5.图中所有隔墙未设梁时在板底附加2Φ12.
6.图中未标注构造柱为构造GZ1.
说 明
Illustration
注：本图未经相关建设主管部门批准不得使用。
项目负责人 Project Director
姓 名 Name
注册印章编号 Registration Seal No.
执行项目负责人 Perform Project Director
专业负责 Specialized Person in Charge
设 计 Design
校 对 Check
审 核 Examiner
审 定 Approved
工程名称 Project
单体名称 Single Name
综合楼
图 名 Drawing Name
六~八层结构平面布置图
图 别 Drawing Sort
结 施
工程编号 Project No.
图 号 Drawing No.
31
39
日 期 Date
地 址 ADD
电 话 TEL
传 真 FAX

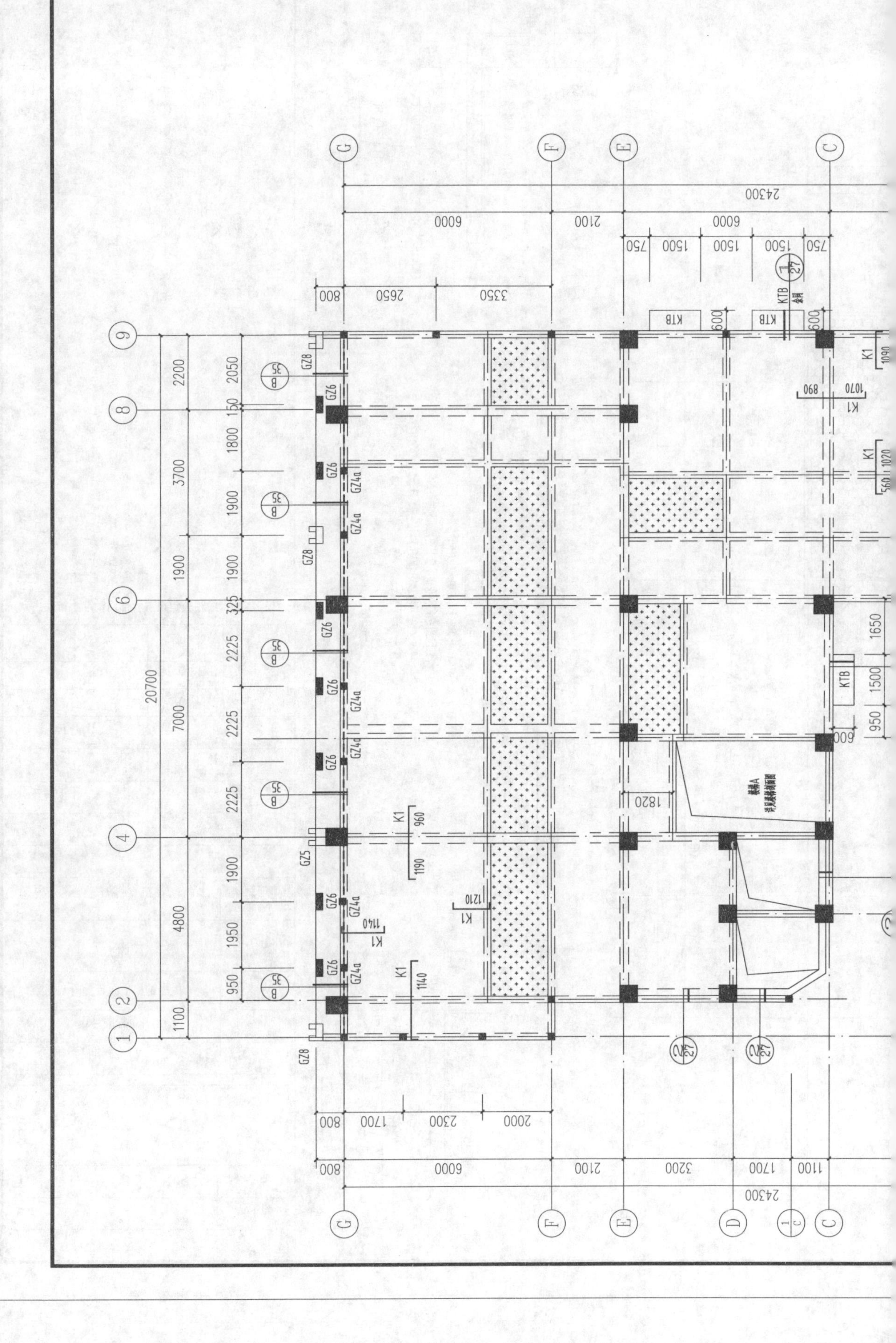

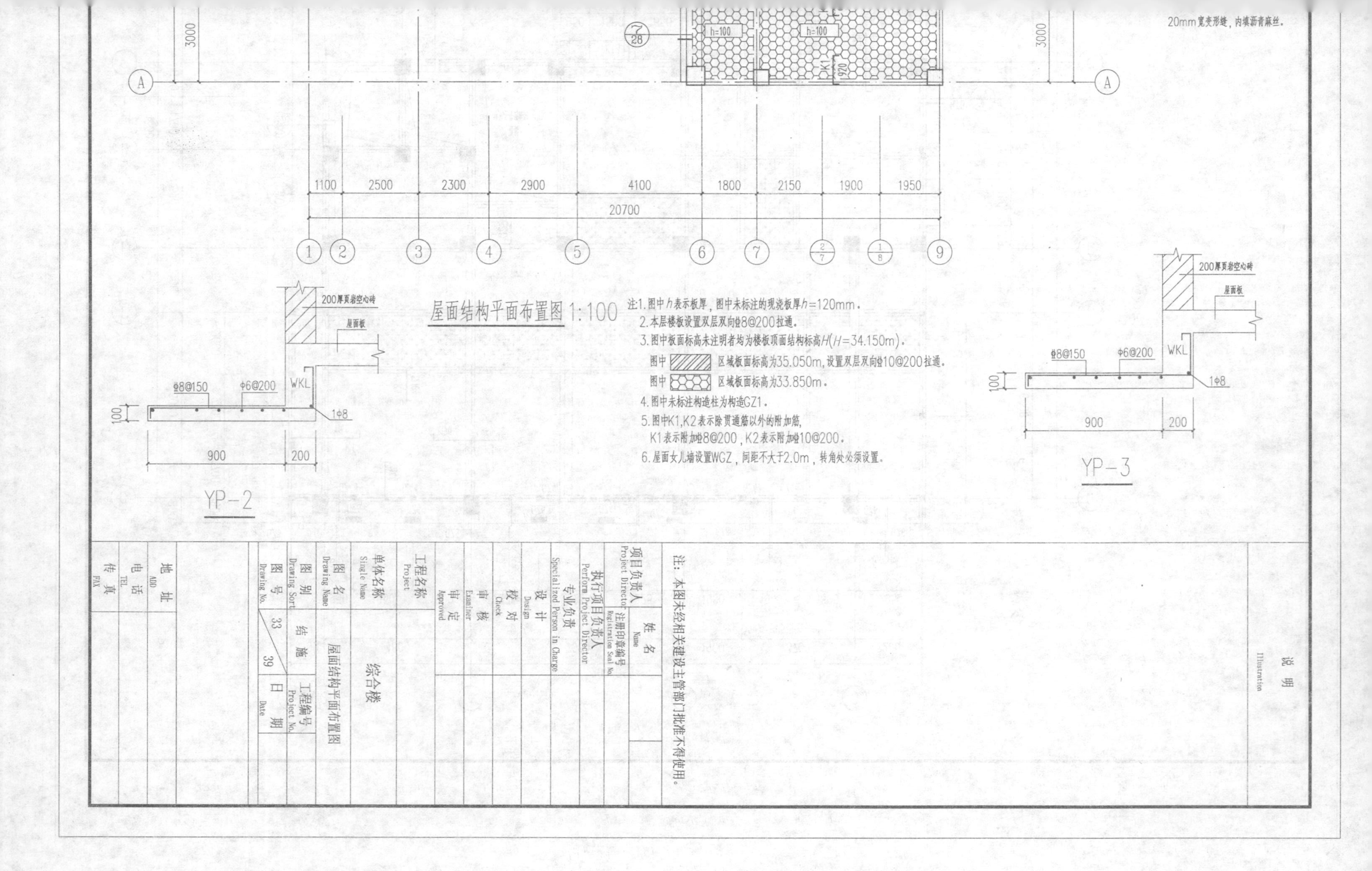

20mm宽变形缝，内填沥青麻丝。
3000
A
h=100
K1
920
1100
2500
2300
2900
4100
1800
2150
1900
1950
20700
1
2
3
4
5
6
7
2/7
1/8
9
屋面结构平面布置图 1:100
注:1.图中h表示板厚，图中未标注的现浇板厚h=120mm。
2.本层楼板设置双层双向ф8@200拉通。
3.图中板面标高未注明者均为楼板顶面结构标高H(H=34.150m)。
图中 区域板面标高为35.050m，设置双层双向ф10@200拉通。
图中 区域板面标高为33.850m。
4.图中未标注构造柱为构造GZ1。
5.图中K1,K2表示除贯通筋以外的附加筋，
K1表示附加ф8@200，K2表示附加ф10@200。
6.屋面女儿墙设置WGZ，间距不大于2.0m，转角处必须设置。
200厚页岩空心砖
屋面板
WKL
ф8@150
ф6@200
1ф8
100
900
200
YP-2
YP-3
说明
Illustration
注：本图未经相关建设主管部门批准不得使用。
项目负责人 Project Director
姓名 Name
注册印章编号 Registration Seal No.
执行项目负责人 Perform Project Director
专业负责 Specialized Person in Charge
设计 Design
校对 Check
审核 Examiner
审定 Approved
工程名称 Project
单体名称 Single Name
综合楼
图名 Drawing Name
屋面结构平面布置图
图别 Drawing Sort
结施
工程编号 Project No.
图号 Drawing No.
33
39
日期 Date
地址 ADD
电话 TEL
传真 FAX

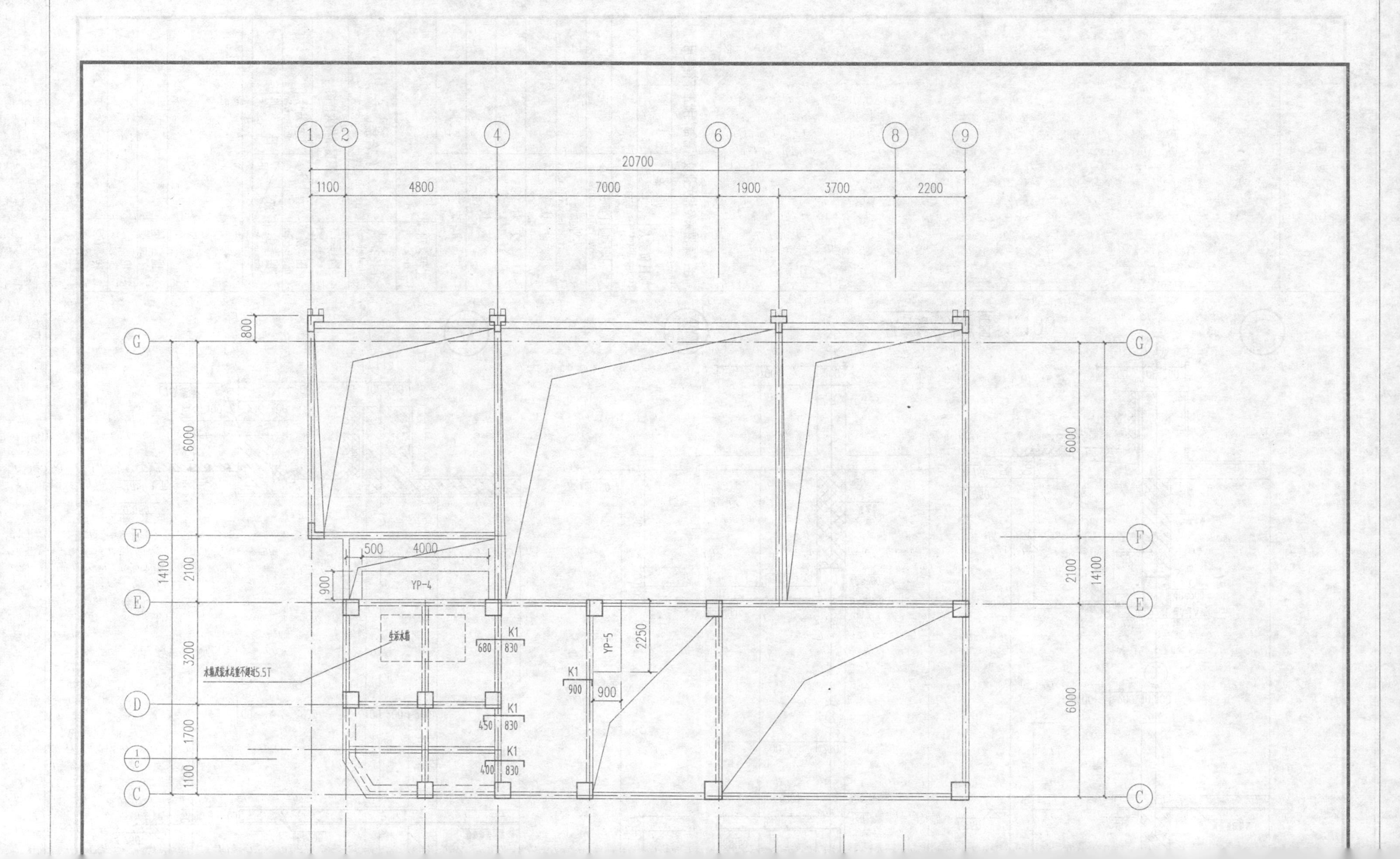
20700
1100
4800
7000
1900
3700
2200
800
6000
2100
3200
1700
1100
14100
500
4000
900
YP-4
YP-5
2250
K1
680
830
450
400
900
生活水箱
水箱及装水总重不超过5.5T

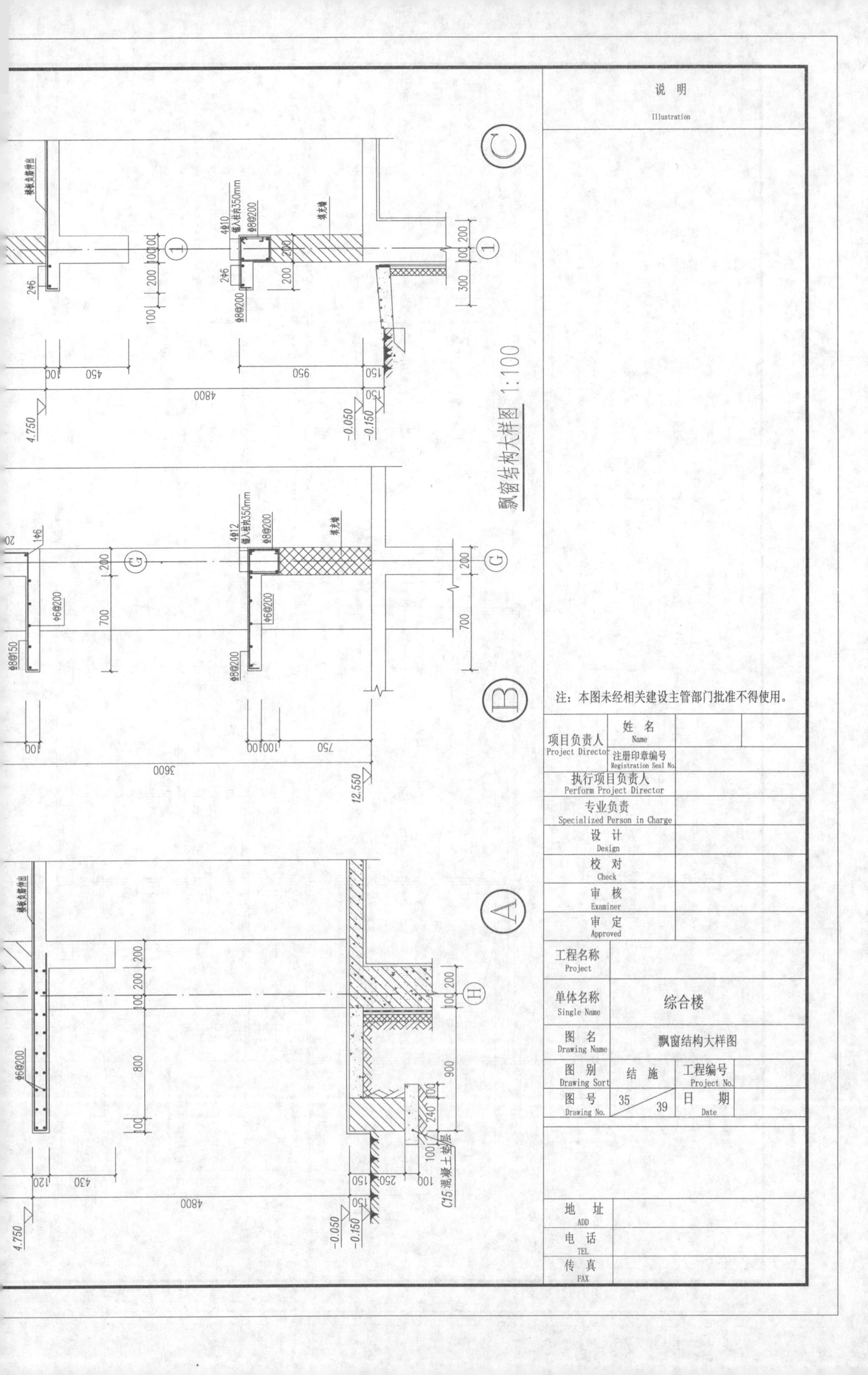
说 明
Illustration
飘窗结构大样图 1:100
4Φ10
墙入柱内350mm
Φ8@200
2Φ6
4Φ12
1Φ6
Φ6@200
Φ8@150
填充墙
4800
3600
950
750
450
430
4.750
12.550
-0.050
-0.150
C15混凝土垫层
注：本图未经相关建设主管部门批准不得使用。
项目负责人
Project Director
姓 名
Name
注册印章编号
Registration Seal No.
执行项目负责人
Perform Project Director
专业负责
Specialized Person in Charge
设 计
Design
校 对
Check
审 核
Examiner
审 定
Approved
工程名称
Project
单体名称
Single Name
综合楼
图 名
Drawing Name
飘窗结构大样图
图 别
Drawing Sort
结 施
工程编号
Project No.
图 号
Drawing No.
35
39
日 期
Date
地 址
ADD
电 话
TEL
传 真
FAX

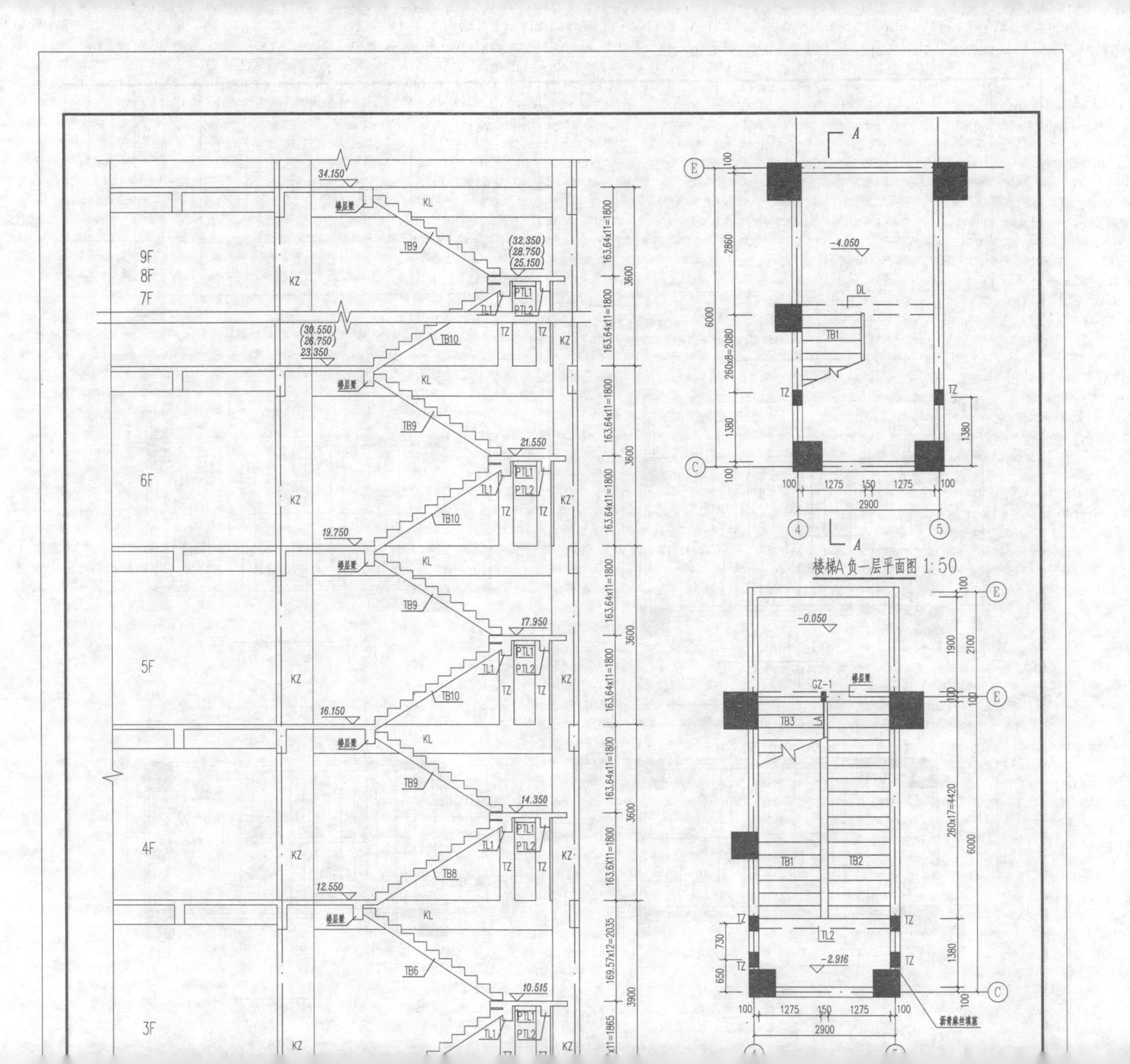

9F
8F
7F
6F
5F
4F
3F
34.150
(32.350)
(28.750)
(25.150)
(30.550)
(26.750)
23.350
21.550
19.750
17.950
16.150
14.350
12.550
10.515
KZ
KL
TB9
TB10
TB8
TB6
PTL1
PTL2
TL1
TZ
楼层梁
163.64x11=1800
163.6X11=1800
169.57x12=2035
3600
3900
-4.050
DL
TB1
2860
260x8=2080
1380
6000
1275
150
2900
100
楼梯A负一层平面图 1:50
-0.050
GZ-1
TB3
TB2
TL2
-2.916
1900
2100
260x17=4420
730
650

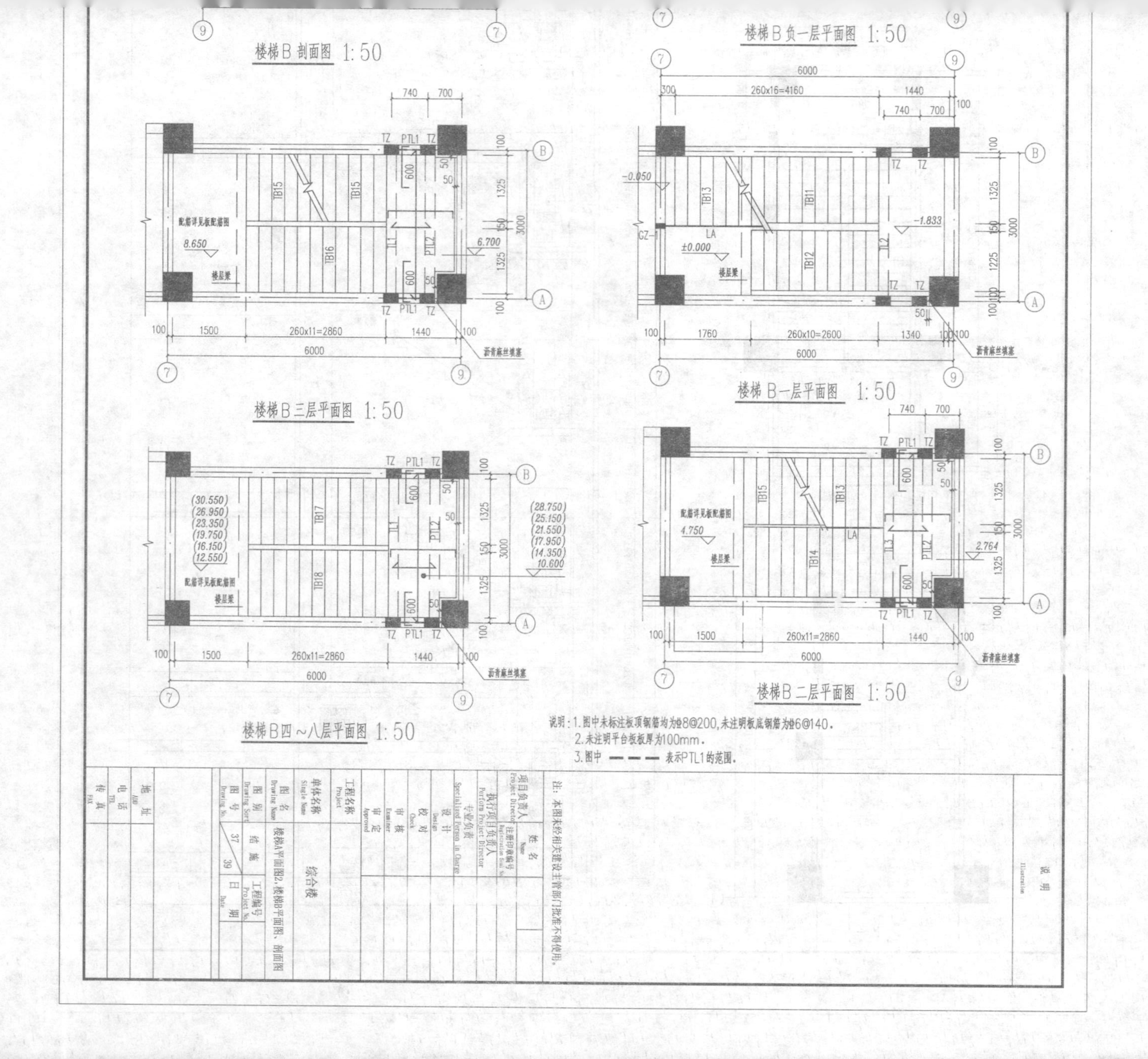

说明 Illustration

注：本图未经相关建设主管部门批准不得使用。

项目负责人 Project Director	姓名 Name	
	注册印章编号 Registration Seal No.	
执行项目负责人 Perform Project Director		
专业负责 Specialized Person in Charge		
设计 Design		
校对 Check		
审核 Examiner		
审定 Approved		

工程名称 Project			
单体名称 Single Name	综合楼		
图名 Drawing Name	楼梯A平面图2,楼梯B平面图、剖面图		
图别 Drawing Sort	结施	工程编号 Project No.	
图号 Drawing No.	37 / 39	日期 Date	

地址 ADD	
电话 TEL	
传真 FAX	

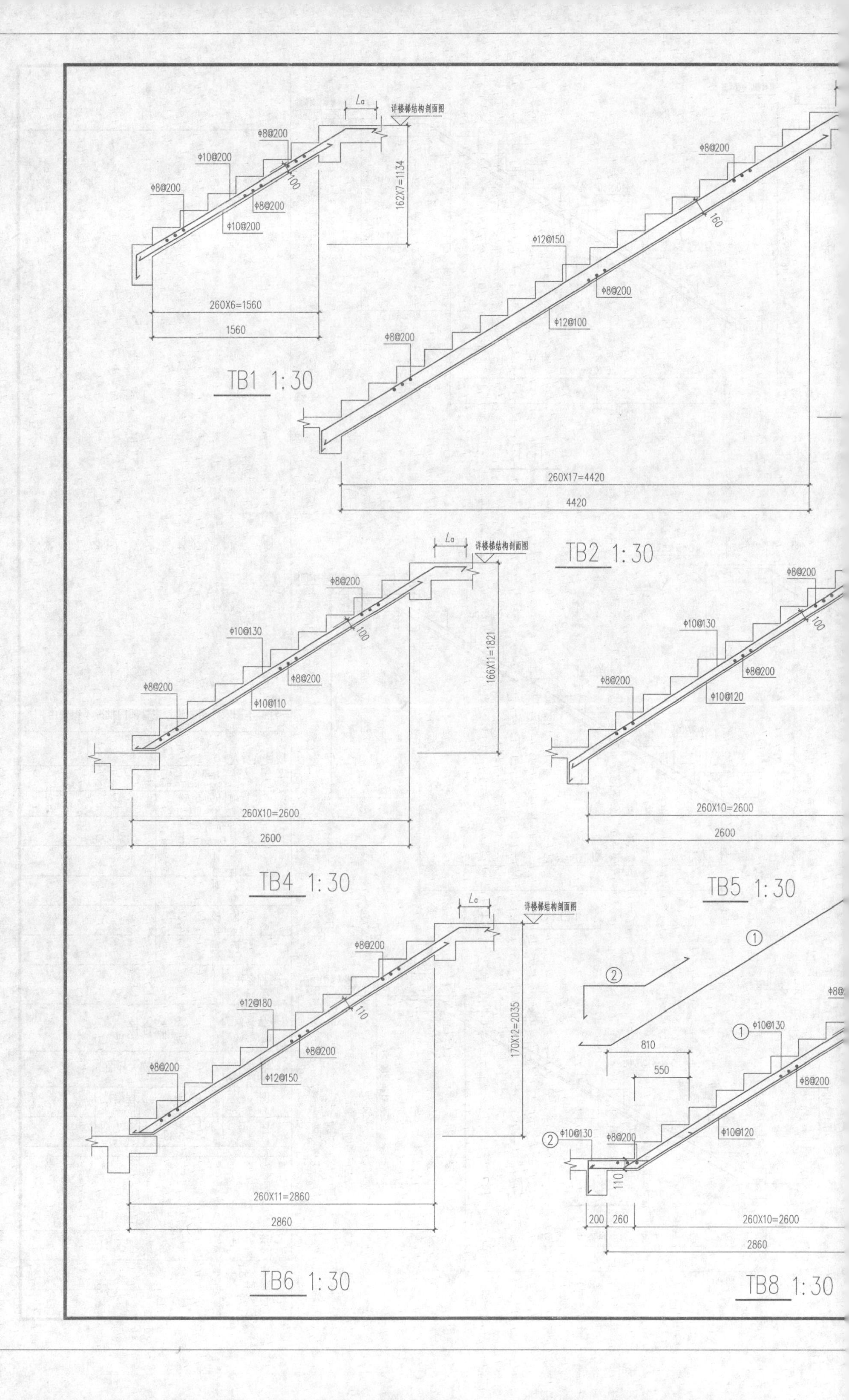

La
详楼梯结构剖面图
Φ8@200
Φ10@200
Φ8@200
100
Φ8@200
Φ10@200
162X7=1134
260X6=1560
1560
TB1 1:30
Φ8@200
160
Φ12@150
Φ8@200
Φ12@100
Φ8@200
260X17=4420
4420
TB2 1:30
La
详楼梯结构剖面图
Φ8@200
Φ10@130
100
Φ8@200
Φ8@200
Φ10@110
166X11=1821
260X10=2600
2600
TB4 1:30
Φ8@200
Φ10@130
100
Φ8@200
Φ8@200
Φ10@120
260X10=2600
2600
TB5 1:30
La
详楼梯结构剖面图
Φ8@200
Φ12@180
110
Φ8@200
Φ8@200
Φ12@150
170X12=2035
260X11=2860
2860
TB6 1:30
①
②
810
550
① Φ10@130
Φ8@200
② Φ10@130
Φ8@200
Φ10@120
110
200
260
260X10=2600
2860
TB8 1:30

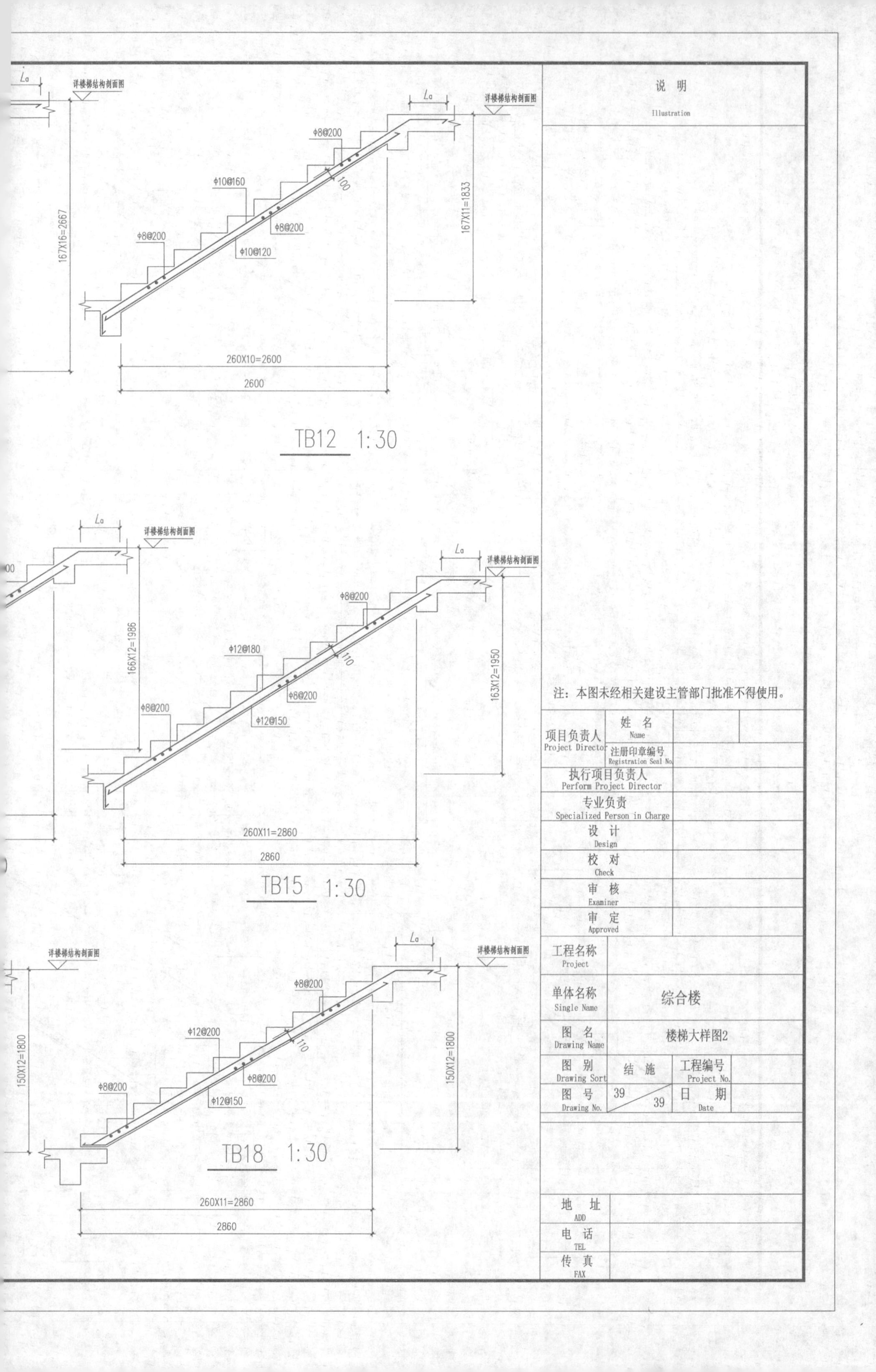

详楼梯结构剖面图
La
φ8@200
φ10@160
100
φ8@200
φ8@200
φ10@120
167X16=2667
167X11=1833
260X10=2600
2600
TB12 1:30
φ12@180
φ8@200
110
φ8@200
φ12@150
166X12=1986
163X12=1950
260X11=2860
2860
TB15 1:30
φ12@200
φ8@200
φ12@150
150X12=1800
260X11=2860
2860
TB18 1:30
说 明
Illustration
注：本图未经相关建设主管部门批准不得使用。
项目负责人
Project Director
姓 名
Name
注册印章编号
Registration Seal No.
执行项目负责人
Perform Project Director
专业负责
Specialized Person in Charge
设 计
Design
校 对
Check
审 核
Examiner
审 定
Approved
工程名称
Project
单体名称
Single Name
综合楼
图 名
Drawing Name
楼梯大样图2
图 别
Drawing Sort
结 施
工程编号
Project No.
图 号
Drawing No.
39
39
日 期
Date
地 址
ADD
电 话
TEL
传 真
FAX

集中居住区5

说明

村地处川西盆地，属于亚热带湿润季风气候。夏季气温较高、潮湿闷热；冬季气温低、湿度大、日照率低，阴冷潮湿。气

	16.1℃	最冷月平均温度	5.4℃
	-5.9℃	最热月平均温度	25.5℃
	37.3℃	冬季平均相对湿度	78%
度	80%	全年日照率	28%
	14%	冬、夏季主导风向	NNE
	33%	夏季平均风速	1.4m/s

件、规范、标准：

居住建筑节能设计标准》（JGJ 134—2010）。

关建筑节能设计的相关文件、规定。

筑节能设计的相关文件资料、要求。

(S)：

接触的外表面积为2856.14m²；

852.13m³；

56.14/8852.13=0.32≤0.4；

区居住建筑节能设计标准》（JGJ 134—2010)第4.0.3条要求。

要求及技术措施：

向(或建筑不同立面)外窗面积/各朝向外墙面积(包括外窗

外窗节能措施表

墙面积/m²	窗墙面积比	遮阳措施设计值及限值（SC）	做法	设计及（限值）/(kW·m²·K⁻¹)
9.68	0.02	—	PVC-6C	k=4.56（k≤4.7)
9.06	0.30	—	PVC-6C+9A+6C	k=2.82（k≤4.0)
9.68	0.02	—	PVC-6C	k=4.56（k≤4.7)
9.06	0.26	—	PVC-6C+9A+6C	k=2.82（k≤4.0)

门窗均为多腔塑钢门窗，节能技术措施仅为参考，门窗定检测机构的实际检测值，且需满足本表对门窗热工参数

层的外窗及敞开式阳台门的气密性等级，不应低于国家标密、水密、抗风压性能分级及检测方法》(GB/T 7106—2008)

冷地区居住建筑节能设计标准》（JGJ 134—2010)第4.0.5条

五、屋面保温隔热设计：

1. 上人屋面构造措施与热工参数如表所示：

序号	材料名称	导热系数 λ /(W·m⁻¹·K⁻¹)	蓄热系数(S) /(W·m⁻²·K⁻¹)	修正系数 a	材料厚度 d /m	材料层热阻 R	热惰性指标 $D=R\cdot S$
1	地面砖	2.18	19.67	1.0	0.015	0.007	0.135
2	10厚1：2.5水泥砂浆结合层	0.93	11.37	1.0	0.01	0.012	0.125
3	20厚1：3水泥砂浆保护层	0.93	11.37	1.0	0.020	0.022	0.245
4	SBS高聚物改性沥青防水卷材一道（≥4.0mm）	0.23	9.37	1.0	0.004	0.017	0.002
5	20厚1：3水泥砂浆找平层	0.93	11.37	1.0	0.020	0.022	0.245
6	60厚03级配泡沫混凝土保温系统兼找坡，i=2%，最薄处≥60mm	0.077	0.95	1.5	0.06	0.52	0.494
7	隔汽层（丙烯酸脂涂膜>0.5mm）						
8	钢筋混凝土屋面板	1.74	17.20	1.0	0.100	0.058	0.99
9	20厚膨胀玻化微珠保温层	0.07	1.5	1.2	0.020	0.238	0.357
10	5厚聚合物抗裂砂浆层（附加耐碱网格布）	0.93	11.37	1.0	0.005	0.008	0.09
总热阻 R=0.9；热惰性指标D=2.685							

总传热阻$R_0=R+R_i$=0.9+1/8.7+1/23=1.058 m²·K·W⁻¹

传热系数$K=1/R_0$=0.95W·m⁻²·K⁻¹<1.0 W·m⁻²·K⁻¹

热惰性指标D=2.685>2.5

满足《夏热冬冷地区居住建筑节能设计标准》（JGJ 134—2010)第4.0.4条要求。

2. 非上人屋面构造措施与热工参数如表所示：

序号	材料名称	导热系数 λ /(W·m⁻¹·K⁻¹)	蓄热系数(S) /(W·m⁻²·K⁻¹)	修正系数 a	材料厚度 d /m	材料层热阻 R	热惰性指标 $D=R\cdot S$
1	20厚1：3水泥砂浆保护层，分格缝间距≤1.0m	0.93	11.37	1.0	0.020	0.022	0.245
2	SBS高聚物改性沥青防水卷材一道（≥4.0mm）	0.23	9.37	1.0	0.004	0.017	0.002
3	20厚1：3水泥砂浆找平层	0.93	11.37	1.0	0.020	0.022	0.245
4	80厚03级配泡沫混凝土保温系统兼找坡，i=2%，最薄处≥30mm	0.077	0.95	1.5	0.080	0.69	0.655
5	隔汽层（丙烯酸脂涂膜>0.5mm）						
6	钢筋混凝土屋面板	1.74	17.20	1.0	0.100	0.058	0.99
7	20厚膨胀玻化微珠保温层	0.07	1.5	1.2	0.020	0.238	0.357
8	5厚聚合物抗裂砂浆层（附加耐碱网格布）	0.93	11.37	1.0	0.005	0.008	0.09
总热阻 R=1.055；热惰性指标D=2.584							

总传热阻$R_0=R+R_i$=1.055+1/8.7+1/23=1.21m²·K·W⁻¹。

传热系数$K=1/R_0$=0.83W·m⁻²·K⁻¹<1.0 W·m⁻²·K⁻¹热惰性指标D=2.584>2.5。

满足《夏热冬冷地区居住建筑节能设计标准》（JGJ 134—2010)第4.0.4条要求。

资质等级：QUALIFICATION AND QUALITY CLASS: FIRST CLASS		
证书编号：CHIROGRAPH NO		
审定 APPD		
审核 CHECK		
校对 REVISION		
项目负责人 PROJECT. CHIEF		
设计负责人 DESIGED. CHIEF		
辅助设计 ASSIST DESIGN		
工程名称 PROJECT	农民(移民)集中居住区5#楼	
图名 TITLE	建施图目录 工程特征表 设计总说明 节能设计说明	
工程号 PROJ. NO.		
日期 DATE		
图号 DWG No.	JS-1	

3. 坡屋面构造措施与热工参数如表所示：

序号	材料名称	导热系数λ /($W \cdot m^{-1} \cdot K^{-1}$)	蓄热系数(s) /($W \cdot m^{-2} \cdot K^{-1}$)	修正系数 a	材料厚度 d/m	材料层热阻R	热惰性指标 $D=R \cdot S$
1	波形瓦	1.51	15.36	1.0	0.020	0.013	0.200
2	挂瓦条30×30 顺水条30×20						
3	25厚1：3水泥砂浆找平层（内配Φ6@500X500钢筋网）	0.93	11.37	1.0	0.027	0.022	0.307
4	SBS高聚物改性沥青防水卷材一道(≥4.0mm)	0.23	9.37	1.0	0.004	0.017	0.002
5	20厚1：3水泥砂浆找平层	0.93	11.37	1.0	0.020	0.022	0.245
6	40mm厚复合硅酸盐板保温系统	0.065	0.95	1.25	0.040	0.492	0.467
7	隔汽层（丙烯酸脂涂膜＞0.5mm）						
8	20厚1：3水泥砂浆找平层	0.93	11.37	1.0	0.020	0.022	0.245
9	钢筋混凝土屋面板	1.74	17.20	1.0	0.100	0.058	0.99
10	20厚膨胀玻化微珠保温层	0.07	1.5	1.2	0.020	0.238	0.357
11	5厚聚合物抗裂砂浆层（附加耐碱网格布）	0.93	11.37	1.0	0.005	0.008	0.09
总热阻 R＝0.892；热惰性指标D=2.903							

总传热阻$R_0=R+R_t$=0.892+1/8.7+1/23=1.05 $m^2 \cdot K \cdot W^{-1}$

传热系数$K=1/R_0$=0.95 $W \cdot m^{-2} \cdot K^{-1}$＜1.0 $W \cdot m^{-2} \cdot K^{-1}$

热惰性指标D=2.903＞2.5

满足《夏热冬冷地区居住建筑节能设计标准》（JGJ 134—2010）第4.0.4条要求。

六、外墙内保温隔热设计：

保温墙体中各部位做法参《膨胀玻化微珠干混砂浆构造》（DBJT 20—59）。

1. 主体部分：采用25厚膨胀玻化微珠保温系统，构造措施与热工参数如表所示：

序号	材料名称	导热系数λ /($W \cdot m^{-1} \cdot K^{-1}$)	蓄热系数(s) /($W \cdot m^{-2} \cdot K^{-1}$)	修正系数 a	材料厚度 d/m	材料层热阻R	热惰性指标 $D=R \cdot S$
1	内墙面层						
2	5厚聚合物抗裂砂浆层（附加耐碱网格布）	0.93	11.37	1.0	0.005	0.008	0.09
3	20厚膨胀玻化微珠保温系统	0.07	1.5	1.2	0.020	0.238	0.357
4	240厚页岩实心砖	0.76	9.96	1.0	0.240	0.316	3.14
5	20厚1：3水泥砂浆找平层	0.93	11.37	1.0	0.020	0.022	0.245
6	外墙饰面材料						
总热阻 R＝0.584；热惰性指标 D=3.832							

总传热阻$R_0=R+R_t$=0.584+1/8.7+1/23=0.734 $m^2 \cdot K \cdot W^{-1}$

传热系数$K_b=1/R_0$=1.362 $W \cdot m^{-2} \cdot K^{-1}$

2. 冷热桥部分：采用30厚膨胀玻化微珠保温系统，构造措施与热工参数如表所示。

序号	材料名称	导热系数λ /($W \cdot m^{-1} \cdot K^{-1}$)	蓄热系数(s) /($W \cdot m^{-2} \cdot K^{-1}$)	修正系数 a	材料厚度 d/m	材料层热阻R	热惰性指标 $D=R \cdot S$
1	内墙面层						
2	5厚聚合物抗裂砂浆层（附加耐碱网格布）	0.93	11.37	1.0	0.005	0.008	0.09
3	20厚膨胀玻化微珠保温系统	0.07	1.5	1.2	0.020	0.238	0.357
4	240厚钢筋混凝土	1.74	17.2	1.0	0.240	0.138	1.98
5	20厚1：3水泥砂浆找平层	0.93	11.37	1.0	0.020	0.022	0.245
6	外墙饰面材料						
总热阻 R＝0.406；热惰性指标 D=2.672							

总传热阻$R_0=R+R_t$=0.406+1/8.7+1/23=0.556 $m^2 \cdot K \cdot W^{-1}$

传热系数$K_b=1/R_0$=1.799 $W \cdot m^{-2} \cdot K^{-1}$

3. 主体部分为框架结构，A、B取值分别为0.35、0.65。

外墙平均传热系数$K_m=K_b \cdot 0.25+K_p \cdot 0.75$=1.471 $W \cdot m^{-2} \cdot K^{-1}$≤1.5 $W \cdot m^{-2} \cdot K^{-1}$。

热惰性指标 $D_m=D_b$=2.93＞2.5。

满足《夏热冬冷地区居住建筑节能设计标准》(JGJ 134—2010)第4.0.4条要求。

4. 外墙凸窗顶部、底部、侧面：采用35厚膨胀玻化微珠保温系统，构造措施与热工参数如表所示：

序号	材料名称	导热系数λ /($W \cdot m^{-1} \cdot K^{-1}$)	蓄热系数(s) /($W \cdot m^{-2} \cdot K^{-1}$)	修正系数 a	材料厚度 d/m	材料层热阻R	热惰性指标 $D=R \cdot S$
1	内墙面层						
2	5厚聚合物抗裂砂浆层（附加耐碱网格布）	0.93	11.37	1.0	0.005	0.008	0.09
3	40厚膨胀玻化微珠保温系统	0.07	1.5	1.2	0.040	0.476	0.714
4	100厚钢筋混凝土	1.74	17.20	1.0	0.100	0.058	0.99
5	15厚水泥砂浆找平	0.93	11.37	1.0	0.015	0.016	0.18
6	外墙饰面材料						
总传热阻 R＝0.558；热惰性指标 D=1.974							

总传热阻$R_0=R+R_t$=0.498+1/8.7+1/23=0.716 $m^2 \cdot K \cdot W^{-1}$

传热系数$K_b=1/R_0$=1.40 $W \cdot m^{-2} \cdot K^{-1}$＜1.5 $W \cdot m^{-2} \cdot K^{-1}$

满足《夏热冬冷地区居住建筑节能设计标准》（JGJ 134—2010）第4.0.4条要求。

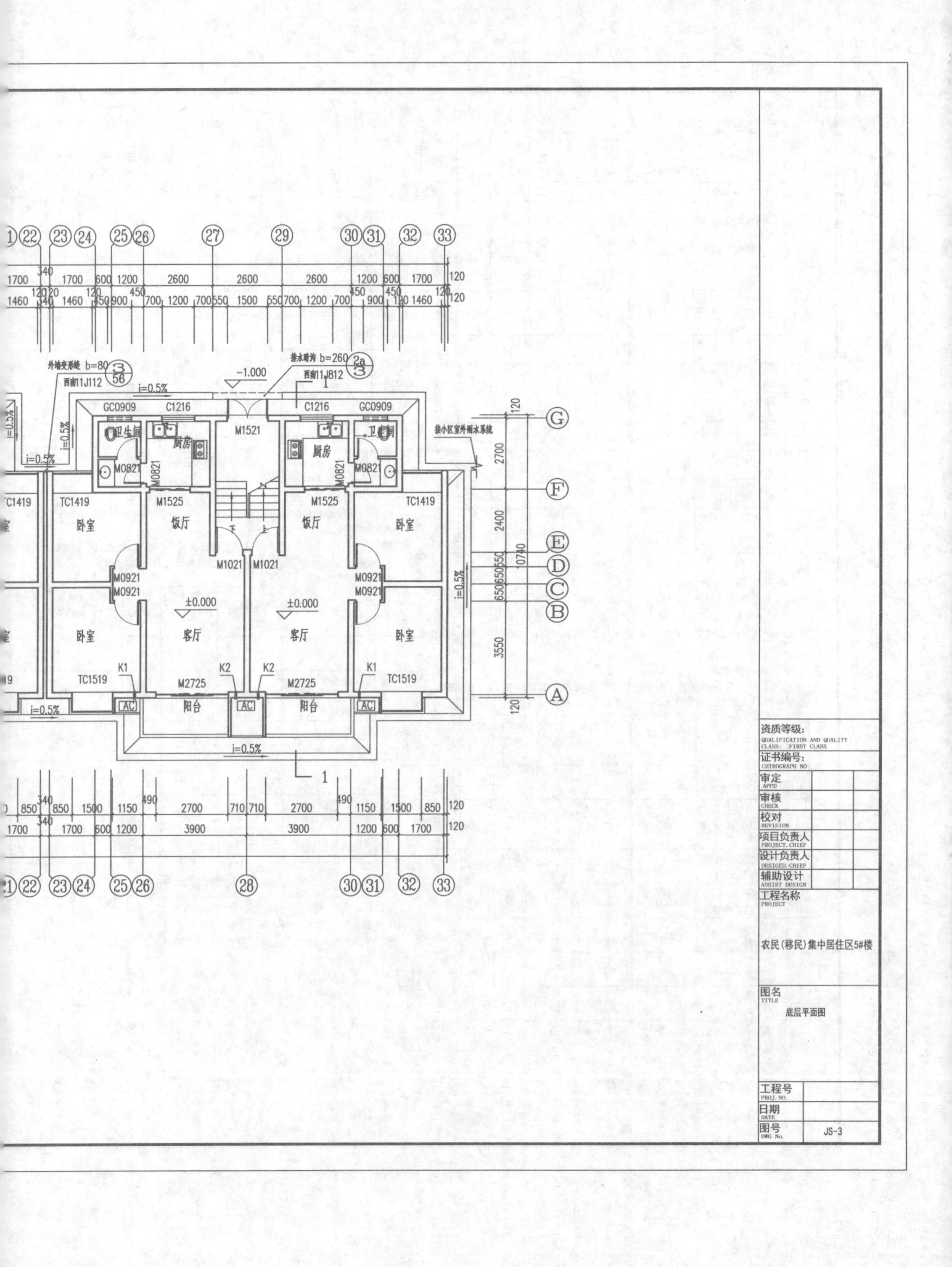

外墙变形缝 b=80
西南11J112
排水暗沟 b=260
西南11J812
接小区室外雨水系统
-1.000
i=0.5%
GC0909
C1216
M1521
卫生间
厨房
M0821
M1525
TC1419
卧室
饭厅
M1021
M0921
±0.000
客厅
K1
K2
M2725
TC1519
AC
阳台
资质等级:
QUALIFICATION AND QUALITY CLASS: FIRST CLASS
证书编号:
CHIROGRAPH NO
审定
APPD
审核
CHECK
校对
REVISION
项目负责人
PROJECT. CHIEF
设计负责人
DESIGED. CHIEF
辅助设计
ASSIST DESIGN
工程名称
PROJECT
农民(移民)集中居住区5#楼
图名
TITLE
底层平面图
工程号
PROJ. NO.
日期
DATE
图号
DWG No.
JS-3

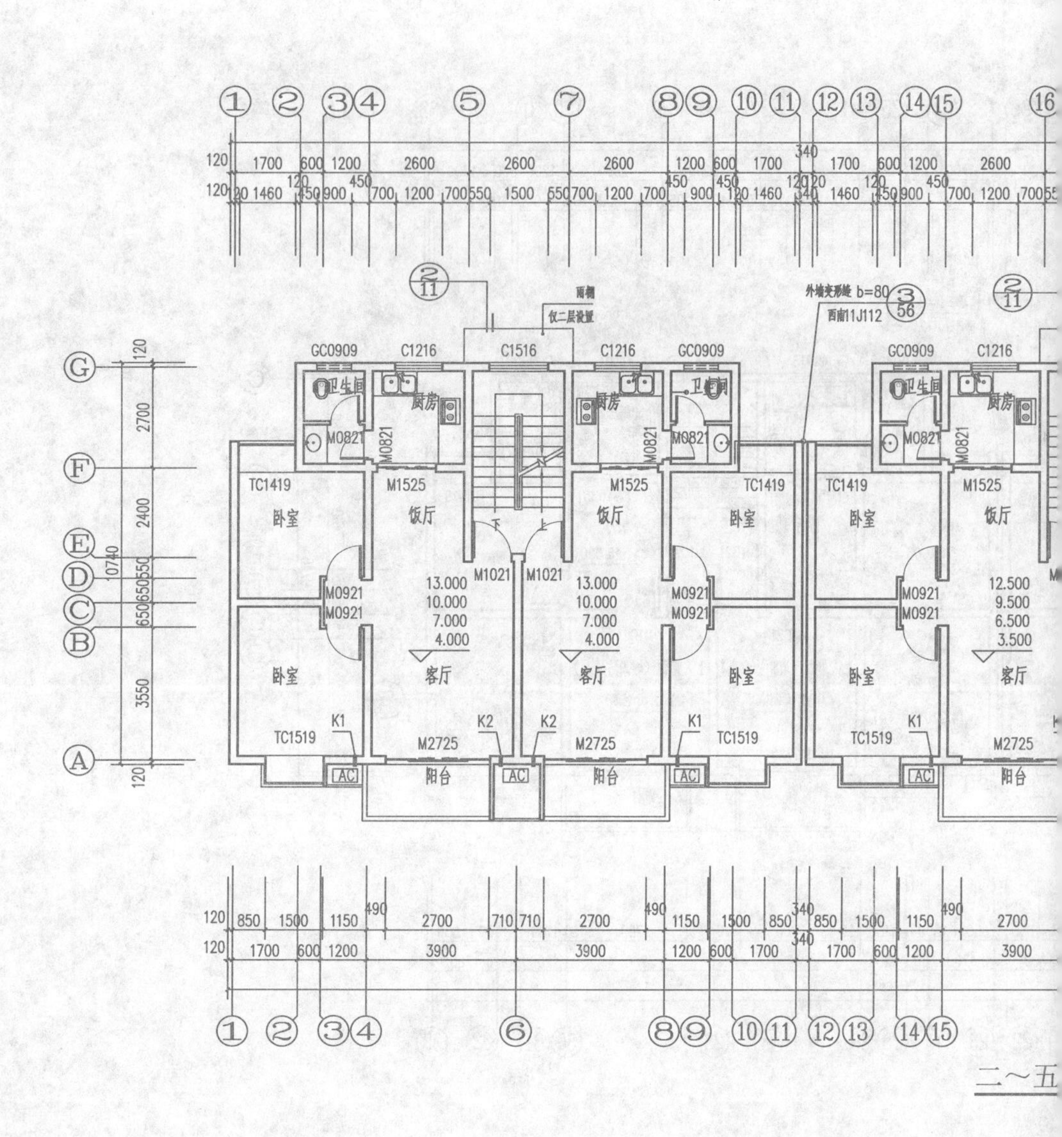

注：

1.本图中所有墙体除标注外均为 240mm 厚页岩实心砖砌体。

2.本图中 K1 为 ø75PVC 空调洞（排水坡向墙外，坡度1%），洞中距地 2200mm，距侧墙 200mm。

3.本图中 K2 为 ø75PVC 空调洞（排水坡向墙外，坡度1%），洞中距地 150mm，距侧墙 200mm。

4.本图中卫生间排水坡向地漏，坡度均为 1%，地漏位置详水施。

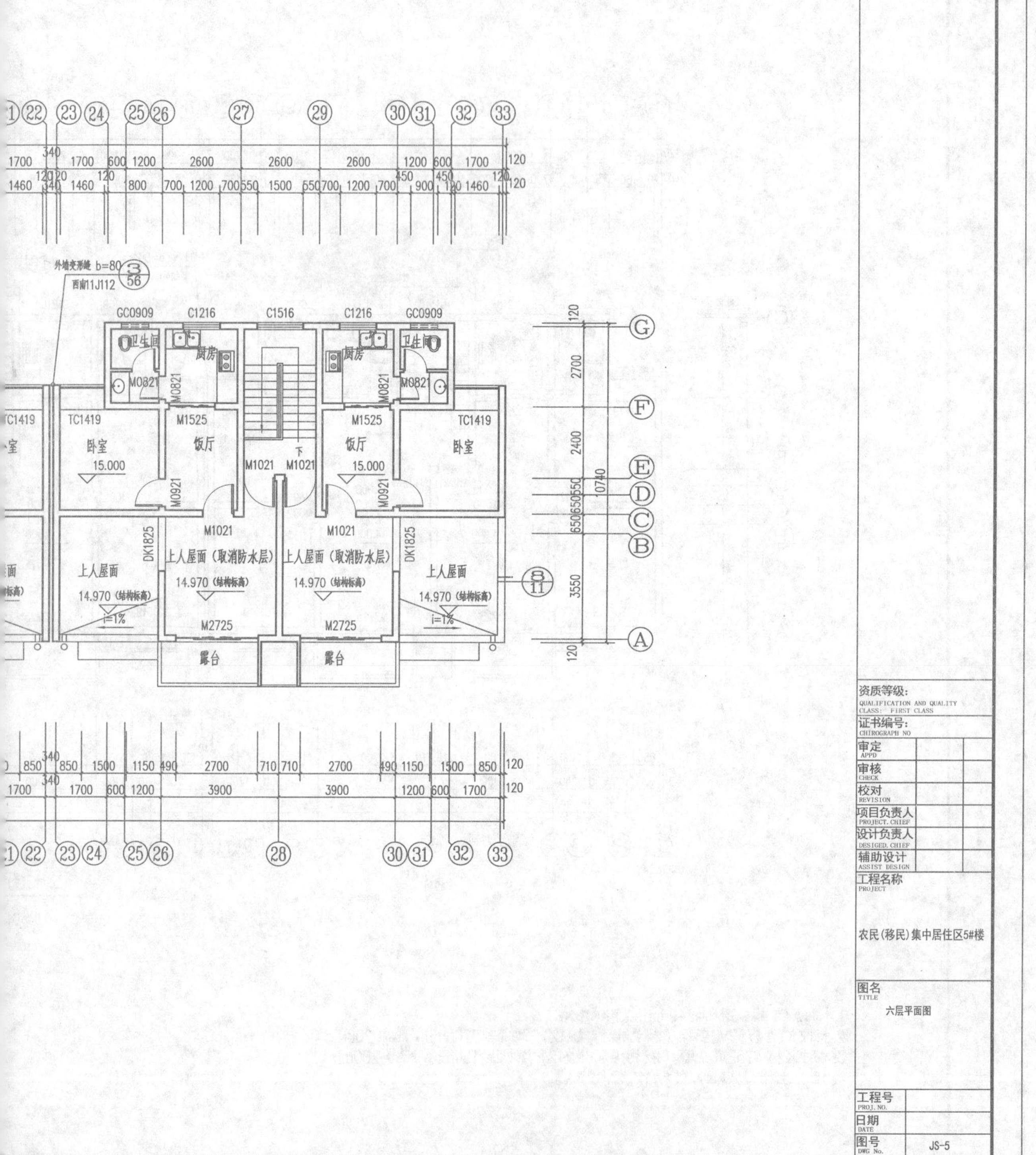

外墙变形缝 b=80
西南11J112
GC0909
C1216
C1516
卫生间
厨房
M0821
TC1419
M1525
卧室
饭厅
15.000
下
M1021
M0921
DK1825
上人屋面（取消防水层）
上人屋面
14.970（结构标高）
i=1%
M2725
露台
资质等级:
QUALIFICATION AND QUALITY CLASS: FIRST CLASS
证书编号:
CHIROGRAPH NO
审定
APPD
审核
CHECK
校对
REVISION
项目负责人
PROJECT.CHIEF
设计负责人
DESIGED.CHIEF
辅助设计
ASSIST DESIGN
工程名称
PROJECT
农民(移民)集中居住区5#楼
图名
TITLE
六层平面图
工程号
PROJ.NO.
日期
DATE
图号
DWG No.
JS-5

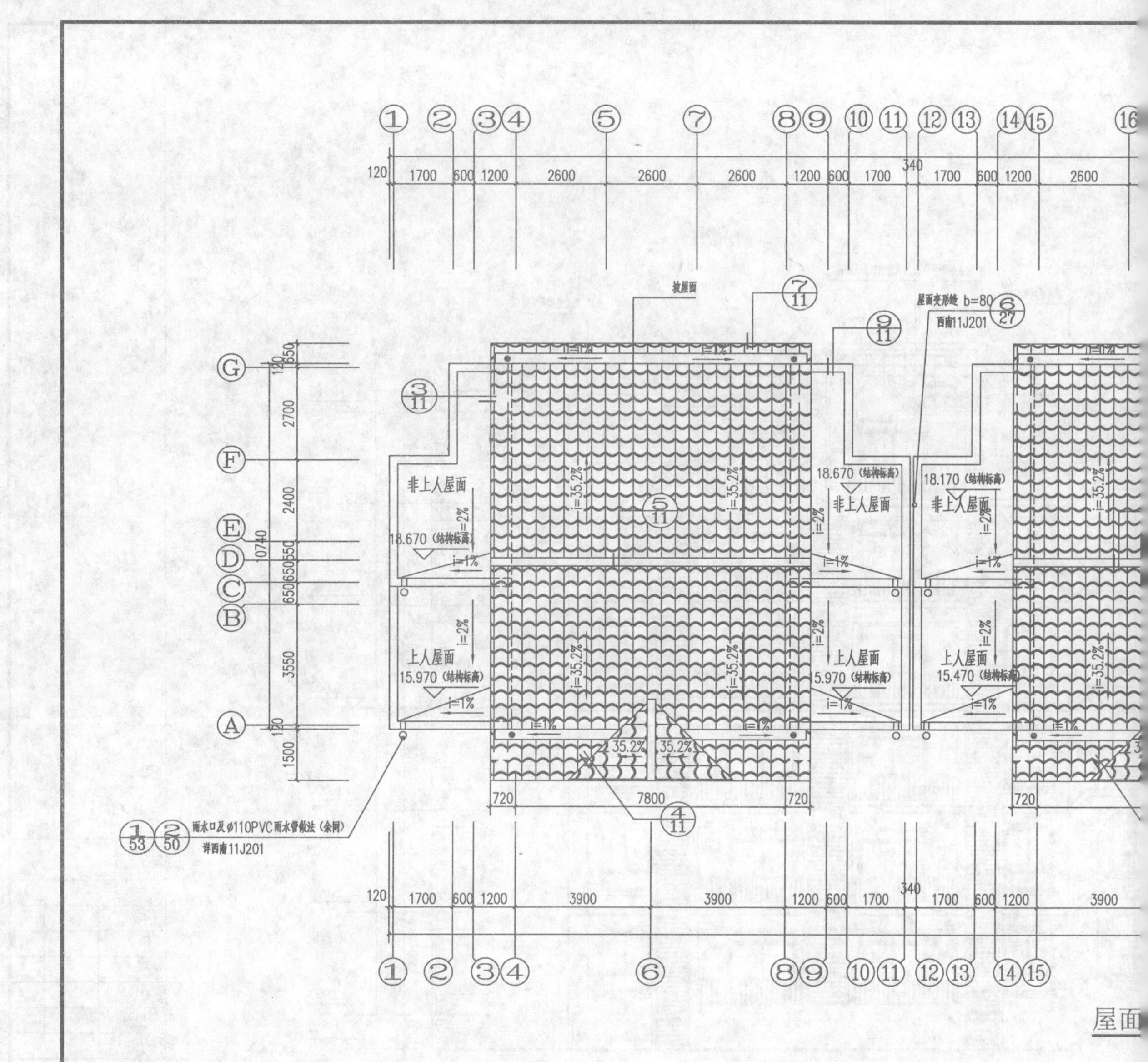

注：

1. 本图中非上人屋面做法详西南 11J201-2203a/22，取消 2、3、8条，第6条调整为20mm厚1:3水泥砂浆找平层，防水层采用≥4mm厚SBS改性沥青防水卷材，保温层采用泡沫混凝土兼找坡层，厚度详节能设计说明。
2. 本图中坡屋面做法详西南 11J202-③/8，防水层采用≥4mm厚SBS改性沥青防水卷材，保温层采用泡沫混凝土兼找坡层，厚度详节能设计说明。
3. 本图中封闭式保温屋面排气道作法详西南 11J201-A/32。
4. 本图中坡屋面管道泛水作法详西南 11J202-1/37（有保温层）。
5. 本图中屋面变压式排烟道泛水作法详西南 11J202-2/38。

砖贴面
灰黑色陶砖贴面
锗色铝百叶
青灰色波形折瓦贴面
乳白色陶砖贴面
19.700
17.700
15.000
12.000
9.000
6.000
3.000
±0.000
-1.000
600
200
1900
2700
500
3000
19300
1000
33
资质等级:
QUALIFICATION AND QUALITY CLASS: FIRST CLASS
证书编号:
CHIROGRAPH NO
审定
APPD
审核
CHECK
校对
REVISION
项目负责人
PROJECT CHIEF
设计负责人
DESIGED CHIEF
辅助设计
ASSIST DESIGN
工程名称
PROJECT
农民(移民)集中居住区5#楼
图名
TITLE
①~㉝立面图
工程号
PROJ. NO.
日期
DATE
图号
DWG No.
JS-7

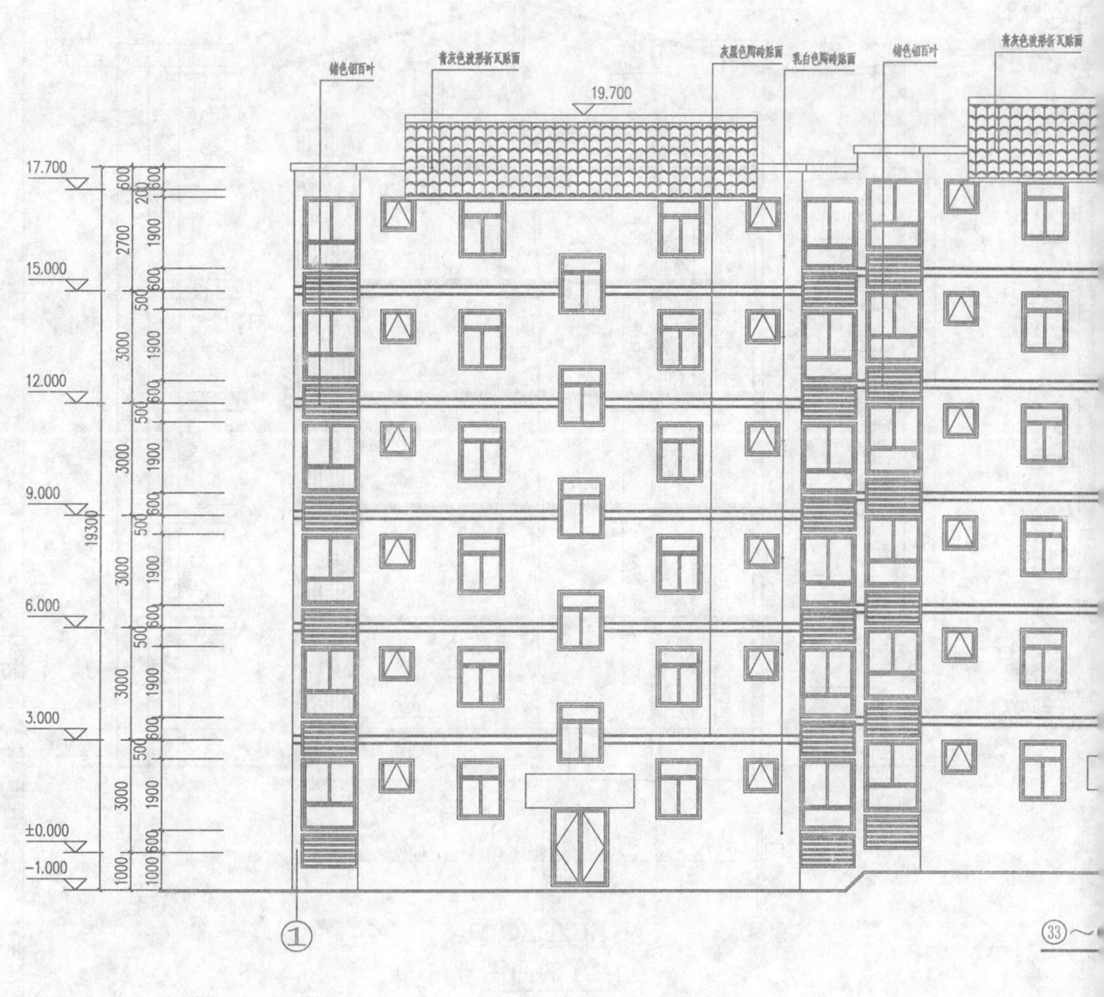

注:

1. 本图中立面色彩详效果图。
2. 本图中外墙面砖做法详西南 11J516-5407、5408/95，面砖尺寸为45mmX45mm，缝宽≤ 5mm。
3. 本图中外墙涂料做法详西南 11J516-5313、5314/91。

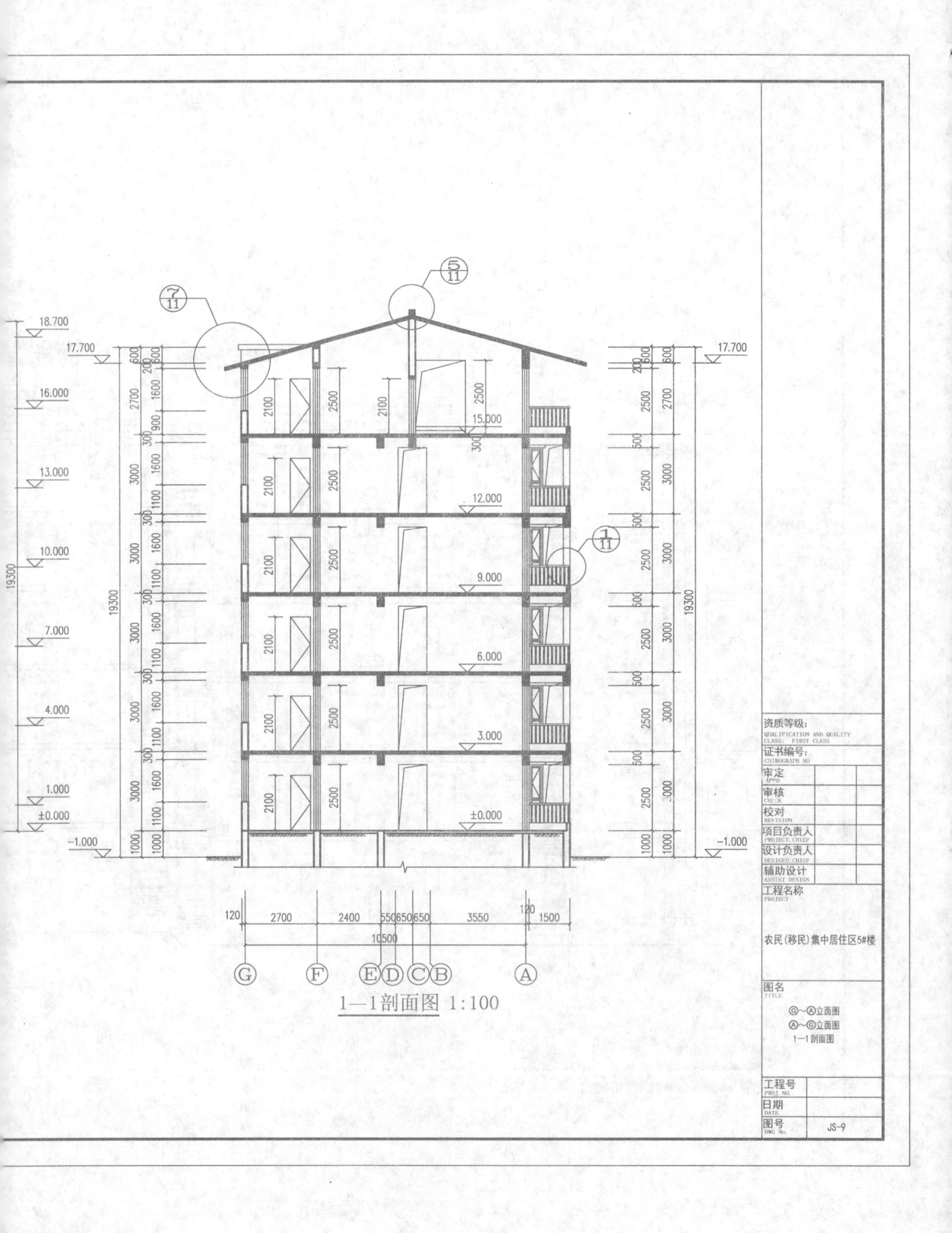
18.700
17.700
16.000
13.000
10.000
7.000
4.000
1.000
±0.000
-1.000
19300
15.000
12.000
9.000
6.000
3.000
120
2700
2400
550
650
650
3550
120
1500
10500
G
F
E
D
C
B
A
资质等级:
QUALIFICATION AND QUALITY CLASS: FIRST CLASS
证书编号:
CHIROGRAPH NO
审定
APPD
审核
CHECK
校对
REVISION
项目负责人
PROJECT CHIEF
设计负责人
DESIGED CHIEF
辅助设计
ASSIST DESIGN
工程名称
PROJECT
农民(移民)集中居住区5#楼
图名
TITLE
Ⓖ~Ⓐ立面图
Ⓐ~Ⓖ立面图
1—1剖面图
工程号
PROJ. NO.
日期
DATE
图号
DWG No.
JS-9
1—1剖面图 1:100

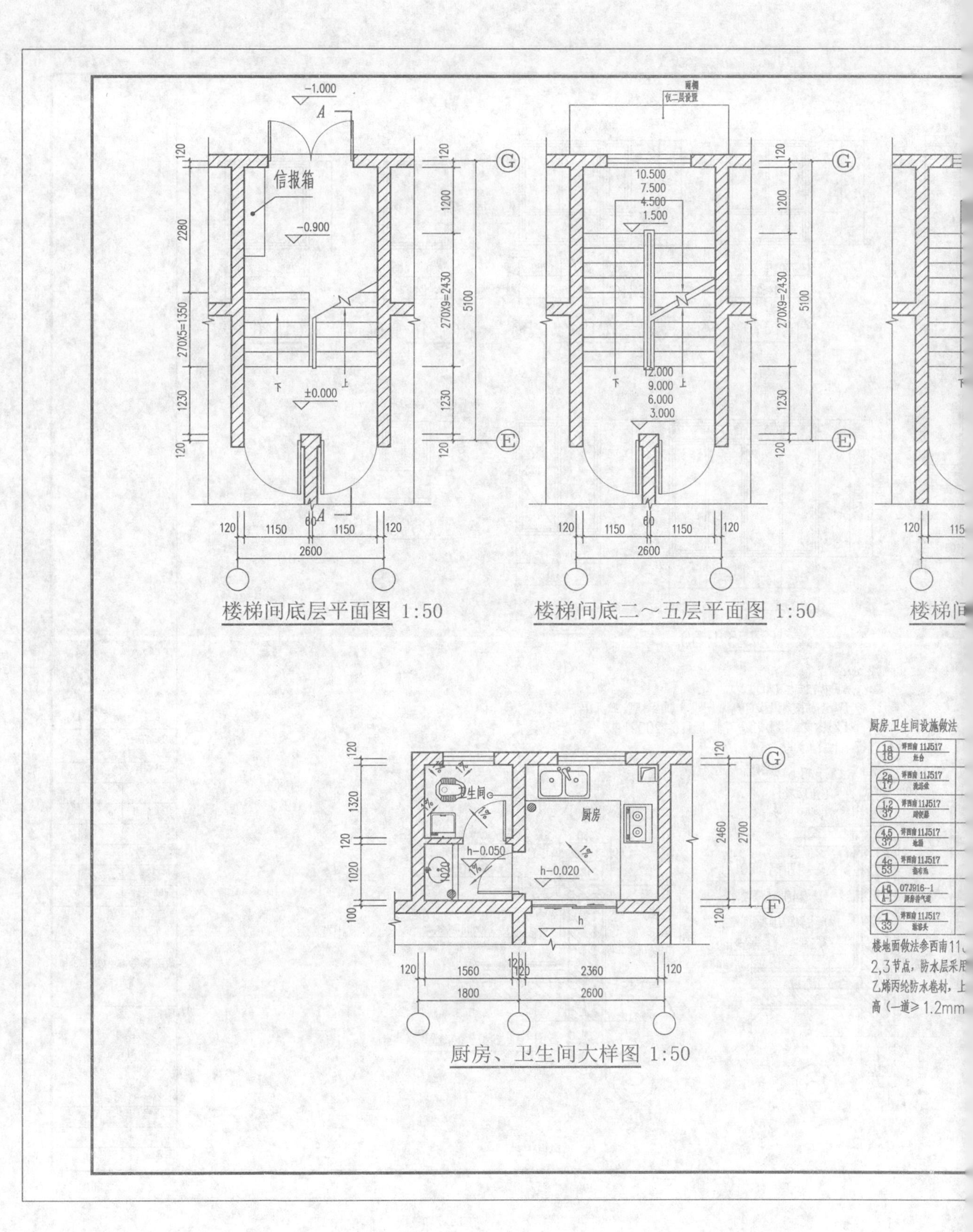

-1.000
A
信报箱
-0.900
±0.000
下
上
A
120
2280
270X5=1350
1230
120
1200
270X9=2430
5100
1230
120
G
E
120 1150 60 1150 120
2600
楼梯间底层平面图 1:50
雨棚
仅二层设置
10.500
7.500
4.500
1.500
12.000
9.000
6.000
3.000
下
上
120 1150 60 1150 120
2600
楼梯间底二～五层平面图 1:50
楼梯间
卫生间
厨房
h-0.050
h-0.020
h
1%
120
1320
120
1020
100
2460
2700
120
G
F
120 1560 120 120 2360 120
1800
2600
厨房、卫生间大样图 1:50
厨房.卫生间设施做法
1a/18 详西南 11J517 灶台
2a/17 详西南 11J517 洗涤盆
1,2/37 详西南 11J517 蹲便器
4,5/37 详西南 11J517 地漏
4c/53 详西南 11J517
A-1 07J916-1 厨房排气道
1/33 详西南 11J517 淋浴头
楼地面做法参西南11
2,3节点，防水层采用
乙烯丙纶防水卷材，上
高（一道≥1.2mm

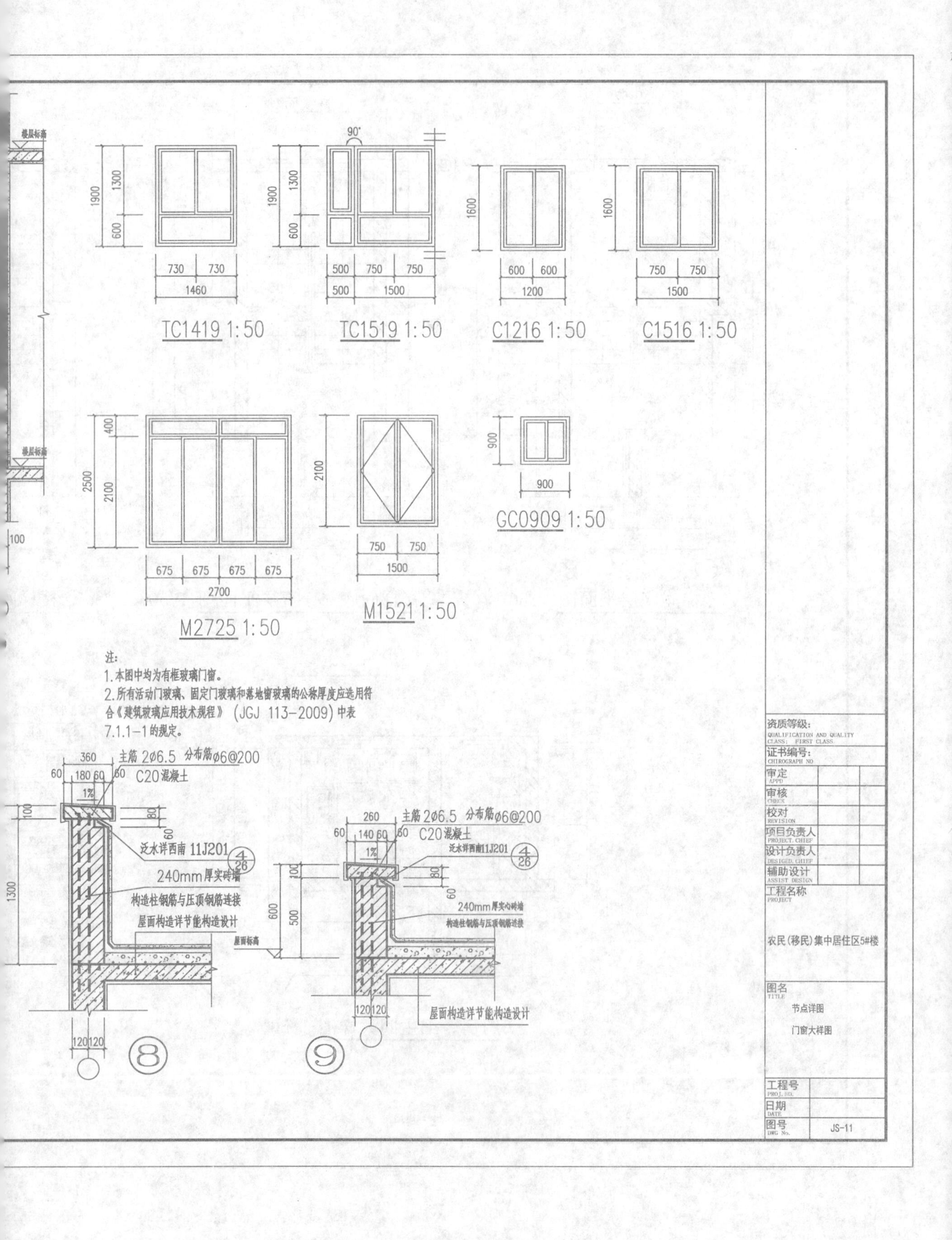
TC1419 1:50
TC1519 1:50
C1216 1:50
C1516 1:50
M2725 1:50
M1521 1:50
GC0909 1:50
注:
1.本图中均为有框玻璃门窗。
2.所有活动门玻璃、固定门玻璃和落地窗玻璃的公称厚度应选用符合《建筑玻璃应用技术规程》(JGJ 113-2009)中表7.1.1-1的规定。
主筋 2ø6.5 分布筋ø6@200
C20混凝土
泛水详西南 11J201
240mm厚实砖墙
构造柱钢筋与压顶钢筋连接
屋面构造详节能构造设计
屋面标高
楼层标高
资质等级:
QUALIFICATION AND QUALITY CLASS: FIRST CLASS
证书编号:
CHIROGRAPH NO
审定
审核
校对
项目负责人
设计负责人
辅助设计
工程名称
农民(移民)集中居住区5#楼
图名
节点详图
门窗大样图
工程号
日期
图号
JS-11

结　　构　　设

一、本工程设计依据国家现行规范和规程进行设计

《建筑结构可靠度设计统一标准》(GB 50068—2010)

《建筑结构荷载规范》(GB 50009—2012)

《建筑地基基础设计规范》(GB 50007—2011)

《混凝土结构设计规范》(GB 50010—2010)

《建筑抗震设计规范》(GB 50011—2010)

《砌体结构设计规范》(GB 50003—2011)

《建筑桩基技术规范》(JGJ 94—2008)

《预应力混凝土管桩》(10G 409)

《建筑工程抗震设防分类标准》(50223—2008)

建筑结构设计软件采用中国建筑科学研究院编制的PK.PM2012年版设计程序.

建设单位提供的岩土工程勘察报告.

二、自然条件

1.本工程结构设计的±0.000相对标高同建筑设计的±0.000相对标高.

2.基本风压为0.3kN/m² 地面粗糙度为B类.

3.抗震设防烈度为6度，设计地震分组为第三组；设计地震加速度为值0.05g，场地类别为Ⅱ类。建筑抗震设防分类为标准设防类（丙类）.

4.本工程标高以m为单位，其余尺寸以mm为单位.

5.本工程建筑结构安全等级为二级.

6.本工程为地上六层砖混结构.

7.本工程结构设计使用年限为50年.

8.本工程建筑桩基设计等级为丙级.

本工程使用和施工荷载标准值(kN/m²)不得大于下表设计取值.

三、使用和施工荷载限制

序号	部　位	恒载标准值	活载标准值	序号	部　位	恒载标准值	活载标准值
1	客厅，餐厅	2.0	2.0	5	楼梯	3.75	2.0
2	居室	2.0	2.0	6	上人屋面	3.5	2.0
3	厨，厕	3.75	2.0	7	非上人屋面	3.5	0.5
4	阳台	2.0	2.5	8	阳台、楼梯栏杆水平荷载		1.0

(注：恒载标准值不含楼板自重)

四、材料和保护层

1.混凝土强度等级

序号	部位或构件	混凝土强度	序号	部位或构件	混凝土强度
1	基础垫层	C15	4	±0.000 以上构造柱,圈梁,现浇板	C25
2	墙下条形基础	C25	5	楼梯及其他现浇构件	C25
3	±0.000 以下其他现浇构件	C25			

(混凝土工作环境±0.000以下为Ⅰ-B类,±0.000以上为Ⅰ-A类)

2.钢筋：Φ(HPB300),Φ(HRB335),Φ(HRB400),Φ^R(CRB550)

3.钢筋锚固、搭接长度

序号	钢筋类型	锚固长度L_a			备　注
		C20	C25	C30	
1	Ⅰ级钢筋 (HPB300)	31d	27d	27d	任何情况下L_a≥250
2	Ⅱ级钢筋(月牙纹)(HRB335)	39d	33d	33d	
3	CRB550(Φ^R)	40d	35d	30d	

搭接长度$L_1=1.2L_a$

搭接面积比25%: $\zeta=1.2$; 搭接面积比50%: $\zeta=1.4$; 搭接面积比100%: $\zeta=1.6$

(注：梁纵筋同一搭接区断面内，钢筋搭接面积不超过50%)

4.砌体材料：

砌体标高范围	砖强度等级	砂浆强度等级	砌体标高范
±0.000以下	MU15	M10	19.17以
±0.000至19.17m	MU15	M10	零星砌体

(零星砌体采用MU10砌块M5.0砂浆.)

(附注：防潮层以下为水泥砂浆，防潮层以上为混合砂浆。砌体均

住宅结构材料的强度标准值应具有不低于95%的保证率；抗震设

5.受力筋保护层厚度见下表

序号	部位或构件	保护层厚度	序号
1	楼梯板，现浇板	20	4
2	基础	40	5
3	±0.000下梁、柱，承台梁上部主筋	30	

五、基础

1.基础设计：根据该工程地勘报告，本工程采用中

地基承载力特征值为F_{ak}=700kPa。基础埋

局部超深部分采用放阶处理，放阶大样按西南0

2.回填土要分层夯实，其回填后土的压实系数不应

3.其余事项详基础设计说明.

六、楼屋面

1.楼板顶面结构标高比同层建筑标高低30mm.

厨房、卫生间及其他需要降板的房间板面标高详

2.各层门窗过梁要满足支座长度要求，现场当无

3.图中过梁，选用图集西南03G301(一)

4.图中现浇板板底钢筋的布置为短向筋在下，长

七、施工制做及其他

1.砌体施工质量控制等级为B级.

2.上一层施工前，要首先对下层已施工的结构进行

预埋件、插筋等位置，当不符合设计要求时要会

3.管径50～120的水电管线水平埋入墙内时采

埋入墙内时采用图(二)构造须先辅设管道后砌

4.图中用平面整体法表示的梁参11G101-

5.水平暗埋直径≤50水管时预制图(四)所示C

6.多于两根管子竖直埋入墙内时采用图(五)构造.

7.屋面女儿墙构造柱详屋面结构布置图，断面和配

8.电管线在楼面暗埋时水电与土建工种要密切配合

9.构造柱主筋锚至承台梁内不小于 L_a(除电气要

外).

10.构造柱边如有240mm以内的墙垛改为混凝

11.楼梯间墙体出屋面段每隔500mm设2Φ6

楼梯间在休息平台标高处设置60mm厚的钢

12.墙体定位详建施图，墙和地梁连接处节点详图

13.本工程±0.000至第二层标高每隔500m

的拉结网片或Φ4点焊钢筋网片，沿墙体通长

八、设计采用的标准图见表(一)选用标准图的构件

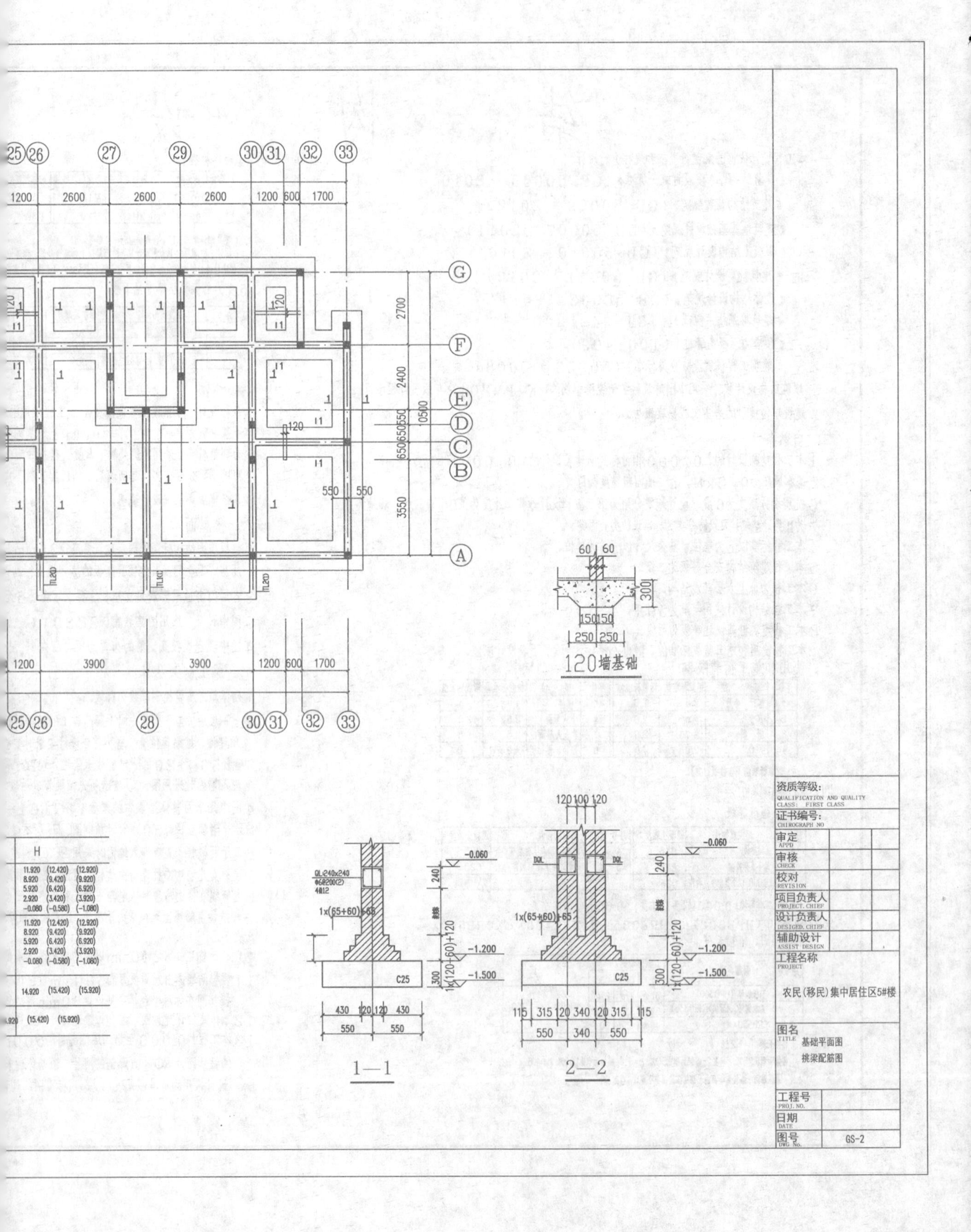

120墙基础
1—1
2—2
C25
-0.060
-1.200
-1.500
资质等级:
QUALIFICATION AND QUALITY CLASS: FIRST CLASS
证书编号:
CHIROGRAPH NO
审定
审核
校对
项目负责人
设计负责人
辅助设计
工程名称
农民(移民)集中居住区5#楼
图名
基础平面图
挑梁配筋图
工程号
日期
图号
GS-2

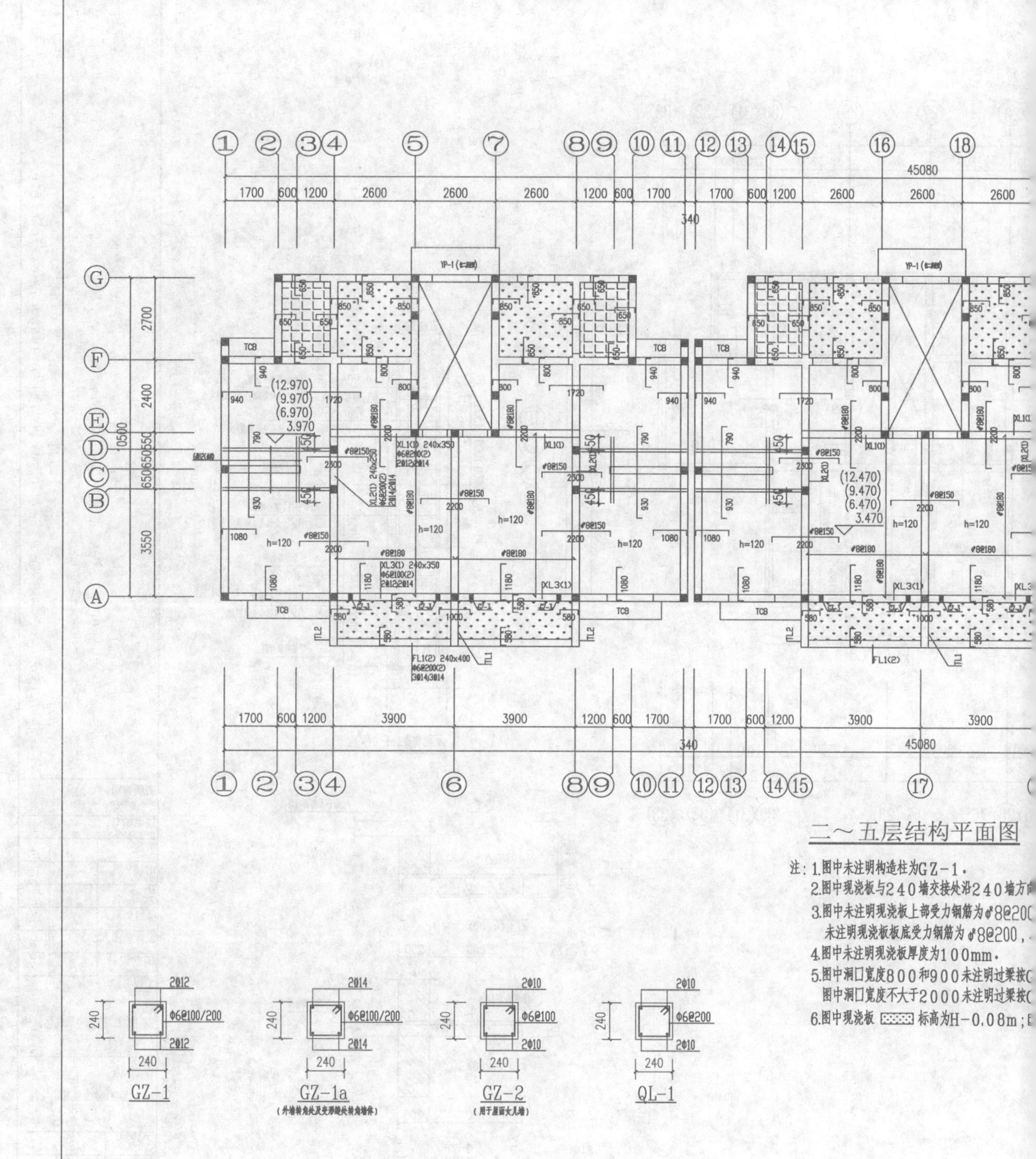

注：1.图中未注明构造柱为GZ－1。
2.图中现浇板与240墙交接处沿240墙方
3.图中未注明现浇板上部受力钢筋为φ8@200
未注明现浇板板底受力钢筋为φ8@200，
4.图中未注明现浇板厚度为100mm。
5.图中洞口宽度800和900未注明过梁按
图中洞口宽度不大于2000未注明过梁按
6.图中现浇板 标高为H－0.08m；

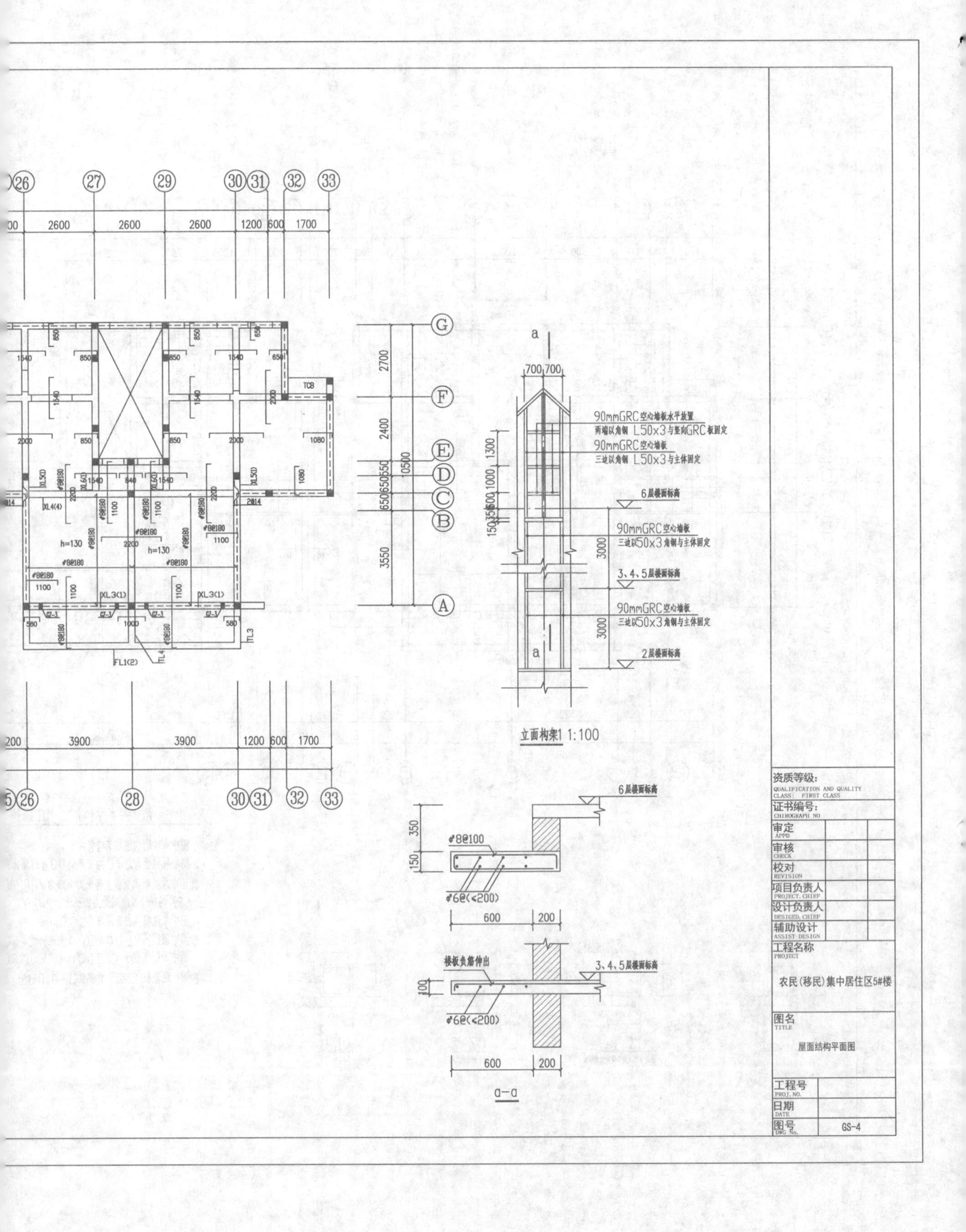

90mmGRC空心墙板水平放置
两端以角钢 L50x3与竖向GRC板固定
90mmGRC空心墙板
三边以角钢 L50x3与主体固定
6层楼面标高
90mmGRC空心墙板
三边以L50x3角钢与主体固定
3、4、5层楼面标高
90mmGRC空心墙板
三边以L50x3角钢与主体固定
2层楼面标高
立面构架1 1:100
6层楼面标高
楼板负筋伸出
3、4、5层楼面标高
a-a
资质等级:
QUALIFICATION AND QUALITY CLASS: FIRST CLASS
证书编号:
CHIROGRAPH NO
审定
APPD
审核
CHECK
校对
REVISION
项目负责人
PROJECT CHIEF
设计负责人
DESIGED CHIEF
辅助设计
ASSIST DESIGN
工程名称
PROJECT
农民(移民)集中居住区5#楼
图名
TITLE
屋面结构平面图
工程号
PROJ. NO.
日期
DATE
图号
DWG No.
GS-4

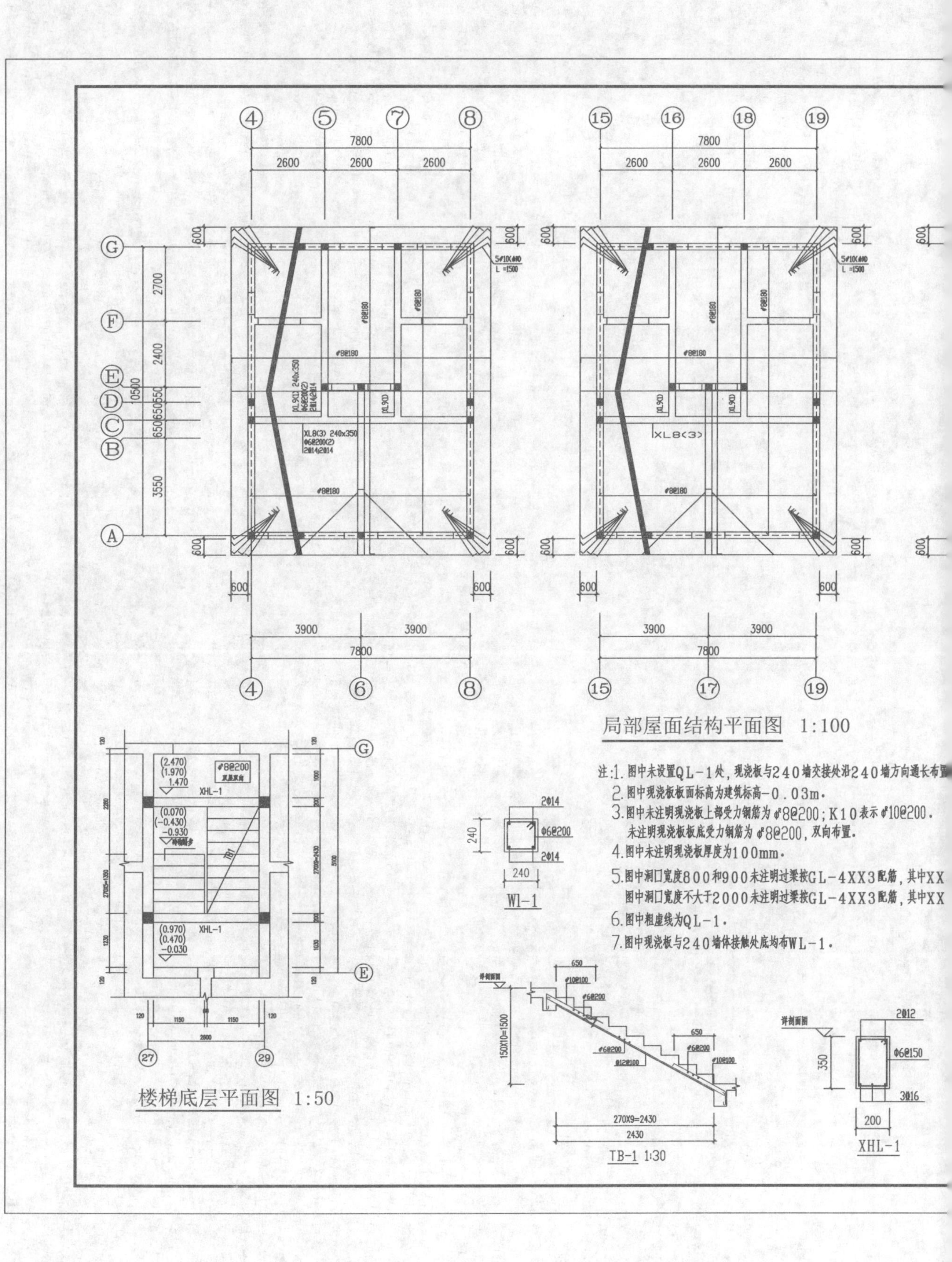
局部屋面结构平面图 1:100
注:1.图中未设置QL-1处,现浇板与240墙交接处沿240墙方向通长布置
2.图中现浇板板面标高为建筑标高-0.03m.
3.图中未注明现浇板上部受力钢筋为ф8@200;K10表示ф10@200.
未注明现浇板板底受力钢筋为ф8@200,双向布置.
4.图中未注明现浇板厚度为100mm.
5.图中洞口宽度800和900未注明过梁按GL-4XX3配筋,其中XX
图中洞口宽度不大于2000未注明过梁按GL-4XX3配筋,其中XX
6.图中粗虚线为QL-1.
7.图中现浇板与240墙体接触处底均布WL-1.
楼梯底层平面图 1:50
WL-1
TB-1 1:30
XHL-1